LES

NOUVELLES INVENTIONS

AUX

EXPOSITIONS UNIVERSELLES,

par

M. J.B.A.M. JOBARD,

Directeur du Musée royal de l'industrie belge, chevalier de la Légion d'honneur et de François Ier de Naples,
Président de la Société des inventeurs français,
Président de l'Académie nationale de l'industrie agricole et manufacturière, membre de l'Institut des États-Unis,
De l'Institut des provinces de France,
De l'Institut polytechnique de Berlin, des Sociétés d'encouragement de Paris et de Londres,
Des Académies de Dijon, de Reims, de Rouen, d'Angers, de Lille,
Commissaire royal aux principales expositions d'industrie,
Auteur du Monautopole et de l'Organon de l'industrie, etc., etc., etc.

TOME DEUXIÈME.

POÊLE À GAZ JOBARD.

BRUXELLES ET LEIPZIG,

ÉMILE FLATAU,

ANCIENNE MAISON MAYER ET FLATAU.

—

1858.

LES

NOUVELLES INVENTIONS

AUX

EXPOSITIONS UNIVERSELLES.

Croire tout inventé n'est qu'une erreur profonde,
C'est prendre l'horizon pour les bornes du monde.
ARAGO.

LES
NOUVELLES INVENTIONS

AUX

EXPOSITIONS UNIVERSELLES,

par

M. J.B.A.M. JOBARD,

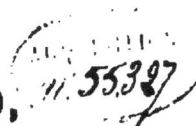

Directeur du Musée royal de l'industrie belge, chevalier de la Légion d'honneur et de François Ier de Naples,
Président de la Société des inventeurs français,
Président de l'Académie nationale de l'industrie agricole et manufacturiere, membre de l'Institut des États-Unis,
De l'Institut des provinces de France,
De l'Institut polytechnique de Berlin, des Sociétés d'encouragement de Paris et de Londres,
Des Académies de Dijon, de Reims, de Rouen, d'Angers, de Lille,
Commissaire royal aux principales expositions d'industrie,
Auteur du Monautopole et de l'Organon de l'industrie, etc., etc., etc.

TOME DEUXIÈME.

POÊLE À GAZ JOBARD

BRUXELLES ET LEIPZIG,
ÉMILE FLATAU,
ANCIENNE MAISON MAYER ET FLATAU.
—
1858.
TOUS DROITS RÉSERVÉS.

NOUVELLES INVENTIONS

EXPOSITIONS UNIVERSELLES.

———————

Nous avons fait notre premier volume sans sacrifier à la routine et sans le moindre respect pour la sottise ; nos souscripteurs, qui sont essentiellement des gens d'esprit, étant contents, même très-contents, disent-ils, de notre conversation, ce sera sans doute avec un nouveau plaisir qu'ils passeront le couteau à papier dans ce nouveau volume, car nous aimons à croire qu'ils ne nous attaqueront pas en dommages et intérêts pour le temps que nous leur aurons fait perdre, question immense qui mérite d'être examinée en passant.

Pourquoi la loi qui punit si sévèrement les voleurs de choux et de pommes de terre, ne punit-elle pas les voleurs de temps ?

C'était peu de chose autrefois que le temps, c'était même une chose à charge, puisque tout le monde cherchait à le tuer ; mais c'est beaucoup aujourd'hui, et les Anglais qui en ont les premiers découvert la valeur l'assimilent à l'argent. Attendra-t-on qu'il soit monté au taux du platine ou de l'or, pour comminer des peines sévères contre les *chronophages*, à la tête desquels nous plaçons les bons romanciers et les mauvais poëtes, qui font de si grands accrocs à l'étoffe dont la vie est faite ?

I.

On cherche en vain la cause de la misère universelle et du paupérisme croissant : ces grandes calamités sortent évidemment des grandes plumes, *calamitas* vient de *calamus* ; puisque celle d'un illustre mâchuré a coûté deux fois plus à la France que la guerre de Crimée, et les inondations du Rhône et de la Loire.

Un statisticien à double croche a calculé que les 750 volumes d'Alexandre Dumas ont été lus dans toute l'Europe par un million d'employés, de commis et de travailleurs de toute espèce. En ne portant le prix de leur journée qu'à trois francs, cela fait, à un volume par jour, 2,250 francs de non-valeur qui, multipliées par un million, font une perte sèche de DEUX MILLIARDS DEUX CENT CINQUANTE MILLIONS.

Qu'est-ce que les Carpentier et les Grellet à côté de ce grand scélérat qui n'en est qu'à moitié de sa tâche, comme il nous l'assure ? Nous sommes d'autant plus disposé à le croire, que le grand sorcier américain lui a révélé qu'il serait tué en duel à l'âge de 118 ans.

En présence d'un tel criminel impuni, nous aurions mauvaise grâce de réclamer l'indulgence de nos lecteurs pour nos deux petits volumes, et pourtant nous croyons devoir leur exhiber le certificat suivant d'une autre espèce de chronophage qui exerce une des branches de l'art d'enseigner sans diplôme, et auquel l'impunité est également acquise, au grand scandale de ceux qui le payent pour se faire voler ce qu'ils ont de plus précieux, le temps :

II.

« Quand un homme a beaucoup étudié, c'est-à-dire beaucoup vu et beaucoup retenu, on devrait, non pas lui permettre, mais le forcer d'écrire et d'enseigner, car chaque mot, chaque pensée sortis de sa plume sont comme l'image daguerréotypée d'un fait ou d'une vérité utiles à l'instruction de la jeunesse.

« Le moment opportun de tirer les meilleurs fruits de l'expérience d'un savant, est celui où il va cesser d'apprendre et n'a pas encore commencé à oublier ; ce moment n'a quelquefois que la durée d'une éclipse, à moins de s'appeler Thénard ou de Humboldt.

« Si le *Cosmos* est un phénomène en ce genre, le livre des *Inventions nouvelles,* dont nous recevons la deuxième partie, est un échantillon non moins curieux de ce que peut contenir, sans confusion, l'étroit espace d'un cerveau.

« La diversité dans la multiplicité, l'unité dans la généralité, font de ce livre la plus instructive et la plus attachante des lectures ; c'est comme une encyclopédie préalable de l'industrie à venir, précédée d'une histoire pittoresque de l'industrie passée. C'est à la fois un code, un cours et une exposition de l'industrie universelle. Les pensées et les conseils de l'auteur sont tellement inattendus, qu'on est tenté de les prendre pour des paradoxes ; mais ils finissent bientôt par apparaître comme autant d'axiomes tranchants et irréfutables.

« Son style imagé et émaillé de comparaisons saisissantes, ne permet ni méprise ni faux-fuyant à la critique, et cependant il s'attaque corps à corps à la doctrine de Malthus, dont les adeptes ne manquent ni de finesse ni de souplesse dans la discussion. Mais que répondre à un homme qui vous pose un dilemme aussi carré que celui-ci :

A chacun la propriété et la responsabilité de ses œuvres :
Crétin qui ne comprend ou gredin qui s'oppose !

« Ajoutez que sa doctrine est partagée et appuyée par un souverain qui dispose de cinq cent mille baïonnettes, non pas qu'il en ait besoin d'une seule pour convaincre ses lecteurs; car c'est ici le cas de répéter avec Mirabeau : L'idée vraie est plus forte que le sabre le mieux émoulu.

« La première page de ce livre porte la simple et remarquable dédicace qui suit : A Sa Majesté l'empereur des Français, — *Protecteur* des œuvres de l'esprit et de l'art, *Restaurateur* des marques de fabrique, et *Destructeur* de la contrefaçon internationale. Ajoutez-y l'extrait d'une lettre autographe signée *Louis-Napoléon Bonaparte*, approuvant sans réserve la théorie de l'auteur, et vous aurez l'explication de l'insistance qu'il met à poursuivre l'adoption de l'organisation du travail par la propriété et la responsabilité des œuvres inventives, seul moyen pratique, croit-il, de nous délivrer de la lèpre du paupérisme, qui envahit le corps social avec une rapidité croissante, malgré les nombreux topiques si souvent et si inutilement employés jusqu'ici. « Si vous ne voulez pas essayer de remèdes nouveaux, dit l'auteur avec l'autorité d'une longue expérience des hommes et des choses, attendez-vous à des calamités nouvelles. »

« D'après la précision et la perfection des apologues en vers dont l'auteur égaye son ouvrage, le littérateur pourra juger de la justesse et de la netteté de ses idées industrielles, et les industriels jugeront de la perfection de sa poésie par l'exactitude de ses descriptions techniques.

« Ce n'est point ici le cas de ces faiseurs multiples qui sont également médiocres dans tous les genres. Si nous ne craignions de blesser l'amour-propre de l'auteur, nous dirions qu'il a trouvé le secret de n'être médiocre en rien, et nous sommes persuadés que ce jugement sera confirmé par tous ceux qui liront son livre.

« Il est vrai que si on y trouve des fables en vers, on n'y trouvera pas de contes en prose, mais de l'histoire moderne, plus véridique que l'ancienne, qui est tellement sujette à caution d'après M. Duval, de Fraville, qu'on ne saura pas dans l'avenir à qui l'on doit ajouter le plus de foi des romanciers ou des historiens. Car tout ce que peut enfanter l'imagination d'un homme est aussi susceptible de se réaliser qu'un tableau, qu'une statue, qu'un poëme, un opéra ou une invention quelconque. L'origine de toute chose est la pensée ou la représentation imaginaire de cette chose; tout ce qui existe matériellement a commencé par exister spirituellement, ce qui a fait dire aux thaumaturges, que le monde spirituel est le prototype du monde matériel. »

III.

Si l'œuf primordial échappe au microscope, c'est qu'il n'a ni longueur, ni largeur, ni épaisseur, car il est purement spirituel; il ne devient appréciable à nos sens qu'à la suite d'une longue incubation ou nutrition moléculaire élective. Figurez-vous une sorte de point de cristallisation autour duquel s'accumulent, par attraction, les atomes élémentaires d'une entité quelconque. — Voilà pourquoi votre fille est muette, nous diront ceux qui ne comprennent pas. Nous allons nous y prendre autrement.

Tout est le fruit de la copulation des idées, ou, si vous voulez, du concours de forces impondérables, convergentes, qui donnent naissance à ce que nous appelons matière pondérable, parce que nous ne la prenons que bien loin de son origine. Ainsi de la galvanoplastie électrique qui amène un métal là où il n'y avait qu'une force invisible et impondérable; ainsi d'un fleuve, qui ne fut qu'un filet d'eau provenant d'une vapeur légère; ainsi d'un tableau, qui ne fut qu'une esquisse, une idée, une nébuleuse imaginaire, un impondérable enfin, si vous tenez à ce mot qui commence à n'avoir plus de sens.

Ceci vous paraissant très-clair, vous devez prier les savants de remonter leur physique d'un cran pour entrer dans la métaphysique qu'ils méprisent, comme s'il n'existait rien au delà de ce qui fait trébucher leurs balances? L'univers visible est sorti de l'esprit de Dieu, *mens creavit molem*. Nous avons un spécimen de cette opération de l'esprit sain ou malsain dans les inventeurs qui font d'une inspiration ou d'une insufflation parfaitement impondérable des machines de mille chevaux et des bateaux de vingt mille tonneaux, tandis que d'autres n'accouchent que de môles informes. C'est que l'esprit souffle où il veut, *spiritus flat ubi vult*, et qu'il souffle souvent en vain sur des girouettes rouillées qui ne savent plus démarer sans grincer.

IV.

Nous finirons un jour par arriver à la véritable philosophie de l'invention, en suivant les phases de son histoire dans les auteurs qui ont mis les premiers la hache dans cette forêt vierge, suffisamment nettoyée aujourd'hui, pour être livrée à la culture. On sera étonné de connaître les idées de l'abbé de Saint-Pierre sur cette importante question, où personne ne voyait goutte à son époque, et la manière enfantine dont il proposait d'organiser le département des inventions sous le règne du grand roi. Le brave abbé faisait, comme nous, de l'invention un élément de la paix universelle. Je ne consentirai jamais, disait-il en pleine Académie, à donner le nom de *grand* à un roi batailleur par vanité, qui a ruiné son royaume et conduit la France au bord de l'abîme. L'Académie qui, depuis cinquante ans, s'était efforcée de porter aux nues le roi Soleil, *nec pluribus impar*, ne voulut pas se donner un démenti et sacrifia le pauvre abbé, qui, lui non plus, ne voulut pas démordre de son opinion aussi bien fondée qu'indépendante.

V.

Chose singulière, à l'époque où l'abbé de Saint-Pierre cherchait à tâtons les premiers rudiments des droits de l'inventeur, depuis vingt-cinq ans au moins Jacques Iᵉʳ avait réglé la question des monopoles et des patentes inventives sur des bases qui, bien qu'imparfaites, n'ont pas encore été dépassées ailleurs, tant il est vrai qu'on ne savait que fort tard sur le continent ce qui se passait de l'autre côté de la Manche, puisqu'il a fallu tout l'intervalle de 1623 à 1791, pour que la *Constituante* fût informée par Boufflers de la cause réelle de la supériorité de l'industrie anglaise sur celle de tous les pays, dont elle attirait les inventeurs, qu'elle protégeait, tandis que le continent les persécutait, les décourageait ou les emprisonnait. C'est que les directeurs politiques des nations ne voyagent pas assez ou ne se font représenter dans les ambassades que par des hommes du monde, qui n'étudient pas plus les institutions que les inventions ou les productions des pays où ils séjournent.

Et cependant, quel séminaire d'hommes d'État plus convenable que les secrétaireries d'ambassade avec leurs conseillers, leurs attachés et leurs agents consulaires, s'ils étaient pris parmi les jeunes économistes, les jeunes savants, les jeunes naturalistes, les jeunes technologues, etc., désignés par l'Académie, au lieu d'être choisis par les douairières du faubourg Saint-Germain de toutes les capitales!

On nous répondra que l'on commence à entrer dans cette voie, puisque les consuls sont tenus de faire un rapport annuel; mais ces rapports consistent d'ordinaire dans la traduction du tarif des douanes de leur résidence. Quant aux inventions, institutions et productions naturelles remarquables, ils les foulent de leurs souliers vernis, sans plus s'en occuper que les *ogibéwas* transplantés à Londres ou à Paris ne s'occupent de l'administration de ces capitales.

C'est que pour voir, il faut avoir appris à voir, comme pour chanter et danser, et que sur mille étrangers qui visitent Londres, il y en aura 990 qui n'auront été frappés que du pont sous la Tamise, de la colonne de Nelson et du grand nombre de squares qui rendent les courses interminables.

Nous avons connu plusieurs ministres qui n'avaient jamais vu ni Londres, ni Paris, ni Vienne, ni Berlin; on dit pourtant que les voyages forment la jeunesse, développent et agrandissent les idées. C'est ce qui nous a fait publier dans le temps un projet d'instruction supérieure propre à former des hommes politiques.

VI.

Voici quel était ce projet destiné à faire regagner à la noblesse, par l'instruction, l'influence que les armes et la fortune lui avaient acquise et que la révolution lui a fait perdre.

C'était de fonder une université supérieure, aristocratique si vous voulez, où les jeunes gens de familles riches entreraient, en sortant des universités démocratiques, pour y poursuivre leurs études par des voyages, sous la conduite des professeurs les plus distingués qui leur feraient analyser, comparer et apprécier les mœurs, les lois et les institutions des autres peuples, pendant au moins trois ans. Il est évident qu'en revenant dans leurs terres, on irait naturellement les y chercher pour en faire des bourgmestres, des députés, des ambassadeurs et des ministres.

La noblesse regagnerait ainsi son ancienne importance, non par droit de naissance, mais par droit de science; cela serait parfaitement constitutionnel et d'accord avec les maximes de la libre concurrence. Les égalitaires seuls pourraient se plaindre de voir élever le niveau des études en faveur des classes privilégiées de la fortune; mais l'argent étant l'étalon reçu de la capacité constitutionnelle, les riches ne sauraient l'employer plus utilement pour l'État, qu'en le consacrant à acquérir plus de connaissances utiles et d'instruction solide que le commun des martyrs, comme on dit.

Ce projet d'université supérieure, équestre, nobiliaire, oligarchique si vous voulez, mais parfaitement légale, aurait un succès assuré en y recevant les étrangers de distinction qui se feraient un honneur d'y venir terminer leurs études politiques, diplomatiques et transcendantes sous la direction des premiers professeurs du monde.

En ouvrant cette porte de salut à la haute noblesse dépouillée de ses majorats, de ses fidéicommis et de ses autres priviléges, nous marchions sans le savoir sur les traces du brave abbé de Saint-Pierre, qui fit tant de vains projets pour l'amélioration de l'espèce humaine; seulement il avait la bonhomie de les adresser aux ministres, qui se contentaient de les appeler des rêves *d'un homme de bien*. On sait ce que cela veut dire en langage diplomatique.

Nous ne sommes pas aussi Jobard (1) que le bon abbé qui croyait encore aux commissions, parce que, disait-il, on doit tirer plus de lumières d'un faisceau de torches que d'une seule. Malheureusement la pratique prouve que si elles fument beaucoup, elles n'éclairent que fort peu; mais la figure du malfaiteur disparaît derrière la fumée: c'est tout ce qu'on demande.

VII.

Quand on a fait partie d'une assemblée ou d'un comité quelconque assis autour d'un tapis vert, on ne peut s'empêcher de sourire en lisant dans les journaux que telle assemblée vient de clore sa longue et laborieuse session, que telle commission vient enfin de terminer ses graves et *importants travaux* (des cocottes) (2). Que diriez-vous de cent individus croyant faire leur devoir en apportant chacun leur centième d'idée, dans la persuasion que cent centièmes d'idées font une idée, comme cent centimètres font un mètre? vous diriez que cela est ridicule. Eh bien! l'abbé de Saint-Pierre avait imaginé une sorte

---

(1) Nous l'avons été pourtant lorsque nous avons présenté, en 1832, notre premier projet de loi sur les brevets d'invention à M. Dugniolle, qui nous l'avait demandé, mais qui le trouva mauvais. Nous le fîmes imprimer avec cet exergue : *Monsieur Dugniolle l'a trouvé mauvais*, ce qui le fit prendre en sérieuse considération par les hommes instruits et raisonnables, précisément à cause de cet exergue.

(2) Ces travaux sont en effet bien laborieux quand il s'agit de rester exposé à la logo-diarrhée de quelque esprit biscornu, vrai pilier de commissions, dont il dirige les *importants travaux* d'après une dépêche secrète placée d'avance dans sa valise par qui de droit.

de cascade de commissions graduées qui se rapprochait beaucoup du mandarinat chinois; mais la plus drôle était sa commission d'évaluation du mérite de toutes les inventions susceptibles d'être récompensées par l'État d'après les bénéfices que l'État en retirerait. Or, comme une pareille expertise préalable est de toute impossibilité, il eût été nécessaire d'attendre la mort de l'auteur avant de pouvoir asseoir son calcul sur quelque chose de véritablement impondérable. S'il fallait récompenser Watt et Fulton aujourd'hui, quel État pourrait y suffire ?

Les citations que nous allons faire de l'utopie du bon abbé feront voir le chemin que cette idée a fait depuis Louis XIV jusqu'à Napoléon III, qui l'a si bien formulée pour la première fois.

VIII.

De la nécessité de récompenser les auteurs de projets politiques et les autres inventeurs, par l'abbé de Saint-Pierre.

« L'auteur d'une découverte aura une rente de *vingt ans,* payable à lui ou à ses héritiers, ou créanciers, ou donataires, à commencer du jour du résultat du bureau. Le brevet fera mention de la date de ce résultat. Cette rente sera la deux centième partie du profit annuel que l'État sera estimé tirer de cette découverte, de sorte que, si la découverte est estimée deux millions de profit annuel, sa rente sera de dix mille livres. L'estimation en sera faite premièrement par les résultats de trois bureaux de l'Académie politique, en dernier ressort par tous les bureaux assemblés du ministère de la matière en question.

« *Éclaircissements.* — 1° Il est évident que, pour faire travailler les esprits excellents avec ardeur et avec constance, il leur faut un titre en vertu duquel ils aient droit de demander leur récompense au conseil, et que le conseil ait un pouvoir suffisant pour estimer cette récompense. Ainsi il faut un règlement qui donne ce droit aux découvreurs et ce pouvoir aux estimateurs.

« Je dirai à ce sujet que les différentes académies déjà établies doivent, par le même édit, avoir le droit d'arbitrer et d'estimer en rente de vingt ans la récompense de celui qui fait une découverte utile dans chaque art et dans chaque science, quand, sur le pied du deux centième denier du profit de la nation, la rente de vingt ans ne devrait être estimée que quatre marcs d'argent.

2° Comme le découvreur travaille pour lui, pour ses héritiers, pour ses créanciers, et, s'il est religieux, pour sa communauté, il est juste qu'il ait une rente de vingt ans et qu'il puisse en disposer par testament (1).

« 3° Il est certain que la femme, les enfants, les confrères de celui qui découvre, sachant qu'ils peuvent profiter après sa mort de la rente due à sa découverte, procureront au découvreur plus de loisir, plus de commodités, plus de courage, plus de constance pour avancer sa découverte. Ainsi ils méritent de se ressentir de la récompense due à son travail.

« La nécessité est mère de l'invention, parce qu'elle est mère des efforts d'application. Cela prouve que rarement les gens riches quittent les plaisirs et les amusements ordinaires de leur condition, pour chercher avec peine et avec constance des inventions utiles aux autres. Nous ne devons presque rien aux riches, en comparaison de ce que nous devons aux nécessiteux.

« Mais il se trouve dans le mauvais état des affaires des nécessiteux un grand obstacle au perfectionnement de leurs inventions. Comme ils n'ont que le nécessaire pour subsister eux et leurs familles, ils manquent d'argent pour faire les frais de différents essais et de différentes expériences, sans lesquels essais les commissions des académies des sciences, nommées pour examiner leurs inventions, ne sauraient rendre témoignage que la découverte est complète et mise en état que le public puisse en profiter. Il manque donc deux choses pour encourager les inventions des machines, et j'en dis autant des inventions dans la chimie et dans plusieurs autres arts.

---

(1) Pourquoi 20 ans, pourquoi 15 ans, pourquoi 10, pourquoi 5, et pourquoi pas 25, 30, 50, 100 ; pourquoi pas toujours si son invention est toujours utile, et pourquoi pas zéro quand elle cesse de l'être ?

Il n'y a donc de rationnelle que l'idée d'en faire la propriété particulière de l'inventeur, qui se trouve exactement rémunéré d'après la valeur réelle de son invention.

« Pour encourager les machinistes à inventer et à faire de nouveaux efforts pour inventer, il serait donc nécessaire que, par le même ordre ou la même patente, l'Académie eût ordre, après toutes les expériences nécessaires faites devant les commissaires, de donner son avis si la découverte est complète et en état d'être utile au public, et de dire combien elle croit que doit être la rente de vingt ans due à l'inventeur, par comparaison de l'utilité dont sa machine peut être au public.

« Je propose que le point fixe des pensions soit du deux centième de profit annuel que l'État en doit tirer, de sorte que, si la machine épargne par an à l'État le travail et la subsistance de quatre mille travailleurs à dix sous par jour durant cinquante jours, l'épargne sera de trois cent mille livres, dont le deux centième est de cinq cents écus ou quinze cents livres, ou trente marcs d'argent à onze deniers et demi de fin durant vingt ans.

« 3° Dans le désespoir où se trouve un machiniste, un chimiste inventeur d'une découverte utile au public, d'obtenir de l'Académie, juge de la machine qu'il a inventée, un jugement qui puisse lui procurer une pension de l'État et le récompenser de ce qu'il a trouvé d'avantageux pour le public, il demande quelquefois un privilége exclusif, mais il y a deux inconvénients à cette sorte de récompense.

« Le premier inconvénient regarde le public. Le privilége exclusif empêche que l'invention soit connue et mise en usage autant qu'elle pourrait l'être pour l'utilité publique.

« Le second inconvénient, c'est que ce privilége, si la machine est bonne, cause une infinité de procès, ou à l'inventeur, s'il n'a pas cédé son droit à une compagnie, ou à la compagnie elle-même qui a acquis son droit de privilége exclusif. Or, les procès sont très-nuisibles à l'État (1).

---

(1) Il ne nous semble pas évident que les procès soient nuisibles à l'État, quand on voit des lois de brevet combinées de manière à donner naissance à des procès interminables, qui, après avoir parcouru les trois degrés de juridiction d'un ressort de justice, peuvent recommencer jusqu'à épuisement de la fortune des plaideurs. C'est que toutes les lois de brevets ont eu pour auteurs et rédacteurs des avocats.

« L'inventeur est donc forcé, ou de passer son temps à former une compagnie, ou de suivre des procès, au lieu d'employer ses talents acquis par quarante ans d'études à produire de nouvelles inventions encore plus utiles que les anciennes ; ce qui est fort nuisible à l'inventeur et à l'État.

« Les découvertes dans les arts sont utiles, mais c'est peu de chose en comparaison de la grande utilité que l'on peut tirer des règlements et des établissements nouveaux, et des perfectionnements des anciens. » L'auteur, dit M. de Molinari, qui a si bien analysé les œuvres de l'abbé de St-Pierre, ne s'occupe pas seulement, en effet, des inventions matérielles. Sa sollicitude s'attache aussi aux découvertes qui ont lieu dans la sphère des sciences morales et politiques, et il pense avec raison que les auteurs de ces découvertes méritent, au moins autant que le commun des inventeurs, d'être récompensés de leurs efforts (1).

IX.

« Le plaisir que donne la comédie est un des plaisirs de l'esprit ; on peut estimer en revenu ce que la comédie apporte de plaisir à Paris par le revenu qu'en tirent les comédiens. Le spectateur peut de même estimer le plaisir qu'il en retire par l'argent annuel qu'il donne pour en jouir.

« A l'égard des bons auteurs, ils seront en petit nombre, même dans un grand État.

« Il faut, pour devenir un bon auteur, un génie né facile, appliqué, étendu, cultivé jusqu'à vingt ans par les diverses connaissances humaines.

« Il faut que depuis vingt ans il ait été exercé dans la capitale par les conférences, par les disputes et par la lecture des mémoires modernes, manuscrits et imprimés ; il faut qu'il soit accoutumé à la méditation et à la composition.

---

(1) C'est pour cela que nous avions, par un article spécial de notre projet de loi, spécifié que les inventeurs de projets financiers ou d'institutions d'utilité publique fussent admis en temps et lieu à faire valoir leurs droits à une récompense nationale.

« Il faut un esprit juste, qui, à force d'examiner les vraies démonstrations, et à force d'en former lui-même, ait acquis un sentiment délicat et sûr pour discerner promptement les conséquences justes et réelles des conséquences fausses et apparentes.

« Il faut un homme qui, par une pratique et par une expérience de plusieurs années dans les affaires publiques et particulières, puisse lier avec facilité les vérités de spéculation avec les moyens convenables de pratique.

« Il faut un homme tempérant et d'une santé exempte de douleurs et d'infirmités, accoutumé à démontrer évidemment aux autres dans la composition, ce qu'il s'est démontré à lui-même dans la méditation.

« Il faut un homme assez sensible à la distinction entre pareils pour les surpasser en travail et en patience, et assez éclairé pour discerner la distinction la plus précieuse de la moins précieuse.

« Il faut un homme qui ait assez de revenu pour avoir et les commodités de la vie, et surtout un copiste occupé à remettre au net durant le jour ce qu'il aura corrigé le matin; il faut même que le recouvrement de ce revenu ne lui coûte que peu d'application durant l'année, comme des rentes ou des pensions bien payées; il faut que, de ce côté-là, il soit exempt d'inquiétudes sur des procès; car, pour méditer avec plus de succès, il faut non-seulement du loisir, mais encore du calme sur toutes les sortes d'affaires qui causent de l'inquiétude.

« Il lui faut un domestique tranquille et qui ne lui cause pas trop de distractions, et, soit qu'il ait une femme et des enfants, ou qu'il n'en ait pas, il faut dans sa famille du repos, de la santé, de la tranquillité. La femme et les enfants dont la conduite plaît, excitent au travail; mais quand leur conduite déplaît, ils causent de grandes distractions.

« Il faut, du côté des lois, qu'il soit excité au travail par la certitude d'obtenir de grandes récompenses pour lui et pour sa famille, si ses découvertes se trouvent très-importantes et très-bien démontrées.

« Il faut un génie sage et docile, qui écoute volontiers et qui profite aisément des lumières des autres; il faut qu'il soit bon estimateur de ce qui est plus ou moins important au bonheur public ; il faut qu'il ait comparé diverses matières pour choisir la plus importante.

« Il faut qu'il ne hasarde l'impression qu'à quarante ans, après qu'il aura souvent et longtemps corrigé ses compositions. Tels sont les moyens de former de grands génies et de procurer au public d'excellents ouvrages.

« Il faut donc, du côté de la personne, des qualités naturelleset plusieurs habitudes assez rares ; il faut, du côté de la fortune, certaines conditions nécessaires et peu communes.

« Or, comme il est très-rare de rassembler toutes ces qualités et toutes ces conditions, il est très-rare aussi de rencontrer, même dans un grand État, plus de trente génies de la première classe, qui s'occupent avec succès, dans des conditions privées, à faire des découvertes importantes dans la politique pratique.

« On n'a pas, en effet, à redouter beaucoup la surabondance des génies de première classe, en admettant même qu'ils soient rémunérés en proportion de l'utilité de leurs œuvres. »

X.

Il nous paraît superflu d'insister sur ce que les vues que nous venons de reproduire contiennent d'original et d'avancé pour l'époque où écrivait le bon abbé. On a reconnu depuis, qu'il valait mieux laisser au public le soin de récompenser les inventeurs, en garantissant à ceux-ci, au moins d'une manière temporaire, la propriété de leurs œuvres. On en viendra, sans aucun doute, à la leur garantir d'une manière illimitée, et à proportionner ainsi, comme cela est équitable, la récompense de l'inventeur à l'utilité de l'invention. « Remarquons, dit M. de Molinari, à qui nous empruntons ces justes réflexions, que les esprits d'élite qui innovent, qui inventent dans les arts politiques et moraux, si l'on peut se servir de cette expression, ont été oubliés par les auteurs du code de la propriété intellectuelle ; que, si la législation actuelle assure une rémunération, encore à la vérité bien insuffisante, à l'inventeur d'une machine, en lui garantissant la propriété temporaire de son œuvre, elle n'en assure aucune à l'auteur d'une méthode ou d'un plan destiné à perfectionner les institutions politiques, économiques, financières, pédagogiques, etc. La législation actuelle ne reconnaît guère que les inventions purement matérielles, quoique les autres aient une utilité au moins égale, et, sous ce rapport, elle est encore en arrière du système que l'abbé de Saint-Pierre proposait pour récompenser « les auteurs « de projets politiques et les autres inventeurs. »

Ces observations, si raisonnables dans la bouche d'un économiste, feront bondir M. Michel Chevalier, qui nous a traité de bonhomme, d'excellent homme, après avoir lu notre gros volume du *Monautopole*, qu'il s'est bien gardé de discuter et de laisser discuter dans le *Journal des Débats*, au contraire.

Nous aimons à croire que ce brillant économiste ne nous a pas compris, ou qu'il appartient à la race autochthone privée de l'esprit d'invention, qui ne connaît que le droit du plus fort ou du plus riche, ce qui est la même chose sous le régime de la libre compétition.

Nous avons déjà démontré à l'évidence que la concurrence conduit au monopole par le chemin que les libres échangistes ont pris pour s'en éloigner.

Cela est clair, même pour les plus aveugles dont nous avons fait tomber les écailles des yeux en leur démontrant qu'en toute course au clocher, les gens à cheval ou en voiture arriveront toujours à la borne d'or avant les piétons.

XI.

Il est bien singulier que Bernardin de Saint-Pierre, qui n'était pas un homme sans valeur, malgré ses erreurs astronomiques, ait marché sur les traces de l'abbé de Saint-Pierre; s'ils n'étaient pas de la même souche, ils avaient l'*alma parens* avec la nôtre, qui avons entendu grand'-mère parler de son alliance à la famille de l'auteur de *Paul et Virginie*, lequel, par parenthèse, n'était pas galant envers sa femme, née Didot, dit-on, qu'il ne voulait jamais promener sur les boulevards ni dans les magasins de la chaussée d'Antin. Le monstre !

M. le comte Aug. de Caze nous a écrit de Rouen qu'il vient de trouver dans la *Suite des vœux d'un solitaire*, imprimée en 1792, t. V, page 277, le passage suivant :

« Ce qui me paraît bien étrange dans l'opuscule de l'entrepreneur
« du *Moniteur*, c'est qu'il y propose de faire la fortune des auteurs
« en leur assurant pendant quatorze ans la propriété de leurs
« ouvrages, à condition qu'au bout de ce temps il serait libre à tout
« libraire de les réimprimer. Il m'avait déjà fait l'honneur de me
« communiquer ce projet de vive voix. Je lui dis : c'est comme si les
« jardiniers de Boulogne demandaient que le beau jardin que vous y
« avez, rentrât dans leur commun, parce que vous en jouissez depuis
« plus de quatorze ans. La propriété d'un ouvrage est encore plus
« sacrée que celle d'un jardin. Il me répondit que cette loi existait en
« Angleterre et qu'il comptait la solliciter auprès de l'assemblée
« nationale. J'ignore si cette loi existe ; mais, après tout, il faut aller
« chercher de bonnes lois chez ses voisins et non pas des abus (1)...
« Ainsi un auteur se verrait dépouillé de sa propriété ; les études
« de sa jeunesse ne lui appartiendraient plus dans sa vieillesse, etc., etc.
« — L'assemblée est trop sage pour ne pas rejeter ce projet
« captieux dont j'ai démontré l'injustice, etc. »

XII.

« Bernardin de Saint-Pierre n'applique ici ses raisonnements qu'à la
littérature, principes que quarante ans plus tard vous appliquez avec
autant de lumières que d'équité à toutes les œuvres de l'intelligence ;
car avant d'être matérialisées sous la forme de livre, statue, machine,
outil, produits chimiques, etc., toutes ces œuvres sont évidemment
l'œuvre de la réflexion ou du génie, propriété bien autrement sacrée
que celle d'une terre possédée par droit héréditaire ou achetée, si l'on
veut, avec des écus parfois très-mal acquis. »

« N'est-il pas merveilleux que dans un siècle qui s'appelle orgueil-

---

(1) Le fait est que c'est aux 14 ans donnés par les Anglais aux inventeurs que
toute l'Europe doit le peu de durée de ses brevets :

> Mais quand sur l'air d'un autre on veut se modeler
> C'est par les beaux côtés qu'il faut lui ressembler.

C'est le contraire qu'on semble avoir cherché. Les Anglais doivent en être fiers,
car en les imitant jusque dans leurs défauts on leur donne le droit de se croire
et de se dire le peuple modèle de l'Europe, et de nous appeler vils pantographes.

leusement le siècle de lumières, il ait fallu cent quarante ans depuis l'abbé de Saint-Pierre, soixante-cinq ans depuis Bernardin de Saint-Pierre et trente ans depuis que vous vous êtes occupé à donner à cette idée si claire, si lumineuse et si équitable une originalité et une étendue immense, pour n'obtenir qu'une ombre de justice incomplète, sinon dérisoire, tandis qu'en adoptant nettement, carrément l'idée fondamentale, on aurait rendu le plus immense service à l'humanité; on aurait convié le génie à jouir de ses conquêtes; on aurait appelé le prolétaire à des travaux sans cesse renaissants, et on lui aurait donné le pain dont il manque et manquera longtemps avec l'inique législation qui régit la propriété industrielle. »

« Je vous serre la main de tout mon cœur.

« AUG. DE CAZE. »

Croirait-on que le but réel ou du moins apparent de l'école d'Adam Smith, en prêchant la libre concurrence, était l'abolition de tout privilège, par conséquent l'amour de l'égalité ?

Croirait-on qu'une foule de gens embrassent encore ce fantôme avec une joie d'enfant, sans prendre la peine de regarder autour d'eux? car ils liraient sur tous les feuillets du livre de la nature le mot *inégalité*, tant le Créateur semblait tenir à leur épargner cette méprise, en ne faisant pas deux brins d'herbe égaux entre eux, ni deux intelligences, quoi qu'en dise Jacotot. Eh bien! malgré cela, c'est toujours au nom de l'*égalité* que l'on parvient à séduire, soulever et bouleverser le monde (1).

L'inégalité est si bien une loi naturelle que le monde ne saurait exister avec l'égalité, qui serait l'immobilité ou l'équilibre stable; le sang se figerait dans nos veines, la séve dans les végétaux, et les astres deviendraient immobiles dans les cieux; l'inégalité, c'est la vie de circulation. Si nous ne pouvons vous en convaincre en prose, nous

---

(1) On nous fait observer que la cause des grandes guerres n'est pas toujours l'amour de l'égalité; la haine du *saindoux* qui saisit les *Indous* menace l'Asie d'une conflagration dont il est difficile de prévoir la fin malgré l'assurance avec laquelle en parlent tous les Anglais.

allons essayer en vers, mais en vers tellement goûtés, que nous sommes dégoûté d'en faire des copies pour les amateurs. Nous pourrons leur dire désormais : Prenez notre ours, vous augmenterez en même temps les profits de notre éditeur, qui, ayant eu le courage de nous imprimer, doit se faire pardonner l'indélicatesse de vendre ce que nous avons donné toute notre vie à tout venant, sans en devenir plus riche.

Arrivons à cette célèbre fable de l'*égalité*, qui a certainement été imprimée à plus de 500,000 exemplaires, et que personne de notre connaissance ne connaît. Ce que c'est que la *célébrité*, ce que c'est que l'*illustration!!!*

Il est vrai que cette pièce nous a valu le plus brillant quatrain d'Eugène Roch, inventeur de l'*Observateur des Tribunaux*, cet ingénieux journal sans abonnés qui obtient un grand succès sans rédaction :

S'il était encore un Parnasse,
Bonhomme à la malice enclin,
Je le dirais : Va prendre place
Entre la Fontaine et Franklin !

On va dire que nous sommes jaloux des barbouilleurs qui ont effacé les trois mots qui couvraient en 1848 tous les monuments français, en démontrant que

La liberté, l'égalité
Y compris la fraternité
Dont on berne l'humanité
Depuis des temps incalculables,
Aux yeux des hommes raisonnables
Ne seront jamais que trois fables.

L'ÉGALITÉ.

1re *Fable.*

A bas les ormes et les frênes !
A bas les cèdres et les chênes !
Et tous ces géants des forêts,
Qui font un éternel dommage
A la ronce, à l'épine, aux chardons, aux genêts;

Il faut à tous égal partage
De terre et d'air, de lumière et d'ombrage.
Sans les taillis, le gazon grandirait,
La mousse aussi s'élèverait ;
Car devant les lois générales
Toutes les plantes sont égales.

Valeureux bûcherons, frappez tous à la fois ;
Obéissez à Dieu qui parle par ma voix !
Pas de pitié, pas de miséricorde ;
Mettez-moi tous ces bois en corde
Et même les arbres à fruit,
Et qu'à la fin de la journée
Tout soit tombé sous la cognée !

Enfin c'est fait, tout est détruit...
Vous allez voir comme dans cette enceinte
Va régner l'égalité sainte,
Comme tout grandira l'été,
Au soleil de la liberté !

En effet, la saison suivante,
On vit la ronce triomphante
Monter au niveau du chardon ;
Le pas-d'âne et le liseron
Se pavaner d'un air superbe
Au milieu de la mauvaise herbe
Qui dominait dans le canton.

Mais leur règne ne fut pas long.
Au bout de la seconde année,
Cette forêt guillotinée,
A perdu son égalité ;
Et la sève aristocratique,
Retrouvé son allure antique,
Présent de la Divinité.

Chêne redevient chêne,
Buisson reste buisson,
Frêne redevient frêne,
Chardon reste chardon ;
La mousse reste mousse
Et tout enfin repousse
Exactement
Comme devant.

Républicains, communistes,
Radicaux, socialistes,
Quand vous aurez tout rasé,
Tout démoli, tout embrasé;
Quand vous aurez coupé la tête
A tous les grands, à tous les gens d'esprit,
Le sot en sera-t-il moins bête
Et le nain moins petit?

Puisque vous trouvez cette fable excellente, nous allons vous en servir deux autres sur la *liberté* et sur la *fraternité*, que vous trouverez comme vous voudrez; mais il faut qu'il soit bien constaté que la liberté, l'égalité et la fraternité ne sont que trois fables, trois contes ou trois chimères, dont nous désirons dégoûter nos lecteurs en les forçant de les avaler coup sur coup.

LA LIBERTÉ.

2me *Fable.*

Au diable les rois et les lois,
Les remontrances de mon père
Et les contes bleus de ma mère,
Je veux jouir de tous mes droits;

Plus de langes, plus de lisières,
Plus de croyances mensongères,
Je suis un homme et, par ma foi,
L'homme de la terre est le roi!

Ainsi chantait en battant la campagne,
Un lycéen sorti des murs de Charlemagne
En passant par-dessus les toits :
« Liberté chérie,
Seul bien de la vie,
Enfin je te dois
Du moins je le crois
Le bonheur d'être heureux pour la première fois!
O Louis Blanc, Cabet, Ledru, Caussidière,
Vidal, Blanqui, Barbès, Considérant, Pagnerre,
Apôtres de l'humanité
Vos noms seront bénis de la postérité!...

Mais hélas! ici-bas nul plaisir n'est durable,
La nuit vient et la pluie, et le vent, et le froid,
Pas de pain, pas d'argent et pas l'ombre d'un toit
Pour abriter le pauvre diable
Durant cette nuit lamentable.

Vaine leçon
Pour ce disciple de Proudhon.
Le jour renaît, avec lui l'espérance :
Je le savais, dit-il, jamais la Providence
N'abandonna ses enfants,
« *Aux petits des oiseaux elle offre la pâture,* »
Et je vois à travers cette mince clôture
Briller des fruits succulents.
Ma foi, sautons!... Pan, pan... Aïe, aïe !
Qui tire ainsi sur cette haie?

C'est Antoine, héritier du jardinier d'Auteuil,
Qui las de cultiver l'if et le chèvrefeuil,
Les ai fait disparaître,
Pour planter ces pommiers,
Ces pêchers, ces pruniers.
« *Que j'ai greffés, que j'ai vu naître* »
Et dont, pardieu, je suis le maître;

Allons! mon beau muguet, suis-moi
Devant le procureur du roi,
Qui t'enverra, maraudeur émérite,
Méditer au fond des cachots,
Sur le respect de la limite
Et la sainteté de l'enclos!

— Plutôt la mort que l'infamie!
Tuez-moi, je vous en supplie,
Ou dans le fleuve du Léthé
Je vais tenter d'une autre vie!
— Tu n'en as plus la liberté !...

—

Ainsi donc cette trilogie
Du système républicain,
N'est rien qu'une cacologie
Dont voici la terrible fin :
Égalité dans la misère,
Liberté de mourir de faim,
Et, pour couronner cette affaire,
Fraternité de feu Caïn.

La dernière de ces trois chimères sur lesquelles on a imaginé de hisser la république pour voler vers le progrès indéfini, était la plus délicate à toucher; elle a longtemps regimbé et lancé des ruades à notre *pegasous*, comme disent les bourgeois de Berlin qui sont encore en pleine mythologie. Mais il n'est pas un roc du Parnasse que l'on ne puisse faire sauter avec la poudre de patience. On nous dira qu'il y a d'honorables exceptions à l'égoïsme, que nous croyons être la règle universelle ; ces exceptions mêmes ne font que nous confirmer dans l'idée qu'il s'est glissé une erreur de copiste dans le précepte *prima sibi caritas*. *Cibi* nous paraît plus intelligible et plus naturel ; car cela voudrait dire que la première charité à faire aux pauvres, c'est de la nourriture et non pas des droits politiques dont ils se soucient aussi peu que des de la musique avant dîner.

LA FRATERNITÉ.

3ᵐᵉ *Fable.*

Deux jumeaux s'aimaient d'amour tendre,
L'un pour l'autre à mourir tout prêts, à les entendre.
Sur un vaisseau royal ils montent, mais hélas !
D'un horrible naufrage
Le royal ne les sauva pas.
Tous deux pleins de courage
S'élancent à la nage ;
Comme un brave marche au trépas,
En affrontant l'ennemi qui l'ajuste.
A moi, dit l'un, cet affût de canon ;
A moi, ce morceau d'aviron !
Avec de l'eau jusques au buste
Je me suppose assez robuste
Pour gagner l'un ou l'autre bord.
Quant à mon frère, hélas ! il sera mort,
Enseveli sous quelque lame ;
« Que Dieu veuille avoir sa belle âme !! »
Pour conserver ses jours, j'aurais donné les miens,
« Mais les décrets du Ciel étant impénétrables »
De toute plainte je m'abstiens.

Tout à coup des cris lamentables,
Lui font reconnaître la voix
De son pauvre frère aux abois.
— A moi les enfants de la veuve !
Je suis traqué par un requin,
Et je touche à ma fin
Si pour sortir de cette épreuve
Un frère ne me tend la main.

–– Un requin !un requin ! ça change bien la thèse,
Je n'avais pas prévu cette grave hypothèse,
Qui brise le contrat de la fraternité ;

Nul ne peut échapper à la fatalité,
Et bonne charité commence
Par pourvoir à son existence
« Chacun pour soi, chacun chez soi, »
Du grand Dupin telle est la loi !
Ainsi, mon cher, éloigne-toi,
Pour m'épargner la peine extrême
De voir périr l'ami que j'aime
Si près de moi.

Ceci vous montre à l'évidence
Malgré tout ce qu'on vous en dit
Que la fraternité finit
Où l'intérêt privé commence.

XIII.

L'ÉLECTRICITÉ REMPLACERA-T-ELLE LA VAPEUR?

Cette question est *ad æquate* à celle qu'on s'adressait il y a cent ans, à propos du remplacement de la force animale par la vapeur. Les uns doutaient, les autres niaient; Watt seul affirmait. C'est que l'inventeur est le premier convaincu, par intuition d'abord, par le calcul après, et ensuite par ses essais particuliers; heureux s'il peut trouver des capitalistes qui consentent à l'aider sans exiger de lui des garanties immobilières, telles que châteaux, forêts, bons du trésor, etc.

Le moteur électrique existe-t-il enfin? Il en est jusqu'à cent que nous pourrions citer, depuis Jacobi et Wheatstone, car à peu près tous les physiciens courent après ce merle blanc qui s'envole toujours au moment où on le tient en joue.

Nous aussi, nous l'avons manqué; après avoir fait une machine de la force d'un rat, nous en avons fait une de la force d'un chat; nous courions après un chien quand cette apostrophe de notre président nous a coupé les jambes : Êtes-vous sûr de pouvoir arriver à 60 chevaux? — Mais!... — Si vous n'en êtes pas sûr, on ne vous donnera plus d'argent, et si vous en êtes sûr, on vous en donnera encore moins, car moi qui vous parle, j'ai toute ma fortune en charbon, et je ne veux pas que l'électricité vienne me ruiner. Hélas! ce n'est pas l'électricité qui l'a ruiné, aveuglé et tué, notre pauvre président, c'est le nitrate d'argent.

XIV.

A propos de tuer, nous nous étonnons qu'on ne remplace pas la guillotine, la corde, le pal et la garotte, par la foudre qui expédierait plus proprement son homme. Voyez-vous le condamné debout sur l'échafaud et parlant au peuple? une main de justice s'abaisse lentement sur sa tête; l'étincelle part et lui coupe la parole; il tombe foudroyé sans s'en apercevoir; c'est pour lui qu'on pourrait dire : La mort n'est rien; car enfin la mort qui nous fait si peur parce qu'elle n'a pas été analysée par M. Cauchy, n'est que la douleur multipliée par le temps. Or, la vitesse de l'électricité étant de 80,000 lieues par seconde, et le plus grand criminel n'ayant pas plus de deux mètres, le passage de vie à trépas ne durerait pas plus d'un quatre cent millionième de seconde; ce n'est pas la peine d'y penser, et comme disait le spirituel Lesbroussart :

> La mort n'est rien, c'est la fin de nos jours
> Que le ciel abrégea pour les rendre plus courts.

Cette mort homœopathique tenterait par trop les scélérats, c'est pour cela sans doute qu'on ne veut pas les faire jouir de ce procédé de vitesse; mais si c'est la peur de la douleur qui les retient, la substitution de la torture à la mort nous paraîtrait beaucoup plus logique et plus efficace.

Voilà une raison que les abolitionnistes n'ont pas trouvée. On va dire que nous plaisantons de tout. — Du tout, c'est une conviction mathématique raisonnée qui nous fait parler ainsi; vous pouvez vérifier notre équation, car nous n'avons pas les mêmes motifs de l'effacer du tableau que certain professeur de mécanique transcendante, qui a dû tous ses succès à la facilité avec laquelle la craie disparaît sous le chiffon.

XV.

Mais retournons à l'origine de notre *paulo-post futurum* succédané de la vapeur, dont bien des paysans qui ne sont pas d'Athènes se lassent d'entendre vanter le mérite et les services.

L'abbé Delnegro (en Italie tous les savants sont des abbés) a commencé dès 1830 à chasser la grosse bête en même temps que Jacobi en Russie, Paterson en France, Davidson en Angleterre, Elijah Paine, Taylor et Page en Amérique. Les uns ont fait mouvoir des nacelles, les autres des voitures; tout cela marchait un peu, et vous voyez (entre parenthèse) que tous ces chercheurs appartiennent aux pays qui accordent des patentes ou brevets, tandis qu'on n'invente rien dans les pays qui n'en donnent pas; nouvelle preuve qu'il n'y a pas de progrès possible en industrie sans espoir de récompense.

Nous persistons à croire que le problème serait déjà résolu si les inventeurs avaient pu suivre leurs recherches. Mais quand ils voient approcher la déchéance, ils les abandonnent quelquefois à la veille du succès.

XVI.

Voilà ce que les communistes et les restrictionnistes refusent de comprendre; parce qu'ils s'imaginent que si les inventeurs étaient maîtres absolus de leurs découvertes, ils en abuseraient comme les propriétaires abusent de leurs champs et de leurs maisons, en refusant de les cultiver, de les habiter ou de les louer : pauvres gens !!!

L'habile et ingénieux Froment est un de ceux qui ont le plus approché de la solution, en construisant plusieurs espèces de petits moteurs électriques qui ne le satisfaisaient pas encore, nous disait-il, bien qu'il ait exécuté une machine d'un cheval de force; mais ce cheval embobiné dans son box, mangeait plus de zinc qu'un cheval ordinaire ne mange de foin; il en est donc revenu à ces petits chats qu'il fait travailler jour et nuit à garnir de soie des fils électriques, et à diviser ses instruments de précision. Et comme il a découvert par intuition le secret de Gambey, son ancien maître, pour diviser exactement toute espèce de plate-forme et rectifier les vis les plus mparfaites par la méthode des ordonnées, on peut dire que M. Froment est le plus grand diviseur du monde, ce n'est pas commun.

XVII.

Le docteur Page, de Washington, croyait avoir trouvé la pie au nid avec ses hélices creuses à forces additionnelles; il a même fait marcher *coram populo* une locomotive avec la vitesse d'un quart de lieue à l'heure, seule chose, nous écrit-il, qui l'ait radicalement guéri... Ses barreaux entrant et sortant, et agissant à la façon des cylindres à vapeur, avaient pourtant séduit beaucoup de monde.

Wagemann, de Francfort, a également tenu longtemps l'Allemagne en émoi dans l'attente du messie électrique; mais quand nous avons été lui porter notre encens, nous avons trouvé le bonhomme occupé à planter des choux; c'était plus sûr et plus productif, nous a-t-il dit.

Il y avait deux charmants moteurs électriques à l'Exposition universelle, de l'invention de M. Roux; que sont-ils devenus? Armanjat a aussi très-habilement employé les aimants circulaires inventés par Niclès, de Nancy. Le vicomte de la Cressonnière, de Lausanne, nous informe qu'il a mis en essai un moteur si vigoureux qu'il a tordu des barres de fer et lui a rompu le poignet; cela promet : Hercule au berceau étrangla sa nourrice.

XVIII.

Nous en passons, et des meilleurs, car Dieu seul, dont l'œil plonge dans les greniers comme dans les palais, peut voir des milliers de bobines rouillées, de verres égueulés, de vases poreux encrassés de sulfates qu'on n'a pas pris la peine de nettoyer; car après des essais manqués, le tripoteur pousse tout cela du pied dans un coin et ne le regarde plus, car une fois trompé par l'objet de ses amours, par celle dont l'image le suivait en tout lieu, il lui tourne le dos, pour voler à d'autres conquêtes. Telle est l'histoire de ces Jocondes industriels qui courent de belle en belle à travers le monde des idées. Ce qu'il y a de plus fâcheux, c'est que la plus brillante, une fois déflorée, ne peut plus trouver d'épouseur légitime; ainsi l'a décidé un article ridicule du code draconien qui régit la propriété industrielle. Une idée qui court les rues n'est plus brevetable, disent-ils, elle appartient au domaine public comme une fille trompée; voilà comme on administre les idées, ces pauvres orphelines du génie, c'est vraiment immoral autant qu'inhumain.

Voici le couronnement de l'œuvre : M. Allan s'avance dans l'arène, harnaché en vainqueur des vainqueurs de la foudre; il a, comme sa patrie, l'empereur des Français pour allié et l'histoire de Fulton pour *palladium*. Le moyen qu'il échoue !

M. Becquerel, vous qui jetez de l'eau froide avec vos chiffres et vos pesées sur tous les enthousiasmes, inclinez-vous, vos balances sont folles, vos chiffres sont faux, vos prix courants erronés. Ah ! oui, vraiment, l'Institut est bien... embarrassant, avec ses équivalents chimiques. Ne s'est-il pas engoué de l'idée que la force est le calorique et que par conséquent il est plus économique de brûler du charbon que du zinc qui a déjà brûlé plus de charbon qu'il n'est gros. Car cet emploi de seconde main ressemble, à s'y méprendre, au calcul d'un fabricant de gaz qui, au lieu de distiller la montagne de foin qu'un cheval aurait dévorée pendant quinze ans, distillerait le cheval lui-même, croyant en retirer plus d'hydrogène.

Nous croyons donc que M. Allan se trompe de bonne foi, bien que les journaux de tous les pays chantent ses louanges en ces termes :

« Le monde savant se préoccupe beaucoup d'une découverte qui, si elle aboutit, produira une véritable révolution industrielle. Un ingénieur écossais, M. Thomas Allan, prétend avoir trouvé le moyen de substituer, comme force motrice, l'électricité à la vapeur, ce qui supprimerait le danger des explosions et réduirait, dans des proportions très-notables, les frais de locomotion ou d'impulsion nécessités pour l'emploi des machines.

« M. Allan est depuis quelques jours à Paris. Il a été présenté à l'empereur par un honorable membre du Parlement anglais, M. Forbes Campbell, que Sa Majesté a beaucoup connu pendant son séjour en Angleterre et qui prit part à ses expériences scientifiques. Après avoir reçu de M. Allan l'exposé de son système, l'empereur chargea aussitôt de son examen une commission de membres de l'Institut. Des épreuves eurent lieu d'abord au Conservatoire des arts et métiers, puis aux Tuileries, en présence de S. M. On dit qu'elles sont extrêmement satisfaisantes, à ce point que le rapport des commissaires ne laisse aucun doute sur l'application facile et économique de l'électricité aux usages de locomotion et de manufacture.

« Des appareils vont être établis et des expériences auront lieu prochainement, tant sur une ligne de chemin de fer (entre Paris et Auteuil) que dans les ateliers de machines de MM. Derosne et Cail. Si, comme on l'espère, ces applications du procédé Allan sont couronnées de succès, la découverte entrera immédiatement dans le domaine public ; car l'intention de l'empereur est, en achetant à l'ingénieur écossais son secret moyennant une rente viagère convenable, de livrer tout de suite et gratuitement la découverte à l'industrie européenne. Le moteur électrique s'applique aussi à la navigation fluviale et maritime. »

Voici comment cela finira. Les journaux diront : La machine de M. Allan est très-ingénieuse, la société qui s'est fondée pour l'exploiter est en liquidation ; celle du gaz des Invalides, qui avait commencé sous de pareils auspices, a fini de la même manière. Il est à espérer qu'une autre compagnie reprendra la suite de ces belles expériences qui aboutiront probablement entre les mains d'un homme qui aura l'idée de renverser la question et d'aller puiser l'électricité au réservoir commun en enfonçant des paratonnerres renversés au fond des volcans ou des puits de gaz pour en retirer les éléments de la foudre dociles et muselés. Nous ne doutons pas qu'on n'inscrive un jour sur la tombe de quelque nouveau Franklin :

Eripuit terræ fulmen, sceptrumque tyrannis.

En attendant cherchez, vous trouverez, sinon ce que vous cherchez, peut-être quelque chose de mieux ; il n'y a que ceux qui ne cherchent pas qui ne trouvent rien. M. le comte de Moncel, le baron Séguier et le marquis de Caligny le savent bien. Du moment où la noblesse se mêlera de chercher, elle réhabilitera le métier d'inventeur, et les maltôtiers ne croiront plus déroger en l'imitant. Oh ! alors vous verrez de grandes choses s'accomplir, et vous ne serez plus surpris que nous ayons osé dire que tout est à faire, à refaire, à parfaire ou à défaire ici-bas.

LE VIEUX BAHUT.

Dedié aux chercheurs.

De père en fils un vieux bahut
Crasseux si jamais il en fut,
Et plein de toiles d'araignée,
Gisait près d'une cheminée,
Comme un vieux meuble de rebut.

La clef de ce coffre est perdue,
Dit le fils y jetant la vue,
Père, l'auriez-vous jamais vue ?
— Non, mon enfant, personne ici
N'en a pris le moindre souci,
Et je ne l'ai jamais connue.

— Père, je veux vous proposer.
C'est quelques sous à dépenser,
D'en faire exprès fabriquer une;
Cette dépense est opportune,
Là peut-être est notre fortune,
Il faut risquer, il faut oser.

— Mon ami, cette idée est folle.
S'il renfermait une pistole,
Un maravédis, une obole,
Nos ancêtres l'auraient ouvert,
Fût-il d'airain et recouvert
D'acier, de platine ou de tôle.

L'enfant que l'on traitait de fou,
Rempli de sève et de courage,
Se mit aussitôt à l'ouvrage
Et fit sauter le vieux verrou.
Pour lui ce fut un vrai Pérou
Sous forme d'un riche héritage;
Dès lors le fou passa pour sage.

Notre globe est, bien entendu,
Ce vieux bahut tout vermoulu
Regorgeant d'or et qu'on y laisse
Par une insigne maladresse,
Par avarice ou par paresse,
De peur d'exposer un écu.

La clef du globe est une sonde
Que nous engageons tout le monde
A diriger à tout hasard,
Sans consulter les gens de l'art,
Au sein de la terre profonde
Où Dieu dit : J'ai caché la part
Du chercheur et non du bavard.

La première chose à se procurer quand on veut se servir de la vapeur comme moteur, c'est une bonne chaudière, et pour l'électricité, c'est une bonne pile, une pile constante et économique; or, c'est ce qui nous a manqué jusqu'ici. Mais voici un professeur de Turin, muni d'une pile qui produit de l'électricité, non-seulement à bon marché, mais sans frais, peut-être même avec bénéfice, en utilisant les résidus ou déchets de l'opération; il n'y a rien à dire aux prix courants de M. Selmi, et nous croyons qu'en règle générale quand on défait des matériaux qui ont déjà subi plusieurs transformations, les résidus conservent une certaine valeur qu'il est juste de défalquer du coût de l'opération.

Ainsi quand on emploie les rognures de fer ou de zinc à produire du gaz ou de l'électricité, les sulfates et les oxydes qui en proviennent ne doivent pas être considérés comme perdus, quand il ne faut qu'une opération peu coûteuse pour les réduire soit en cristaux, soit en blanc de zinc.

Cela posé, passons à la description de la pile à triple contact, qui se compose : 1° d'un vase récepteur; 2° d'un élément positif roulé en cylindre; 3° d'une lame de zinc roulée en hélice, portée par des fils de cuivre terminés à leur extrémité par des crochets qui les mettent en contact avec un cercle métallique, auquel communique aussi métalliquement l'élément positif plongé par la partie inférieure dans le liquide excitateur.

Par cette disposition, l'élément négatif est en contact à la fois avec l'élément positif, avec le liquide et avec l'air, ce qui constitue la pile à triple contact.

Deux fils de cuivre soudés, l'un au cuivre, l'autre au zinc, remplissent les fonctions de réophores, l'un négatif et l'autre positif.

La lame de zinc a 5 à 6 centimètres de largeur, 6 ou 7 centimètres

de hauteur. La lame de cuivre a 7 mètres environ de longueur,
1 1/2 centimètre de hauteur. Les spires, au nombre de 20 à 25, ne se
touchent pas ; elles sont au contraire séparées par un petit intervalle
vide dans lequel le liquide monte par absorption capillaire.

Le vase de terre est d'un litre environ de capacité. Le liquide excitateur le plus avantageux est une solution concentrée de sulfate de
potasse formée avec dix parties en poids de sel dissous dans cent
parties d'eau. Si l'effet qu'on veut obtenir n'exige qu'un courant à
faible tension, comme dans la télégraphie, on réduit la proportion de
sel à 6 ou même à 3 pour cent ; lorsque l'élément est en activité,
le liquide ou sulfate de potasse est décomposé ; l'acide se porte sur le
zinc qui d'abord s'oxyde, puis se transforme, partie en sulfate de zinc,
partie en carbonate de zinc hydraté. Ces deux sels tombent au fond
du vase, sous forme de précipité amorphe.

La potasse devenue libre se porte sur le cuivre. Si la solution est
peu concentrée, le travail de la pile se continue pendant plusieurs
semaines, à la seule condition d'ajouter de temps en temps un peu
d'eau pour remplacer celle qui s'évapore. Si la solution est concentrée,
il faut agiter le liquide toutes les vingt-quatre heures, afin que l'alcali
libre qui entoure le cuivre fasse précipiter les sels de zinc et que le
liquide recouvre sensiblement sa conductibilité première.

Une pareille pile de 6 éléments a fonctionné pendant six mois de suite
pour l'expédition des dépêches au bureau de Turin, sans presque
rien perdre de son intensité.

En supposant même qu'on ne tirât aucun parti de l'oxyde de
zinc, la pile de M. Selmi dépenserait *quarante* fois moins que les
autres.

Voilà assurément un progrès capital vers la solution économique de
l'emploi de l'électricité. Il est à présumer que cette économie s'éten-
dra aux actions dynamiques et photométriques, et les calculs réfrigé-
rants de M. Becquerel devront aller se réchauffer auprès de la pile
Selmi.

Nous ne pouvons apprendre une meilleure nouvelle à certaine société
qui a eu le courage d'entreprendre de faire passer l'électricité du
cabinet du physicien dans l'atelier de l'industriel, non pas qu'elle ait

déjà sauté le pas, mais elle a les doigts dans la feuillure. Puissent-ils
ne pas y être écrasés par les propriétaires de houillères, qui ne se
laisseront pas aisément renverser de leur vieux siège à picoter!

Nous engageons fortement les inventeurs à se borner aux machines
de un ou deux hommes de force. Ce sera bien beau de combler la
lacune qui subsiste encore entre les moteurs à vapeur et les moteurs
animés; plus d'enquêtes *de commodo*, plus de danger d'incendie,
plus d'esclaves à la meule. On pourra dire que l'électricité est venue
achever d'affranchir l'homme du travail de la brute et nous délivrer
du mal. Ainsi soit-il!

Ce qu'il y a de remarquable dans la pile nouvelle, c'est que le travail une fois interrompu, elle devient muette et que son action cesse
comme si l'on fermait le robinet d'écoulement d'un liquide.

Nous devons prévenir les actionnaires qu'en cas de succès complet,
ils ne doivent pas se flatter de voir accepter d'emblée leur invention;
les uns diront qu'il faut attendre quelques années pour voir si l'électricité du globe ne s'épuisera pas; les autres demanderont au gouvernement de s'opposer au gaspillage d'un élément si nécessaire à la
végétation, etc.

On a bien essayé de faire croire au peuple que les chemins de fer
et les télégraphes électriques étaient cause de la maladie de la vigne et
des pommes de terre. Il était temps qu'une bonne année vint les
rassurer, car ils se seraient crus obligés de briser les rails et de
couper les fils, comme ils ont déjà tenté de faire éteindre le feu de
certaines usines.

En fait d'absurdités, on ne saurait assez se méfier des barbares de
la civilisation, auxquels on fait accroire tout ce qu'on veut. Saint
Augustin parlait pour eux et comme eux en disant : *Credo quia
absurdum.*

Après la pile économique, nous recevons de Bordeaux la description
d'un moteur tellement économique lui-même, qu'il réalise le miracle
des cinq pains et des cinq poissons suffisant à la nourriture de trente
mille hommes. On dit quelquefois : Quand il y a pour deux il y a pour
trois, ce qui n'est pas toujours vrai; mais M. Louis Roussilhe, pharmacien de Bordeaux, vient de découvrir que quand il y a pour un, il y

a pour 100, pour 1,000 et pour 10,000 dans sa gamelle électrique ; cela dépend de la manière de s'en servir.

Ses raisonnements sont plus spécieux que sérieux, bien que l'électricité statique qui donne un choc à un individu puisse donner la même bourrade à 30,000 sans s'affaiblir ; ce n'est pas à dire qu'avec la force qui suffit à un électro-aimant on puisse en actionner un nombre indéfini ; si l'un attire une armature à 25 millimètres de distance avec une force de 100 kilogrammes, 100 électro-aimants rangés autour d'une armature circulaire devront l'attirer avec une force de 10,000 kilogrammes, sans augmenter la dépense du fluide, dit M. Roussilhe (1).

En multipliant ces cercles par 10, placés concentriquement à 25 millimètres les uns des autres, j'obtiens une course de 50 centimètres, dit-il, bien suffisante pour mettre en jeu la manivelle d'un volant.

Les artifices mécaniques pour tirer parti de cette force sont trop connus pour s'y arrêter.

La loi découverte par M. Roussilhe est que la force électro-motrice est proportionnelle aux surfaces attirantes et attirées, et qu'il y a plus d'avantage à diviser qu'à concentrer, c'est-à-dire à multiplier les petits électro-aimants qu'à les faire gros, parce qu'on peut employer plus de spires, et que plus on a de spires, plus on a de force, etc.

Le papier souffre tout cela et même le contraire.

---

(1) L'instantanéité des étincelles électriques avait fait croire à notre ami Andrau qu'il pourrait éclairer son salon avec sa machine électrique, en suspendant aux murs une infinité de guirlandes de perles, de verre, séparées de 5 en 5 par une perle d'acier ; de sorte que l'étincelle sautant par-dessus les perles de verre pour rejoindre les perles d'acier, devait lui donner un éclairage égal à celui des *Mille et une nuits*, avec une seule étincelle apparaissant en même temps sur mille points différents sans affaiblissement notable.

Ceci ne ressemble pas mal à la multiplication indéfinie de la force coercitive électrique de M. Roussilhe. L'un doit être aussi vrai ou aussi faux que l'autre. L'électricité qui a servi doit être comme de la poudre qui a tiré ou de la vapeur qui s'est détendue, sous peine d'entrer dans le mouvement perpétuel. Dans ce cas-là, nous renonçons à suivre ceux qui chaussent la jambe de bois du mécanicien hollandais.

Cette conséquence est nécessairement amenée, ajoute-t-il, par la loi qui veut que la force attractive soit en raison des surfaces et des spires employées.

Il ajoute que THÉORIQUEMENT, — il ferait bien de souligner trois fois cet adverbe, — un même courant possède la propriété de séparer, nous croyons qu'il veut dire de distribuer, le fluide magnétique à un nombre indéfini d'électro-aimants; le même courant suffirait donc pour en actionner une quantité illimitée, d'après lui; ainsi, plus la puissance de la machine augmenterait, plus la dépense diminuerait, ce qui ne ressemble pas mal aux prétentions des inventeurs de forces croissantes, qui n'ont plus qu'une inquiétude sérieuse sur les moyens d'arrêter leur voiture quand elle aura couru pendant quelque temps.

Du reste, nous avons entendu dire au savant Wheatstone que plus sa ligne était longue, moins la dépense était forte. Il paraît que la même illusion saisit tous ceux qui touchent à l'électricité. S'il en était ainsi, nous n'hésiterions pas à proclamer la prochaine victoire de l'électricité, qui ne ferait plus crever ses réservoirs, puisque la force au lieu d'être en dedans est en dehors.

Nous reprochons à M. Roussilhe sa confiance dans la loi théorique de la diminution de l'attraction magnétique en raison inverse du carré de la distance; il devra beaucoup en rabattre, s'il consulte la formule de décroissement découverte par M. Baral.

Ses électro-aimants de 100 kilogrammes au contact, placés à 25 millimètres de leur armature, ne lui donneront ni 50, ni 20, ni 10, mais tout au plus 5 kilogrammes. *Experto crede Roberto.*

Ce serait déjà fort beau; mais gare à l'étincelle des commutateurs!

Nous engageons aussi cet inventeur à renoncer à ses centaines de chevaux et à se contenter de quelques hommes; il aurait remporté une belle et grande victoire, s'il allait à la douzaine avec la nourriture d'un seul. Nous ne pouvons terminer cet article sans parler de la pile Malapert, qui s'exprime ainsi : « Je prends un vase poreux, « placé dans un plus grand en porcelaine; dans celui-ci, je mets un « lait de chaux assez clair, dans l'autre de l'acide azotique; dans « chacun des vases une lame de platine, et voilà mon couple. »

« On peut se dispenser du platine en prenant une lame de fer, de

« cuivre ou de zinc dans la chaux, et une de ces lames dorée ou platinée
« dans l'acide; avec un mélange d'eau et de chaux dans la proportion
« de 25 pour 100; on peut aller 24 heures sans renouveler la chaux. »
Voilà certainement une pile à bon marché.

***

MARINE.

Le vent est aux grands navires, c'est à qui construira le plus gros;
heureusement qu'il n'y a pas de bornes au progrès de ce côté et que
l'Océan est assez vaste pour les contenir et assez fort pour les porter;
mais ses flots qu'on croyait indomptables seront un jour domptés par
ces îles flottantes, contre lesquelles ils viendront se briser comme sur
d'impassibles falaises.

Le sceptre des mers restera certainement au peuple qui aura le
dernier mot en fait de colosse; la lutte est établie en ce moment entre
l'Angleterre, les États-Unis et la France, en attendant la Russie et la
Chine peut-être.

Les États-Unis ont déjà douze frégates à vapeur, dont un bel échantillon. Le *Niagara* vient de rendre visite, dans la Tamise, à son collègue
le *Great-Eastern* que sa grandeur attache encore au rivage. Voici le
bulletin de l'entrevue de ces deux souverains des mers, qui auront
peut-être bientôt maille à partir ensemble.

Dans notre siècle de merveilles industrielles, il n'est peut-être pas d'industrie
qui ait fait d'aussi grands et d'aussi extraordinaires progrès que celle des constructions navales. Il y a vingt ans à peine, on regardait comme des prodiges des
bâtiments de 150 et de 200 chevaux de force, et c'est presque chose vulgaire
aujourd'hui d'en construire de 1,000 et 1,200 chevaux ; on en voit même construire
un de 26,000 tonneaux de charge et de 3,000 chevaux de force nominale! Il n'y a
pas vingt ans, il fallait six mois pour avoir une lettre de Calcutta et presque un
an pour en avoir de la Chine, tandis qu'aujourd'hui on reçoit régulièrement deux
fois par mois de Calcutta et Hong-Kong des dépêches qui n'ont jamais plus de
vingt-cinq ou de quarante-cinq jours de date.

Tout a progressé dans l'art de la navigation : bâtiments à voiles, bateaux à vapeur,
paquebots, navires de guerre, ont tous été perfectionnés dans leur ensemble et dans
chacun de leurs détails ; armement, hygiène, gréement, artillerie, engins de destruction, vivres, etc., etc., tout a gagné dans des proportions incroyables. Chaque
nation peut revendiquer quelque chose dans les résultats qui ont été obtenus.

Aujourd'hui ce sont les États-Unis qui viennent montrer à l'Europe un bâtiment qui est certainement conçu dans des idées originales, qui attire en ce moment l'attention publique en Angleterre, et qui est presque universellement loué comme un modèle qui ouvre la voie à de nouveaux progrès. C'est la frégate à vapeur le *Niagara*, qui vient d'arriver dans la Tamise pour se faire voir sans doute aux juges éclairés qu'elle savait y rencontrer, et qui de là va partir bientôt pour aller embarquer à Liverpool une moitié du câble électrique que, de concert avec le vaisseau de ligne anglais l'*Agamemnon*, elle doit déposer au fond de la mer entre l'Irlande et Terre-Neuve, entre l'ancien et le nouveau monde. (En ce moment, nous recevons la nouvelle que le câble s'est rompu à 300 milles du rivage anglais, mais que la compagnie ne se décourage pas et a ordonné de continuer les travaux.)

A un demi-mille ou à peu près au-dessous de Gravesend, à l'endroit où le touriste commence à se remettre de l'étonnement qu'a pu lui causer la vue du *Great-Eastern* à Millwall, il rencontre une autre merveille de l'Océan. Ce navire, dont les ponts sont inondés à toute heure par des flots de visiteurs fashionables, dont les flancs sont entourés d'une flotte d'embarcations qui exploitent la position avec autant de rigueur que si elles avaient à vous montrer le président des États-Unis, c'est la célèbre frégate *Niagara*. C'est, croyons-nous, la première frégate américaine qui ait jamais paru dans les eaux de Gravesend. Que nos lecteurs donc, ou du moins ceux qui s'intéressent aux progrès des arts maritimes, profitent de l'occasion présente. Ils ne trouveront peut-être pas de si tôt la pareille, car le *Niagara* est certainement le premier bâtiment de guerre de son espèce. En approchant de ces hautes murailles, on est frappé de la grâce de son assiette sur l'eau, avec son avant relevé, et qui fait valoir les belles lignes du développement de ses bastingages.

Quelque lourd que paraisse le gréement du *Niagara*, il n'a cependant ni une corde, ni un espar de trop. Au contraire, la merveille, c'est que sa mâture puisse s'acquitter de ses fonctions aussi bien qu'elle le fait, car on dit que sous voiles seulement le *Niagara* a atteint des vitesses de 16 et de 17 nœuds (28 ou 30 kilomètres) à l'heure. C'est une vitesse dont nos plus rapides bateaux de rivière seraient heureux. Vu du *spardeck* (pont supplémentaire), le *Niagara* ne paraît pas imposant. Les bastingages sont d'une élévation si peu ordinaire et si courbes qu'ils diminuent aux regards du spectateur la grandeur réelle du navire. En fait, beaucoup de nos frégates qui ne sont pas même de moitié aussi grandes que le *Niagara*, et qu'on ne saurait lui comparer ni comme bâtiments de combat, ni comme bâtiments de mer, paraissent être plus grandes sur le pont. Ce n'est qu'en allant à l'avant et en se perchant quelque part auprès du beaupré que l'on peut apprécier les dimensions de ce beau navire et la perfection de ses formes, que l'on se sent être à bord d'un bâtiment à vapeur tel que le monde n'en a pas encore vu de pareil, et auquel la marine anglaise n'a rien qu'elle puisse comparer.

Le *Niagara* est l'une des douze frégates à vapeur que le Congrès a fait construire dans ces derniers temps pour ne pas se laisser trop distancer par les énormes développements qu'ont pris les marines anglaise et française. La construction du *Niagara* a été confiée par acclamation au constructeur du célèbre yacht *America*, M. Steers. Dans sa nouvelle œuvre, il avait à concilier quatre conditions qui semblent s'exclure : faire un bon bâtiment de combat, un bon bâtiment de mer, un bon voilier et un bon bâtiment à vapeur. Il a fait un compromis duquel il est résulté le plus rapide bâtiment à voiles qui soit dans le monde, l'un des meilleurs bâtiments à vapeur, un bon bâtiment de mer et un très-bon bâtiment de combat.

Sa longueur de tête en tête est de 375 pieds, sa largeur hors bordage de 58 pieds 6 pouces, avec un creux de 32 pieds 0 pouces et un tonnage de 5,200 tonneaux. Aujourd'hui le *Niagara* ne porte que quatre petits canons, c'est-à-dire petits en comparaison de ceux qui lui sont destinés ; il ne sera armé en guerre qu'après avoir rempli la tâche pacifique qui lui est assignée aujourd'hui. Il portera alors douze canons Dahlgren, du calibre de 11 pouces, lançant des boulets pleins du poids de 270 livres à une distance de 4 milles (plus de 8 kilomètres).

Les boulets creux de ces pièces pèseront 130 livres, et les pièces elles-mêmes 14 tonnes. Cette artillerie gigantesque, qui semble nous faire retourner à l'enfance de l'art, et qui n'a de comparable dans le monde que les monstrueuses pièces des Dardanelles avec leur calibre de 28 pouces, a déjà été fondue à la fonderie de West-Point, près de New-York. Nous aurions certainement désiré que le *Niagara* eût eu au moins une de ces formidables pièces à bord, car nous aurions pu alors mieux apprécier ses qualités militaires. Vouloir juger un bâtiment de guerre sans son artillerie, c'est comme si l'on voulait juger de la force d'un lion sur sa peau. A première vue, 12 pièces ne semblent être qu'un bien faible armement pour un navire de plus de 5,000 tonnes, et c'est seulement en songeant à leur calibre extraordinaire que l'on commence à ressentir des doutes sur l'issue d'un combat entre une pareille frégate et le vaisseau à trois ponts le plus puissant. Nous avons dit que quand on est près du bord, la mâture paraît lourde ; mais quand on est sur le pont et quand on la compare à la masse du navire, on la trouve au contraire presque trop légère. Voici les dimensions : grand mât, 243 pieds ; mât de misaine, 219 ; mât d'artimon, 189 ; grande vergue, 108 pieds de long ; vergue de misaine, 94.

La chambre de la machine n'est pas ce qu'il y a de moins intéressant dans ce magnifique navire. Elle a 28 pieds de long sur 26 de large et neuf escaliers sont disposés de façon à en rendre toutes les parties facilement accessibles. Les machines sont de M. Murphy et Cᵉ, de New-York. Il y en a trois, et à action directe. Les cylindres sont de 72 pouces de diamètre et placés horizontalement en travers du navire, de telle sorte que le mouvement du piston (3 pieds de course) s'accomplit d'un bord à l'autre. L'arbre sur lequel travaille toute la force produite à 110 pieds de long, 50 pouces de circonférence et pèse près de 50 tonnes.

L'hélice est de bronze, à deux ailes, de presque 19 pieds de diamètre, avec un pas de 32 pieds. La chambre de chauffe est d'une hauteur et d'une largeur exceptionnelles ; mais il semble qu'elle soit mal ventilée, et ce qui doit le faire supposer, c'est que, pour traverser l'Atlantique, même dans cette saison encore peu avancée, le thermomètre est monté dans la chambre de chauffe jusqu'à 110 degrés Fahrenheit.

Que serait-ce dans la mer des Antilles ? Il y a quatre chaudières du système tubulaire et vertical. Chacune d'elles a 21 pieds de long, sur 11 de profondeur et 15 de haut, et présente une surface de flammes de 17,500 pieds carrés et une surface de grille de 484 pieds. En travaillant à une pression de 20 livres par pouce carré, elles produisent une puissance de 2,000 chevaux, et à cette puissance les révolutions ne sont cependant que de quarante-cinq par minute.

Chose remarquable ! pendant le voyage de New-York en Angleterre, la consommation de charbon est descendue quelquefois à 12 tonneaux par jour, et elle n'a jamais dépassé 56 ! La moyenne, en marchant à toute vapeur, peut être estimée à 50 tonnes par vingt-quatre heures, à peine un peu plus que certains bâtiments de la marine anglaise qui ne peuvent pas atteindre à une vitesse de 10 nœuds.

La capacité des soutes à charbon du *Niagara* est très-faible comparativement aux dimensions générales du navire. Un peu plus de 800 tonneaux, c'est tout ce qu'elles peuvent contenir.

Le faux pont, qui est un des plus élevés et des mieux ventilés que nous ayons vus, est occupé par les mécaniciens, les chauffeurs, etc. La batterie, qui n'a pas moins de 8 pieds 4 pouces de hauteur, sert de logement à l'équipage. Les matelots y pendent leurs hamacs, l'arrière restant occupé par les chambres des officiers, et l'avant par les cuisines. Chaque matelot a son coffre, et chaque pion a aussi un très-grand coffre pour serrer les ustensiles. Aujourd'hui l'équipage se compose de 814 hommes, sans compter les officiers; mais sur le pied de guerre, le chiffre en serait porté à 730 hommes, l'équipage d'un vaisseau de 90 canons.

Pendant le voyage que vient de faire le *Niagara*, on n'a pas songé à lui ménager une traversée rapide; au contraire, les machines n'ont souvent travaillé qu'à demi-puissance. Le gréement, qui avait été mis en place au cœur d'un hiver des États-Unis, s'est détendu en arrivant dans des climats plus chauds, au point d'avoir inspiré des craintes pour sa solidité, surtout pendant les quelques jours de mauvais temps que le navire a subis. Il a fallu passer quatre jours en travers pour le remettre en état. Sous vapeur, le *Niagara* a fait 13 nœuds et plus de 16, dit-on, sous voiles. Il tire maintenant 22 pieds d'eau; complètement armé sur le pied de guerre, son tirant d'eau sera de 25 pieds; il s'immerge de 3 pouces par chaque centaine de tonnes que l'on dépose dans ses flancs.

Nous profitons de l'absence de notre éditeur, qui se permet les eaux d'Ostende, pour sauter de la marine à la conservation des bois et à la potabilisation de l'onde amère, chose qu'il trouverait fort hasardée au point de vue du didactisme bibliographique; mais nous savons trop que toutes nos connaissances se tenant d'un côté ou de l'autre, la transition est plus aisée que ne le pense Jules Janin, qui nous complimentait sur l'adresse avec laquelle nous savions nous débarrasser de la transition, l'une des plus horribles difficultés, dit-il, de ceux qui écrivent. Or, dans un livre du genre de celui qui nous occupe, c'est à la table que chaque lecteur trouvera ce qui peut l'intéresser.

L'EAU DE MER POTABLE DU DOCTEUR NORMANDY.

Il y a longtemps que l'on cherche à rendre l'eau de mer potable, afin de réserver pour les marchandises l'emplacement occupé jadis par les futailles et aujourd'hui par les caisses à eau, et de ne plus perdre de temps à la recherche des aiguades pour renouveler des provisions insuffisantes ou corrompues.

On a cherché, sans succès, à éliminer le sel par filtration et l'on s'est arrêté à la distillation, qui dessale, mais ne donne qu'une eau fade, indigeste et jamais exempte de ce goût d'empyreume qui provient, à n'en point douter, de la cuisson des animalcules infusoires contenus dans toutes les eaux, comme le microscope solaire nous le démontre.

Un autre défaut de l'eau distillée, c'est d'avoir perdu son air de composition et de se trouver par conséquent disposée à dissoudre l'air des milieux dans lesquels elle se trouve, et chacun sait ce que sont ces milieux à bord des navires.

La seule condition pour que l'eau n'absorbe pas de miasmes ou de matières organiques, c'est de la saturer d'air pur, parce qu'alors il n'y a plus de raison pour qu'elle en absorbe de l'impur.

Voici ce qui se passe à bord ; un navire prend une cargaison d'eau naturelle pour les besoins de l'équipage, et comme cette eau de source, de rivière ou de pluie contient infailliblement des matières organiques, des œufs microscopiques ou des levains fermentescibles, au bout d'une quinzaine de jours cette eau devient nauséabonde et presque impotable ; c'est, en effet, cette sorte de macération de cadavres microscopiques qui lui donne cet horrible goût. Mais au bout d'un mois environ, cette eau s'améliore graduellement, perd son odeur détestable, et redevient limpide et agréable parce que les matières organiques finissent par se décomposer ou se brûler, car toute putréfaction n'est qu'une combustion dont les produits sont essentiellement de l'acide carbonique et de l'eau. Ce qu'il y a de plus remarquable, c'est que cette eau après l'érémacausie est et reste agréable jusqu'à la fin, parce qu'alors elle est saturée d'air et d'acide carbonique et n'en peut plus absorber ; voilà pourquoi l'eau distillée par l'appareil Normandy est immédiatement bonne et reste bonne jusqu'à la fin, puisque étant saturée d'oxygène, il n'y a plus de place pour l'air ambiant. On dirait que l'azote donne à l'oxygène une qualité que nous serions tenté de nommer onctueuse, huileuse ou cotonneuse, à défaut d'autre terme pour exprimer cette propriété, qui l'empêche de *mouiller* les surfaces, comme disent les physiciens, auxquels nous annonçons comme un fait assez généralement ignoré que l'air ordinaire ne passe pas sans pression à travers de petites ouvertures, à moins qu'il ne soit sur-oxygéné ou ozonisé par l'électricité, ou bien encore qu'il ait subi certaine métastase par la respiration des plantes aquatiques, ou l'action des rayons solaires sur leur partie verte, ce qui en change le titre en le dépouillant de quelques atomes d'azote ou de carbone que les plantes paraissent s'approprier. C'est alors seulement qu'il semble avoir de l'affinité pour l'oxyde d'hydrogène.

Que cela se passe ainsi ou autrement, nous en laissons la vérification à nos savants naturalistes, qui savent aujourd'hui pénétrer bien plus avant que leurs devanciers dans les secrets de la chimie organique. Le fait est que les poissons étouffent dans l'eau distillée, d'après M. Coste, et qu'elle étoufferait les individus forcés d'en faire leur régime habituel.

Le problème de la *potabilisation de l'eau de mer* était donc plus difficile que ne l'avaient cru ceux qui en ont cherché la solution avant le docteur Normandy. Ce chimiste laborieux, véritable Sosie de notre Chevalier, qui ne s'en tient pas à la théorie pure, avait exposé une espèce de chaudron suant par toutes les jointures, qui n'était pas fait pour attirer l'attention d'un jury un peu comme il faut, dont M. Rogier nous avait fait la gracieuseté de nous exclure, ce qui nous a donné le temps d'étudier à loisir cet embryon, qui a pris depuis lors le haut du pavé et laissé bien loin derrière lui ces luisantes cuisines de bord qui prétendent donner à boire et à manger aux navigateurs, et qu'on achète faute de mieux.

Nous allons donner un aperçu des principes rationnels qui ont présidé à la composition de ce précieux appareil.

L'eau de mer qui le traverse est dépouillée, par l'ébullition, de son air de composition, qui s'élève avec la vapeur et se mélange avec elle dans un même compartiment. Ce mélange condensé se trouve être de l'eau douce parfaitement aérée, tandis que par l'application intelligente du système de double distillation de Cellier-Blumenthal, la chaleur latente de la vapeur sert à vaporiser une nouvelle quantité d'eau à peu près égale à celle qu'on obtient par première intention, par conséquent avec grande économie de combustible. C'est ainsi qu'un kilogramme de charbon produit vingt litres d'eau aérée au *maximum*. Bien des ingénieurs à vapeur ne croiront pas à ce chiffre, qui est pourtant une vérité. (Voir les appareils de Cail.)

Mais l'eau distillée, par n'importe quel procédé, conserve toujours une odeur empyreumatique due à l'action caustique des surfaces de chauffe sur les matières organiques, c'est-à-dire sur ces particules infiniment ténues que l'on voit se jouer dans un rayon de soleil, mélange indéfinissable de sporules, de pollens, de semences microscopiques et d'atomes crochus, que Berbiguier prenait pour des farfadets et Raspail pour des insectes colérifères ou morbigènes, lesquels ne cessent de pleuvoir sur la surface des eaux et de s'y engloutir.

Or, tous ces corpuscules grillés, bouillis, rôtis, sont évidemment le principe de cette odeur nauséabonde dont il était important de débarrasser l'eau distillée. Le savant chimiste pressentit que ces odeurs ne pourraient être détruites que par cette combustion latente qu'on nomme *érémacausie*, et qu'une portion de l'oxygène contenu dans l'eau pouvait servir à brûler ces matières empyreumatiques. Il y parvint naturellement par la filtration à travers du charbon ou d'autres matières suffisamment poreuses. La justesse de sa prévision fut pleinement confirmée par le succès; c'est là, croyons-nous, un point capital de cette très-importante découverte.

Le filtre en question, ne recevant que de l'eau distillée, ne peut s'obstruer; c'est donc moins un filtre qu'un foyer dont le combustible est cette huile empyreumatique qui souille tous les liquides bouillis et qui, distribuée sur une grande surface dans un milieu très-oxygéné, y est réellement brûlée, en ne donnant que les produits ordinaires de toute combustion, de l'acide carbonique et de l'eau.

D'après le temps déjà très-long que ces filtres désinfecteurs ont fonctioné sans aucun renouvellement, on est fondé à croire qu'ils dureront aussi longtemps que leurs enveloppes, car ils n'agissent pas par séparation mécanique, mais par combustion insensible, par *érémacausie*, enfin, puisqu'il faut l'appeler par son nom scientifique.

L'eau découle de cette machine en filet continu, comme d'une fontaine d'eau douce, limpide et inodore, avec cette touche caractéristique des sources vives que l'on boit toujours avec délices et dont bien des ivrognes finiraient par se délecter s'ils en avaient jamais goûté.

Un appareil d'un mètre de haut et de 50 centimètres de large fournit 120 litres d'eau par heure; aussi la marine anglaise commence-t-elle à en faire un grand usage. La station d'Héligoland en possède déjà une vingtaine et Aden ne tardera pas à en avoir le double; l'équipage du *Levant,* qui en a fait usage dans ses voyages en Crimée, en fait le plus grand éloge, ainsi que celui de l'*Attrato* qui fait le voyage des Indes occidentales. Mais ce à quoi l'inventeur ne s'attendait pas, c'est que certaines industries, telles que la fabrication des poudres, la teinturerie, la savonnerie, ne peuvent plus s'en passer. MM. Hall, de Haversham, les plus grands fabricants de poudre à canon du monde, ont doublé le nombre de leurs appareils. On peut aisément comprendre que de l'eau d'une pureté absolue doit être d'un grand secours dans beaucoup d'opérations, surtout dans l'avivage des couleurs, quand elle ne coûte qu'un centime les dix litres, moins che que l'eau non épurée de la Seine.

D'après tous ces succès bien connus de l'Angleterre, on croira que la France n'a pas dû les ignorer; eh bien! nous nous sommes informé auprès de l'ingénieur Perrot, chargé de construire les appareils Normandy, de la quantité qu'il pouvait avoir livrée à la marine et à l'industrie françaises; réponse : aucune!

Une découverte aussi saillante paraît encore complétement ignorée sur le continent, ainsi que tant d'autres. On dirait que l'Angleterre est tellement loin de la France que les technologues ne pénètrent guère plus facilement à Londres que les naturalistes à Tombouctou, ou que nous sommes encore, sous ce rapport, au temps du blocus continental.

Il est à remarquer que le gouvernement russe est plus promptement informé que les autres des nouvelles découvertes par l'activité des diplomates grapilleurs qu'elle entretient dans tous les pays, tandis que nous nous bornons à les consigner dans de petits journaux fort peu lus de nos gouvernants, qui n'ont pas plus le temps de distinguer une vérité placée entre deux canards, qu'un diamant perdu dans un boisseau de strass.

CONSERVATION DES BOIS

par anesthésie, intoxication, incrustation, momification, etc.

Après avoir étourdiment gaspillé les richesses végétales que la nature a mises à la disposition des hommes, il vient un temps où quelques prévoyants songent aux moyens d'aménager et de conserver ce qu'il en reste. Le bois de construction est dans ce cas; son abondance primitive n'a jamais dû en laisser entrevoir la fin; mais la Providence, ainsi nommée parce qu'elle sait prévoir notre imprévoyance et pourvoir à nos besoins, avait eu soin de remplir nos caves de houilles, de lignites, de tourbes, de bitumes, etc., en emmagasinant les forêts antédiluviennes après les avoir carbonisées, embaumées, desséchées ou momifiées, pour les préserver par l'*ulmine* de la destruction, en tuant les derniers germes de vie qui résidaient en elles.

Quelle admirable leçon de conservation des substances organiques!... Elle nous apprend que trois éléments réunis, l'eau, l'air et la chaleur, sont indispensables à la fermentation, c'est-à-dire à la vie, et qu'il suffit d'en écarter un pour conserver toute substance de la putréfaction.

Réfléchissez à cette grande loi, qui n'a pas d'exception : c'est elle qui guida Bréant, Boucherie, Moll, Payne, Bourdon, Meyer, Bethell, Boutigny et cent autres qui ont cherché et trouvé des moyens d'embaumer, de saler, de modifier, de tanner, de pétrifier ou de métalliser le bois, qui n'est qu'une espèce d'éponge de cellulose, ou plutôt qu'un assemblage de petits conduits destinés à laisser circuler la séve par endosmose et par capillarité.

Ce ne fut qu'assez tard qu'on s'aperçut que la séve et même le bois cru étant une nourriture appropriée à l'appétit d'une foule d'insectes, ils obéissaient à la loi de Malthus, qui veut que là où pousse un pain pousse un homme pour le manger.

Il en est des petits comme des gros animaux : la vermine éclôt sur tout ce qui commence à perdre la vie, qui n'est, selon Flourens, qu'une résistance à la destruction. Or, le bois coupé, soit pendant le premier, soit pendant le dernier quartier de la lune, n'en est pas moins du bois malade, qui contient ou qui reçoit des œufs d'insectes, lesquels éclosent au fur et à mesure que le vitalisme décroît. Quand une poutre est d'outre en outre en proie aux vers; quand, au travers d'une solive, il leur arrive de se glisser, ou pour mieux dire de se visser, ça doit suffire assurément pour la proscrire d'un bâtiment.

XIX.

La mousse et la vermine, a dit Van Mons, s'emparent des plantes et des animaux mal portants, et l'on peut mettre au nombre des maladies, la mutilation, la décortication, les ébranchements et effeuillements des plantes qui les privent des organes de la respiration et de la perspiration; les arbres, à l'état de nature, se portent mieux que ceux que nous alignons comme des soldats de plomb le long de nos promenades en leur coupant les antennes et les branchies qui leur servent à respirer (1). Il n'est donc pas surprenant qu'ils soient envahis par les scolies, les scolites et les scolopendres, les térébratules, les tarets, les termes, termites et mille autres diptères, hyménoptères et ptérocères. On a inventé mille remèdes pour les détruire, parce qu'on a pris l'effet pour la cause, comme les médecins qui croient guérir la gale en tuant l'acarus, lequel pourrait bien n'être que la conséquence de la psore et non la cause, comme le dit Hahnemann.

Bien des gens se rappelleront que la régence de Bruxelles, après avoir consulté l'Académie, fit goudronner le tronc de tous les arbres des boulevards, pour les débarrasser de certains insectes qu'un savant micrographe avait remarqués, en fourrant son doigt entre l'arbre et l'écorce; le succès fut complet : tous les insectes moururent, et les arbres aussi. On en fut quitte pour en planter d'autres.

Nous sommes sur la voie d'une admirable découverte en ce moment, en fait d'intoxication vermineuse. Il est même étonnant qu'on ait tant tardé à s'apercevoir qu'il fallait prendre les insectes par

---

(1) Le 25 juillet, tous les arbres taillés en éventail dans la promenade du Parc à Bruxelles, ont leurs feuilles jaunies et prêtes à tomber, ce qui contraste singulièrement avec le beau vert foncé des arbres à tout crin de l'intérieur.

le nez, puisque le camphre et les vapeurs mercurielles et sulfureuses étaient employés depuis longtemps par les naturalistes. Aujourd'hui que le chloroforme, le sulfure de carbone, la benzine, le méthilène, les naphtes et tous les produits volatils tirés du goudron de gaz, sont reconnus pour des anesthésiants très-efficaces contre les charançons, les mites et tout ce monde de rongeurs plus ou moins visible à l'œil nu, on doit s'étonner, disons-nous, de n'avoir pas encore vu surgir l'*odorothérapie* en face de l'hydrothérapie et de la tapotopathie; car, toute nouvelle médecine faisant des miracles dans le principe, on ne saurait en inventer trop souvent.

Puisque le monde microscopique a besoin d'air pur, les essences doivent l'asphyxier; mais ayons soin de laisser durer l'anesthésie jusqu'au paroxysme final, c'est-à-dire jusqu'à la putridité, bien que les œufs sachent y résister. Nous avons mis dix minutes pour jeter, les pattes en l'air, une mouche, sous un verre renversé sur un flacon de benzine; mais, dix minutes après avoir été découverte, elle s'est donné de l'air à pleins poumons; c'était curieux de voir les efforts qu'elle faisait pour tâcher d'attraper un peu d'air en plongeant sa trompe sous le rebord du verre (1), ce qui prouverait qu'elle ne respire pas seulement par les trachées.

XX.

Si les Romains faisaient un grand usage des parfums, ainsi que les Orientaux, c'était sans doute pour éloigner les cousins, les puces et autres insectes si communs sous les tropiques, ainsi nommés disent les soldats, parce qu'on y est trop piqué.

La coquetterie des chevaliers romains leur faisait choisir les par-

---

(1) Nous donnerons, en passant, un moyen de débarrasser un appartement des mouches, inventé par un paysan. Il suffit de suspendre au plafond une tige d'asperge montée, ou une branche d'arbuste feuillu quelconque. Le soir venu, toutes les mouches s'y rassemblent pour dormir. On vient alors avec un sac dans lequel on introduit la branche, on la secoue et les mouches tombent au fond du sac, que l'on emporte pour les écraser à coups de battoir; car elles ont la vie dure : Franklin en a ressuscité qui étaient noyées depuis douze ans dans une bouteille de vin de Madère.

fums délicats; mais le peuple mangeait de l'ail, qui est le camphre du pauvre, d'après Raspail, et s'entourait de verveine, de sauge et autres plantes aromatiques fort communes dans les climats chauds; car Dieu a toujours mis le remède à côté du mal, bien que Parny lui ait reproché d'avoir mis la fièvre en Europe et le quinquina en Amérique.

Les Esquimaux s'enduisent d'huile de poisson et les cosaques de lard rance; chacun a ses goûts et ses moyens.

Un bon mot fort méchant de Martial a fait le plus grand tort aux parfumeurs romains, et détruit, pour ainsi dire, cette branche d'industrie, qui ne commence à se relever que depuis qu'on a oublié le fameux *non bene olet qui bene semper olet* (1), beaucoup plus fin que nos mouches tuées au vol par la mauvaise haleine de quelques cacologues qui ont la fureur de vous parler sous le nez.

Nous entrons enfin dans une ère de thérapeutique olfactive tout à fait nouvelle; on guérira par les odeurs, en attendant qu'on guérisse par les couleurs, comme le vieux docteur Bernharts, de Berlin, le proposait en écrivant sa *Chromopathie*, qui ne l'a pas empêché de mourir avant d'avoir eu le temps de se l'appliquer. Les voies respiratoires ne pouvant recevoir que des gaz, des vapeurs et des odeurs, il est probable que leur guérison doit s'opérer par inspiration plutôt que par déglutition.

XXI.

On sait depuis longtemps que le goudron est un assez bon enduit préservateur pour la marine; mais les bois goudronnés perdent bientôt leur vertu et n'empêchent pas longtemps les tarets de traverser cette couche superficielle. C'est ce qui a forcé de recouvrir la carène de plaques de cuivre, garniture très-coûteuse, qui n'empêche pas les huîtres de s'y attacher et d'empoisonner ceux qui les mangent par hasard, comme cela nous est arrivé (2), et à tant de baigneurs ostendais.

---

(1) Martial, *Épigr.*, liv. II, ép. xii.
(2) Il existe près de Santorin une petite baie où les vaisseaux garnis de cuivre n'ont qu'à séjourner pendant quelques heures pour être débarrassés de tous les

Il serait donc d'une haute utilité de pouvoir mieux préserver les bois de marine. M. Bourdon, de Dunkerque, avait imaginé de les enduire de gélatine à chaud et de tanner cette gélatine par l'application d'une solution concentrée de tanin qui la rendait insoluble. C'est le traitement qu'on fait subir aux filets des pêcheurs, aux voiles et aux cordages de la marine.

Bréant avait fait mieux en imprégnant les bois, sous pression, d'huiles ou de graisses qui en fermaient les pores; Boucherie songea à en chasser la sève par la pression de différents liquides contenant des sels ou des couleurs qui remplaçaient la sève organique et fermentescible par des substances qui ne le sont pas, mais qui, plus ou moins déliquescentes et solubles, finissaient par se délayer, comme on dit, avec le temps.

XXII.

Un Anglais du nom de Kyan, patronné par Brunel, avait imaginé d'imprégner le bois de sublimé corrosif; c'était facile, mais cher, dangereux et peu durable. Payne lui succéda : celui-ci prit sa tâche au sérieux et consacra une somme considérable à la construction de son appareil. C'était beau à voir, que ce tunnel en fonte dans lequel nous entrâmes le chapeau sur la tête, comme on entre dans le télescope de lord Ross. Un bout de chemin de fer parcourait ce tube; des wagons de bois venaient le remplir; un fond plat, suspendu à une grue tournante, le fermait hermétiquement; une machine à vapeur en épuisait l'air; on fermait alors le robinet de sortie et on ouvrait celui d'entrée, par lequel se précipitait un flot de sulfate de fer con-

---

coquillages et de toutes les herbes marines qui s'attachent à leur carène et ralentissent leur marche d'un nœud ou deux par heure. Déjà le *Solon*, le *Narval*, le *Prométhée*, la *Salamandre* et plusieurs vaisseaux anglais ont été se faire nettoyer dans la baie de Vulcano. Il paraît qu'il existe quelque source d'acide sulfurique émanant de ce sol volcanique au fond de cette baie, sans que l'on s'aperçoive de cette acidité à la surface, à cause de la pesanteur spécifique de cet acide, dans lequel plonge la quille des navires. L'Académie devrait charger quelques chimistes d'aller étudier ce singulier phénomène, aussi important que celui du Vésuve, qui est en éruption au moment où nous écrivons ceci, 30 juillet 1857.

tenu dans une citerne pratiquée sous le sol; le liquide pénétrait alors dans les pores du bois. Après quelques minutes, on laissait retomber le sulfate de fer dans sa citerne et on le remplaçait par un autre liquide contenu dans un autre réservoir. C'était du chlorure de calcium, lequel forme un sel solide avec le sulfate de fer. Malheureusement, ce sel, n'étant pas insoluble, n'empêcha pas les pavés en bois de bout que la paroisse *Marylebonne* et plusieurs autres avaient adoptés, de se conduire assez mal pour se faire expulser par le macadam ou le granit.

XXIII.

M. Meyer Duslar, frappé des causes qui firent échouer le système Payne, trouva le moyen de les éviter, tout en perfectionnant les appareils de ce dernier. On peut dire qu'il n'y a rien laissé à désirer, puisqu'il a convaincu des savants de la valeur de Payen et Poinsot, et le marquis de Lassus, lequel a formé une grande société pour l'exploitation universelle de ce procédé de conservation absolue des bois de toute essence, et principalement des plus mauvaises, des plus poreuses et des plus tendres, qui deviennent les plus dures et les plus durables après leur imprégnation par un sel insoluble produit dans l'intérieur du bois même, par la combinaison du bisulfate de lithium ou du sesquisulfure de calcium avec le sulfate de fer.

Si l'on remplace le sulfure de calcium par une faible solution de sulfate de cuivre, et si on y ajoute un sel de fer, du prussiate ou du chromate de potasse, des matières tannantes ou colorantes, on obtient toutes sortes de teintes variées pour l'ébénisterie.

Le *modus faciendi* de M. Lassus est infiniment supérieur à celui de Payne, car il commence par une injection de vapeur qui dissout la sève dans les pores du bois et la retire par exhaustion avant d'y faire entrer les solutions, dont la pénétration est facilitée par une pression considérable (10 ath.). Il a, en outre, un procédé de préservation par coagulation pour les bois employés dans la terre, les ponts, les pilotis et les digues. On les plonge, pendant un temps convenable pour la pénétration, dans une chaudière pleine de la solution suivante :

Dans une quantité d'acide-huile provenant de l'épuration des huiles de colza et autres, on ajoute la moitié de son poids de limaille métallique quelconque; pendant l'ébullition que l'on pousse jusqu'à 150°, l'acide-huile réagit sur la limaille, se combine avec elle et forme ainsi des sels neutres métalliques d'acides gras. On ne plonge les bois dans cette solution qu'après la formation des sels acides.

A cette température, les gaz, l'eau et l'air que renferment les bois, s'en échappent; les sels remplissent les vides; la séve et les autres matières fermentescibles, ainsi que les œufs d'insectes, sont coagulés et transformés en matière indécomposable par l'air et l'humidité. La force et l'élasticité des bois se trouvent considérablement augmentés à la suite de ce traitement.

Le professeur Moll imagina d'imprégner les bois de vapeurs de créosote, qui pénètrent mieux que les liquides et paraissent un bon préservatif contre la carie sèche et humide, d'après les essais continués par Bethell.

On peut également utiliser la napthaline; ce qui prouve en faveur de notre théorie que le principe odorant qui constitue l'essence des hydrocarbures, est mortel pour les insectes d'eau, de terre et d'air. On aurait dû s'en apercevoir depuis longtemps en voyant les bons effets du cuir de Russie pour la conservation des livres et des objets militaires; les insectes n'y mordent pas, tant que cette odeur, provenant du goudron de bouleau et peut-être encore d'autres arbres résineux, subsiste, et elle paraît être aussi permanente que celle du musc.

Nous croyons que l'huile tirée des aiguilles du *pinus silvestris* partagerait cette faculté d'être agréable à l'odorat et très-insecticide. Son odeur rappelle celle de l'acide formique. Bien des gens sont intrigués de l'odeur *sui generis* des livres anglais, qui sont beaucoup moins accessibles aux vers que les nôtres. Nous croyons que cela provient de l'encre d'imprimerie, dans laquelle il entre beaucoup de goudron de pins du Nord (1).

---

(1) Si certains journaux français sentent si mauvais, c'est que l'encre d'imprimerie qu'ils emploient est composée de goudrons, de résines et d'huiles de qualités inférieures.

On n'a peut-être pas oublié une seule substance connue pour préserver les bois de la destruction ; sulfate de baryte, sulfate de magnésie, sulfate de potasse, acide arsénieux, pyrolignites, hydrochlorate de soude et carbonate de potasse, tout a été tenté, mais tous ces sels étaient plus ou moins décomposables ou décomposés par les corps qui se trouvaient en contact avec eux ; leur pénétration était, d'ailleurs, très-souvent imparfaite.

Toutes les odeurs, en général, sont susceptibles de produire une sorte d'anesthésie parfois très-agréable, mais qu'il faut se garder de pousser jusqu'à l'exacerbation. On est loin de soupçonner encore les immenses ressources que l'hygiène, l'horticulture, l'économie domestique et la médecine sont appelées à retirer des nombreux anesthésiants dont la chimie s'est enrichie depuis ces derniers temps.

XXIV.

Voici déjà que la gale disparaît en moins d'une demi-heure, par une simple lotion de benzine qui n'attaque pas l'épiderme et le débarrasse de tous ses parasites. Nous avons fait tomber, par une simple application de coton imbibé de benzine, une énorme *nœvus* noir et saillant comme un champignon, en le traitant comme si c'était un polypier peuplé de myriades d'insectes archimicroscopiques ; nous pensons que les poreaux ne sont qu'une habitation de madrépores qui disparaîtraient aussi facilement qu'une foule d'autres végétations cutanées dont on a tant de peine à se délivrer. La lèpre et l'éléphantiasis sont peut-être de ce nombre, et Raspail est bien près d'avoir complétement raison sans diplôme. Nous nous sommes assuré que les boutiques où l'on blanchit les gants à la benzine ont été délivrées des punaises, et qu'il suffit d'en imprégner les bois de lit pour les faire mourir plus vite qu'avec l'eau de savon du baron Thénard.

XXV.

Une mèche de coton imbibée de benzine, roulée autour d'une rose ou d'un rosier remplis d'insectes, les fait fuir. Nous sommes persuadé que les chenilles quitteraient les choux et les arbustes qui recevraient une pareille jarretière. Les taons et les mouches fuiraient

4

les chevaux qui en porteraient un sachet sous le ventre, ou qui en seraient simplement lotionnés de temps en temps. Toutes les boucheries pourraient jouir du privilége que donne l'huile de laurier à celles de Bâle, sans laisser aucune trace d'odeurs ni de substance aux corps qui en sont imbibés, à cause de sa complète volatilité. Nous pensons même que les viandes fraîches placées dans un garde-manger où se trouverait une fiole de benzine débouchée, se conserveraient longtemps sans altération. Tout cela est fort aisé à essayer ; mais nous sommes convaincu que personne n'en prendra la peine : la routine est plus forte que la raison et même que l'intérêt.

XXVI.

Ce que nous venons d'exposer suffira pour indiquer la voie à suivre ; elle nous paraît pourvue de nombreux embranchements. Rien ne serait plus important que ces applications dans les colonies, où les fourmis, les moustiques, les cakerlats, les lézards et les araignées causent tant de dégâts, qu'ils en rendent souvent le séjour insupportable ; nous ne doutons pas que les rats et les souris ne déguerpissent des habitations où on les régalerait de benzine ou de benzole.

Examinons maintenant quelle sera la récompense que retireront les inventeurs de la conservation des bois, en échange du service qu'ils viennent rendre à la Société. Le procédé de Lassus, par exemple, est breveté en Belgique ; des négociations sont ouvertes entre l'agent de la Société et le ministère des travaux publics, pour la conservation des billes des chemins de fer de l'État. Voici quel en sera le résultat forcé : on lui demandera 50 ou 100 billes, pour les essayer, et on le priera de repasser dans quinze ans pour voir si elles se sont bien comportées. En cas de succès, on ne lui devra rien, son procédé faisant alors partie intégrante du domaine public, en vertu de la loi des brevets, sans être tenu de lui dire merci !

Comme il est impossible de monter un appareil de 50,000 francs, pour un essai, il faudra faire venir ces billes de l'étranger, en contravention, et son brevet sera perdu de droit pour n'avoir pas été mis en exploitation dans le courant de la première année (proposition de M. Ch. Rogier).

XXVII.

Pendant que nous expliquions ce mécanisme au représentant de M. de Lassus, qui refusait d'y croire, entra par hasard un conseiller d'État russe auquel il fit part de son intention d'aller se faire breveter à Saint-Pétersbourg, où certainement il serait mieux accueilli par les barbares du Nord que par les civilisés de l'Occident. — Assurément, dit ce haut personnage, vous obtiendrez pour 1,800 francs un brevet de six ans, et on vous invitera à repasser dans dix ans, pour voir si vos billes sont en bon état. — Et alors? — Eh bien, alors, si le succès répond à l'attente de nos ingénieurs, il se peut que les commissions de la marine et des travaux publics (car il y a aussi des commissions dans les pays absolus; c'est si commode!) émettent un avis favorable à l'adoption de votre procédé, qui se trouve déjà en essai avec plusieurs autres à l'heure où je vous parle. — Mais ils ne le connaissent pas. — C'est ce qui vous trompe; car votre brevet est visible et l'on peut en obtenir copie en France, comme en Belgique, moyennant fort peu d'argent. Ce que les agents étrangers, et surtout les Russes, qui sont les plus actifs, n'ignorent pas. — Mais c'est une infamie, un brigandage, un vol, j'en appellerai à l'empereur! — L'empereur vous renverra aux commissions; voilà. — Nous pensions que le vol au brevet ou vol à l'américaine, ce qui est la même chose, était assez connu pour que personne ne s'y laissât plus prendre; vous en serez donc pour vos frais et démarches, comme la reine d'Oude, qui a la naïveté de venir demander à celle d'Angleterre de lui rendre ses États que la *Gum panie* (1) des Indes lui a pris. — Mais alors je m'adresserai au roi de Prusse, qui ne souffrira pas qu'on travaille pour lui. — On vous refusera même le brevet, car le comité d'examen en possède déjà la copie, et, s'il ne la possède pas, il sait qu'il la recevra tout imprimée dans quelques semaines, des gouvernements anglais, français ou belge. Les petits cadeaux entretiennent l'amitié.

---

(1) Les Indous croient que la Compagnie est une vieille *begum* immortelle, mère de la reine Victoria.

— C'est bien ; mais on ne devrait pas l'entretenir aux dépens
des inventeurs, qui n'inventeront plus si on les traite si mal.
— Dans ce cas, les inventeurs failliraient à leur mission, qui est
de travailler pour leurs frères les invalides du génie. L'État attache-
rait leurs noms au poteau d'infamie (procédé Louis Blanc), ou les
ferait enfermer, (procédé Richelieu) ou brûler comme dans le bon
vieux temps ; — mais l'État, qui reçoit leur secret et leur argent pour
le conserver dans ses archives, ne devrait pas en abuser en le livrant
à l'étranger. — Cela prouve sa générosité, sa libéralité et sa tendance
au libre échange. — Vous plaisantez de tout ; mais ça ne fait pas
rire les inventeurs dépouillés. — Vous avez la preuve du contraire,
puisque pas un n'a été plus dépouillé que nous ; et c'est ce qui nous
a mis à même de vous donner des conseils.

> Tombé dans un dédale, on en sait les détours,

et l'on peut enseigner la marche à suivre pour échapper au mino-
taure. — Eh bien, comment m'y prendre ? que faut-il faire ? — Rien,
puisque vous êtes pris ; mais ce qui doit vous consoler, c'est que vous
n'êtes pas le seul. — Belle consolation, ma foi ! Si du moins l'inventeur spolié avait la faculté de faire valoir ses droits à une récompense
nationale ou à être nourri aux dépens du prytanée, quand son invention a produit de grands avantages à la société, nous n'aurions rien à
dire ; car il y aurait là une intention de justice ; mais les autochthones
qui disposent de nos destinées n'entendent pas de cette oreille-là.

OBSERVATIONS.

Le procédé Bethel a pour lui la sanction d'une très-longue expérience, puisque les momies d'Égypte se conservent depuis plus de
quatre mille ans. Il est probable que si les ingénieurs des Pharaons
avaient enterré des billes momifiées, ils auraient fait un rapport
satisfaisant et n'auraient pas lésiné sur la question de prix comme on
le fait aujourd'hui à l'égard de M. Bethel, pour avoir consciencieuse-
ment démontré qu'une traverse de sapin d'Écosse, à laquelle on fait
perdre dans un séchoir, en 12 à 18 heures, 8 livres de poids par pied
cube, absorbe un poids égal de créosote.

On fait entrer en moyenne 11 livres de créosote par pied cube dans tous les bois de Mémel, préparés pour les travaux du port de Leith, sous l'action de 180 livres de pression par pouce.

On peut aussi plonger les pièces de bois dans un bain de créosote bouillante, ce qui dispense des pompes et des machines à vapeur; mais cette ébullition doit emporter les parties les plus volatiles de la créosote, et la grande quantité que le bois peut en absorber doit en augmenter considérablement le prix; mais les Anglais ont l'habitude de travailler pour l'éternité, tandis que nous ne faisons guère que du provisoire; voir nos monuments en planche, qui ne durent que l'espace d'un automne, sauf à employer l'été à les construire et l'hiver à les démolir. Cela donne de l'ouvrage aux ouvriers, dit-on; oui, comme on en donnait aux ateliers nationaux; sous une république éphémère, à quoi bon des fondements?

XXVIII.

Le plus grand exemple de stérilité inventive qu'il nous ait été donné de rencontrer dans aucun temps chez des gouvernants, ce sont les ateliers nationaux sortis de l'absurde non-sens du droit au travail tout sec et de l'égalité des salaires quand même.

« Après nous avoir fait transporter dix fois la terre du Champ-de-Mars d'un côté, pour la rapporter de l'autre, disaient les ouvriers, ces gaillards-là nous feront sans doute mettre la Seine en bouteille sous le Pont-Neuf, pour aller la vider à la mer avec nos brouettes.

— Qu'est-ce que cela fait, reprenait un loustic, pourvu qu'ils payent et nous laissent jouer au bouchon?

— Puisque nous remplaçons les rois fainéants, comme nous dit le bon petit Blanc, il faut que le roi s'amuse.

— *L'ouvrier règne et ne travaille pas.* Vive le roi de la république!!! »

Nous avons entendu de nos propres oreilles ces maximes qui jurent un peu avec celle de saint Paul : « Celui qui ne veut pas travailler ne doit pas manger. »

XXIX.

Il est vrai que les républicains avouent qu'ils n'étaient pas préparés et ne s'attendaient pas à triompher sitôt; ils ont été aussi surpris de leur succès que Louis-Philippe de sa défaite.

C'est, d'ailleurs, toujours le cas dans lequel se trouvent les démolisseurs; ils renversent l'édifice qui les couvre tant bien que mal, croyant avoir le temps de le rebâtir à neuf, sur des plans qu'ils feront plus tard à loisir; mais pendant ce temps, ils se trouvent logés à la belle étoile, ce qui ne convient à personne, pas même aux démolisseurs; voilà pourquoi ils ont de moins en moins de succès, au fur et à mesure que le billet de banque, les bons du trésor, les emprunts nationaux et les livrets de la caisse d'épargne rattachent plus de monde aux trônes qui sont assis sur les coffres de l'État.

Or, le grand Machiavel qui a songé à tant de choses, n'avait pas songé au procédé publié par le malheureux Welz, son compatriote, dans sa *Magie du crédit dévoilée*, prêchée par le baron de Corvaia, né dans la patrie d'Archimède et qui rendrait des points en fait de mécanique financière au grand mécanicien syracusain.

Ce procédé que les habiles déflorent ou écrèment à leur profit, au lieu d'y faire participer tout le monde dans un mutualisme universel, c'est ce dont le baron de Corvaia démontre la possibilité, au risque de se faire pourchasser et crucifier à la façon du xixe siècle : c'est un apôtre bien convaincu, bien tenace, mais il n'a pas reçu le don des langues.

Il prêche dans le désert et il y mourra enseveli dans l'Apocalypse, dont il a eu le tort de s'affubler à notre époque antibiblique, qui se rappelle à peine la parabole financière des talents d'or confiés par un maître à ses gens; les uns les avaient mis à la caisse d'épargne où ils s'étaient doublés, tandis que les autres avaient mis les leurs en terre où ils s'étaient stérilisés.

Cette grande leçon de la magie du crédit et de l'épargne paraît avoir été perdue pour les chrétiens jusqu'à ces derniers temps; les Rothschild, les Pereire et les Mirès l'ont retrouvée et enseignée aux rois.

Espérons que les peuples la comprendront avec le temps, et ce temps verra luire la paix universelle et la consolidation des empires par le droit aux fruits du travail et le triomphe du monautopole sur le monopole, cet enfant de la libre concurrence qui nous conduit totalement à la féodalisation du travail et du capital, c'est-à-dire à la guerre et aux révolutions indéfinies.

Nous ne savons pas si nous nous faisons comprendre en condensant tant de choses en si peu de lignes ; mais nous allons développer un peu plus l'idée, qu'on cherche midi à quatorze heures en courant après des palliatifs, au lieu de prendre le remède qu'on a sous la main.

Aux grands maux les grands remèdes !

Or, le mal social, le paupérisme ne fait que croître et envahir la société moderne, et l'on ne propose que des topiques dont l'insuffisance a été mainte fois reconnue ; on applique par-ci, par-là de petites mouches de taffetas d'Angleterre sur les bubons du malade, et l'on croit avoir fait tout ce qu'il est humainement possible de faire pour sauver le grand pestiféré.

Grands philanthropes humanitaires, vous n'êtes que de pauvres petites sœurs des pauvres et de pauvres sœurs de charité, faisant de la charpie et préparant de petits lochs, de petits cataplasmes émollients ; il y a chez vous de la vertu, du dévouement, du désintéressement, mais c'est tout ; la science du bien et du mal vous manque. Vous remplissez votre devoir de soldat, mais vous n'avez pas de généraux, pas de maréchaux ; ceux d'entre vous qui croient l'être ne sont que des caporaux ou des sergents à courte vue qui n'embrassent pas le champ de bataille tout entier, et ne peuvent suivre les évolutions de ce grand corps d'armée, composé de toute l'humanité qui marche à la débandade vers la catastrophe la plus imminente.

Vos aumôniers ont beau prêcher la charité, le sacrifice et la résignation à des soldats à jeun ; quand les vivres manquent, ventre affamé n'a pas d'oreilles ; estomac vide n'a pas de cœur. Vous oubliez que l'homme n'est qu'un tigre en paletot, il lui faut sa pâture quotidienne ou il la prend ; gare aux gardiens qui le laissent avoir faim, car ils seront les premiers dévorés !

XXX.

Vous chargez le tableau, diront les heureux du siècle, car il y en a encore quelques-uns qui s'imaginent que l'humanité s'améliore, se perfectionne, se moralise, se dénature enfin par l'instruction, les beaux-arts et la philosophie; erreur déplorable, cause de tous nos mécomptes et de tous nos désappointements. La civilisation n'opère que sur les cimes, ne grandit que par les sommets, mais les racines restent totalement enfoncées dans la boue, la primitive argile. Vous pouvez apprivoiser, domestiquer, civiliser les animaux les plus féroces en les bourrant de nourriture, mais vienne un jour de disette, et la nature reprend ses droits et la brute redevient sauvage comme devant.

Ne voyez-vous pas ce phénomène s'accomplir chaque jour sous vos yeux dans tous les coins du globe ?

Comprenez donc qu'il n'y aura de tranquillité et de stabilité que quand il y aura de la justice et de l'équité dans vos institutions. Vous aurez beau vous lier par des constitutions factices, beau défendre la propriété par la menace du gibet, beau placer vos choux sous le sabre du garde champêtre et votre famille sous la hache du bourreau, il n'y aura jamais de sécurité pour ceux qui possèdent qu'à l'abri de la justice réelle, absolue.

XXXI.

Si vous avez soumis les Indiens en les massacrant, ils vous massacreront à leur tour, et vous devrez les remassacrer encore jusqu'à ce qu'ils trouvent l'occasion de se venger. L'injustice appelle l'injustice, *abyssus abyssum vocat*. La compensation est une loi naturelle et la mutualité seule pourrait rétablir l'équilibre que vous souhaitez, mais dont vous ne voulez pas en pratique; or, il est écrit : Vous vous massacrerez les uns les autres, le père tuera le fils, le fils tuera le père, le frère tuera le frère; tant que vous ne ferez pas aux autres ce que vous voudriez qui vous fût fait. Est-ce que les Anglais, par exemple, voudraient être bâtonnés par les avides et impitoyables collecteurs indiens ?

Ce sont toujours les derniers agents du pouvoir qui font haïr le pouvoir et le renversent.

M. de Morny l'a bien dit aux employés de toute la hiérarchie impériale : Soyez polis envers le public, dont vous êtes les serviteurs ; c'est votre hauteur, votre impertinence, vos injustices et vos refus de renseignements qui désaffectionnent le peuple, amassent des haines et fomentent des tempêtes contre les gouvernements les plus paternels. Nous posons en fait que la plupart des explosions révolutionnaires n'ont pas d'autres causes.

Celui-là est un grand homme d'État qui a su le deviner.

Tout homme politique devrait avoir cent coudées pour voir de loin, ou monter sur une pyramide pour découvrir l'ennemi et se préparer à le recevoir, s'il ne peut lui barrer le passage.

XXXII.

Or, l'ennemi c'est la misère, et la misère n'a pas d'autre cause que le manque de travail, et le manque de travail vient du manque de sécurité, de solidarité et de mutualité sociales. Vous aurez beau vouloir esquiver, tourner, pallier cet obstacle, il faut vous résoudre à le regarder en face et à le franchir le plus tôt possible.

Il n'a pas échappé à la perspicacité d'un grand prince ; mais tout puissant qu'on le suppose, il est obligé de se contenter de demi-mesures et de n'avancer qu'à pas timides à travers les obstacles de la routine administrative, avec laquelle il a la complaisance de transiger.

L'autocratie de nos jours est plus faible qu'on ne pense, et la tyrannie est impuissante même à faire tout le bien qu'elle voudrait.

> Ces tyrans dont on nous fait peur
> Sont les meilleures gens du monde.

puisque bien convaincus de l'excellence et de la justice de la propriété intellectuelle et de la responsabilité industrielle absolues, ils ont dû transiger avec les corsaires et les frelons trop nombreux et trop puissants encore pour être réduits de haute lutte.

On n'a obtenu que des concessions, mais sous réserve tacite de pousser pas à pas la conquête au cœur de la Kabylie commerciale. Il faut espérer que le fort Napoléon, planté sur leurs terres, empêchera les Berbères et les Bédouins de rétablir le faux monnayage, le droit d'aubaine et d'épaves envers les étrangers qui abordent leurs côtes, et de s'exterminer entre eux aux cris de : Vive la concurrence illimitée, c'est-à-dire : Vive la libre déprédation, la libre frelatation, la libre anarchie, corollaires inévitables du laissez faire la fraude et laissez passer le fraudeur.

En avez-vous assez de ces coups de lanières ?

Oseriez-vous prétendre que vous ne les avez pas mérités ? vous ne seriez alors que des hypocrites ou des ignorants : hypocrites, si vous savez le mal que la fraude fait à votre pays au dedans comme au dehors ; ignorants, si vous ne le savez pas. Veuillez croire que nous préférerions n'avoir que des louanges à vous donner, et ne prenez nos avertissements que comme l'expression impartiale d'une longue expérience qui voit le mal et veut vous préserver du pire avant de prendre congé de vous.

C'est en vain que le vénérable archevêque de Paris nous écrit qu'il aperçoit encore autour de lui de nombreux germes de salut ; le bon prélat n'est pas dans les affaires. Partis des mêmes bancs de l'école, il a suivi la route spirituelle et nous avons suivi la route temporelle ; voilà pourquoi nous ne nous trouvons plus d'accord en nous rencontrant au bout de la carrière. Il croit encore au bien, nous ne croyons plus qu'au mal.

XXXIII.

Charité privée, charité légale, libre aumône, taxe forcée, tout a été tenté et retenté depuis l'abolition de l'esclavage, pour extirper le paupérisme qui lui a succédé.

Loin de le voir diminuer par les moyens employés, on l'a vu croître en même temps que la population dans tous les pays dits de liberté.

Pendant que les optimistes chantent la prospérité croissante, les pessimistes déplorent la misère envahissante, et les indifférents ferment les yeux ; mais tous ensemble cherchent à s'étourdir au milieu des fêtes et des festins, comme les Romains de la décadence. C'est dommage que la statistique vienne prouver, par d'irréfutables chiffres, qu'en *réunissant* toutes les ressources de la charité privée à celles de la charité légale, on ne saurait augmenter le budget des indigents que de *quatre centimes* par jour, en supposant qu'il ne s'en perdît rien en route; c'est bien peu au prix où sont les vivres.

Qu'est-ce que cela veut dire, en termes clairs, sinon qu'on n'a pas trouvé de remède au paupérisme depuis 1857 ans qu'on le cherche? N'y en aurait-il donc pas? Ce serait blasphémer que de le croire.

XXXIV.

Dieu n'a pas dit à ses créatures : *Croissez, multipliez et remplissez le monde,* pour les laisser périr dans une impasse. Il ne leur a pas dit non plus, comme le suppose Malthus : *Mangez-vous les uns les autres;* mais le Rédempteur leur a donné ce suprême avertissement : « Maintenant, mes frères, que vous voilà libres, que vous n'appartenez plus à personne et que rien ne vous appartient, il faut travailler et gagner votre vie à la *sueur de votre front, cherchez et vous trouverez; frappez, on vous ouvrira; demandez, on vous donnera.* » Mais ces trois divins centons ont été pris à la lettre par les pauvres, qui cherchent, frappent et demandent, avec la conviction qu'ils obéissent à Dieu et que les riches doivent leur ouvrir la porte et leur donner à manger.

Ce ne sont pas seulement les pauvres et les ignorants qui sont tombés dans cette méprise, cause de tout le mal. Ceux mêmes qui disposent de nos destinées n'ont rien trouvé de mieux que ce qu'il y a de pis : les pénitenciers, les dépôts de mendicité et les ateliers nationaux.

Un représentant belge, après avoir pesé les ressources et les misères du pays, a eu la vague perception que le *travail* pourrait bien être la panacée cherchée; mais il n'a su ni le démontrer, ni le prouver, comme nous allons le faire, avec la certitude, toutefois, que nous prêchons dans le désert.

N'importe! cette démonstration restera, et nos descendants en profiteront, si jamais ils arrivent à l'âge de raison.

XXXV.

Oui, le travail est la seule *source légitime de la considération, des honneurs et de la richesse,* comme l'a dit l'honorable vice-président du Sénat belge, après s'en être assuré par une expérience *personnelle* qui ne laisse rien à désirer ; mais cette expérience devrait être universelle pour faire disparaître la misère également universelle.

Tout le monde sait que le travail est une peine ou un plaisir, selon que l'on travaille pour les autres ou pour soi. Voulez-vous que chacun aime à travailler, faites que chacun puisse jouir *des fruits de son travail,* de quelque nature qu'il soit ; chacun alors travaillera, et si tout le monde travaillait seulement trois heures par jour, tout le monde serait dans l'aisance, et le paupérisme ne serait plus que l'exception au lieu d'être la règle.

XXXVI.

Aujourd'hui que la moitié des gens ne fait rien, et que l'autre moitié ne fait que des riens, l'accroissement de la richesse publique ne peut suivre l'accroissement de la population ; cela n'est que la conséquence logique des lois humaines, allant au rebours des lois divines, si clairement tracées par le Christ : *Rendez à César ce qui appartient à César, et à Dieu ce qui est à Dieu.* — Or, voici ce que vous en avez fait : *Rendez à Pierre ce qui appartient à Paul; rendez à Mammon ce qui est au Seigneur.* Il est aisé de comprendre qu'en ôtant aux auteurs, aux artistes, aux inventeurs, aux créateurs d'une chose quelconque, le livre, la partition, l'invention, la chose qu'ils ont créée à la sueur de leur front, pour en gratifier César ou le domaine public, vous travestissez la parole de Dieu ; non-seulement vous portez atteinte au droit sacré de propriété qui sert de base à toute société, mais vous découragez les chercheurs de travail et vous favorisez la paresse par une répartition des épaves de l'intelligence aussi stérile que vos répartitions de centimes. Vous cultivez le paupérisme avec l'aumône, comme les Romains cultivaient la paresse avec la sportule ; il n'y a donc rien d'étonnant que vous marchiez vers le même but, la dissolution la plus inévitable.

XXXVII.

Tout le monde n'invente pas, direz-vous ; non, mais un seul inventeur peut donner du travail et du pain à des milliers d'individus dont il pourrait largement rétribuer le travail, s'il n'avait plus à lutter contre la libre déprédation que vos lois favorisent. Comptez seulement combien de millions d'hommes les trois inventeurs de la vapeur, de la filature et des chemins de fer occupent et nourrissent en ce moment. Que feriez-vous de ces vingt ou trente millions de bras et d'intelligences si vous aviez aveuglé ou brûlé ces inventeurs, comme faisaient vos pères ?

Eh bien, il y en a par milliers de ces créateurs de travail que vous découragez avec vos encouragements, que vous écrasez avec vos protections, que vous arrêtez avec vos arrêtés. Vous avez fait d'un droit naturel un monopole ; et ce monopole, qui devrait dans tous les cas appartenir à celui qui l'a inventé, vous en octroyez la jouissance pour 99 ans à des compagnies, en le retirant, après quinze ans, à l'inventeur, sans lui réserver la moindre indemnité. Votre protection n'est donc qu'un piège tendu à ceux qui viennent vous délivrer du mal ; et vous vous étonnez de la diminution des sources du travail et de l'accroissement de la misère, tandis que vous ne devriez vous en prendre qu'aux lois dérisoires que vous avez arrangées, sans contradiction, contre les auteurs et fauteurs de tout travail humain ; contre les contre-maîtres de la Divinité, chargés d'occuper et de nourrir tous les enfants d'Adam !

Si vous vouliez nous écouter, vous accepteriez immédiatement le remède au paupérisme que nous vous tendons en vain depuis plus d'un quart de siècle. L'excès du mal auquel nous en appelions, frappe à vos portes ; attendrez-vous qu'il les enfonce ?

C'est fort bien, direz-vous ; mais il nous faut une formule, un projet facilement exécutable ; quelque chose de simple, de net, de clair, de complet. Eh bien, c'est fait. Voici ce que vous demandez : lisez, pesez et votez (1). Mais vous n'avez plus le temps de lire ; toutes vos

---

(1) Voir le projet de loi, 1er vol., page 9.

balances sont faussées, et la majorité fait loi. Il n'y a donc plus d'espoir que dans vos quatre centimes par pauvre inscrit dans vos bureaux de charité. Puissent-ils se multiplier comme les cinq pains de l'Évangile ou les cinq sous du Juif errant !

Mais notre temps n'est plus si fertile en miracles.

XXXVIII.

Les lois de Dieu sont ce qu'il y a de plus simple et les lois humaines ce qu'il y a de plus compliqué. Les dix commandements ont longtemps suffi pour gouverner l'humanité tout aussi bien ou tout aussi mal qu'elle l'est aujourd'hui.

Mais le peuple qui les avait reçus trouva qu'ils ne suffisaient pas, non parce qu'il y manquait quelque chose, mais parce qu'il ne les observait pas, et il se laissa aller au culte des faux dieux en acceptant de gré ou de force le code des païens, que nous avons, pour notre part, tellement enrichi que nous nous trouvons aujourd'hui à la tête de 96,000 lois, ou trois tonneaux avoir du poids, petit texte, papier pelure d'oignon, dont personne ne peut prétexter ignorance, même ceux qui ne savent pas lire et qui n'en ont jamais entendu ni compris le premier mot, ceux enfin qui en avaient trop du Décalogue pour le retenir.

En obéissons-nous mieux à ce lourd commentaire de la loi mosaïque ?

Notre but est de démontrer que nous sommes en plein dans la complication législative comme dans la complication mécanique, et qu'il est urgent de simplifier nos vieilles machines de Marly, qui ne marchent plus qu'en grippant, malgré l'huile dont on les arrose.

Celui qui est venu non pas détruire mais accomplir la loi de Moïse, qu'il trouvait trop compliquée, l'avait divinement résumée en ce peu de mots :

« Ne fais pas à autrui ce que tu ne voudrais pas qui te fût fait. »

XXXIX.

Personne n'a peut-être réfléchi que nos 96,000 lois sont sorties de celle-là, et que si elle était observée, toutes les autres deviendraient inutiles et superflues.

Nous allons présenter sous une nouvelle face ce *sine qua non* de toute société, dans l'espoir qu'on le comprendra mieux à raison de sa forme toute matérielle et brutale.

Mais, nous comprit-on, nous n'espérons rien de notre découverte.

On nous traitera comme ce derviche, qui, ayant trouvé un diamant gros comme le poing, s'en allait en vain l'offrir à tous les princes de la terre ; mais personne ne voulait croire qu'un tel trésor pût se trouver dans les mains d'un pauvre diable sans feu ni lieu.

En vain le montrait-il sous toutes ses faces, en vain parcourait-il les bazars et les caravansérails, sa pierre à la main ; on se disait : Voilà encore ce fou avec son morceau de verre ou de laitier.

Enfin, il avait si longtemps affirmé et juré sans profit que son diamant était véritable, qu'il commençait à en douter lui-même, n'insistait plus, et s'en remettait au temps pour lui amener des connaisseurs.

Il en trouva vraiment quelques centaines après 30 ans, qui pensaient comme lui que ce diamant était véritable ; mais ils n'avaient pas les moyens de le mettre en œuvre, c'est-à-dire de le tailler, cliver, polir et placer sur quelque sommet d'où sa lumière aurait pu éblouir le monde ; enfin, le pauvre *trovatore*, affaibli par l'âge et mourant de faim, se laissa choir dans un égout, et l'on n'en parla plus.

Un siècle après, le gros diamant fut redécouvert par un rabbin qui faisait drainer son jardin ; et comme la cristallographie avait fait de grands progrès, il ne s'éleva plus de doute sur la réalité de la trouvaille ; le réinventeur était d'ailleurs un grand personnage, qui fut comblé de faveurs et de richesses ; — il les avait certes bien méritées, et si on ne les lui eût pas offertes, il était homme à les prendre.

Certain chartiste ayant découvert dans les archives quelque mention du vieux derviche, proposa de lui élever une statue ; mais comme il n'avait pas de parents intéressés à donner du lustre à son nom, la souscription échoua, chacun blâmant la bêtise inconcevable d'un homme qui, tenant en main la fortune, s'était laissé mourir de faim comme un imbécile. On se contenta de faire graver sur une brique cette inscription dérisoire : *On ne meurt que de sottise.*

Nous en étions là de notre comparaison en prose quand il nous vint l'idée de la mettre en vers; ceci servira de leçon sur la méthode à suivre pour faire des fables, ce qui est la chose la plus facile du monde ; essayez une fois, pour voir !

Le derviche Corvaia veut que pas un centime ne reste sans travailler, et nous voulons que pas un bras ne reste sans occupation.

Il a trouvé son système dans l'Apocalypse, nous avons trouvé le nôtre dans le sens commun.

Il s'est fait chasser en prêchant sa doctrine dans le Midi, nous nous sommes fait abominer en prêchant la nôtre dans le Nord.

De ces deux apostolats qui tendent au même but, l'un doit être meilleur que l'autre : à quel signe le reconnaître ?

Il nous semble que le passe-port indispensable à un véritable apôtre est le don des langues, et notre bon Sicilien en est tout à fait privé, nous avons seulement cru comprendre que ses caisses d'épargne millénaires ont pour but de rendre tout le monde millionnaire par l'institution du mutualisme universel.

Ce professeur n'a fait qu'un élève, dit-il : c'est son fils, devenu banquier et ministre, preuve de l'excellence de sa méthode, qui se trouve malheureusement délayée dans de gros volumes que nous avons, il nous l'assure, parfaitement résumés dans l'apologue suivant :

LE KO-I-NOHR.

En se creusant un ermitage
Dans les flancs d'un rocher sauvage,
Un pauvre derviche, ignorant,
Découvrit un beau diamant
Vingt fois plus gros que le Régent.
Abasourdi de sa richesse,
Il va l'offrir à Sa Hautesse
L'empereur Soliman le Grand ;
Mais Sa Majesté magnifique,
Qui n'était rien moins qu'un savant,
Renvoya l'homme et sa supplique
A l'envieuse et sotte clique

Des lapidaires de la cour,
Qui, rien qu'en l'opposant au jour,
Sans même l'approcher du tour,
Déclarèrent tout net que cette énorme pierre
Ne pouvait être que du verre,
Peut-être même du laitier
Qui ne valait pas un denier.

Le malheureux eut donc beau faire,
Beau se plaindre à chaque passant,
Beau parcourir toute la terre,
Et beau l'offrir à tout venant ;
Chacun disait en ricanant :
— Voilà ce pauvre fou qui prend
Du laitier pour du diamant :
Fuyons, car il est assommant !

Enfin, accablé de vieillesse,
Persécuté, berné, tombé dans la détresse,
Et prenant la vie en dégoût,
Il s'affaissa dans un égout.
Il était trop dépenaillé pour être
Dans ce piteux état reçu même à Bicêtre.

Cent ans après, un grand rabbin,
En faisant drainer son jardin,
Trouva la gemme précieuse,
Enleva sa gangue laiteuse,
La fit cliver, tailler, polir,
Enchâtonner, parer, sertir
Et briller aux yeux d'un vizir,
Qui changea tout l'or de son maître
Contre ce trésor condensé,
Qu'on peut, dans un moment pressé,
Aisément faire disparaître
En l'emportant dans son turban,
Quand on est chassé comme traître
Par le peuple ou par le divan.

Cette explication vous donne
La clef de l'énigme bouffonne
Des diamants de la couronne,
Capital mort qui ne produit
En mille ans pas le moindre fruit.
La même fable vous instruit
De la façon dont on repousse
Les inventeurs que l'on détrousse
Quand on les a jetés dans l'égout du mépris.

Du baron Corvaia le calcul millénaire
Nous prouve évidemment que si
Notre Sauveur eût mis un centime et demi
A la caisse d'épargne ou chez le Juif Lévi,
Notre magot aurait grossi
Jusqu'au point de nous faire
Chacun millionnaire.
Nous serions sauvés, je l'espère,
De la faim et de la misère ;
Mais n'oublions pas cependant
Qu'en faisant travailler l'argent
Pendant qu'on travaille à son champ
Ou qu'on danse au Jardin des Roses,
Ou qu'on s'occupe d'autres choses,
On est maître d'un grand secret
Qui se résume en ce couplet.
Ne garde rien dans le gousset,
Ni dans la poche du gilet,
Ni dans le tiroir du buffet,
Ni dans le fond de ton coffret
Comme plus d'un jobard le fait,
Non sans éprouver le regret
D'avoir subi tant de déchet ;
Change ton or contre un billet
Qui te rapporte un intérêt.
Voilà, voilà tout le secret !

A garder ses écus tout homme qui s'entête
Est à coup sûr marqué du signe de la bête.
Si l'on n'a pas compris, nous répétons encor
Qu'un furet dans cent ans retrouvant ce trésor
Saura tirer parti de notre Ko-i-Nohr.

Cet apologue compris, aveignez donc votre diamant, monsieur le derviche, et soyez sûr que s'il est vrai on l'estimera à sa juste valeur, car on y voit clairement déjà que vous êtes payé par les banques pour faire aller l'eau à leur moulin.

XL.

C'est dans les choses possibles ; car nous ne connaissons personne que puisse être plus généreux et plus magnifique que les hommes d'argent, ainsi nommés, parce qu'ils en ont, et qui en ont parce qu'ils le gardent. Quant à notre diamant il ferait du tort aux marchands de pierres fausses, qui sont les bijoutiers de la cour, et c'est à eux que le Sultan s'en rapportera, comme Napoléon s'en est rapporté à l'Académie sur la découverte de Fulton. Ils diront donc que notre pierre n'est que du strass, attendu que s'il était vrai, il ne serait pas entre les mains d'un pauvre diable, qui l'offre à tout venant depuis trente ans et le colporte de pays en pays en le faisant prôner par la presse avec l'eau de Lob et la moutarde blanche. Vous voyez donc bien qu'il n'y a rien à espérer, même dans votre siècle de progrès avec sa majorité d'aveugles et de routiniers infiniment supérieure au petit nombre de ses clairvoyants.

Notre Ko-i-Nohr, soumis à l'appréciation d'une coterie de vitriers, sera toujours pris pour du laitier par la majorité, qui imposera silence aux rares connaisseurs; c'est ce qui est arrivé dans la commission choisie pour déclarer que le *monautopole* est un monstre. Un seul membre était d'un avis contraire, le secrétaire, et son chef lui avait défendu d'ouvrir la bouche et de voter.

Il faut convenir que dans un pays où de pareils escamotages peuvent se commettre impunément, il n'y a pas chance de faire entrer un diamant de valeur dans l'écrin parlementaire rempli de strass et de groisil.

Vous nous direz: Adressez-vous au peuple, tout le monde a plus d'esprit qu'un seul! Plus d'esprit peut-être, mais plus de bon sens, certainement non, puisqu'il confond la capacité cérébrale avec la capacité pécuniaire et le diamant avec le cristal, comme le prouve la fable suivante, car on peut tout prouver avec des fables, comme l'Évangile a tout prouvé avec des paraboles.

L'ANTIQUAIRE.

Chargé de médailles antiques,
De pierres de grand prix,
De joyaux historiques,
Un marchand sortait de Paris.
— Dirigeons, dit-il, notre course
Vers un pays lointain,
Par exemple vers la Grande-Ourse,
Il y fait froid, mais pour le gain
On souffre tout. Il part, il arrive, il déballe
Et puis étale;
Mais il fut bien désappointé

Quand il vit ce peuple hébété
Préférer au plus beau camée
Quelque magot de cheminée
Ou quelque laid brimborion
De porcelaine du Japon.
    Le moindre grain de verre,
    D'émail ou de clinquant,
    De ce peuple ignorant
    Aurait mieux fait l'affaire.

Ne montrez jamais vos bijoux
Aux aveugles pas plus qu'aux fous,
Si vous craignez qu'on ne vous raille.
    A tout grison
    Pas de médaille,
    Mais de la paille
    Ou du chardon !!!

La Grèce n'a produit que sept sages sur quatre millions d'habitants dans sa plus belle époque : croyez-vous que nous en ayons davantage aujourd'hui ? Cela est fort douteux, car pour un sage qui meurt, il naît cent mille petites brutes chez nous comme chez les Grecs.

Les sages ne se multiplient qu'en raison arithmétique et les sots pullulent en raison géométrique, de sorte que les sots seront toujours en majorité, et comme la majorité gouverne, qu'on la consulte en tout et que la minorité est tenue de lui obéir, comment pouvez-vous appeler siècle de lumières, un siècle assez aveugle pour choisir cette forme de charte qui compte les votes et ne les pèse pas; un siècle qui ne sait pas que tout chef-d'œuvre est l'œuvre d'un seul et que jamais corporation n'a fait de chef-d'œuvre, (à moins qu'on ne prenne le Dictionnaire de l'Académie pour un chef-d'œuvre,) et qui en tire la conséquence qu'il faut tout laisser faire à des commissions, à des comités, à des congrès et à des corporations, attendu leur impuissance à faire le bien et leur aptitude à faire le mal, sans responsabilité ? Car un péché mortel commis en commission devient un péché véniel pour chaque actionnaire et finit à la centième dilution homœopathique par n'être plus rien du tout.

Tout enfant n'a qu'un père et Dieu était seul quand il fit le monde, dont on n'aurait jamais vu la fin, s'il en eût soumis les plans à la discussion d'une chambre de chérubins, de séraphins et de dominations; que penser d'un siècle qui s'imagine que le critérium de la prudence est de confier sa fortune, son honneur et sa vie à la direction et à l'autocratie du nombre, parce que Pythagore a dit : les nombres régissent le monde?

Pour prouver que plus la foule augmente plus la raison décroît, plus le bon sens s'éparpille, nous allons encore recourir à la fable, puisqu'on craint tant la vérité, car

> L'homme est de feu pour le mensonge,
> De glace pour la vérité;
> Il prend le mal comme une éponge
> Et craint le bien comme un chat échaudé.

LA REINE POMARÉ.

> L'illustre reine Pomaré,
> Heureuse d'ouvrir en personne
> Son long Parlement mâchuré,
> Dans son discours de la couronne
> Posa ce problème enfantin :
> « Pouvons-nous, sans mûr examen,
> « Laisser infiltrer dans nos Codes
> « Les vérités des antipodes
> « Et nous habiller à leurs modes? »
>
> A l'instant même Urluberlu,
> Premier ministre de la reine,
> Se leva d'un air résolu,
> Et prononça tout d'une haleine
> Un long discours bien saugrenu,
> Terminé par cette rengaine
> Tendant à montrer le danger
> De rien tirer de l'étranger :
>
> — Je verrais, dit-il, avec peine,
> Ainsi que notre souveraine,
> Que deux et deux, qui font quatre à Paris,
> Ne fissent rien de plus dans notre beau pays !
>
> — Ainsi, messieurs, il faudra donc pour plaire
> A notre savant ministère,
> Voter que deux et deux font huit
> Et qu'il fait plein jour à minuit,
> Par amour-propre antipodaire,
> Reprit le grand Turlututu,
> Libéral chevelu, venu
> De Cayenne ou d'Honolulu.

— Vous ne voulez pas, je suppose,
Entraver le gouvernement,
Dit un juste-milieu pur-sang.
L'amendement que je dépose
Terminera ce léger différend ;
Que chacun cède quelque chose,
Et qu'ensuite l'on mette aux voix
Combien font deux et deux au pays taïtois !

Le scrutin donna six, c'était inévitable.
Vous riez, mais chez vous est-on plus raisonnable
Quand, à force d'amendements,
Vous faites d'un projet passable
Une loi qui n'a plus de sens.

Parlements, clubs, académies,
Sociétés et compagnies,
Comités, corporations,
Comices et commissions
Avaient jadis de l'esprit comme quatre,
Selon Piron,
Poëte de Dijon ;
Mais il en faut beaucoup rabattre ,
Car de ces corps nombreux aucun
N'aura jamais de sens comme un.

Quand Dieu fit la machine ronde,
S'il eût consulté tout le monde
Le cercle aurait été carré,
Le miel amer et l'océan sucré.

Arrivez donc avec votre diamant! Il se trouvera bien quelques
lapidaires capables d'en calculer les carats.

— Oui, mais dès qu'il s'agira d'aller aux voix, ils se trouveront en
minorité, et notre diamant sera condamné à rester verre ou laitier.

Je vous défie de faire qu'il en soit autrement dans un siècle qui
prend des lampions fumant entre eux dans un bac pour un océan de
lumière.

Cependant nous aurions tort de ne pas découvrir notre gemme
précieuse, car si la Providence ou le hasard, qui est la providence des
sots, nous l'a mise entre les mains, ce n'est pas pour nous, c'est
probablement afin que nous la délivrions de sa gangue; d'autres en
continueront le clivage et le polissage, si elle leur tombe sous la
main, dans un temps où la société sera gouvernée par la minorité ou

par l'unité, qui est l'osmazome de la minorité, comme notre monau-topole est l'osmazone des trois Codes.

Voici le moment de nous écrier comme les anciens poëtes, qui se battaient les flancs pour exciter leur verve : O Apollon! viens gratter ma lyre pendant que je me gratte l'oreille; fixe l'attention de ce tas de singes remuants, de cette bande d'étourneaux, de van-neaux, de corbeaux, de pierrots, et de linots sans cerveaux ; arrête si tu peux cette foule d'écureuils, de chauves-souris et de papillons capricieux; ouvre le pavillon acoustique de cette multitude d'onagres et de mulets, *in partibus, quibus non est intellectus;* fais l'impossible enfin pour que les taupes ouvrent la petite lucarne de leur intel-ligence, et que l'esprit brille un moment dans les grands yeux bêtes de ce troupeau bêlant et ruminant à qui je veux parler. Entoure ma tribune d'un nuage aussi massif que ceux de l'Opéra d'Amsterdam, pour que les loups, les tigres et autres carnassiers ne viennent pas, en croquant l'orateur, mettre fin à sa harangue par quelque ordre supérieur, qui nous fait si peur, venant d'un inférieur; car nous tenons pour certain que les chefs ne sont jamais mauvais, que leurs ordres sont toujours justes et bons, mais qu'ils sont toujours exécutés à coups de bâtons par les bas agents du pouvoir (voir les coups de bambou, administrés par les zémindars à ces pauvres Indous qui souffrent tout, pourvu qu'on ne les force pas à toucher au saindoux.)

Encore une petite fable à l'adresse des marchands de la Compagnie des Indes et autres lieux circonvoisins :

LE TONNEAU DE GRÉGOIRE..

Après le trépas de Grégoire,
Son fils hérita d'un tonneau
Plein de bon vin, mais trop nouveau
Pour que le défunt l'ait pu boire.
L'héritier jure au mort de ne plus toucher l'eau,
Sa mortelle ennemie,
Qu'il n'ait de son nectar pompé jusqu'à la lie.
Il le dérobe à tous les yeux
Fait en cercles tout neufs radouber sa futaille.
Il l'eût fait entourer d'une triple muraille,
Tant il aimait ce jus délicieux.

Mais il fermente, il bout, devient bourru, fumeux,
Et de cette eau de feu la fougue trop pressée,
Fait voler en éclats sa prison fracassée.

Ceci s'adresse à vous, illustres conquérants
    Des Mahrates et des Birmans,
    Qui traitez comme des esclaves
    Des sujets timides mais braves;
    Au lieu de les charger d'entraves,
    Ce qui donne tant d'embarras
    Et provoque tant d'attentats;
    Changez une fois de marotte,
        Supprimez la chicotte,
        Le carcan, la garotte,
        Le knout et la menotte
    Contre lesquels il n'est pas un ilote,
    Même aux Indes qui ne complote.
    Donnez de l'air à ces esprits fougueux,
    Mais souvent bons et généreux.
    De la presse ouvrez la soupape,
    Afin que le trop plein s'échappe.

    Cette fable vous avertit
    Qu'on ne peut enchaîner l'esprit.

Nous voici au moment de lever le rideau, à moins qu'il ne survienne encore quelque fabuleux incident.

En ce temps-là, Jésus dit aux Hébreux ce que nous allons vous redire encore et pour cause : Vous n'avez ni appris, ni compris, ni observé les dix commandements lithographiés par Moïse sur la pierre du Sinaï; je viens, non les poncer, mais les réduire à ce peu de mots : *Ne fais pas à autrui ce que tu ne voudrais pas qu'on te fît,* ou sa contre-épreuve : *Fais aux autres ce que tu voudrais qui te fût fait.*

Là est toute la loi de Dieu et des prophètes, c'est-à-dire tout le code mosaïque et ses commentaires amplifiés par les scribes et les princes des prêtres; apprenez et observez ces quelques paroles, et vous serez sauvés, autrement dit, vous serez en état de vivre en société et d'être heureux en ce monde comme dans l'autre.

Eh bien! les chrétiens n'ont répété ces mots sacrés que comme des perroquets, sans plus les comprendre et sans plus les observer que les Hébreux n'avaient compris et observé le Décalogue; c'est ce qui les fit tomber sous le coup des vingt mille lois romaines qu'on leur appliqua comme les Anglais appliquent la *magna charta* aux Indous, sans exiger qu'ils la comprennent, pourvu qu'ils la subissent. De là l'origine des avocats et la nécessité du bourreau. A vrai dire, ce divin résumé ne tombait pas assez sous les sens grossiers des enfants de la bête; c'était plutôt la loi du monde moral que celle du monde matériel; elle ne touchait point à leur intérêt direct, n'éveillait pas leur égoïsme, ce grand levier que demandait Archimède pour soulever le monde.

XLI.

Je veux bien qu'on ne me fasse pas de mal, disait le peuple de Dieu, mais mon goût est souvent d'en faire aux autres, et chacun raisonnant de même, la loi nouvelle resta comme non avenue et tomba en désuétude le lendemain de sa promulgation. Quant à faire aux *autres ce que je voudrais qu'ils me fissent*, je n'en ai pas le moyen, car je désirerais qu'ils me fissent millionnaire, et si j'avais un million, je ne le lâcherais pas dans la crainte de le perdre. Il ne suffit pas qu'on ne me fasse pas de mal, mais je veux une loi qui, sans me faire de bien, me donne le moyen d'en acquérir, protège celui que j'aurai acquis par moi-même à la sueur de mon front contre les voleurs; je veux la loi de *l'ipséisme* et non celle du *communisme* qui n'est favorable qu'aux paresseux, et n'est que le moyen certain d'obtenir le *minimum* de produits avec le *maximum* de dépenses, comme l'égalité des salaires. Alors je respecterai, j'adorerai une loi pareille, l'indifférence que je professe pour la première se changera en fanatisme pour la seconde qui est positive et active, quand la première n'est qu'une simple invitation à l'abstention ou à un désintéressement contre nature.

XLII.

Si, par exemple, on remplaçait la maxime de saint Matthieu par celle du monautopole : A CHACUN LA PROPRIÉTÉ ET LA RESPONSABILITÉ DE SES ŒUVRES, qu'on peut également considérer comme étant toute la loi et les prophètes, puisque tous les codes n'ont pour objet que de protéger les propriétés, les personnes et la liberté, il est certain que l'intérêt privé, l'égoïsme entrerait aussitôt en action.

Ne pas faire de mal aux autres me tente moins que l'assurance de devenir propriétaire de mes œuvres avec la certitude de les voir protégées par la loi, c'est-à-dire par les gendarmes et le bourreau. Que m'offrez-vous si je ne fais pas de mal aux autres ? rien qu'une satisfaction morale éventuelle, je n'en serai pas plus riche, mon sort n'en sera pas amélioré ; vous ne m'ouvrez pas même le riant jardin de l'espérance, et vous me privez du mirage de l'avenir ; vous ne me donnez ni ne promettez quoi que ce soit de positif, de tangible, d'appréciable par tous ; tandis qu'en me déclarant propriétaire de mes œuvres, vous m'excitez à en faire, car plus j'en ferai, plus j'aurai d'espoir d'arriver au bien-être, moi, ma famille et mes amis. Pour toute sanction vous exigez que je sois responsable de mes œuvres ; mais comment donc ? avec le plus grand plaisir ! car c'est encore un cadeau que vous me faites ; mon nom sur mes œuvres, que j'aurai soin de faire bonnes, m'assure une clientèle, une renommée certaine et fructueuse autant qu'honorable. Il n'y a là rien de vague, de mystique et de vaporeux comme dans la maxime de saint Matthieu, impossible à faire exécuter par les lois humaines, tandis que l'autre tombe sous le coup de nos 96,000 lois, chartes et règlements répressifs qu'on mettrait à la chasse de ceux qui enfreindraient la propriété nouvelle comme on les met aux trousses des voleurs et des maraudeurs de l'ancienne propriété.

XLIII.

Dix-huit siècles se sont écoulés sans avoir pu faire passer dans la pratique et dans les mœurs, la loi et les prophètes de la Bible. Il ne faudrait pas vingt-quatre heures pour y faire passer la nôtre, parce qu'elle est basée sur le *séisme* universel, sur l'instinct de la préservation naturelle à tout animal vivant. Nous posons donc en fait que l'on peut résumer tous les codes en ces deux mots qui en constituent on peut dire la quintessence : la *propriété* et la *responsabilité* sont les véritables bases et la sauvegarde de toute société.

Si donc tous les efforts des gouvernants, tout le talent des économistes, toutes les tendances de la presse et du corps enseignant et prêchant, concouraient à la divulgation, à l'explication et à l'application de ce nouveau critérium humanitaire : *à chacun la propriété et la responsabilité de ses œuvres*, la face de la société changerait du tout au tout, c'est-à-dire de mal en bien.

Nous avons déjà exposé les brillants résultats qui s'ensuivraient, tels que l'abolition du paupérisme par l'augmentation du travail et du bien-être universel ici-bas, sans porter dommage à celui qui nous attend là-haut.

XLIV.

Voilà le diamant que nous vous avions promis ; ne dites pas que c'est du verre ou du laitier, car vous tomberiez sous le coup du dilemme impitoyable : *Crétin qui ne comprend ou gredin qui s'oppose.*

Vous pouvez être certain que notre diamant brillera un jour au firmament de l'humanité comme l'étoile du nord brille au ciel pour sauver les nautonniers perdus sur l'océan de mensonges et de perversité dont le courant nous entraîne vers l'archipel des Larrons et le cap des Tempêtes, en nous éloignant des îles Fortunées, seul but des aspirations de tous les passagers qui se pressent sur le pont du grand navire frété pour l'avenir. Encore une petite fable à l'appui, la même que nous avons récitée au banquet de la Louvière, après la victoire que cette société a remporté sur le sable boulant :

LE GLOBE.

Le globe est un vaisseau frété pour l'avenir
Et richement chargé ; ses tristes destinées
Sont de chercher toujours les îles Fortunées,
Mais sans jamais y parvenir.
Ballotté par l'orage,
Son nombreux équipage
S'y trouvait à l'étroit,
Car le plus bel espace
Était au plus adroit,
Souvent au plus tenace
Et toujours au plus fort.
Chacun faisait effort
Pour agrandir sa place,
Dans tous les coins on se poussait,

On se battait, on s'étouffait
Et les sages disaient : La guerre,
La guerre est un grand mal, mais un mal nécessaire !
Un jour enfin un passager creva
L'entre-pont qu'il trouva
Rempli d'une abondante mine
D'argent, d'airain et de platine,
De fer, d'étain et de tombac,
On cribla le pont d'ouvertures,
Chacun s'élança dans les bures
Et rapporta sur le tillac
L'un du charbon, l'autre, selon la chance,
De riches minerais d'une valeur immense.
A dater de ce jour la guerre s'apaisa
Le navire se pavoisa,
Et chacun, ne vous en déplaise,
S'y trouva beaucoup plus à l'aise.

On vit alors combien les hommes étaient fous
De se donner ainsi la chasse
Pour un lopin de la surface,
Quand la fortune est par-dessous.

XLV.

Nous entendons déjà les bourdons de la ruche humaine s'écrier que nous avons une trop triste opinion de l'espèce verticale, en supposant qu'elle n'a pas compris le Décalogue ni son résumé ; mais nous leur répondrons qu'ils ne font pas exception eux-mêmes, ne ne comprennent pas qu'il serait bon, qu'il serait juste que chacun fût *propriétaire et responsable de ses œuvres.*

Nous restons inébranlable dans notre opinion que l'humanité ne s'améliore pas, qu'il naît 99 ilotes sur un homme libre et intelligent qui les exploite ou qui, s'il est honnête, se laisse exploiter par eux ; que l'espèce humaine n'est qu'une suite de générations d'éphémères en paletot et en crinoline qui s'amusent comme des enfants, en font d'autres et s'évanouissent sans songer à rien,

Et qui ne songe à rien, songe souvent à mal.

Il y a d'honorables exceptions, nous diront les docteurs au maillot ; il y a des gens qui pensent, cela est vrai ; mais ils pensent presque tous aux moyens d'exploiter la sottise des autres, parce qu'ils y ont foi, et que ceux qui possèdent cette foi ne sont jamais trompés dans les espérances qu'ils fondent sur la sottise humaine.

Ceux-là sont des hommes de génie, des hommes supérieurs qui s'appellent Machiavel, Mazarin, Talleyrand, Metternich et Mirès. Tous les autres sont leurs marionnettes ou leurs actionnaires.

XLVI.

Nous sommes parfaitement d'accord avec M. Viennet, qui vient de prouver à l'Académie que toutes les satires, critiques, philippiques, remontrances, avis et sermons décochés depuis les anciens jusqu'à nos jours, contre les vices, les défauts, les crimes et les ridicules de la société, n'en ont pas détruit, réprimé ou diminué un seul.

On peut dire que ceux qui tonnent et fulminent en vers ou en prose, en chaire ou en presse, contre les travers, la routine ou la sottise, perdent leur temps ; on les écoute, on les admire, on applaudit, comme s'ils chantaient, mais on ne se corrige pas.

Nous admirons donc la bonhomie de M. de Molinari qui, après avoir donné depuis plusieurs années les meilleurs conseils au gouvernement et proposé les réformes les plus utiles, les plus naturelles, les plus urgentes, s'étonne que rien ne bouge, que rien ne s'émeuve, que rien ne se prépare dans les hautes régions du pouvoir, et il s'en réfère à la force des choses ; c'est donc aussi comme s'il chantait ; on trouve qu'il chante bien ; mais voilà tout. Telle est l'impuissance de l'enseignement et de la presse parmi nous ; cela ne ressemble guère à celle de nos voisins, qui forcent la main au gouvernement, le *Times*, par exemple, gouverne le gouvernement qu'il a déjà sauvé plusieurs fois en tirant dessus avec ses cent vingt mille tirages et ses six millions de lecteurs.

On peut se faire par là une idée de la presse anglaise ; ce n'est plus le quatrième, c'est le premier pouvoir de l'État, c'est une reine qui règne et gouverne, et ne s'acquitte pas mal de sa tâche. C'est elle qui a pris Sébastopol en dénonçant les négligences et les imperfections du service ; c'est elle qui reprendra l'Inde. Le *Times* est le premier général, le premier amiral et le premier diplomate de l'Angleterre ; il lui suffit de parler pour être obéi. Cherchez quelque chose de semblable sur le continent, vous trouverez tout le contraire ; il suffit que la presse donne un bon conseil aux gouvernants pour qu'ils fassent exactement tout l'opposé. A ceux qui avaient demandé la marque *obligatoire*, on a donné la marque facultative ; à ceux qui avaient demandé l'augmentation de la durée des brevets, on a répondu en les réduisant à rien. Quant à la demande de la signature des articles et de la propriété des modèles et dessins de fabrique, on s'est décidé à n'en rien faire.

C'est donc à tort que l'*Émancipation* déclare que l'initiative n'étant pas de l'essence des gouvernements, c'est aux particuliers à la prendre et à les pousser dans la voie du progrès ; mais tous leurs efforts viennent échouer contre la force d'inertie de la bureaucratie qui tient le gouvernail et repousse à coup d'anspect ceux qui tentent d'en approcher.

Combien d'encre, de semelles et d'argent n'avons-nous pas dépensé pour obtenir l'exécution de notre premier bout de chemin de fer et la création des premières sociétés industrielles, et la signature des 24 articles qui a consacré notre nationalité ! Que de peines pour faire admettre un peu d'instruction scientifique et industrielle dans nos *latinoirs*, et combien d'hostilités n'avons-nous pas soulevées contre nos utopies de la veille devenues pourtant des vérités du lendemain !

Mais aussi, dira-t-on, vous en avez été bien récompensé depuis que vous avez pris le rôle de remorqueur. Oui, venez nous voir dans notre trou, vous qui nous avez vu dans un brillant hôtel et tenant table ouverte aux savants du monde entier ; venez voir où nous a fourré LA COMMISSION, cet être omnipotent, irresponsable et par conséquent impunément tyrannique.

Vite une fable là-dessus :

LE REMORQUEUR.

Un remorqueur à la mâle encolure,
Renommé pour sa bonne allure,
Recevait en tout temps et souvent sans raison
Les reproches hautains de la noble voiture
Et les injures du wagon.
Les uns blâmaient sa vitesse imprudente,
Les autres sa lenteur vraiment désespérante.

Enfin le pauvre malheureux,
   Pour arriver à plaire
   A la plupart d'entre eux,
Aurait dû n'aller qu'en arrière,
Et revenir sans nul retard
A son premier point de départ.
Fatigué de tant d'injustice,
D'impertinence et de malice,
Un jour le géant s'irrita,
Brisa sa chaine et s'arrêta :
« Eh! allez donc, vous n'allez guère,
« Eh! allez donc vous n'allez pas,
Lui criait la foule en colère.
Mais il ne bouge plus d'un pas,
Et s'adressant à ces ingrats :

   Moi qui me donne tant de peine,
   Moi qui sans murmurer vous traine,
   Tas de bavards et d'insolents,
Je ne puis souffrir plus longtemps
Tant d'ingratitude et d'audace.
A votre tour prenez ma place,
Trainez ma charge et trainez-moi !

   Je vous laisse à penser l'effroi
   Qui s'empara de cette tourbe
En se voyant au milieu de la bourbe
   Sans oser sortir du convol.
Mais changeant bientôt de langage,
Elle jure d'être plus sage,
Baise la croupe au remorqueur,
L'appelle prince et monseigneur,
Sauveur, dictateur, empereur,
« Car telle est la noble habitude
De cette vile multitude, »
Insolente en prospérité
Et lâche dans l'adversité,

   Sur le grand chemin de la vie
   Malheur à la catégorie
   Qui prend l'emploi de remorqueur.
Ne rien trainer et tâcher qu'on nous traine,
Telle est, messieurs, la recette certaine
Pour aller loin sans souci ni douleur,
Tenez-le-vous pour dit, la place la plus sûre
N'est pas devant mais dedans la voiture.

———————

PLUS DE FUMÉE,

PAR BEAUFUMÉ.

Il y a longtemps que l'on tourne autour de la marmite à vapeur, en essayant de mettre un terme à sa boulimie; car elle mange deux fois trop, comme les prolétaires enrichis, au risque d'en crever.

Quand on songe que la théorie et des expériences de physique exactes, comme celles du bloc de glace de Lavoisier, nous ont démontré qu'un kilo de houille suffit pour vaporiser onze litres d'eau, n'est-il pas pénible de n'en vaporiser que cinq à six dans nos machines à vapeur ordinaires? Ce qui veut dire, en traduisant le fait en argent, que nous jetons en l'air des centaines de millions de francs avec nos hautes cheminées, qui vomissent une grande quantité de fumée pour salir l'air de gaz combustibles pour préparer le grisou, qui fait le tonnerre, comme nous l'avons démontré.

Bien des penseurs avant M. Beaufumé avaient été frappés de cette dilapidation des richesses naturelles, et M. Peclet nous disait déjà en 1820, devant son foyer : « Ne croyez-vous pas que nous aurions plus chaud en allant nous asseoir au-dessus de la cheminée? Nous perdons 92 pour, cent de la chaleur (1) développée dans nos foyers ouverts; on dirait vraiment que le problème du chauffage a été posé comme suit à nos ingénieurs en *fumisterie,* comme ces charlatans s'appellent : Trouver le moyen de brûler le *maximum* de charbon, pour obtenir le *minimum* de chaleur! On peut dire qu'ils y sont parvenus. Puisqu'ils ont mis la charrue devant les bœufs, nous devons tâcher de la retourner. »

A dater de son excellent *Traité de la chaleur,* beaucoup d'inventeurs ont travaillé plus ou moins heureusement à économiser le charbon; quelques-uns ont accompli de véritables progrès en épargnant, celui-ci 15, celui-là 20 pour cent; mais il restait encore beaucoup de marge pour atteindre le maximum d'économie, puisque

---

(1) On ne dit plus calorique ; Babinet nous l'a dit : C'est rococo.

la théorie vient de prouver qu'on n'obtient guère que 15 pour cent net de la puissance effective transmise au moyen des machines à vapeur, frottement compris.

XLVII.

Ceci étonnera bien des industriels qui s'imaginent tirer de la houille tout ce qu'il est possible d'en tirer, surtout avec un bon tirage; car le bon tirage est ce qui les séduit le plus (1). Nul doute qu'ils ne prennent pour un canard ce que nous allons leur dire de l'appareil de Beaufumé, perfectionné par Cail de Denain, non sans peine, sans temps et sans argent. Cet appareil fonctionne chez M. Halot, faubourg de Flandre, à Bruxelles, et chez Cail, à Grenelle, et à Denain, avec une régularité merveilleuse. On comprendra qu'il ne peut en être autrement, en suivant ce que nous allons dire :

XLVIII.

Un foyer cylindrique de tôle épaisse, d'un ou deux mètres de diamètre, reçoit sur sa grille une charge de charbon qui tombe d'en haut à travers un sas à deux fermetures, dont l'une n'est ouverte que quand l'autre est fermée; c'est-à-dire qu'on y distille la houille en vase clos, comme dans le cubilot de Galy-Cazalat. Le gaz produit est dirigé, par un large conduit partant du haut, sous le foyer de la chaudière; mais, comme ce gaz ne brûlerait pas sans air, on fait déboucher dans ce conduit deux tuyaux alimentés par une petite soufflerie; il suffit d'une allumette pour mettre le feu à ce grisou, qui se répand en longues flammes dans tous les carneaux, et ne s'échappe qu'après que tout est entièrement brûlé; de sorte qu'il n'est pas besoin de ces hautes cheminées de 8,000 à 15,000 francs qui versent des torrents de fumée sur les obscurs consommateurs.

(1) Nous croyons avoir le premier démontré que plus le tirage est violent dans les foyers comme dans les lampes, plus on perd de lumière et de chaleur, et qu'on peut même en perdre les trois quarts en poussant l'expérience assez loin.

XLIX.

Ce n'est pas tout : la cornue serait bientôt brûlée si elle n'était à double enveloppe comme les *fire-boxes* de locomotives, et remplie d'eau ; cette eau fournit une première quantité de vapeur qui se rend au générateur, lequel, par contre, entretient le niveau constant de l'eau dans ce *cubilot-cornue*. Quelques trous étanches traversent la double paroi, et reçoivent une cheville qu'on retire pour introduire un ringard, soulever la houille et dégager la grille. Sous cette grille est le cendrier, qu'on débarrasse, quand il le faut, de son trop plein, par une porte réservée dans le socle ; l'introduction ou la sortie de quelques lames d'air ne tire nullement à conséquence. Cette espèce d'animal industriel fonctionne à l'aide d'un petit poumon ou ventilateur Van Hecke.

L.

Mais, direz-vous, quelle est l'économie réelle ? La voici en gros, en attendant qu'on vous la donne en détail ; car les expériences se continuent en présence d'ingénieurs bien connus ; elles ont même cessé au moment où nous parlons.

Cet appareil vaporise, en moyenne, dix litres ou kilos d'eau par kilo de houille ; les industriels, qui n'en vaporisent que quatre à cinq dans leurs vieilles machines, auront donc 50 pour cent de bénéfice ; ceux qui sont pourvus de machines plus perfectionnées vaporisant six à sept kilos, n'auront que de 30 à 40 pour cent d'économie ; mais n'eussent-ils que 25, c'est assez beau pour que la société qui exploite ce brevet dans tous les pays, à la façon de Watt, en partageant les profits, fasse des bénéfices considérables.

Voici un cas où le gouvernement devrait appliquer son droit d'expropriation pour cause d'utilité publique. Il est bien évident que s'il donnait, par exemple, un million à l'inventeur, celui-ci se trouverait probablement satisfait, s'il réfléchit aux nombreux procès en contrefaçon qui l'attendent.

LI.

Supposez que le gouvernement prélevât dix pour cent sur tout ce que l'usage de ce brevet ferait gagner à l'industrie, n'est-il pas vrai que les industriels béniraient l'administration qui leur ferait un pareil cadeau? Eh bien, savez-vous quel revenu cela ferait annuellement au Trésor? Pas moins de dix millions; et, pour peu qu'il expropriât une douzaine de brevets des plus importants, il finirait par y trouver la moitié de son budget, sans que les inventeurs ni les citoyens eussent à s'en plaindre. L'État seul serait capable de surveiller et de réprimer la contrefaçon, par ses ingénieurs de province; tandis que l'inventeur, n'ayant pas les mêmes moyens, finit ordinairement par être dépouillé, au profit de qui? de personne, car une invention est comme un jardin qui tombe en friche en tombant dans le domaine public; car on sait que le domaine public est foulé aux pieds de tous les animaux de la contrée.

Voici ce qui arrivera de cette belle invention, appelée à doubler la richesse houillère d'un pays, si elle est bien aménagée.

Les industriels ne consentiront pas à abandonner à l'inventeur la moitié du cadeau qu'il leur fait; ils aimeront mieux brûler pendant douze ans pour 20,000 francs de houille en attendant l'expiration du brevet, que de donner 10,000 francs à l'inventeur. C'est ce qui nous fait dire que le gouvernement devrait intervenir dans tous les cas où il s'agit d'empêcher la dilapidation de la richesse publique.

Nous le répétons, le gouvernement ferait une très-belle affaire et rendrait un très-grand service aux industriels, en s'emparant de cette invention, en vertu de son droit d'exproprier tout ce qu'il croit d'utilité publique, après juste et préalable indemnité, et d'en conserver le monopole perpétuel, comme il conserve le terrain qu'il exproprie pour les chemins de fer et les rues.

LII.

Nous avons dit que l'appareil Beaufumé peut produire du gaz d'éclairage comme celui de Galy-Cazalat. Voici comment :

L'appareil étant plein de houille ou de coke rendu incandescent par la soufflerie inférieure, il suffirait d'un coup de levier pour fermer la grille et produire du gaz, en laissant tomber sur ce brasier, soit du *boghead*, soit de la résine, soit du charbon ordinaire; ce qui se ferait pendant les heures de chômage de l'atelier. Nous sommes sûr que les inventeurs comprendront cette nouvelle application. On obtiendrait le même effet plus aisément encore, en interceptant la soufflerie et en envoyant barboter profondément le gaz dans de l'eau de chaux avant de le laisser entrer dans le gazomètre.

Persuadez-vous bien que le procédé de Beaufumé n'est pas seulement applicable à la vaporisation de l'eau, mais qu'il servira à la fabrication du verre, du fer et de l'acier, comme M. Gurlt et MM. Dubrunfaut en ont déjà démontré la possibilité.

Toute usine qui s'en sert pour activer ses chaudières peut donc s'éclairer splendidement au gaz avec le même appareil, qui n'est réellement sujet à aucune réparation, à cause de l'enveloppe liquide qui le protège.

Les bouilleurs à vapeur n'étant plus en contact, souvent immédiat, avec le charbon incandescent, dureront au moins deux fois plus longtemps qu'aujourd'hui.

Ce même appareil est parfaitement adaptable aux locomotives et permettra de supprimer le jet de Pelletan qui prend plusieurs chevaux de force, pour activer le tirage. Un simple ventilateur d'un cheval au plus suffira pour permettre de substituer le charbon crû au coke; dans ce cas, l'économie sera de plus de 60 pour cent sans fumée.

Nous n'ignorons pas que l'annonce approbative que nous faisons nous vaudra la malédiction des marchands de houille et que tel bassin qui voulait nous voter une plume d'or, quand nous défendions ses établissements naissants, se gardera bien de souscrire à un livre qui publie des *infamies* capables de diminuer de moitié le débit de leur marchandise.

Que ceci serve de leçon aux jeunes et naïfs vulgarisateurs des procédés économiques; ils se feront infailliblement beaucoup d'ennemis et ne gagneront pas un ami en obligeant tout le monde; car tout le monde ou personne sont *adéquats*.

Le gaz de tourbe peut se produire par ce procédé aussi bien que le gaz de houille. Il y a longtemps que nous avons dit, en voyant brûler une allumette avec une flamme blanche, que si l'on faisait bien sécher le bois et la tourbe, on en retirerait un gaz plus beau et plus éclairant peut-être que celui de la houille, sauf à trouver un bec approprié. Aujourd'hui le journal *la Normandie*, du 10 septembre, nous apporte la nouvelle suivante du succès de nos prévisions.

LE GAZ DE TOURBE. — EXPÉRIENCE A PAVILLY.

« Il y a quelque temps, M. Jobard, dont le nom est justement célèbre dans le monde scientifique, prédisait que le gaz de tourbe deviendrait d'un usage journalier dès qu'on aurait inventé un système de bec qui permit de l'utiliser. Cet important problème vient enfin d'être résolu de la façon la plus satisfaisante.

Hier, nous avons assisté à une expérience décisive faite en présence de chimistes distingués, de notabilités et de capitalistes, au nombre desquels se trouvaient MM. de la Guéronnière, Girardin, Burel, Obert, de Flers, Baron, serrurier, de Saint-Ange, etc.

Les essais ont été faits dans la manufacture de M. Legrand, à Pavilly.

Depuis longtemps déjà, le gaz de tourbe, tant dans son extraction que dans son emploi, était l'objet de savantes et laborieuses recherches de la part de M. Chiandi, savant distingué qui a fait de ces *questions* une étude toute particulière. Installé depuis un an dans l'usine de M. Legrand, il y a fait établir tous les appareils nécessaires, et après des essais nombreux, un succès éclatant paraît avoir couronné ses efforts. La commission officieuse dont nous avons parlé a pu se convaincre que le gaz de tourbe donnait une lumière égale, nette et sans odeur. D'autres expériences avaient établi que ce gaz ne chargeait pas l'air de cette substance insaisissable qui noircit à la longue les objets sur lesquels elle tombe ; que les dorures n'étaient pas attaquées et que par conséquent il était exempt de tous les inconvénients des autres gaz connus.

D'un autre côté, le gaz de tourbe est économique ; ses produits, c'est-à-dire le coke, sont supérieurs peut-être ou du moins égaux à ceux de la houille. En somme, il y a dans ce nouveau système d'éclairage, pour certaines contrées où la tourbe abonde, d'immenses avantages. Nous aurons, du reste, occasion de publier prochainement une note spéciale et pratique sur cette intéressante question. »

APPAREIL DUMOULIN.

Dès qu'une bonne invention surgit et parvient à faire un peu de bruit, soyez sûr qu'à l'instant même tous les esprits inventifs se tourneront de ce côté et qu'elle recevra de nombreux perfectionnements.

Ainsi l'invention de Beaufumé, malgré la justesse de son principe et les améliorations apportées par M. Cail, vient d'être remaniée par

M. Dumoulin avec tant de succès que la Société Vallet n'a pas hésité à l'acquérir. C'est, entre parenthèse, ainsi que devraient agir tous les propriétaires de l'invention primitive, au lieu de se mettre en lutte les uns contre les autres, de tenir le public en suspens et de passer en procès coûteux le temps si court des brevets. Ainsi Perry en est à l'acquisition de sa dixième patente pour les plumes d'acier, les encriers syphoïdes et les encres inoxydantes.

La forme donnée à son cubilot par M. Dumoulin est celle d'un haut fourneau, ou de deux cônes réunis par la base, de sorte que le combustible est versé au sommet d'une cheminée conique elle-même, qui pénètre dans le vide du cubilot. Quand on lève le simple couvercle posé sur cette trémie, il ne peut s'échapper qu'une quantité fort minime de gaz.

Il n'est donc plus besoin du double sas de l'appareil Beaufumé, il n'est non plus besoin de grilles qu'il faut délivrer du mâchefer; la forme d'entonnoir donnée à la partie basse du foyer, rassemble le charbon au centre et fait tomber le coke dans une couronne de barreaux perpendiculaires posés sur un socle à tête de champignon, d'où découlent naturellement les laitiers et les vitrifications qui résultent de la combustion du charbon.

Tout cet appareil est entouré d'une enveloppe de tôle contenant beaucoup plus d'eau que l'appareil de Beaufumé, et peut servir à lui seul de bouilleur pour des machines de 8 à 10 chevaux. Le gaz produit est, dans ce cas, ramené dans le cendrier et retraverse le combustible en brûlant ce grisou formé par le mélange de l'air et du gaz.

Ainsi se trouve résolu le système si longtemps rêvé de faire brûler la fumée en la ramenant sous la grille. Il n'est plus besoin alors que d'une très-petite cheminée pour évacuer les produits de la combustion la plus parfaite qu'il soit possible d'obtenir.

Nous devons ajouter que le nouvel appareil est beaucoup plus aisé à débarrasser des incrustations, quand même on négligerait d'en délivrer d'avance les eaux que l'on doit employer, procédé peu coûteux mais encore peu connu; car la difficulté la plus grande que rencontre une bonne invention, une bonne recette, est d'obtenir une divulgation suffisante.

On ne saurait calculer le nombre d'excellents procédés qui se perdent, non-seulement par le silence de la presse quotidienne, mais par l'inintelligence des manufacturiers, usiniers ou industriels de toute espèce, qui ne lisent rien, pas même les bulletins ou recueils spéciaux publiés exprès pour eux.

Un mauvais petit journal politique, publié par les frères ciseaux rédacteurs jumeaux, rempli de cancans politiques aussitôt démentis que publiés, semble suffire à leurs besoins.

Il est vrai que la plupart de ces ouvriers parvenus ne comprennent pas ce qu'ils lisent à défaut de premières notions et des termes scientifiques les plus usités. Si l'article est rédigé en bon français, c'est une difficulté de plus pour eux de le comprendre. Notre avis est qu'on devrait leur envoyer des ingénieurs nomades (1) chargés de leur expliquer l'utilité et l'usage des innombrables procédés nouveaux qui se succèdent aujourd'hui d'une manière continue dans toutes les branches de la fabrication et que les technologues connaissent à peu près seuls. Nous avions dans le temps sollicité une pareille mission ; le ministre Nothomb en avait apprécié l'utilité, et il nous avait envoyé la commission suivante que nous retrouvons dans nos papiers :

Bruxelles, le 31 août 1844.

MONSIEUR LE DIRECTEUR,

Agréant la demande renfermée dans votre lettre en date du 21 du mois d'août courant, je vous autorise à visiter les établissements industriels du pays, afin de leur communiquer les perfectionnements que vous avez observés dans les ateliers ou dans les produits manufacturés de la France, et de recueillir, dans le but de les publier, les renseignements propres à faire connaître et apprécier les divers établissements du pays ainsi que leurs produits.

Veuillez, Monsieur le Directeur, me faire connaître tous les huit jours, les points que vous aurez visités, le lieu où vous vous trouverez et celui où vous vous proposez de vous rendre, ainsi que votre adresse.

---

(1) Les Russes, les Espagnols, les Portugais même, sentent la nécessité d'avoir des ingénieurs nomades pour récolter les fruits industriels qui leur tombent dans la main le plus aisément du monde, et dont ils tirent grand profit pour l'avancement des manufactures de leur pays. La Belgique croit pouvoir s'en passer ; mais c'est une erreur.

Vos frais de voyage et de séjour seront liquidés sur une déclaration en double, conformément aux dispositions de l'arrêté royal du 31 mars 1833, qui fixe l'indemnité de séjour à douze francs et à deux francs par lieue les distances parcourues par routes ordinaires. Un arrêté subséquent a fixé à un franc par lieue les distances parcourues par chemin de fer.

Le ministre de l'intérieur,

Signé : Notuomb.

On nous demandera sans doute pourquoi nous n'en avons pas fait usage, pourquoi nous qui avons visité à nos frais tous les grands ateliers de l'Europe, nous ne connaissons pas ceux de notre propre pays. Position ridicule pour un directeur du conservatoire industriel belge.

Nous allons dire pourquoi nous sommes forcé d'esquiver les nombreuses et pressantes sollicitations qui nous sont faites par nos industriels d'aller visiter leurs usines et faire connaître dans notre bulletin et ceux de l'étranger où notre collaboration gratuite est assez recherchée, l'état d'avancement de l'industrie belge.

Nous n'avons qu'un mot à répondre pour nous disculper. Notre grand Colbert moderne, le protecteur si renommé de l'industrie, s'est empressé de détruire ce que son prédécesseur avait fait d'un peu bien : il a annulé notre commission, prenant pour prétexte le mauvais état de nos finances; mais comme il nous savait homme à nous passer de frais de route, il a trouvé le moyen de nous arrêter, en nous forçant de demander l'autorisation de nous absenter, même pour un jour, à notre commission, laquelle est tenue d'en référer au ministre; mais pour plus de sûreté, il a supprimé, de sa propre autorité, les frais de logement auxquels nous avions droit, puisque nous les avions touchés pendant quatre ans. Cette injuste spoliation s'élève aujourd'hui à la somme de 20,000 francs que le nouveau ministère trouve trop élevée pour nous la rendre.

Chargé par le ministre de Theux d'aller étudier l'industrie de l'Alsace et de la Suisse avec frais de route, notre rapport a été publié au *Moniteur*; mais quand nous avons présenté notre note de 1,800 fr., Colbert nous a renvoyé à celui qui nous avait envoyé et qui n'était plus ministre!

Voilà pourquoi nous ne pouvons aller visiter les ateliers belges pour leur communiquer les connaissances que nous avons acquises dans les ateliers étrangers.

Nous publions ceci en somme et sans commentaire par respect pour la dignité du gouvernement.

Les détails de ces hautes injustices feraient envie au dernier des Hébreux boutiquiers, en se voyant ainsi distancé dans l'art d'envoyer promener ses créanciers.

Nous réservons cela pour une brochure spéciale, tendante à prouver que si tout ne se vend pas, tout se paye en ce monde ou dans l'autre.

LIII.

HISTOIRE D'UNE BULLE DE GAZ.

On a vu des hommes partis de bien bas s'élever bien haut, et faire beaucoup de bruit dans le monde politique; mais c'est peu de chose à côté de ce que peut dans le monde physique une humble bulle d'hydrogène sortie de la fange; nous laissons à d'autres le soin de faire le panégyrique des hommes météoriques pour suivre notre bulle depuis sa naissance jusqu'à sa mort, ou plutôt jusqu'à la dissociation de ses éléments ou leur retour à l'état d'atome primordial, car rien ne meurt dans la vie, a dit l'illustre jardinier de Nice, pas même un atome; tout accomplit son cycle fatal, selon Mahomet; tout obéit au destin selon les païens; tout suit les voies du Seigneur, selon les chrétiens, ce qui ne laisse pas de ressembler considérablement au dogme de la fatalité.

Prenant notre héros au berceau, c'est-à-dire dans la vase, voyons ce que cet enfant du chaos, mis en mouvement, *auræ vitalis impetu*, comme dit Van Helmont, pour ne pas dire par la fermentation des matières organiques, est capable de faire en s'associant à d'autres atomes de même nature par la loi d'amour ou l'attraction des semblables pour les semblables.

Cette coalition de riens entre eux, parvient à faire une bulle invisible, mais assez puissante pour rompre la chaîne qui les tenait en esclavage isolément ; premier exemple de cette force d'association capable de fracasser des palais, à moins qu'ils ne soient de fer ou de cristal, et encore !

LIV.

Voyez-vous notre bulle invisible sortant de la vase et partant pour la guerre ; la voyez-vous montant à la surface de l'eau stagnante qu'elle trouve parfois couverte d'une mince pellicule d'hydrocarbures produits comme elle, par la dislocation des mêmes matières organiques ? La voyez-vous s'envelopper de cette étoffe rutilante qu'elle soulève en étirant et brisant le petit cordon ombilical qui l'attache encore à sa mare natale ? La voilà qui s'élève comme un petit ballon (*sic itur ad astra*) ; mais à mesure que la pression de l'atmosphère diminue, le gaz se dilate et produit une hernie au sommet de la bulle, dans la partie faible de l'amnios liquide qui l'enveloppe ; cette nouvelle bulle qui se sépare de sa mère, rappelle assez bien la génération des volvox, seulement elle a la générosité d'abandonner en partant une grande fraction de la gouttelette indivise qui sert à renforcer ou nourrir en le lubrifiant, le sommet de ballon qui lui a donné le jour. Mais le gaz confiné continuant à se dilater en montant, les physiciens savent pourquoi, produit une nouvelle hernie destinée à loger le trop plein du gaz, sans en perdre un atome ; mais si cette expansion vient à être interrompue par un abaissement de température, la bulle surnuméraire reste attachée à la bulle mère qui prend alors la forme d'une gourde et s'élève non pas en tournoyant, mais en conservant toujours sa position verticale, condition nécessaire à l'édifice nébuleux qu'il s'agit de construire.

LV.

Nous avertissons nos lecteurs que nous ne parlons pas des accidents variés qui peuvent troubler le voyage de la bulle dont nous faisons la monographie. Nous ne dirons rien de celles qui éclatent en sortant de l'eau, faute d'avoir rencontré l'étoffe élastique en question, et qui sont obligées de se contenter d'eau claire, étoffe moins solide, mais pourtant suffisante en temps calme ; nous ne dirons rien de celles que l'agitation, les rafales couchent par terre et brisent à leur naissance, comme cette foule d'enfants qui périssent en bas âge et dont l'âme mise en liberté s'échappe comme le gaz de nos bulles crevées. Ces phénomènes, qui paraissent anormaux, ont aussi leur raison d'être, car tout est utile dans le monde, les accidents, les maladies et la mort, tout se fait par poids, nombre et mesure, a dit Salomon avant Pythagore, qui prétendait en sa qualité de mathématicien que les chiffres régissent le monde ; on sait qu'il n'y a pas d'utopiste qui ne croie que son idée est destinée à gouverner le monde ; ainsi le *monautopole* est à nos yeux la loi et les prophètes et nous croyons fermement que la société périra sans lui ; nous ne disons pas l'humanité.

LVI.

Les bulles qui ne crèvent pas avant d'avoir accompli leurs destinées, sont comme les hommes qui ne meurent pas avant d'avoir rempli leur mission. La bulle utile aux desseins de Dieu ne peut pas plus se briser que l'homme utile ne peut se suicider ou périr tant qu'il obéit au souffle divin qui le pousse fatalement, quoi qu'on dise, à l'accomplissement de sa tâche ; s'il regimbe, ou s'il écoute les conseils des *impossibilitaires*, des amis et des médecins, s'il s'arrête, enfin, il est mort ; mais s'il agit il reverdit, s'il marche il rajeunit, *vires acquirit eundo*.

L'homme n'est donc pas libre, quoi qu'en ait dit un grand orateur chrétien : il s'agite et Dieu le mène au bien, s'il ne rue pas.

Revenons à notre héroïne, la bulle prédestinée qui vient d'arriver, invisible, dans la région des nuages ; elle rencontre là une multitude de ses compagnes qui l'attendent accolées l'une à l'autre et superposées les unes aux autres par affinité d'agrégation, comme une construction en poterie romaine.

Il était temps, car le zénith de ce petit ballon commençait à se dépouiller de son étoffe aqueuse, et c'est précisément par ce point faible qu'elle vient frapper les bulles inférieures des nuages où elle se ravitaille à la gouttelette pendante au nadir des autres bulles. C'est donc par ce pédoncule liquide que toutes les vésicules qui composent le nuage, se trouvent soudées les unes aux autres pour former ces immenses *strati, cumuli, nimbi,* qui nous servent d'écran contre les feux du soleil.

Les bulles de la couche supérieure seules en souffrent et sont les premières qui crèvent, mais les débris de leur enveloppe liquide descendent de bulle en bulle, comme dans la cascade de Clément Desormes, en lubrifiant, fortifiant et résolvant les autres jusqu'à la plus basse d'où pendent des gouttelettes qui tombent en pluie, dès que l'abaissement de la température fait cesser l'arrivage de bulles nouvelles, en quantité assez grande pour éponger l'humidité accumulée à la base du nimbus.

LVII.

Pourquoi ces vésicules, utricules, matricules, molécules ou bulles qui étaient translucides et invisibles dans leur isolement, deviennent-elles apparentes dès qu'elles sont réunies en masse? Cela s'explique aisément; les rayons solaires n'étant visibles qu'autant qu'ils sont réfléchis, réfractés ou arrêtés par des corps solides, il s'ensuit qu'en frappant sur la partie supérieure des nuages, les rayons lumineux éprouvent précisément ce triple phénomène. On peut donc juger de l'épaisseur d'un *cumulus* ou de la légèreté d'un *cyrrus* d'après son plus ou moins de transparence, s'il est éclairé en-dessus; car il laisse passer d'autant moins de rayons qu'il est plus épais, le nombre des réfractions de bulle à bulle étant incalculable comme les sables de la mer. Il y a des nuages de plusieurs kilomètres qui soutiennent des milliers de tonnes d'eau et ne se démolissent pas si aisément qu'on le pense; car il faut souvent du canon pour y faire brèche, ils sont d'ailleurs soutenus comme des mongolfières et s'élèvent d'autant plus haut que la pression atmosphérique est plus grande et *vice versa;* voilà comment les indications barométrique sont assez souvent exactes, car les vents chauds, augmentent la tension de l'atmosphère, comme les vents froids la diminuent de manière à produire des vagues à la surface de l'océan atmosphérique analogues à celles de l'océan maritime, qui feraient également varier un baromètre placé au fond des mers selon qu'il se trouveraient sous une vague élevée ou dans un creux.

LVIII.

Si les bulles isolées qui montent dans l'atmosphère ne sont pas visibles, bien qu'elles en troublent parfois la transparence, cela est dû d'abord à leur petitesse microscopique et ensuite à leur éloignement qui permet à une grande quantité de rayons directs d'arriver à nos yeux sans être réfléchis ni réfractés.

LIX.

Le nuage formé est donc un espace du ciel fermé, une espèce de plafond ou de coupole qui arrête les myriades de molécules de gaz hydrogène privées de leur enveloppe aqueuse et qui continuent leur course ascendante vers le zénith, où leur pesanteur, treize fois moindre que celle de l'air, les emporte nécessairement, car quelle que soit la rareté de l'air des couches supérieures, le gaz, en se dilatant, conserve toujours sa différence de densité. Son peu d'affinité pour l'air et sa vitesse d'ascension sont deux causes qui font qu'il ne peut ni s'y dissoudre ni s'y mélanger : l'exemple grossier du Rhône qui ne mêle pas ses eaux à celles du lac de Genève témoigne en notre faveur; cela doit être vrai puisque l'analyse de l'air y fait à peine reconnaître quelques traces d'hydrogène, et souvent aucune, et ces traces ne sont que le résultat de quelques molécules saisies au passage pendant l'emplissage des ballons de verre; il en est de même des traces d'humidité et d'acide carbonique qu'on y rencontre.

LX.

N'est-il pas extraordinaire qu'on ne se soit pas encore demandé ce que devient cette prodigieuse quantité d'hydrogène qui s'élève des houillères, des marais, des volcans, de tous les corps en putréfaction, par les temps chauds surtout, indépendamment des gaz plus lourds emportés par les courants d'air ascendants, courants qui partent de terre seulement, car les rayons solaires ne dégagent de la chaleur qu'en se brisant contre des corps solides, c'est-à-dire par réflexion, réfraction ou contraction? Cet air inférieur échauffé entraine même de l'acide carbonique dont on trouve dans l'air environ un demi-millième et peut-être un millième au-dessus des villes, selon la quantité d'humidité ou plutôt du nombre de bulles de gaz qu'il charrie.

LXI.

Il est à remarquer que ce n'est pas pour l'air mais pour l'eau que le gaz acide carbonique a de l'affinité ; c'est donc à l'enveloppe aqueuse des bulles de gaz qu'il s'attache pour se faire enlever. C'est aussi en puisant de l'air dans ses éprouvettes que le physicien en attrape quelques traces ; quant à l'oxygène et à l'azote, ils sont au sein de leur famille, il n'y aurait rien à gagner à les chercher. L'expérience de Gay-Lussac sur le mélange de deux gaz en vase clos ne prouve rien contre leur séparation à l'air libre.

LXII.

On ne pourra, du moins, pas dire de notre théorie des nuages qu'elle est aussi nébuleuse que les autres, auxquelles nous avouons n'avoir jamais rien compris, probablement parce que leurs auteurs n'y comprenaient rien eux-mêmes. Serons-nous mieux compris, parce que nous nous comprenons ? cela est douteux. On dira de nous ce qu'on dit d'Alphonse Karr : « Ses vérités sont trop gaies pour être sérieuses. » Les gaz phosphoreux s'enflamment quelquefois spontanément au sortir de terre. Mais en supposant qu'ils s'élèvent dans les hautes régions avant de s'enflammer, voici le rôle qu'ils paraissent jouer. D'abord ils ne s'élèvent que de certains endroits très-limités, comme des cimetières et des mares, d'où ils partent en longues caravanes formant des traînées dont la tête allumée présenterait en brûlant jusqu'à la queue, l'apparence d'une étoile filante.

Le plus ou moins d'inclinaison de ces météores sur l'horizon indiquerait d'une manière sûre l'intensité et la direction des courants régnant dans les hautes régions. Nous en avons vu décrire des paraboles, ce qui s'expliquerait par une différence de vitesse des vents supérieurs. Nous en avons vu s'élever de terre et brûler leur traînée dans la direction du vent. Il ne faut pas confondre ce genre de météores lumineux avec les bolides.

LXIII.

Nous laissons cette idée à M. Goulvier Gravier et nous retournons à notre gaz hydrogène protocarboné, bicarboné ou autres qui s'accumulent aussi bien sous la coupole des nuages que sous la voûte des galeries houillères, et nous disons que c'est seulement quand le gaz est arrêté, que le phénomène d'endosmose ou d'interpolation des molécules d'air aux molécules de gaz peut avoir lieu et former le mélange explosif appelé *grisou*, qui n'est pas une combinaison chimique, mais un simple mélange mécanique, comme celui de la poudre de guerre. La nature n'emploie que des moyens simples et à plusieurs usages ; il n'est donc pas probable qu'elle emploie deux espèces de poudre pour tirer le canon sous nos pieds et sur nos têtes.

LXIV.

Il est aisé de se rendre compte de la façon dont le feu se met à ces mines aériennes ; pas n'est besoin là-haut, comme dans les houillères, d'une allumette ou d'une lampe ouverte, la moindre étincelle électrique suffit, et l'on sait parfaitement qu'elle se produit par le rapprochement de deux nuages chargés d'électricité contraire qui s'attirent ou sont poussés par des courants opposés. Ces deux armées célestes commencent à se fusiller dès qu'elles sont à portée, jusqu'à épuisement de munitions électriques ou gazeuses.

Quand on en prend la peine, on voit distinctement les noirs bataillons ennemis s'avancer les uns au-dessus des autres, et l'on aperçoit le feu des tirailleurs avant de l'entendre.

Tant que le gaz n'est pas dans les proportions voulues pour faire explosion, l'éclair ne produit que des ratés ; si elle ne rencontre qu'un mélange au-dessous de cinq et au-dessus de quatorze pour cent d'hydrogène, elle ne produit qu'un long feu sans bruit, qu'on appelle des éclairs de chaleur, en enflammant seulement un mélange fusant non explosif ; mais si la charge se trouve dans les proportions voulues pour faire de la poudre gazeuse de bonne qualité, la détonation se fait entendre et se répercute au loin sous la voûte du *nimbus* qui couvre la contrée ; mais si le nuage est petit, le coup est sec et sans roulement, comme celui d'un canon tiré en pleine mer.

LXV.

Il y a la plus grande analogie entre la poudre et le grisou ; seulement, le grisou est beaucoup mieux composé, par conséquent plus puissant et moins coûteux que la poudre, et peut se fabriquer immédiatement sur place et charger plus vite un canon qu'on ne le fait aujourd'hui. On se passerait donc de magasins à poudre, puisqu'il suffirait de seringuer une mesure de gaz dans la culasse d'un canon et d'y mettre le feu par une étincelle électrique ; l'air qui s'y trouve toujours d'avance dans une proportion connue se mêlerait à un douzième de gaz par l'effet du seringuement ; bien entendu que le boulet serait placé d'avance et servirait d'obturateur en reposant sur une rondelle de matière élastique dans laquelle il serait ensaboté.

Un petit gazogène portatif à la Dobereiner fournirait le gaz à la seringue au fur et à mesure des besoins.

Voilà, en deux mots, une artillerie nouvelle à bon marché ; mais nous sommes sûr que les comités d'artillerie ne voudront pas l'essayer, parce que cela vient d'un simple épicier qui n'a pas qualité pour semer une idée sur leurs terres, qu'ils préfèrent laisser en friche comme ces grands seigneurs trop riches pour cultiver leurs domaines.

LXVI.

Les dépôts de grisou accumulés dans les diverses anfractuosités des nuages, s'enflamment souvent les uns par les autres, avec une promptitude à peine appréciable à l'œil et à l'oreille, mais assez sensible pour un observateur prévenu.

On aperçoit souvent, comme un foyer d'où partent de préférence les éclairs ; on dirait qu'il y a là une batterie plus considérable qu'ailleurs. Il est aisé de s'expliquer ce phénomène en pensant qu'après une première explosion sur un point donné, il se produit un vide, une espèce de caverne ou brèche, creusée dans l'épaisseur du poumon nébuleux où se précipitent les gaz et l'air voisins ; mais au fur et à mesure qu'ils arrivent, ils s'enflamment, même sans le secours de l'électricité, au simple contact du gaz allumé par la première explosion. Il se produit quelquefois plusieurs foyers semblables d'où part une longue suite d'éclairs souvent muets, à intervalles presque isochrones, qui indiquent assez bien le temps que mettent les gaz à se précipiter dans la cavité formée par les coups précédents.

LXVII.

Ce n'est donc pas la simple crépitation d'une étincelle électrique, quelque longue qu'elle soit, qui cause tout ce fracas et embrase souvent des centaines de lieues carrées, en reconstituant de l'eau et secouant les gouttelettes inférieures, comme on le voit par l'averse qui suit chaque décharge. Cet ébranlement favorise le mélange de l'air au gaz qui afflue de terre en plus grande quantité pendant les orages. Les physiciens ont porté jusque-là leurs investigations, mais ils se sont arrêtés au point d'où nous venons de nous élancer dans un monde inconnu où ils n'oseront certainement pas nous suivre. Le jeune apprenti liégeois aura pitié de nous, quand nous lui dirons que les explosions se succèdent d'autant plus rapidement que les ébranlements activent davantage la formation du grisou aérien, en faisant crever les bulles et mettant en liberté leur contenu pour une explosion nouvelle; quand nous lui dirons qu'après la première détonation il n'est même plus besoin d'étincelle électrique, parce que le gaz allumé brûle sourdement avec une flamme bleue invisible, qui suffit pour déterminer l'explosion des dépôts à mesure qu'ils se forment jusqu'à complète consommation des provisions de guerre.

LXVIII.

Les nuages, de noirs qu'ils étaient, se dédoublent, se démolissent et deviennent de moins en moins sombres, ou de plus en plus clairs, et le combat finit faute de combattants. C'est alors seulement que la paix règne sur la terre comme au ciel; mais l'équilibre ne tarde pas à être rompu de nouveau, dans les pays chauds surtout, tandis qu'il ne l'est presque jamais dans les pays froids, car tant que la neige couvre les campagnes et la glace les marais, elles arrêtent la fermentation et

7

ferment le passage aux bulles révolutionnaires, cause de tout ce désordre qui sert à rétablir l'ordre d'après la théorie de Causidière ; ce tapage, lequel n'a pas lieu non plus dans les régions sans nuages, qui n'opposent pas d'obstacle à la liberté d'expansion, liberté qui permet aux molécules de gaz de sortir sans entrave de nos frontières atmosphériques et de s'épandre tant qu'il leur plaît dans l'espace, image saisissante de la colonisation universelle et du laisser passer.

LXIX.

Qu'est devenue, au milieu de cette horrible mêlée, notre pauvre petite *bulle* ? Ah ! je l'aperçois bien loin qui ne tourne pas dans son petit coin, mais qui, singeant la noble prestance et la grave allure d'un ballon, s'en va sur l'aile des vents vers l'étoile polaire en compagnie d'une flotte immense de petits ballons réunis. Les voici qui pénètrent dans la région du froid qui les saisit et les fait passer à l'état givreux ou neigeux, en les forçant de lâcher leur gaz. Chaque bulle éclatée se change en une petite étoile de neige cristallisée, d'après les principes géométriques enseignés par Haüy. Chacune de ces étoiles représente donc la quantité et le poids exacts de l'eau enlevée par chaque bulle de gaz qui concourt à la formation des nuages. Nous en avons publié, en 1826, une demi-douzaine de figures, très-curieuses à voir au microscope, mais très-désagréables à dessiner au-dessous de zéro.

LXX.

Tout changement d'état des corps produit de l'électricité, chacun sait ça, mais personne ne s'est encore demandé ce que devient celle qui se dégage par la cristallisation de ces myriades de bulles au moment où leur vêtement liquide se change en manteau de neige ou de glace. Nous soupçonnons fort cette électricité libérée de mettre le feu au gaz qui s'échappe du sein des mêmes bulles crevées, ce qui produit la lumière zodiacale et les aurores boréales, qui durent tant que la congélation n'a pas pénétré jusqu'au centre de la masse de nuages que leur destinée a poussés vers les régions inhospitalières placées sous l'empire de la Grande-Ourse, de sorte que les Lapons, les Esquimaux et les Samoyèdes sont éclairés au gaz aussi bien que les Parisiens, sans qu'il leur en coûte rien.

On nous dira que cette électricité resterait la tente si elle ne trouvait pas une électricité de nom contraire pour opérer ce libre échange qui produit l'étincelle ; mais il est bien évident que ces deux conditions se rencontrent aussi bien sous les pôles que sous les tropiques, et que le même phénomène qui produit le tonnerre à grand fracas, à l'aide du grisou, ne peut produire que des aurores boréales là où le grisou n'existe pas.

Les aurores boréales ne sont donc que des orages polaires qui ne durent plus longtemps, que parce que les fusées ne déchirent pas aussi promptement le sein qui les porte que l'artillerie du grisou ; et parce que la congellation des bulles s'opère très-lentement de la circonférence au centre.

Nous pouvons abandonner ici les débris de notre bulle tombés sur des glaciers polaires d'où ils redescendront dans la mer quand les courrants chauds venant de l'équateur auront liquéfié la base des montagnes de glaces qui les portent.

Nous n'avons pas tout dit sur ce nouveau chapitre de la physique amusante, resté en blanc dans tous les traités de physique sérieuse ; nous y reviendrons, au risque d'affliger les docteurs de la stérilie officielle, auxquels Dieu semble avoir dit comme aux flots de l'Océan : Vous n'irez pas plus loin que le programme de l'Université.

Il y a deux espèces de bulles, la bulle naturelle et la bulle industrielle ; la bulle naturelle, étant pleine de gaz, peut enlever son enveloppe aqueuse à la hauteur des nuages où se termine sa puissance d'ascension, tandis que la bulle industrielle n'étant pleine que de calorique ne peut élever son eau qu'à une très-faible hauteur d'où elle retombe aussitôt que l'équilibre de chaleur est rétabli ; c'est-à-dire qu'elle monte un peu plus haut dans l'air chaud que dans l'air froid, mais jamais beaucoup au-dessus des maisons, comme on le voit par le champignon de vapeur manufacturière qui recouvre la ville de Manchester.

On se tromperait fort en croyant que les nuages supérieurs sont de la même nature que le panache blanc des locomotives. Il y a entre eux la même différence qu'entre une bulle de savon remplie de gaz ou de l'haleine chaude de l'homme, celle-ci retombant aussitôt que ce souffle est refroidi, tandis que l'autre monte jusqu'à ce que son manteau s'use se déchire ou se gèle.

Nous ne croyons pas qu'une bulle se soutiendrait un instant, si elle était remplie d'air froid au moyen d'un soufflet ; ce qui prouve l'inanité du système vésiculaire de Saussure et du savant académicien de Nancy qui essaye de le réhabiliter.

Pour que certains corps d'une pesanteur spécifique supérieure à celle de l'atmosphère s'élèvent dans les airs, il faut qu'ils soient entraînés par des courants ascendants produits par les rayons du soleil réfléchis par la terre.

On sait que les rayons solaires, en passant d'un milieu moins dense dans un milieu plus dense, se rapprochent de la perpendiculaire ou plutôt convergent vers le centre de la sphère sur laquelle ils tombent.

Ainsi ces rayons, parallèles d'abord en entrant dans notre périsphère, convergent tous en un point de la loupe atmosphérique, et ce point imaginaire doit être le centre de la terre, ce qui fait que la chaleur s'accroît à partir du sommet des montagnes jusqu'au dit centre ; mais ces rayons ne présentent plus qu'un cône tronqué par la surface du globe, dans lequel ils ne peuvent plus pénétrer depuis que cette surface a été dépolie et rendue opaque par la cristallisation confuse des roches refroidies et la mousse dont elle s'est couverte.

Il n'en était pas ainsi quand notre globe n'était encore composé que de la matière cosmique des anneaux de La Place détachés de l'atmosphère du soleil, théorie que nous adoptons comme tout le monde, et qui doit être vraie puisqu'elle s'ajuste à la nôtre. N'est-il pas probable que l'atmosphère du soleil, composée des atômes de tous les corps possibles, était perméable à la lumière, puisque un atome quelconque doit être achromatique et hyaloïde et que ce n'est que par leur réunion opérée par la fusion, qu'ils deviennent visibles et pondérables ? les comètes, que d'aucuns prennent pour des planètes dans leur enfance, nous offrent un exemple de cette phase par laquelle ont passé les planètes, car tout obéit à la loi de reproduction et de destruction universelles, tout dans la nature est en continuelle révolution; il y a des globes qui naissent quand d'autres meurent, c'est ce qui explique pourquoi on voit dans le ciel des étoiles qui paraissent et d'autres qui disparaissent, et des nébuleuses qui vont se faire cuire à leurs soleils respectifs.

On a déjà depuis qu'on possède de bonnes cartes du ciel vu paraître et disparaître une vingtaine d'astres dans la voûte du firmament et rien ne nous dit que ces nouvelles petites planètes dont se régalent nos jeunes astronomes, ne sont pas des crasses du soleil rejettées de temps en temps, et qui sont passées du rang de taches au grade de planatoïdes de dernier ordre; mais il n'est guère probable qu'elles soient habitées puisque leur diamètre exactement calculé par nos mesureurs jurés, est à peine de quelques lieues; on pourrait faire le tour déjeûner de ces écueils semés dans l'océan solaire; le moyen de s'y tailler des empires!

L'intensité de chaleur produite au foyer de cette énorme loupe hyaloïde devait être capable de fondre tous les atomes fusibles qui constituaient les éléments solides destinés à la composition de notre globe. Cette chaleur est susceptible d'être calculée, mais seulement d'après les données que nous indiquons. Ainsi dans l'origine, la matière chaotique destinée à constituer notre planète pouvait être froide; mais dès que les rayons solaires se sont réunis au sommet du cône situé au centre de cette masse chaotique, un foyer de chaleur la plus intense qu'on puisse imaginer a commencé cette œuvre de fusion et d'ébullition continue qui, chassant les atomes les plus légers vers la circonférence, forçait les plus lourds à venir se faire fondre au foyer de cette immense coupelle, où ils ne se sont pas déposés dans l'ordre de leur pesanteur et de leur fusibilité spécifique mais ils ont été rejetés vers la circonférence, par l'effet de la rotation du globe; voilà pourquoi nous retrouvons les métaux les plus lourds dans la croûte même du globe qui est creux ou rempli de *calorique* gazéiforme comme l'a démontré notre ami le baron Cagnard de la tour. Ainsi notre globe et tous les globes analogues ont été *fondus sur place* et tellement bien brassés que partout où l'on fera pénétrer une sonde assez longue, on en retirera des échantillons similaires, sauf de la croûte, où tout a été remué, disloqué et retourné cent fois par les soulèvements et les explosions de l'enveloppe de scories qui ont monté à la surface de ce grand bain minéral.

L'action des rayons convergents du soleil ne s'est donc arrêtée qu'après avoir mis en fusion tous les atômes matériels, jadis à l'état translucide. Quant à l'eau, entièrement vaporisée, elle n'est descendue sur cette masse incandescente que pour se revaporiser et retomber encore, en emportant chaque fois une somme de calorique qui a fini par refroidir la croûte superficielle du globe, l'écobuer, l'ameublir et la mettre en état de recevoir cette moisissure que nous appelons végétation. Quant au gaz hydrogène, il est resté disséminé dans l'espace, qu'il remplissait en se dilatant au fur et à mesure qu'il s'y formait un vide par suite de la concentration de la matière d'un anneau solaire en globe. Nous avons beaucoup de propension à croire que c'est au gaz hydrogène infiniment dilaté que les savants ont donné le sobriquet d'éther; nous ajouterons que l'hydrogène est la matière la plus abondante de l'univers, à voir la quantité répandue dans l'espace au milieu duquel se trouvent suspendus tous les globes et tous les soleils qu'il alimente, et cependant, c'est à peine si l'on s'est informé de ce qu'il devient en s'esquivant de notre maisonnette. En vérité, si Dieu n'était pas l'âme du monde, nous penserions que c'est l'hydrogène qui fait mouvoir la grande mécanique.

LXXI.

Quant l'acide carbonique, qui dominait alors dans l'atmosphère, se fut fixé sur les plantes, et celles-ci continuant d'émettre de l'oxygène, comme l'a prouvé notre savant chimiste Koene, l'atmosphère est devenue de plus en plus riche en oxygène et de plus en plus pauvre en carbone; l'air s'est épuré et s'épure de plus en plus par la fixation du carbone dans les plantes et les animaux, de sorte que nous vivons ou brûlons de plus en plus vite, et qu'à la fin nous ne serons plus que des éphémères infiniment spirituels sans doute, mais très-casuels, vivant ce que vivent les roses, après avoir vécu ce que vivent les roseaux, les chênes et les cèdres. L'acide carbonique se raréfiant, et les hommes se multipliant d'après les prescriptions de la

Genèse, nous deviendrons tout petits, faute d'acide carbonique et de chaleur centrale, comme les fougères, qui étaient jadis des arbres et qui sont devenues des légumes à lapins.

LXXII.

Si l'espèce humaine seule diminuait de moitié, par exemple, ce serait un grand bonheur, car les lévriers deviendraient les chevaux de course du Jockey-Club de cet heureux temps. Nous aurions beaucoup plus d'esprit, car l'esprit remplace la force ; il n'est rien de plus naïf et de moins malin qu'un géant, tandis qu'il n'est rien de plus fin, de plus rusé, de plus perfide au besoin qu'un petit homme ; nous faisons le pari que Machiavel était plus petit que Thiers, puisqu'il était plus fin. Méfiez-vous des petits bouts d'hommes qui joueront toujours par-dessous jambe un homme grand et même un grand homme, a dit Rivarol.

Plus un animal est petit, plus il doit déployer de ruse, d'adresse et de malice pour suppléer à la force qui lui manque. C'est une loi naturelle dont chacun peut constater la réalité rien qu'en regardant autour de soi. La puce pressent votre intention, et saute toujours à temps pour échapper à la mort.

Nous avons entendu le petit abbé Lamennais soutenir ce paradoxe avec infiniment d'esprit : Un nain, disait-il, tournera aussi bien le robinet d'une machine à vapeur et conduira un convoi et un vaisseau aussi bien qu'un géant.

Quand tout se fera avec des machines, la force brute deviendra inutile à l'homme.

LXXIII.

Quand la croûte du globe avait peu d'épaisseur, il est certain qu'elle se crevassait à la moindre explosion sous-corticale ; car les volcans étaient alors aussi communs sur la terre que les taupinières dans nos prairies. Il en est resté quelques-uns de vivants comme échantillons à côté d'une foule de morts, comme témoins des révolutions passées et comme prophètes des révolutions à venir. Cela suffit pour détruire les assertions des *statuquistes*, qui affirment que plus rien ne bouge et que l'empire du globe est maintenant aussi ferme sur sa base que l'empire français. Le plus souvent ! vous répondrait Nérée Boubée, qui croit que le globe se retourne incessamment comme un sac en vomissant ses entrailles et plaçant par-dessus ce qui était par-dessous, comme s'il était soumis à une ébullition sèche chargée de renouveler les vieilles terres par de nouvelles cuites à point. C'est ce qui lui a fait accepter les dernières inondations comme un bienfait, pendant que nous autres, gens de peu de géologie, les regardions comme un fléau.

LXXIV.

Les volcans servent d'évents aux gaz produits par la décomposition de l'eau qui s'infiltre sans cesse sur la matière minérale en fusion, laquelle se trouve plus rapprochée de nous que ne le croit M. Cordier, qui s'obstine à donner 20 lieues d'épaisseur à cette enveloppe, parce qu'il est parti de l'accroissement régulier et irrationnel, comme nous nous sommes permis de le lui dire, d'un degré de chaleur par 32 mètres de profondeur, mais les expériences de notre camarade de collége Valferdin, l'homme de précision le plus minutieux de tous ceux qui frappent à la porte de l'Institut, sur les puits du Creuzot, ont réduit les 32 mètres de M. Cordier à 23, à la profondeur de 780^m seulement ; il est probable qu'à 1,000 mètres, la chaleur croîtra d'un degré par 10 mètres, et nous verrons un jour que la croûte sur laquelle nous jouons aux barres comme des enfants sur les glaçons, n'a pas plus d'une lieue d'épaisseur.

Les volcans en éruption et les eaux thermales nous autorisent à le croire, car ils n'auraient pas la force de vomir du feu et de l'eau bouillante avec un œsophage de vingt lieues.

Nous croyons sérieusement qu'il est donné à l'homme d'atteindre au feu central dès qu'il aura su former une compagnie concessionnaire pour pousser un sondage à 1,000 ou 1,500 mètres ; nous aurons certainement à cette profondeur un jet d'eau bouillante ou de gaz à l'eau. Cela coûterait fort peu, en commençant le forage au fond de nos houillères de 5 à 600 mètres.

Une pareille tentative serait digne de MM. Raimbeau de Hornu, Waroqué de Marimont, Lejeune de Tournay, ou Marneffe de Louvain, auquel nous permettons de disposer de notre part d'héritage, s'il veut l'employer à cet usage. Il prouverait du moins qu'il est aussi curieux et intelligent que les Chinois, qui creusent des puits de 3,100 pieds avec une corde de bambou et un simple trépan d'acier. Il est inutile de compter sur les gouvernements, car ils dépensent tant d'argent à élever des colonnes inutiles, qu'il n'en reste plus pour creuser des puits utiles quoi qu'il en sorte ; craindraient-ils d'en voir sortir la vérité ?

Espérons que la Compagnie du câble transatlantique aura l'idée d'employer un bout de sa corde à faire danser un mouton sur le granit pour savoir ce qu'il y a dessous. Dans tous les cas, tenez pour certain qu'il viendra un moment d'engouement perforateur ; ce sera à qui criblera la surface de la terre, comme une écumoir, d'une multitude de trous d'où sortiront plus de richesses que des placers de la Californie. Puisque le cable transatlantique ne peut plus servir à rien, il y en a assez pour entreprendre des milliers de puits chinois à la fois, car il a précisément la force et la grosseur voulue pour un pareil service.

LXXV.

Puisque la surface se refroidit, comme vous ne pouvez plus en douter, au risque de contrarier les mânes d'Arago, allons chercher la chaleur en dessous. La Providence doit être indignée de voir que nous ne comprenons pas cela, malgré les tremblements qui nous avertissent de donner des issues au gaz comprimé dans notre cornue.

Si la terre se refroidit, comme le prince impérial vient de le constater dans son voyage en Islande, dont la verte végétation a disparu depuis un ou deux siècles, et comme Dumont-Durville s'en est convaincu, en se trouvant arrêté par les banquises à deux cents lieues en deçà des routes parcourues par les premiers navigateurs hollandais, qu'allons nous devenir au train dont marche la congellation ? Eh bien ! nous finirons par avoir les pieds pris sous l'équateur entre les deux calottes des glaces polaires qui viendront se donner la main et former une sainte alliance contre le pauvre genre humain, qui l'aura bien mérité, le vieux scélérat. C'est mal, dira-t-on, de plaisanter sur des choses aussi sérieuses ; mais que deviendra notre pauvre planète après cela ? c'est fort inquiétant ! Elle deviendra une belle lune, servant de réflecteur à l'autre ; car quand toute l'eau des mers sera tombée en neiges perpétuelles sur toute la périphérie du globe, elle sera blanche comme la blonde Phœbé dont nous venons encore d'examiner le visage pâle avec une bonne lunette de Plagniol. Nous avons vu clairement au fond de ses mers vides, les dernières flaques de saumure, encore à l'état liquide, et que tout le reste du bassin n'est plus qu'un magma boueux qui ne réfléchit pas autant de lumière que les continents parfaitement poudrés de neiges perpétuelles, sous lesquelles nous n'avons pas aperçu le moindre lunatique fossile, non pas que nous prétendions qu'il n'y en ait pas, au contraire, nous croyons qu'ils sont aussi bien conservés dans cette glacière que l'éléphant du bord de la Léna. Quant à l'atmosphère lunaire, nous pouvons vous assurer qu'il y en a une toute petite plus que suffisante à la respiration des habitants qui lui restent ; pauvres gens, réduits à se nourir de thon mariné et de poissons gelés, comme nos esquimaux.

LXXVI.

Puisque rien ne se perd, nous dit-on, que ferez-vous du gaz hydrogène qui sort de notre atmosphère ? car si nous voyons retomber celui qui est arrêté par les nuages et que l'explosion convertit en eau par le procédé de Lavoisier, nous ne voyons pas revenir l'autre, celui qui passe par les crevasses des nuages et qui monte indéfiniment. — Eh bien ! l'autre, nous avons le chagrin de vous dire : Il est fichu ! vous ne le reverrez plus ; c'est par là que se fait le coulage de la maison Adam et compagnie, et que s'en va l'eau qui manque chaque jour à l'appel, l'eau qui déserte enfin notre globe sans esprit de retour.

LXXVII.

Pour vous prouver que cette perte existe bien réellement, il suffit de vous rappeler qu'il se rend à la mer des myriades de tonneaux de matières solides, sables, pierres et limons, depuis des milliers d'années, sans que son niveau s'élève ; il baisse au contraire, quoi qu'en disent les niveleurs, c'est-à-dire les savants à niveau constant, qui sont fort contrariés de voir la mer se retirer de tous côtés et laisser nos anciens ports bien avant dans les terres de nos deltas, Hydria, Aigues-Mortes, Bruges, etc., sans pouvoir expliquer pourquoi. Ils aiment mieux nier le fait, comme ils nient les crapauds vivants dans les pierres, et se tirer d'affaire en disant que ce que la mer perd d'un côté, elle le regagne d'un autre; mais ils ne peuvent pas dire au juste où se trouve cet autre. Le grand maréchal Vaillant nous l'a envoyé chercher dans les lettres de Bertrand, mais nous n'y avons rien trouvé de satisfaisant; c'est pourquoi nous persistons à croire que la fuite est au-dessus de nos têtes et non pas à nos pieds. Nous sommes sûr que le *cherche-fuite Maccau* ne nous démentira pas.

Il n'y a cependant pas lieu de nous effrayer, comme dit M. Guizot dans sa brochure intitulée, *nos mécomptes et nos espérances* (1); car la fabrication du gaz à l'eau dans notre grande cornue de terre cuite ne marche que très-lentement, et il y a encore une grande provision de ce liquide combustible. Il y en a même beaucoup trop, et si sa décomposition pouvait s'accélérer par l'adoption générale de notre invention Selligue et Gillard, si seulement la mer s'abaissait d'une dizaine de mètres, nous aurions de beaux polders à cultiver, de belles îles à peupler et moins d'inondations à subir. Prions donc pour que le coulage ou la perte d'hydrogène augmente; le Seigneur ne pourrait exaucer une prière plus raisonnable.

Du reste, cela dépend un peu de nous, car il est écrit : Aide-toi, le ciel t'aidera; si nous voulions creuser jusqu'au système caverneux qui regorge de gaz comprimé jusqu'à liquéfaction, il s'échapperait à flots pressés qui sortiraient de notre atmosphère et accéléreraient la production de nouveaux gaz, dont la décomposition est entravée par la pression actuelle. Le soleil, mieux alimenté, deviendrait plus chaud, le niveau des mers s'abaisserait plus vite, par la fuite de son principal élément, et la vie du globe se mettrait au régime de rapide locomotion dont nous lui donnons l'exemple dans notre siècle de progrès.

_____

(1) Bruxelles, chez Émile Flatau, 1855.

Courons donc à la sonde chinoise et chantons en cœur sur tous les points du globe :

Il faut lui percer le flanc !

Mais, enfin, que devient cet hydrogène qui s'en va ? Il ne peut s'accumuler incessamment dans les espaces interplanétaires, sans finir par entraver la marche des corps célestes dans l'éther, ce joli nom inventé pour les besoins de la cause et dont personne n'a encore pu nous montrer un échantillon ; il faut bien lui trouver quelque moyen de consommation.

Eh bien ! ne le voyez-vous pas, il vous crève les yeux, car il est clair comme le soleil. Et puisqu'il faut tout vous dire, il va se brûler au grand bec de gaz qui nous le renvoie sous forme de lumière, de chaleur et d'électricité, ainsi qu'aux planètes qui lui fournissent leur contingent d'hydrogène.

Les taches du soleil ne sont que des scories, des crasses dont il se débarrasse par sa vitesse de rotation 9 fois plus grande que celle d'un boulet, et qui les lance dans l'espace sous la forme d'aérolithes, de bolides ou, si vous voulez, d'étoiles filantes et de comètes selon leurs poids.

Le soleil est une chandelle qui se défait d'elle-même de ses champignons par la tangeante, dès qu'ils approchent de son équateur où la vitesse est la plus grande. (Voir les étincelles qui s'échappent d'un soleil d'artifice.)

Oui, mais les aérolithes contiennent toutes sortes de métaux et de minéraux analogues à ceux de la terre : où les auraient-ils pris ?

Eh ! parbleu, dans l'atmosphère du soleil ; car enfin, quand il s'est privé de ses fameux anneaux pour en faire des planètes, il est bien supposable qu'il aura gardé le meilleur pour lui et que c'est dans sa photosphère ; que ces scories auront pêché la matière cosmique qui les compose oxigène compris. »

Ces échantillons vous prouvent que toutes les planètes sont composées des mêmes éléments que la nôtre et il ne peut en être autrement puisque toutes ont été taillées dans la matière du chaos qui était certainement bien brassé.

LXXVIII.

Vous voyez maintenant que rien n'est perdu, que tout est dans tout, que la circulation n'est point interrompue, que le *va-et-vient* est parfaitement établi, et que le système d'émission peut reprendre ses droits sur le système vibratoire.

La lumière n'a plus besoin d'être « l'oscillation d'une demi-vague de l'éther sur la perpendiculaire du rayon vecteur. » Ce n'est plus la peine de faire danser votre éther problématique sur la corde fantastique d'un arc imaginaire; car notre lampe ne s'éteindra que quand nous cesserons de lui fournir le combustible, de compte à demi avec nos quarante-neuf planètes associées pour l'entretien du luminaire commun.

Il n'y a donc que nous qui risquons de nous trouver à sec; mais nos bidons sont encore remplis pour longtemps, et ils sont bien larges et bien profonds, puisqu'on y a déjà jeté des sondes de 4,000 mètres sans en trouver le fond; n'y en eût-il plus que mille, plus que cent, nous en aurions encore assez pour notre usage quotidien, et ce serait le bon temps pour la ccolonisation; mais il nous faudra gravir un peu haut pour aborder à la basse terre et à la terre neuve qui sont aujourd'hui à fleur d'eau.

La France dans ce temps-là n'aura plus besoin de bateaux plats ponr faire une descente en Angleterre, et tous les archipels deviendront des continents magnifiques pour la déportation et l'exportation de nos fabricats. Notre globe suffira dès lors pour nourrir quelques milliards de bouches de plus.

C'est ainsi que la Providence s'est arrangée pour confondre Malthus, Schaetzen, Dehessel et Pirmez, ainsi que les faiseurs de pénitenciers et les inventeurs de tread-mills humanitaires.

Croyez bien que le bon Dieu n'a rien laissé au hasard et qu'il est aussi fort en économie politique et sociale que MM. Frédéric Passy, Michel Chevalier, Joseph Garnier, Wollowski et même Guillaumin.

Le hasard n'est qu'un mot dont l'ignorant se sert
Pour expliquer les faits où sa raison se perd.

Mais ils préfèrent croire à leurs faux prophètes.

LXXIX.

Ils s'imaginent sans doute que la région des nuages où s'arrêtent nos bulles de gaz est un effet du hasard et que cette limite pourrait sans inconvénient se trouver plus haut ou plus bas. Puisqu'ils ne voient pas bien ce qui force nos petits ballons à s'arrêter là, quand nos grands ballons montent beaucoup plus haut ; nous nous permettrons de leur dire que les nuages étant le moyen d'arrosement choisi par le grand agriculteur, il suffit que la calotte nébuleuse recouvre toutes les terres cultivables de son jardin terrestre, sauf les hauts pitons stériles et inabordables à la charrue, qui percent les nues et sont destinés à servir d'observatoire aux touristes anglais, désireux de savoir ce qui se passe là-haut et de s'assurer, sans risques, de la manière dont se prépare la musique à grand orchestre des orages, avec accompagnement de feux d'artifices. Les neiges et les glaciers sont des réserves pour l'été, dont le bon Dieu aura emprunté le secret aux Napolitains ou *vice versâ*.

Il est évident qu'en plaçant l'arrosoir beaucoup plus haut, le divin jardinier aura pensé que les flaques d'eau qui tombent en certains pays enfonceraient les toits, ébrancheraient les arbres et pileraient les moissons.

LXXX.

N'oublions pas de dire, en passant, que les brouillards bas dans lesquels nous nous trouvons souvent enveloppés dégagent une odeur d'hydrogène, et les brouillards dits méphitiques une senteur de fumée de bruyère qui nous est amenée, en rasant la terre, des pays où, comme en Drenthland, on met le feu à cette plante pour fertiliser petit à petit les vastes plaines qui en sont couvertes ; il nous est permis de parler de l'odeur après en avoir senti la chaleur du haut d'un arbre qui nous servit de refuge.

On fera de bien gros livres sur ces idées quand elles tomberont entre les mains de quelques jeunes physiciens, débarrassés du stupide préjugé qu'il n'y a rien au delà de ce qu'on leur enseigne à l'école même polytechnique, ou dans ces grands *latinoirs* où on leur

posait autrefois des questions comme celle-ci, qui nous a été conservée
par le curé de Meudon : *An chimera bombinans in vacuo, possit com-
medere intentiones secundas?* au lieu de leur apprendre à distinguer la
gomme élastique de la gomme arabique et de leur expliquer ce que
c'est que le savon avec lequel ils se lavent quelquefois les mains.

L'électricité s'échappe par les pointes en produisant un déplacement très-sensible dans l'air, un vrai jet de chalumeau; partant de la
pointe d'une aiguille, ce jet ride la surface d'un verre plein d'eau
comme on peut s'en assurer immédiatement en lui présentant un bâton
de cire à cacheter, après l'avoir échauffé sur sa manche; eh bien!
quand les sables d'Afrique ont été chauffés tout le jour par le soleil,
ce qui a produit une énorme quantité d'électricité, elle s'échappe par
la pointe du cap des Tempêtes, ainsi nommé à cause de ce phénomène
qui bouleverse', soulève et fait bouillonner la mer en épouvantant les
navigateurs, qui ont craint, jusqu'à Vasco de Gama, de forcer ce passage, gardé par le géant du *Camoëns.*

Le professeur Guillery pense que tous les caps, que toutes les
pointes qui s'avancent dans la mer jouent le même rôle à des degrés
moindres peut-être, mais proportionnels au degré d'insolation; telle
est une des grandes causes de l'agitation des flots et probablement du
phénomène de la phosphorescence des mers, qui laissent échapper en
détail l'électricité dont elles sont saturées, quand elles ne la laissent
pas sortir par masses sur certains points des mers voisins des continents les plus échauffés par le soleil; nous croyons qu'on n'a jamais
vu de trombes marines dans les océans polaires.

La phosphorescence n'a lieu qu'en l'absence d'un nuage qui solli-
cite la soustraction en masse. On pourrait aisément produire ce phénomène dans un verre d'eau de mer électrisée, en lui présentant
un soustracteur ou électrode de nom contraire. On pourrait ainsi
s'assurer au microscope que la marche naturelle de l'électricité est
hélicoïdale toujours, car elle a horreur de la ligne droite et du cercle
géométrique, ou plutôt elle les aime d'un amour tellement égal qu'elle
les emploie tous les deux ensemble. Il résulte naturellement de ce
mouvement giratoire un vide dans lequel se précipitent les hommes
et les choses, qui se trouvent aspirés, entraînés, foulés même jusque

dans la nue, où se fait le mariage des deux électricités de nom contraire, dont l'union est naturellement annoncée à la terre par le bruit
du canon et des feux de Bengale. Ce sont les mariages de paysans qui
auront donné cette idée au Créateur.

Ceci vous explique les pluies de grenouilles, de crapauds, de poissons, de pollen et de poussières étrangères enlevées par les trombes,
qui ne craignent pas de vider un vivier de propriétaire, une mare
communale, ou d'arracher les semences d'un pays pour les porter
dans un autre sur l'aile des vents. Nous n'avons donc pas besoin de
les faire charrier par les flots qui les avarient avant qu'elles aient
atteint le rivage inhospitalier, aride ou abrupte qu'elles sont chargées
d'aller féconder; preuve que tout est parti du jardin terrestre,
hommes et plantes. Il ne pouvait pas en être autrement quand tout
était sous l'eau à l'exception du mont Mérou. Pas n'est donc besoin
de donner un coup de canif à la Génèse, ni d'admettre plusieurs succursales du paradis terrestre, comme on cherche à le faire aujour-
d'hui par ignorance des moyens de transport du Créateur.

« Croyez-vous à la génération spontanée, demandait le chimiste
Van Mons au célèbre Cuvier. — Non; l'empereur ne veut pas, »
répondit l'habile courtisan. Nous avons entendu le prince de Canino,
qui ne l'était certes pas, courtisan, déclarer en plein congrès de Nancy
que si l'on admettait la génération spontanée, il abandonnerait à
l'instant l'étude de l'histoire naturelle, comme impossible et menson-
gère. Cette déclaration du plus savant et du plus franc des naturalistes
de notre connaissance nous a plus impressionné que tout ce que
nous avons lu contre la Génèse.

Le frais de poisson est aussi porté par les trombes dans les lacs
supérieurs, sans passer par l'œsophage des canards, qui digèrent tout,
même de la graine de saumon.

Digérez celui-là si vous pouvez ou rejetez-le si vous osez!!

Quand un homme connaît la cause des choses, il peut prédire les
effets. Nous soupçonnons notre savant ami Babinet d'avoir deviné
avant nous que les comètes ne sont que les balayeuses du céleste plafond; puisqu'il nous a formellement annoncé une année exception-
nelle, c'est que le perspicace artilleur voyait venir de loin cinq de

ces filles d'en haut, armées de leurs balais, que les profanes grossiers
appellent des queues, pour débarrasser le ciel de ces matières aranéi-
formes qui l'encombraient depuis sept ans, ce qui nous a donné les
sept années de disette annoncées par le comte Hugo. Le divin soleil a
donc pu faire mûrir cet été le houblon, les concombres, etc., il n'y a
plus de doute à cela; les Flamands disent déjà : « Année fertile en
comètes est fertile en navette. »

Il s'ensuit que si Dieu soufflait sur notre bec d'éponge de platine,
il ne faudrait pas huit jours pour que nous eussions de la neige par-
dessus la tête. La fin de la chaleur sera la fin du monde qui périra
par le froid; car enfin, la chaleur qui s'en va par la cheminée ne rentre
pas par la porte.

La terre, qui a été formée par le feu, va donc en se ratatinant en
vieillissant, absolument comme nous.

« Dieu est pauvre en procédés, disait un grand astrolabe de notre
connaissance : dès qu'il en a un bon, il l'applique à tout; ça finit par
être monotone, et dénote une grande stérilité d'imagination. Cependant il y a du bon, mais on pourrait mieux faire, » disait cet humble
professeur de modestie appliquée.

> Dans son humilité profonde,
> Notre modeste Gaillardet
> Se défend d'avoir fait le monde,
> Convaincu qu'il l'aurait mieux fait.

Nous convenons avec notre moyenneur juré que le grand architecte
a fait un peu comme M. Babinet, qu'il a mis de l'esprit partout; par
exemple, pourquoi en a-t-il mis dans la foudre, qui se livre à de cruelles
facéties, comme celles-ci, qui ont été dénoncées dernièrement à l'Académie ? Elle tue un avare, c'est bien; mais elle prend les pièces d'or
qu'il cachait dans sa ceinture et les lui imprime sur l'omoplate. Elle
tue un matelot paresseux et lui marque un fer à cheval sur le dos.
Plus galante, mais très-indiscrète avec les dames, qu'elle ne tue pas,
elle tatoue une fleur sur la cuisse de l'une et le portrait de sa vache
sur la poitrine de l'autre. Elle s'amuse à effrayer un bon bourgeois
en lui photographiant sur la peau un arbre qu'elle foudroie sous ses
yeux; et mille autres espiègleries peu dignes d'un phénomène sérieux,

telles que de numéroter un pauvre marnier en lui brûlant le chiffre 44 sur la peau, d'une manière indélébile. Que serait-ce donc si nous racontions les fredaines de la foudre en grume, qui prouve que l'esprit peut aussi bien habiter une boule de feu qu'une boule de chair?

Nous sommes sûr qu'une foule de gens qui proclament hautement que rien n'est impossible à Dieu, vont s'écrier que tous ces effets sont impossibles, parce qu'ils ne les comprennent pas plus que nous. Hélas! que savons-nous? Le tout de rien et rien du tout. C'est le plus clair de notre science.

Les comètes sont les abeilles ou les glaneuses du soleil, d'où elles partent par la tangente et viennent lui rapporter fidèlement ce qu'elles ont recueilli de la matière cosmique ambiante ou délaissée dans les champs du ciel, sous la forme informe ou amorphe de nébuleuses.

Nous croyons que quand les tourbillons solaires commencèrent leur mouvement giratoire sur certains centres de la matière cosmique en fermentation, il resta des triangles ou rognures qui ne surent de quel côté tourner et demeurèrent sans mouvement et sans usage sous le nom de nébuleuses. Or, ces déchets sont des échantillons du chaos primordial, lequel était légèrement lumineux ou phosphorescent, puisque la lumière existait avant le soleil selon la Genèse.

Les comètes sont chargées d'aller balayer ces traînardes qui salissent le plafond céleste comme des toiles d'araignées, et de les ramener à leurs foyers respectifs pour être fondues et lancées dans l'espace sous forme d'astéroïdes, de bolides et de planétoïdes destinés à amuser les Chacornac, les Goldsmith et les Airy qui en sont très-friands, Goldsmith surtout, qui en a dévoré des yeux une couple dans une seule nuit.

Il n'est pas au bout de ses trouvailles, car le soleil sèmera toujours des planétoïdes comme un chêne des glands.

C'est ce qui fait que depuis un certain temps on a vu avec une certaine inquiétude astronomique paraître et disparaître une vingtaine d'étoiles fixes qui ne l'étaient pas. On en verra bien d'autres quand le cadastre du ciel sera terminé et qu'on aura établi un observatoire sur le pic de Ténériffe avec un objectif de Porro.

Revenons à nos comètes qui parcourent le champ qui leur est

assigné avec une exactitude sans pareille, en commençant par suivre une ellipse très-allongée qui les conduit jusqu'aux confins de l'empire solaire, d'où elles reviennent en arrondissant chaque fois leur orbite, de manière à décrire un de ces beaux parafes de M. Prudhomme, élève de Brard et de Saint-Omer, élèves du grand Rossignol.

Celles qui reparaissent le plus souvent sont les plus anciennes, dont l'orbite commence à s'arrondir et qui s'éloignent assez du soleil pour n'être plus refondues à leur passage.

Celles-là se préparent à prendre rang parmi les planètes dès que tous leurs atomes auront subi la coupellation obligée.

C'est un rude et long noviciat que cette épreuve du feu; mais que ne ferait-on pas pour avoir l'honneur de porter sur son dos des êtres aussi aimables que nous; car toutes les planètes sont peuplées des mêmes bêtes, puisqu'elles sont composées des mêmes éléments puisés dans la matière chaotique mise en mouvement par la *raison*, *la volonté* et *la force*, trinité indivisible et tellement nécessaire que la création devient impossible si vous supprimez un seul de ces trois attributs, dont la réunion est le Dieu tout-puissant, créateur du ciel et de la terre. Trouvez mieux si vous pouvez dans la grande Bible de la nature, où vous voyez que nous lisons aussi couramment que vous lisez nos élucubrations.

Nous ne voulons pas terminer par cette exclamation commune à tous les farceurs qui visent au *prophétorat* : Ah! si je voulais tout dire!

Le fait est que nous n'en savons pas davantage, ni eux non plus, et que tout ce que nous venons de vous raconter n'est peut-être pas plus vrai que ce qu'ils vous racontent, malgré sa vraisemblance.

LXXXI.

Nous avions tort de croire que notre théorie cosmogénique passerait inaperçue; voici comment M. Félix Roubaud, le savant rédacteur de la partie scientifique de l'*Illustration*, en parle dans son n° du 1er août 1857, d'après une esquisse imparfaite jetée au vent de la presse quotidienne. Nous sommes si *paon* d'avoir été compris avant d'avoir parlé, tant notre style est clair, dit-on, que nous reproduisons cette délicieuse aubade dans l'unique intention d'écorcher les oreilles aux petits chiens qui nous harcellent, tant l'homme est méchant, tant ses instincts, toujours féroces, s'éloignent de l'esprit évangélique, qui nous enseigne à tendre la joue gauche à qui frappe la droite!

Nous venons de faire la terrible découverte que nous sommes aussi mauvais chrétiens que les Juifs et les Anglais qui se proposent d'appliquer à leurs frères, les enfants de Brama et d'Ali la peine du talion ; il est vrai qu'elle est également prescrite par la loi et les prohètes, qu'ils ont le droit d'interpréter ainsi : « Fais aux autres ce qu'ils t'ont fait : dent pour dent, œil pour œil. » Ces braves évangélisants, à force de lire les livres saints, paraissent avoir découvert que la maxime qui dit : Aime ton *prochain* comme toi-même, a des bornes qui ne dépassent pas les falaises de la noble Albion et que le *prochain* ne comprenant pas le *lointain,* ils ne sont pas tenus d'aimer les Caffres, les Chinois ni les Indous ; s'il est avec les Turcs des accomodemments, c'est tout ce qu'on peut exiger d'eux, attendu que l'amour du prochain diminue en raison inverse du carré des distances, absolument comme la lumière et la gravitation. C'est encore un Anglais qui a trouvé cela.

LXXXII.

Nous voilà donc revenu, après tant de sermons perdus, au *par pari refertur* des païens !

Nous ne cesserons de le dire : le progrès dont nous nous targuons n'est point dans l'humanité, mais seulement dans la mécanique et dans l'adultération des produits.

Quel bruit n'aurait pas fait notre théorie dans le monde académique si nous eussions *fait avec,* comme on dit à Bruxelles ; elle eût été reproduite au *Moniteur* à côté du savant mémoire intitulé : *Cas de renversement de la jambe d'un hanneton compliqué de brièveté,* et nous aurions été décoré comme l'auteur de cette importante découverte.

Hélas ! nous payons bien cher notre indépendance ! Encore une fable là-dessus : ça déterge la bile et vous tient en joie ou en santé, ce qui est la même chose. *Facit indignatio versum* a dit Juvénal, qui devait être le meilleur homme du monde après avoir rendu ses vers et purgé son cerveau.

LES CHIENS TURCS.

Stamboul est plein de chiens errants,
Qui respectent les vrais croyants,
Mais dès qu'un étranger se montre dans la rue,
Sur ses pas la meute se rue
Et le déchire à belles dents.

Ainsi de toute cotterie,
De tout corps prétendu savant,
Sans excepter l'Académie ;
Celui qui n'en fait point partie,
Ne fût-ce qu'en simple aspirant,
Honoraire ou correspondant,
Quelque puisse être son génie
Sera toujours traité comme un vrai charlatan ;
Vlan !!

dirait Paul-Louis Courrier qui faisait la guerre pour son compte, tant il aimait son indépendance et détestait l'obéissance ; aussi lui a-t-on fait *vlan !* dans son bois.

Nous nous attendons à ce qu'on nous en fasse autant dans notre *scientifical respectability ;* un petit bruit rase déjà la terre. Certain libraire qui se connaît en reliure, répond à ceux qui lui demandent nos livres : Je serais bien fâché d'en avoir dans ma boutique ; il plaisante sur les machines les plus respectables ; il jette au vent les théories les plus sacrées ; sa plume est une raquette qui joue avec ce qu'il y a de plus admiré ; il semble n'avoir en vue que d'amuser le lecteur, etc.

Parlez-nous de la *littérature ennuyeuse* de l'école d'Adam Smith, de Ricardo, de Jérémie Bentham qui fait venir les larmes aux yeux : voilà des modèles à suivre !

LXXXIII.

Nous avouons que c'est à la fatigue qu'ils nous ont causée que nous devons la résolution d'avoir pris le contre-pied de leur style uniforme, monotone et monochrome ; mais ce qu'il y a de plus désagréable pour nos pauvres bouquinistes, c'est que tout le monde nous en fait compliment et nous encourage à continuer la réforme de la littérature industrielle que nous avons entreprise. Preuve du goût dépravé des lecteurs de notre époque, diront les didacticiens algébristes, habitués à correspondre en signes télégraphiques par-dessus la tête des travailleurs.

Notre tort est le même que celui de Molière, qui a fait renoncer les médecins à parler latin devant les malades.

Nous voulons que tout le monde comprenne ce que c'est que l'industrie, et ne se fasse plus un porc-épic de la technologie; nous aimons à arracher les picots à tous les hérissons, et nous voulons que tous nos lecteurs puissent nous dire comme M. Villemain : « J'ai lu votre livre, j'en sais autant que vous; l'industrie n'est pas si difficile que je me l'étais figuré. »

Voici l'opinion de l'*Illustration* :

« Les nuages sont formés par la condensation, dans les hautes régions de l'atmosphère, des vapeurs aqueuses qui se dégagent incessamment de la terre.

« Quel est l'état de cette vapeur condensée ? On admet généralement pour elle l'état vésiculaire; mais les uns veulent que ces vésicules soient pleines, et les autres les prétendent creuses.

« Même dans cette dernière hypothèse, par quel mécanisme restent-elles suspendues dans l'atmosphère et pourquoi n'obéissent-elles pas à la loi de la pesanteur? M. Seigney en rapporte la cause à leur mouvement, et croit que ces petits globules humides sont animés de vitesses horizontales; Gay-Lussac expliquait leur suspension au moyen des courants d'air chaud qui se dégagent de la terre; suivant Fresnel, la chaleur solaire, s'accumulant dans les couches des nuages, dilate l'air qui sépare les vésicules et en fait de petits aérostats qui s'élèvent à de grandes hauteurs.

« Toutes ces explications paraissent hypothétiques, si on les rapproche des observations recueillies par MM. Barral et Bixio pendant leur ascension aérostatique de 1850; aussi M. le docteur Foissac, dans son remarquable ouvrage sur la météorologie, après avoir rapporté les observations de MM. Barral et Bixio, se croit-il en droit de conclure que ce n'est ni la chaleur solaire, ni les courants de la chaleur terrestre qui soutiennent les nuages au milieu des airs. « Il faut « espérer, ajoute-t-il, que la connaissance de plus en plus approfondie des actions « électriques nous fournira l'explication d'un problème resté jusqu'ici insoluble. »

« Cette solution nous est aujourd'hui fournie par M. Jobard, de Bruxelles, dont les explications renversent du même coup la théorie jusqu'à présent acceptée du tonnerre.

« Nous allons essayer de traduire à nos lecteurs les unes et les autres.

« Au moment de leur décomposition et de leur fermentation, toutes les matières organiques laissent échapper du gaz hydrogène qui, par sa légèreté, s'élève dans les plus hautes régions de l'atmosphère.

« Cette opération se produit surtout sous l'influence de la chaleur, alors que d'un autre côté cette chaleur évapore l'eau en même temps qu'elle échauffe l'air; cet air, devenu plus léger, emporte la vapeur d'eau, laquelle se mêle à l'hydrogène, se laisse pénétrer par lui, et est ainsi en partie soutenue dans l'atmosphère.

« Nous disons en partie, car lorsque les vapeurs d'eau, entraînées dans les régions froides de l'atmosphère, se sont rapprochées par affinité et ont constitué une masse nuageuse, elles sont encore soutenues par les couches d'hydrogène qui s'amassent au-dessous d'elles.

« Et cela est si vrai, selon M. Jobard, qu'aussitôt, dit-il, qu'un petit lambeau est arraché d'un *cumulus*, on le voit s'évanouir et disparaître, parce qu'il tombe en pluie fine, qui se trouve absorbée avant d'arriver à terre, de sorte qu'on peut dire qu'il pleut toujours, même par le plus beau soleil, sur la périphérie des nuages, qui sont comme des parapluies ouverts dégouttant sur les bords; mais plus ce parapluie a d'ampleur, plus il retient de gaz sous sa coupole, plus il peut voyager longtemps, surtout pendant l'hiver, à moins qu'il ne se crève dans quelques parties faibles, par l'effort des gaz accumulés pendant un long trajet.

« Ainsi donc dans l'intérieur des vésicules, et surtout sous la coupole des nuages, se trouve amoncelé du gaz hydrogène qui tient le nuage suspendu dans l'atmosphère à la façon des aérostats.

« Mais cet hydrogène, dont la source se trouve dans les marais, les houillères, la décomposition des matières organiques, etc., est un hydrogène protocarboné, qui, mélangé à l'air, va devenir un véritable grisou.

« Or, si au milieu de cette atmosphère inflammable passe une étincelle électrique, le grisou atmosphérique éclatera comme le grisou d'une mine.

« Tel est le tonnerre; son bruit n'est plus dû à la vibration de l'air ébranlé par le fluide électrique, mais bien à la détonation du mélange de l'air et de l'hydrogène protocarboné.

« Privé ainsi violemment de son appui, le nuage descend et se résout en ces grosses gouttes de pluies ou en ces orages qui suivent souvent le tonnerre.

« M. Jobard répond à une objection sérieuse; il dit : « Si cette théorie était
« vraie, dira-t-on, il suffirait d'une seule explosion pour terminer un orage. C'est
« une erreur, car chaque explosion ne peut enflammer que les portions de gaz
« déjà passées à l'état de grisou, et, en supposant que le gaz soit dispersé par
« l'explosion, comme la poudre à l'air libre est dispersée par les fulminates, il
« s'ensuivrait que l'explosion ne ferait qu'aider à la formation d'une nouvelle
« portion de mélange, et ainsi de suite jusqu'à parfait épuisement de la masse
« gazeuse, laquelle s'alimente sans cesse de nouveaux arrivages, d'autant plus
« abondants que la diminution de la pression atmosphérique est plus grande
« pendant les orages qu'en temps ordinaire, ce qui favorise le dégagement du
« gaz des houillères et par conséquent de celui des marais. »

« Cette théorie ingénieuse conduit M. Jobard à l'idée de se servir du grisou *comme force balistique, dont les effets, bien supérieurs à ceux de la poudre, peuvent être obtenus d'une façon tout à la fois plus facile et plus économique.* — C'est là, en effet, une conception heureuse que nous recommandons aux chercheurs d'idées. »

Nous faisons preuve d'un amour-propre immense, disent les gens en position de n'en pas avoir, en imprimant les approbations qui nous arrivent des quatre vents du ciel. — Eh! oui, morguienne! nous ne travaillons que pour mériter des éloges, absolument comme un acteur pour mériter des applaudissements et un militaire pour obtenir la croix. Mais s'il la cache, à quoi bon l'avoir gagnée?

Il n'y a que les gueux qui aient le droit d'être modeste, a dit Goethe : *Nur die Lumpe sind bescheiden.*

Nous exhibons donc hardiment et sans la moindre pudeur le compte rendu du *Journal des mines de France*, qui a du moins lu et compris notre livre avant d'en parler :

« Nous sommes en retard avec l'illustre auteur du *Monautopole*, aussi ne voulons-nous pas attendre plus longtemps pour nous acquitter envers lui.

« Le nouveau livre de M. Jobard n'est point d'ailleurs de ceux qu'on puisse parcourir à la légère, ou lire sans y prêter une attention soutenue ; c'est une œuvre corsée, substantielle et *myrifiquement riche en mouelle,* comme aurait dit ce bon Rabelais dont notre auteur ne se fait pas faute d'affecter, à l'occasion, le tour éminemment sarcastique, tout en voilant comme lui la profondeur de la pensée sous une apparente jovialité.

« N'allez pas croire qu'il en soit de son ouvrage comme de ces nombreux volumes qu'a fait éclore l'Exposition universelle de 1855, et qui ne sont, pour la plupart, que des catalogues plus ou moins complets, plus ou moins bien raisonnés des innombrables produits envoyés par tous les peuples du monde au Palais de l'Industrie. M. Jobard prend la chose de beaucoup plus haut, et semble ne s'arrêter que très-superficiellement à la partie technique et descriptive ; ce qui le préoccupe avant tout, ce sont les considérations philosophiques que fait naître dans sa féconde imagination telle ou telle invention nouvelle dont il néglige en quelque sorte la valeur industrielle actuelle pour ne s'inquiéter que de sa portée dans l'avenir. — Toute cette première partie du livre de M. Jobard est d'une supériorité remarquable, et l'on ne sait, en la lisant, ce que l'on doit admirer le plus, ou de la verve intarissable, ou de l'inflexible bon sens de l'auteur.

« Nous n'avons pas besoin d'ajouter que, dans le livre qui nous occupe aujourd'hui, M. Jobard, comme dans ses précédents ouvrages, en revient sans cesse, et à tout propos, à réclamer avec une persévérance tout apostolique la reconnaissance légale de la propriété intellectuelle, nouvelle doctrine dont il s'est fait le Messie, et qu'il va partout prêchant, comme la seule qui puisse conduire au bien-être du plus grand nombre, en rendant la propriété immédiatement accessible à tous, sans empiétement sur les droits acquis.

« Nous ne savons vraiment pas, dit-il, de quelle épithète on pourrait saluer
« ceux qui s'opposent à la création de la propriété intellectuelle, en voyant ce que
« la société a perdu pour ne l'avoir pas reconnue dès l'origine. . . . .

« Il est évident que rien ne manquerait à l'homme s'il travaillait, et il travail-
« lerait fort bien si le produit de son travail lui était assuré. »

« Plus loin, poursuivant toujours la même idée, et la voyant avec douleur réalisée prochainement peut-être par une puissance étrangère, M. Jobard signale ainsi le danger :

« ...... Alexandre II n'a qu'à déclarer par un ukase que *tous les inventeurs*
« *fabricants, mécaniciens et manufacturiers qui apporteront les premiers leur*
« *génie, leur talent et leurs outils en Russie, seront propriétaires exclusifs de*
« *l'industrie qu'ils y viendront établir!* et vous croyez pouvoir arrêter alors la

« caravane de déserteurs, maîtres et ouvriers, qui se dirigera sur cette Californie
« voisine? Il faut bien peu connaître l'esprit d'aventure qui distingue notre siècle
« pour douter du succès d'un pareil appel.

« ...... Comment ne voyez-vous pas cela poindre à l'horizon, depuis que de
« princes, des comtes et de nobles seigneurs russes viennent embaucher des
« directeurs d'usines pour leur propre compte, seulement pour tirer parti des
« abondantes matières premières dont ils regorgent, faute de routes, faute de
« ponts, faute de tout ce qui fait leur admiration en parcourant nos pays ?

« S'occupant avec un intérêt tout paternel du malheureux sort qui attend
infailliblement le plus grand nombre des inventeurs, M. Jobard consacre
une bonne partie de son livre à leur donner des conseils qu'ils ne sauraient
trop méditer. Il s'applique particulièrement à les mettre en garde contre
les déceptions sans nombre que leur réservent la routine ou l'ignorance des
masses, et surtout l'entêtement systématique des théoriciens purs et des savants

« L'apparition du premier chemin de fer, dit-il à ce propos, a eu, comme le
« simple énoncé de toute grande découverte, la propriété de mettre tous les
« cerveaux en ébullition et, comme tout le monde a plus d'esprit qu'un seul, il est
« résulté de cette tension universelle des imaginations vers un même but, un
« grand nombre de solutions bien préférables à la première; mais la locomotive
« s'étant cramponnée sur ses rails, il a été impossible jusqu'ici de la désarçonner;
« de sorte que ce chancre des chemins de fer, comme l'appellent les Anglais,
« continuera à s'étendre et à rogner les dividendes de toutes les compagnies.

« Dès qu'il sent approcher un inventeur, ce monstre à vapeur se cabre, et lui
« lance tant de ruades avec les mille pieds de ses palefreniers, que le pauvre
« novateur, effrayé de cet accueil, est forcé de battre en retraite : voilà pourquoi
« il y a calme plat aujourd'hui dans les inventions relatives aux chemins de fer,
« si ce n'est qu'on persiste toujours à alourdir les locomotives pour les faire
« mieux grimper, ce qui n'est guère plus rationnel que de mettre du plomb dans
« ses poches pour mieux courir.

« Il s'ensuit que l'on doit faire les rails pour la locomotive qui pèse de 30 à
« 40,000 kilogr., tandis que chacune des autres voitures n'en pèse que de 8 à 10;
« il s'ensuit également que la locomotive écrase tout, démolit tout et occasionne
« d'incessantes réparations. »

« Dans la partie de son livre où M. Jobard s'occupe plus spécialement de la
description de quelque invention nouvelle ou de quelque grande industrie, comme
par exemple l'industrie houillère, la fabrication du gaz, etc., il le fait avec une
lucidité qui rend plus attrayante encore la forme éminemment fantaisiste qu'il sait
donner à tout ce qui s'échappe de sa plume, forme pour laquelle il justifie en ces
termes sa préférence dans un des derniers paragraphes de son intéressant ouvrage.

« Les gens qui n'estiment que les hommes qu'ils appellent sérieux, parce qu'ils
« sont tristes, profonds, parce qu'ils sont creux, et graves, parce qu'ils sont
« lourds, critiqueront notre littérature industrielle; mais comme nous n'écrivons
« pas pour les savants et que nous voulons être lu par ceux qui ne savent pas,
« notre but n'est pas plus de les ennuyer par la monotonie que de les assommer
« par le pédantisme; nous en avons trop souffert dans le cours de nos études
« pour nous en venger, comme ces latineurs qui ne bourrent la jeunesse de
« racines grecques et de que retranchés, que par pure vengeance, croyons-nous.
« Si tous les claviers ont plusieurs notes et plusieurs tons, c'est pour s'en servir
« et nous nous en servirons. »

PLUS DE MACHINES A VAPEUR HORIZONTALES.

Depuis que la machine à vapeur existe, chacun a voulu se donner un air d'inventeur en la disposant autrement que le père Watt, qui n'en a fait que de verticales, car il était loin de croire qu'un mécanicien de bon sens pût songer à en faire d'horizontales, à moins d'ignorer les lois du frottement, ou d'y être contraint par la nécessité, comme cela a lieu pour les locomotives ; et encore avons-nous vu, dans l'origine, sur le chemin de Manchester à Liverpool, un remorqueur à cylindres verticaux qui avait si mauvaise mine et si mauvaise allure, qu'on a dû y renoncer.

Mais, en dehors de cela, on n'aurait jamais dû faire de grandes machines horizontales, quelles que soient les facilités qu'elles paraissent offrir ; c'est, quoi qu'on fasse, substituer le traînage au roulement, le frottement du premier genre au frottement du second genre ; il y a donc perte évidente, usure inévitable, ovalisation des pistons et des cylindres, quelque expédient qu'on emploie pour les éviter, guides, glissières ou galets de soutien ; rien ne peut contre les lois de la gravitation.

Reste la question du prix, qui semble devoir exister, et qui de fait n'existe plus, comme nous en trouvons la preuve dans les prix courants des constructeurs belges.

LXXXIV.

La dernière exposition nous a montré des machines à vapeur de beaucoup d'espèces, mais la machine horizontale y dominait ; car, à force d'affirmer que le piston et le cylindre ne s'ovalisent pas, les constructeurs ont fini par persuader aux industriels que leur prévention, leurs calculs et leurs craintes étaient mal fondés, comme ils leur avaient déjà fait croire que le moteur à vapeur était plus économique que le moteur hydraulique, même quand il ne coûte rien et qu'il n'y a pas de chômage.

La mode paraît être d'appliquer la machine horizontale à toutes les industries indistinctement, et sans *discernement*, depuis la locomotive, où elle est indispensable, jusqu'aux souffleries, d'où elle devrait être exclue par tous les ingénieurs et industriels.

Nous profitons de notre liberté d'opinion pour nous élever aujourd'hui contre cette espèce d'engouement pour la machine horizontale comme machine fixe, en essayant de démontrer que cette machine représente le *maximum* du mauvais en pratique comme en théorie, tandis que la machine verticale est le *maximum* du bon, en admettant, bien entendu, que l'une et l'autre soient construites par des ingénieurs capables.

LXXXV.

Si nous prenons pour exemple une machine horizontale de la force de quarante chevaux et une machine verticale de même force, nous trouvons que le piston, la tige, la crosse et la petite moitié de la bielle pèsant environ 750 kilos, exercent un frottement direct longitudinal dû à leur propre poids, sur les boîtes à bourrage du cylindre et sur les guides de la tige du piston, lequel, multiplié par son coefficient *moyen*, à la vitesse d'environ 66 mètres par minute, donne une résistance pour la machine horizontale de deux chevaux vapeur, tandis que, dans la machine verticale, ce même poids se trouve suspendu par le bouton de la manivelle et n'exerce plus qu'un frottement circulaire, lequel, multiplié par son coefficient et la vitesse qui lui est propre, n'exerce plus qu'une résistance de 1/10 de cheval vapeur.

LXXXVI.

Pour les machines soufflantes, où les attirails des pistons sont à peu près trois fois aussi lourds, on peut également évaluer ces frottements au triple dans chacun des deux cas. Voilà ce que la saine théorie démontre d'une manière irréfutable, et ce que la pratique confirme tous les jours; car, si on examine ce qui se passe ordinairement dans la machine horizontale soumise à un certain travail, on voit d'abord les cercles des pistons s'user assez rapidement, tout en usant le cylindre lui-même, ainsi que les boîtes à bourrage et les guides des tiges de piston ; on peut en conclure qu'avant que le machiniste se décide à remplacer ces cercles de piston, une grande

quantité de vapeur aura repassé à travers ce piston et cela en pure
perte. Cependant on hésitera encore bien plus à remplacer le cylindre
lui-même, qui est quelquefois défectueux, avant l'expiration de l'année
de garantie, et, pendant ce temps, que de charbon consommé et, par
suite, que de chaudières brûlées !

LXXXVII.

Nous ne contestons pas qu'il n'existe quelques machines horizontales qui marchent depuis dix à quinze ans ; mais on ne sait pas assez
au prix de quels sacrifices de charbon, de graissage et d'entretien ;
car les deux chevaux de frottement que nous trouvons de plus dans
la machine horizontale sont occupés d'une manière bien active à user
du charbon, du chanvre, de la graisse, des boîtes à étoupes, les
cercles des pistons et le cylindre à vapeur lui-même, sans compter
les coussinets près des manivelles, qui se trouvent, quoi qu'on fasse,
dans de très-mauvaises conditions de construction et de fonctionnement.

LXXXVIII.

Dans la machine verticale, au contraire, où le tout se trouve suspendu au bouton de la manivelle, le frottement direct, dû au propre
poids du piston, de sa tige, de sa crosse et de la moitié de la bielle,
disparaît entièrement, et ne tend plus, par conséquent, à *entamer* les
surfaces des cylindres, les cercles de piston, les boîtes à bourrage,
les guides, etc.; tout cela n'est remplacé que par un frottement circulaire équivalant seulement à 1/10 ou au plus à 1/8 de cheval vapeur.

Nous ne saurions donc trop engager ceux qui ont des machines à
faire construire, à bien réfléchir aux graves inconvénients que présente la machine horizontale, comparativement à la machine verticale
à directrices, qui aujourd'hui ne coûte pas plus que la machine horizontale, tout en présentant toutes les garanties possibles d'économie,
de stabilité et de fonctionnement comme machine fixe.

LXXXIX.

Nous voyons avec plaisir quelques-uns de nos constructeurs marcher déjà dans la voie que nous indiquons, c'est-à-dire faire des machines verticales à aussi bon marché que les machines horizontales ; et, comme preuve à l'appui, nous pouvons citer les machines soufflantes verticales montées par l'établissement John Cockerill, à Seraing, aux hauts fourneaux de l'Espérance et aux fourneaux de Dorlodot, à Châtelineau, les belles machines des bateaux transatlantiques faites par le même établissement, et les machines de Wolf conjuguées, applicables aux fabriques telles que moulins, filatures, sucreries, etc., etc. Le temps est passé où Seraing appliquait la même machine aux houillères et aux filatures. Nous pouvons également citer les machines verticales établies par les ateliers de Haine-Saint-Pierre, au haut fourneau de la Louvière, au laminoir de M. Bonhill, à Marchienne, aux charbonnages du Grand-Hornu et aux charbonnages réunis de la Vallée du Piéton à Roux, près Charleroi; nous mentionnerons même spécialement les machines que cet établissement applique d'une manière si heureuse aux ventilateurs Fabry, qui, dans ce cas, coûtent meilleur marché que la machine horizontale, tout en se trouvant dans les meilleures conditions *possibles* de fonctionnement.

XC.

Nous ne passerons pas sous silence le dessin de machines verticales système Wolf, à cylindres superposés, exposé par M. Seribe, constructeur, à Gand. Si nous ajoutons à ces applications toutes récentes, les systèmes connus depuis longtemps de Maudslay, de Beslay, Gallafent, Pauwels et bien d'autres, nous ne pouvons que nous étonner de voir les progrès qu'a faits la machine horizontale, depuis quelque temps, du moins en France et en Belgique seulement; car l'Angleterre, ayant jugé ce qu'avait de mauvais le système horizontal, s'abstient fort sagement de le répandre comme machines fixes.

D'après ce qui précède, nous avons eu raison de dire que c'était sans jugement et sans discernement que l'on appliquait la machine horizontale à toutes les industries indistinctement; nous admettrons seulement, comme le dit M. Armengaud dans une des dernières livraisons, de son excellent recueil que ce soit une espèce d'engouement; mais nous ajouterons que cet engouement ne doit pas durer plus longtemps, dans l'intérêt des fabricants et des exploitants, tout aussi bien que dans l'intérêt de la réputation des ingénieurs contemporains.

XCI.

Nous n'avons pas parlé jusqu'à présent des machines à balancier et à parallélogramme de Watt, qui paraissent délaissées de plus en plus par nos constructeurs, et nous croyons que c'est avec raison, car, indépendamment de leur prix beaucoup trop élevé, il était difficile de les maintenir en bon état d'entretien, à cause de leurs différents points d'appui et de leur complication. Quant aux machines oscillantes et inclinées, elles ne peuvent trouver d'application avantageuse que dans certaines dispositions maritimes; mais, quant à leur application comme machines fixes, elles ne conviennent pas plus que les machines horizontales, quoique étant cependant supérieures à ces dernières; car, comme nous l'avons dit en commençant, le système horizontal est le maximum du mauvais, tandis que le système vertical est le maximum du bon, et nous pouvons ajouter que tout ce qui se trouve entre ces deux positions extrêmes est mieux que l'un et pire que l'autre.

XCII.

Pour nous résumer aussi clairement que possible, nous dirons aux jeunes ingénieurs, aux fabricants et aux exploitants de laisser :

1° La machine horizontale aux locomotives, pour lesquelles on aurait dû l'inventer, si elle n'eût pas existé auparavant ;

2° Les machines oscillantes et inclinées pour les navires, lorsque certaines dispositions l'exigent ; car, lorsque la machine verticale devient possible sans présenter trop d'inconvénients, on ne doit jamais hésiter à lui donner la préférence ;

3° De ne faire, pour les machines fixes, que des machines à

cylindres verticaux, soit que l'arbre des manivelles se trouve immédiatement au-dessus ou au-dessous du cylindre à vapeur, puisque, à prix égal, elles sont tout aussi simples, beaucoup plus élégantes et plus économiques que les machines horizontales.

XCIII.

On croira qu'un pareil jugement, motivé comme il l'est, ne peut blesser personne tout en rendant service à tout le monde : ce serait une erreur ; car, tout abus signalé indispose ceux qui vivent de cet abus ou de cette erreur.

Mais, puisque les jurys, les commissaires officiels, s'abstiennent de les signaler, nous ne reculons pas devant le rôle de bouc émissaire, sauf à être chassé dans le désert, chargé des péchés d'Israël, et des malédictions des *horizontalistes*, qui vont être obligés de brûler leurs modèles, et de se faire *verticalistes* sans indemnité, à moins qu'ils ne se bornent aux très-petites et très-légères machines de Flaud, car le frottement est proportionnel aux pressions et non aux surfaces, quoiqu'un professeur de mécanique transcendante nous ait soutenu le contraire.

PAPIER MACHÉ.

Le nom de fabrique de *papier mâché* donné par MM. Jennens et Bettridge à leur charmante industrie, est impropre ; c'est *papier collé* qu'il fallait dire, parce que le collage fait la base de cette fabrication multiforme et multicolore, qui reluit, éblouit et séduit, dans tous les salons et dans tous les étalages de marchands d'articles Japon.

Ces jolis guéridons parlants, ces coffrets, ces plateaux incrustés de nacre rutilante, de peintures éblouissantes, do dorures élégantes, ne seraient donc que du papier mâché de Birmingham, comme tant de fraîches jeunes filles ne sont que de la gélatine montée sur du phosphate de chaux enchâssé dans la crinoline.

Il y a plus, tous ces bracelets à gros grains noirs semés de diamants faux d'Écosse, tous ces colliers, ces épingles, ces fermoirs, ces bijoux de toutes sortes, dont il s'est fait un si grand débit à l'Exposition universelle de Paris, ne seraient que du papier mâché que l'on prend pour du jayet, de l'anthracite ou quelque précieux bois antédiluvien nouvellement découvert dans la grotte mystérieuse de Fingal, et qui jouit de la propriété d'attirer l'or et l'argent du continent.

Il est vrai que le secret a été bien gardé, car personne ne s'en doute, et les fabricants anglais n'ont garde de vous dévoiler le mystère. On montre aux visiteurs le gros de la besogne, puis on les fait entrer, avant de sortir, dans la *show-room*; on leur ouvre tous les tiroirs, et ils ne peuvent faire autrement que d'emporter un souvenir du papier mâché; or, c'est la *show-room*, ou la salle d'exhibition des produits fabriqués, qui nous a ouvert les yeux sur ce qui nous avait entièrement échappé dans la fabrique.

Nous commettons une grande indiscrétion peut-être, mais on ne nous a ni confié ni recommandé le secret.

XCIV.

Commençons par la matière première, qui est un papier gris-bleu, sans colle, fort doux, dont la pâte a été moulue avec soin, dans une papeterie spéciale qui dépend de la fabrique. Ces feuilles grand aigle peuvent être comparées au papier lithographique d'Annonay, sauf la blancheur, dont on ne s'occupe pas; le coton en fait la base.

Ces feuilles sont collées les unes sur les autres, à grands flots de dextrine ou d'amidon, appliqué à la spatule d'acier. Quand on en a l'épaisseur désirée, depuis une ligne jusqu'à un pied, on porte cette masse sous une presse hydraulique, cachée probablement dans un séchoir à haute température. On conçoit que sous cette pression impériale, le trop plein fuit de tous côtés et qu'il ne reste qu'une planche solide et dure comme du bois de buis ou d'ébène, d'une planimétrie parfaite, ou de la forme du moule chauffé dans lequel on a comprimé cette matière première, si ductile pendant qu'elle est humide, et si solide quand elle est sèche, tels que socles, pieds de guéridon, bras de fauteuil, feuilles d'acanthe, rosaces ou moulures quelconques, car elle se prête à tout, même à des chemises de lampes modérateurs.

XCV.

Cette espèce de bois sans pores, sans séve, sans fibres, sans nœuds, se laisse parfaitement travailler à la scie, à la gouge, à la râpe et au tour; elle est docile à la peau de chien et se laisse polir au besoin, bien que cette dernière opération soit réservée pour le vernis noir, dur et épais, dont on la charge sans parcimonie et à plusieurs reprises, après l'avoir laissé passer une nuit dans les séchoirs à air chaud, extrêmement chaud, d'où il sort extrêmement dur, mais sans bouillons et sans gerçures.

Nous croyons que ce beau vernis du Japon, ces beaux laques de Chine, sur lesquels on nous a fait tant de contes bleus, en nous disant qu'ils provenaient d'un arbuste particulier au pays (*verniz japonica*), ne sont autre chose qu'un mélange de gomme copal, de bitume, de goudron, de résine, d'arcanson ou autres hydrocarbures imprégnés de noir de fumée ou de couleurs, dans certaines proportions que certains de nos fabricants de cuirs laqués et de nos carrossiers paraissent avoir définitivement acquises.

Le point de cuisson est le point important : trop cuit, le vernis s'écaille et se gerce; trop peu, il poisse. Il ne faut donc pas dépasser certain degré, toujours placé au-dessus de cent; c'est pour ne jamais sortir du degré voulu pour chaque opération manufacturière de l'espèce, que nous avons inventé le *pyrostat*, qui ne permet pas, quelque feu que l'on fasse, de dépasser le degré fixé pour l'opération, de 30 à 800° et plus. La chimie manufacturière nous en saura gré un jour ou l'autre, c'est-à-dire quand il nous plaira de le faire connaître.

XCVI.

Nous avons dit que ce prétendu papier mâché se laisse tourner avec la plus grande facilité et qu'on en fait des boules et des grains de chapelet incassables et légers, qu'on le creuse en encriers, en écrins, en cylindres. Nous ne serons pas étonné d'en voir faire des flûtes et des clarinettes.

Ces charmants bracelets, composés de globules semi-lucides et opalins qui semblent taillés dans une roche formée de couches concentriques, comme certaines pierres précieuses, ne sont encore que du papier mâché, collé au vernis blanc et recouvert de même ; non pas qu'on n'en puisse faire en autres matières, comme on fait des bijoux de deuil en jais ; mais la contrefaçon est plus légère et moins chère.

Ces beaux plateaux, coffrets, guéridons et écrans nacrés, peints et dorés, connus sous le nom d'ouvrages du Japon, ne sont aussi que du papier mâché ; mais les Japonnais ne connaissent qu'une espèce de dorure, et nous en avons deux, le doré mat et le brillant. Nous avons aussi la nacre liquide, tirée des ablettes, qui fait si bien les grains de groseilles blanches et certaines baies transparentes ; mais nous avons, de plus, le goût épuré de nos artistes décorateurs et notre carton collé, tandis que les Orientaux n'ont que du bois qui ne se voile pas, il est vrai, sous la couche épaisse de vernis qui l'enveloppe ; mais ils n'ont pas nos presses hydrauliques à l'aide desquelles nous incrustons la nacre avec une admirable facilité. Les continentaux, qui veulent imiter les Anglais sans leurs puissants moyens, laissent des bourrelets saillants de vernis autour de leurs fleurs ; c'est un vilain défaut ; il faut que tout soit poncé à tour de bras, pour obtenir un plan parfait.

XCVII.

C'est effrayant de voir de fortes filles polir l'intérieur des plateaux en appuyant de tout leur poids sur le vernis dur qui les recouvre, tandis que nous n'y allons que du bout des doigts, avec une pincée de coton, de peur de faire mal à nos vernis mal cuits et mal séchés. On comprend qu'en sortant de la main des peintres et des doreurs, tous ces objets reçoivent encore un vernis incolore de première qualité.

En somme, il y a beaucoup de main-d'œuvre dans ces jolis ouvrages ; mais la division du travail est si bien entendue, qu'ils ne sont pas d'un prix à faire fuir les acheteurs aisés, car ce n'est que pour les riches que toutes les spéculations se montent ; on n'en voit pas une pour le peuple ; les spéculateurs ont autant horreur que les marchands des objets à bas prix; le fabricant philanthrope est encore à créer; on y parviendra par les expositions d'économie domestique (1).

Jennens et Bettridge fabriquent des chaises très-solides, très-légères et très-jolies en papier mâché.

En voilà plus qu'on n'en a jamais dit sur cette charmante industrie moderne, qui peut avoir des ramifications nombreuses et des applications sans fin, pour peu qu'on cesse de persécuter les inventeurs. Que serait-ce donc si on les encourageait? mais cela n'est pas nécessaire; il suffirait de ne pas plus les maltraiter que ceux qui ont le bonheur de n'avoir jamais rien inventé.

INVENTION DES CONGRÈS.

Les congrès scientifiques sont d'invention moderne, ils datent à peu près des derniers congrès politiques de Vienne et d'Aix-la-Chapelle; il en figurait un à l'Exposition sur *l'uniformisation* des monnaies, des poids et mesures, des vis et des écrous. Les congrès ont pris naissance en Allemagne et ont été importés à grands frais en France par le savant et modeste comte de Caumont; les résultats en ont été trouvés si agréables, que chaque art, chaque science, chaque métier a voulu avoir le sien. Congrès agricole, médical, économique, pénitentiaire, qui se sont divisés en sous-congrès spéciaux aussi nombreux que les manuels de Roret, qui s'élèvent déjà à près de 400, ce qui porte le nombre des présidents d'honneur, des présidents de fait et des vice-présidents à plus de 4,000; distinctions honorifiques très-recherchées à défaut d'autres.

---

(1) Pourvu que les faiseurs ne soient pas assez ignorants pour en chasser la limonade minérale, dans l'idée qu'un millième d'acide sulfurique dans mille parties d'eau est susceptible d'empoisonner la population ouvrière.

Il y avait cependant dans la commission de l'Exposition économique de Bruxelles des médecins et des chimistes, qui dénoncèrent ce poison à l'Académie de médecine, laquelle l'a fait juridiquement analyser par le chimiste du roi, dont on s'est bien gardé de faire connaître le rapport.

Pendant cette longue procédure, les journaux signalèrent nominalement l'exposant comme un empoisonneur public, et bien lui en prit de se tenir caché; car il était perdu si l'on y eût trouvé un billionième de nicotine ou d'arsenic.

Quant à ce qu'ils produisent, le plus clair c'est de vous faire faire connaissance avec la figure, la tournure et la voix des célébrités, qui ne répondent souvent guère à l'illustration de leurs noms. Malheureusement la durée des congrès est loin de suffire à cette simple étude. Nous avons souvent assisté à ces festivals, sans rien préparer, comptant sur les autres, et il s'est trouvé que nous n'étions pas le plus indigent, au contraire.

Nous retrouvons dans nos papiers un compte rendu pris sur nature d'un congrès qui peut servir de type à presque tous les autres. C'en est une carcasse vide, il est vrai, les chairs et la moelle y manquent, c'est encore vrai, mais c'est le spectre exact de tous les congrès de trois jours dont nous avons eu l'insigne honneur d'être un des grands dignitaires, c'est-à-dire que ce n'est rien ou à peu près. Les gouvernements ont eu grand tort de s'alarmer de ces jeux innocents. Il est vrai qu'ils paraissent très-rassurés maintenant, et ne font pas plus attention aujourd'hui aux congrès qu'à leurs vœux, car il ne s'agit que de vœux ou de désirs enfantins comme ceux des saints-simoniens, vœux innocents qui ne dérangent rien dans le monde, sauf celui de Gênes qui a dérangé les Autrichiens; mais depuis lors, les ministres mêmes ont soin d'y assister ou d'y déléguer des hommes sûrs et bien pensants, qui ne permettent pas à une idée qui leur déplaît de se faire jour, car on sait bien escamoter les imprimés qu'on tenterait d'y répandre. Nous en parlons par expérience. Du reste, si la science n'y gagne rien, les chemins de fer et les hôtels y gagnent; c'est toujours autant de gagné.

Physionomie d'un congrès.

On voit arriver, vers les onze heures, une foule de messieurs isolés, en cravate blanche, vers le local désigné. Il y en a même qui ont un paquet de leurs brochures sous le bras. Quelques-uns sont munis de portefeuilles ministériels; il y en a des vieux, des manchots, des borgnes et des boiteux; l'huissier les salue avec respect et les conduit à la table du secrétaire, établi dans l'antichambre avec une pile de programmes à sa droite et de comptes rendus du précédent congrès.

L'HUISSIER. — Faites-vous inscrire, messieurs, prenez vos cartes.

— Combien ?

— Dix francs.

— Voilà.

— Entrez.

Un bureau provisoire se trouve installé d'avance.

LE PRÉSIDENT. — Messieurs, la séance est ouverte ; on va procéder à la nomination du président du Congrès.

L'huissier va recevoir les bulletins ; le secrétaire compte les billets, et les passe au président qui fait le dépouillement ; les scrutateurs annotent les voix ; personne n'ayant obtenu la majorité plus un, on procède à un nouveau tour de scrutin ; même défaillance.

— Messieurs, dit alors un compère, je demande la parole.

LE PRÉSIDENT. — Votre nom, s'il vous plaît ?

— Rausche.

LE PRÉSIDENT. — M. Rosse a la parole pour une motion d'ordre.

— Messieurs, je propose de nommer le président provisoire président définitif par acclamation.

— Oui, oui, bravo ! c'est bien, voilà une bonne idée.

Suit le discours de remerciment lu par le président :

— Messieurs, l'honneur que vous me faites a lieu de me surprendre ; j'étais loin de m'y attendre ; aussi j'en suis si profondément ému que vous me pardonnerez de ne pas trouver sur mes lèvres les termes de reconnaissance qui remplissent mon cœur et qui... et dont...

— Bravo, bravo !

Le président se laisse tomber dans son fauteuil ; mais bientôt remis de son émotion, il propose de passer à la nomination du vice-président.

— C'est inutile, nommons le même et tous les membres du bureau provisoire *avec*.

Discours du vice-président, discours profondément senti de chaque membre du bureau, profondément touché de la marque de confiance que l'honorable assemblée veut bien lui accorder. Enfin un membre de la localité demande à être entendu.

LE PRÉSIDENT. — La parole est à monsieur... Comment vous appelez-vous ?

— Messieurs, l'heure s'avance, et malgré leur zèle pour la science les savants sont des hommes, comme a dit un philosophe grec, *homo sum et nihil humani...* Nous ne sommes pas de fer, ni les honorables étrangers qui sont venus de si loin pour partager nos importants travaux. Ils doivent avoir besoin de repos ; je propose un banquet pour demain à midi. Je veillerai à ce que tout soit préparé pour recevoir nos hôtes.

— Bravo ! bravo ! Voilà ce qui s'appelle parler.

L'assemblée se sépare, non sans donner une poignée de main de reconnaissance à l'auteur de cette intelligente motion.

LE PRÉSIDENT. — Il n'y aura pas de séance demain à cause de la solennité. A après-demain donc !

Le dîner a été des plus gais, malgré la modicité du prix de 25 francs par tête.

Le lendemain, les membres étrangers n'ayant pas été nommés présidents, et profondément isolés dans leur auberge pleine, se sont levés de très-bonne heure pour ne pas manquer le convoi ; le bureau se trouve cependant au complet, l'auditoire est réduit à cinq ou six des membres résidents, ce qui n'empêche pas le président d'ouvrir la séance en ces termes :

Messieurs, il ne faut pas se dissimuler qu'après les séances laborieuses qui ont occupé pendant trois jours consécutifs les membres du Congrès, le repos leur était nécessaire ainsi qu'à nous ; je propose, avant de nous séparer, de fixer la ville de... pour le Congrès de l'année prochaine, où les mêmes questions seront représentées et les mêmes décisions prises. Le secrétaire est chargé de préparer les circulaires et de rédiger le procès-verbal de nos travaux pour l'année prochaine. Il s'entendra avec le *Moniteur* et les différents journaux pour en rendre compte.

UNE VOIX. — Compte de quoi ?...

LE PRÉSIDENT. — Mais de l'honneur que les étrangers ont fait au bureau de le nommer par acclamation, et du banquet splendide qui a couronné nos travaux.

— Quels travaux ?

LE PRÉSIDENT. — Je prononce la clôture du présent Congrès.

La séance est levée.

Voici ce que nous écrivions à l'époque des congrès humanitaires assemblés à Bruxelles pour aviser à faire le bonheur de l'humanité par les pénitenciers, le libre échange et les caisses de retraite. Un pareil morceau d'éloquence ne doit pas être perdu pour la postérité, car nous travaillons pour la postérité comme les artistes incompris; il est bien vrai que nous y sommes forcés. Puisque la génération actuelle ne veut pas nous entendre, il nous faut bien attendre un autre congrès où les hommes sauront comprendre ce que parler veut dire et prendront la peine de lier ensemble deux idées comme celles-ci:

« La notoriété, la propriété et la responsabilité sont les bases et la
« sauvegarde de toute société. »

Posez cette question dans un congrès, et vous trouverez des Ackersdyck et des Tielemans qui vous affirmeront que ce serait au contraire la perte de toute société.

Quelques esprits timides se diront bien. C'est singulier, j'aurais cru tout le contraire; mais puisque ce sont des grands hommes qui parlent ainsi, nous devons les croire; car ils doivent avoir approfondi la question; il nous répugnerait de les prendre pour des *surfaciers;* crions donc avec eux : A bas le visionnaire! A la porte le *monautopole!*

Vous voyez bien, vous tous qui nous dites ne pas savoir comment on pourrait repousser une idée aussi vraie, qu'il est impossible de la faire adopter par le temps et les hommes qui courent comme des échevelés après des idées fausses, banales ou biscornues. Ceci nous rappelle la réponse que fit Jacotot, notre maître, au roi Guillaume Ier, qui voulait imposer sa méthode d'enseignement universel à l'*Alma mater* de Louvain: « Sire, ne l'essayez pas, vous n'êtes pas assez puissant pour changer la routine du plus petit *latinoir* de vos États, et vous risqueriez de les perdre. »

Congrès sur Congrès, Pélion sur Ossa, Ossa sur Pélion, le tout pour monter à l'assaut de la misère : Congrès de bienfaisance, Congrès de libre échange, Congrès de médecine, nous rendront-ils plus heureux, plus riches et mieux portants? Nous le désirons, vous le désirez, ils le désirent; nous exprimons des vœux, vous exprimez des vœux, ils expriment des vœux. Ces vœux exprimés et imprimés, on les broche et on les range dans les bibliothèques; puis on s'ajourne à l'année suivante, pour remplir un nouveau volume de vœux nouveaux, dont les gouvernements n'ont ni le temps, ni le désir, ni l'obligation de prendre connaissance. Si du moins ces vœux, parfois fort raisonnables, étaient formulés en pétitions et signés de tous les membres distingués qui assistent et adhèrent aux Congrès, puis présentés à qui de droit, on y ferait quelque attention peut-être.

XCVIII.

Pendant quinze ans que nous avons suivi les Congrès, nous n'avons cessé de reproduire cette idée, qui devrait être le but et la raison d'être de tout Congrès.

On ne nous a pas plus compris que quand nous avons proposé d'enrichir le monde d'une propriété nouvelle, qui suffirait à elle seule à donner du travail et du pain à la population croissante; car la propriété industrielle étant garantie, les pénitenciers, les hospices et les douanes tomberaient faute de pensionnaires.

Un ménage et un peuple qui auraient ce qu'il leur faut, n'auraient pas besoin d'aller le mendier ou l'acheter au loin.

— Mais, dira-t-on, il faut bien aller chercher en France les châles, par exemple, qu'on ne fabrique pas en Belgique? — Pourquoi ne les y fabrique-t-on pas, puisqu'il est démontré que la Belgique, assise sur la houille, le fer, le zinc, sillonnée de voies de communication faciles, dans le voisinage de l'Océan, avec la main-d'œuvre à bon marché, pourrait fabriquer à peu près tout ce dont elle a besoin, à 25 et 30 p. c. meilleur marché qu'ailleurs?

XCIX.

Pour que l'on puisse fabriquer en Belgique tout ce qui ne s'y fabrique pas, il n'y aurait qu'à donner à celui qui veut fabriquer, la certitude qu'un autre ne viendra pas tout de suite se placer à côté de lui, avec un plus fort capital pour bombarder, démolir et faire sauter sa jeune fabrique, lui enlever les ouvriers qu'il aura formés et copier les machines et les procédés qu'il aura inventés, achetés ou importés.

Ainsi, l'un des plus grands fabricants de châles de France était naguère tout prêt à venir s'établir à Gand et à occuper 2,000 ouvriers, si on voulait le préserver de la concurrence intérieure.

— Ah! voilà! vont s'écrier les économistes, sans entendre la fin : on veut des priviléges! on veut des monopoles!

— Permettez; il n'y a là aucun monopole, car les châles de tous les pays pourraient entrer comme auparavant, avec un simple droit fiscal de balance, ou sans droits, si vous voulez, et se vendre librement jusqu'au seuil de la fabrique privilégiée, qui se chargerait de les repousser sans douaniers, en faisant mieux et à meilleur marché que l'étranger.

C.

Il ne s'agit donc point du droit de vendre seul, mais de fabriquer seul, pendant une douzaine d'années, la chose qui ne se fabriquait pas dans le pays. Que risqueriez-vous? que perdriez-vous à concéder cette bagatelle pour tous les objets que vous allez acheter chèrement à l'étranger, en privant vos ouvriers de la main-d'œuvre? vous délivreriez ainsi vos concitoyens des frais de transport, de douane et d'entrepôt, qui doublent le prix de toutes les choses qu'ils sont forcés d'importer, parce que le gouvernement ne veut pas encourager, par un bout de loi, l'établissement d'une foule d'industries qui nous manquent, et dont personne ne se soucie de faire les frais d'introduction et de premier établissement pour les maraudeurs.

Ne dites pas que le pays est trop petit; il est assez grand pour une seule fabrique, s'il ne l'est pas assez pour cinquante! Et puis ceux qui ne croiraient pas une fabrication bien placée en Belgique, ne l'y introduiraient pas.

Voilà qui est clair, simple, irréfutable; il y a vingt-cinq ans que nous chantons ce même air, mais il y a des oreilles qui n'aiment pas cette musique : ce sont les spéculateurs en bas salaires, qui trouvent que nous n'aurons jamais assez de malheureux tant que l'offre des bras ne sera pas décuple de la demande.

CI.

C'est une misère, disent-ils ; figurez-vous que telle espèce d'ouvriers qui se contentaient de 60 centimes il y a quelques années, gagnent aujourd'hui le double et ne sont pas contents! Bientôt nous ne pourrons plus soutenir la concurrence. — Vous convenez donc que la concurrence est un mal ? — Pas du tout, car sans la concurrence, le consommateur devrait payer plus cher nos produits, si nous devions payer plus cher nos ouvriers. — Il est probable que ce serait le contraire qui arriverait quand il y aurait moins de fabricants de la même espèce, car les grandes fabriques qui ont le moyen de s'outiller convenablement travaillent à meilleur marché que les petites. Par suite de la diminution des frais généraux et de l'escompte qui baisse à proportion du crédit et de la solidité des maisons en possession de la meilleure des hypothèques, celle d'un marché assuré par la loi au fabricant qui aurait le droit, non pas de vendre seul, mais de fabriquer seul dans le pays les objets qu'il y aurait importés le premier.

CII.

Ne confondez pas ce genre de monopole avec celui de la houille, du fer, du lin, du blé et des autres produits du sol. Notre système n'a rien de commun avec celui que vous nous prêtez, car nous n'entendons l'appliquer qu'à l'importation des industries inexploitées dans le pays, lesquelles seraient toujours tenues en bride par la concurrence des produits similaires étrangers conservant le droit d'entrer librement. Voilà qui est clair et simple, mais cela vous paraîtra si obscur et si compliqué que vous feindrez de ne pas comprendre afin de nous combattre.

Fabricant à 20 ou 30 p. c. meilleur marché que l'étranger, vous pourriez bien rétribuer vos ouvriers et faire de très-beaux profits, tout en vendant moins cher; mais en admettant que vous vendiez au même prix, qui donc aurait à se plaindre ? personne. La haute rétribution que vous pourriez donner à vos ouvriers, vous permettrait de mettre leur superflu dans les caisses d'épargne, de secours et de prévoyance qui les attacheraient à vos établissements, tandis que les retenues que l'on vous propose de faire sur leur nécessaire est quelque chose de dérisoire qu'ils sentent si bien, que vous devez vous attendre à voir les grèves et les émeutes s'organiser sur une si grande échelle que vous n'en serez plus maîtres.

CIII.

Ne dites pas que nous sommes un prophète de malheur quand nous ne faisons que vous avertir de l'arrivée du paupérisme, dont nous voyons monter le flot d'un peu plus loin que vous. Car nous ne fermons pas notre porte aux courriers qui nous apportent des nouvelles de la marée montante de la misère qui vient vous engloutir au milieu de l'éblouissement de vos fêtes, au bruit de vos concerts, de vos feux d'artifices et de vos arcs de triomphe tout près de se changer en fourches caudines. Ces courriers sont, pour la plupart, des jeunes échappés de vos *latinoirs*, dont les parents se sont obérés pour leur acheter cette instruction frelatée que vous leur vendez si chèrement et dont ils ne savent que faire. Ils ont beau frapper à toutes les portes, après avoir été repoussés de celles de l'administration, ils ne peuvent forcer personne à les employer et sont trop fiers pour se faire inscrire sur la liste des pauvres, déjà chargée outre mesure. Voilà la classe dangereuse de la société, voilà les chefs d'émeutes que vous ne cessez de jeter sur le pavé des rues; que voulez-vous qu'ils en fassent, si ce n'est des barricades?

CIV.

Beaucoup songent à l'émigration, mais ils n'ont plus le moyen d'émigrer, car ils ont dépensé leur dernier sou à solliciter la triste faveur d'une place d'aspirant-candidat-surnuméraire-adjoint *ad interim* dans l'un ou l'autre ministère; n'ayant pas assez d'électeurs dans leur famille, la protection représentative doit leur échapper.

Ils en sont réduits à chercher dans leurs têtes inoccupées les moyens les plus bizarres. L'un d'eux s'est imaginé d'adresser une pétition à l'empereur de Russie, dont voici le sens; nous l'avons lue :

« Sire, il y a longtemps que j'entends parler du sort de vos esclaves, comme bien supérieur à celui de nos travailleurs libres, qui n'appar-

tiennent à personne, c'est vrai, mais auxquels rien n'appartient, pas
même un maître. Ils ont le droit de demander du travail ou du pain
à tout le monde, mais tout le monde a le droit de leur en refuser,
même l'État. Je suis dans ce cas, Sire, et je viens solliciter de Votre
Majesté une place de *serf de la Couronne*, m'engageant à faire mon
possible pour m'en rendre digne. Je suis jeune, actif, et rempli du
désir d'obtenir de l'avancement.

« C'est la grâce, etc. »

(Suit le nom et l'adresse du signataire.)

Ceci nous rappelle une pétition adressée aux Chambres belges par
une de ces pauvres victimes de l'instruction publique, demandant une
place de réfugié polonais, qui recevaient alors des secours de l'État.

Vous voyez bien qu'il n'y a rien de rationnel dans notre société,
aussi mal organisée que celle des moules, qui cherchent à s'agripper
à tout ce qu'elles trouvent, même à l'écaille des autres ; mais malheur
à celles dont le suçoir manque d'énergie, elles tombent, roulent sur
le sable et sont rejetées mortes sur la grève !

Ah ! si chacun avait la propriété de ses œuvres intellectuelles,
combien ces malheureux n'en feraient-ils pas ? Car tous ces pauvres
parias ont l'imagination ardente et sauraient bientôt se suffire à eux-
mêmes. Nous en avons vu qui possèdent des inventions importantes,
mais dont la législation actuelle est impropre à protéger la propriété.
Par exemple :

CV.

Un jeune étudiant de l'université de Liége a trouvé le moyen de
remplacer le nitrate d'argent dans la photographie par une substance
qui coûte 95 p. c. moins cher.

Ses parents étant venus nous consulter sur le moyen d'en tirer
parti par des brevets pris dans tous les pays, voici le résumé de
notre consultation : Ne prenez pas de brevets nulle part, car vous
devrez livrer votre secret. — Mais il est pris en Belgique depuis
quinze jours. — Alors vous êtes perdu. — Mais non, car il ne sera
publié que le troisième mois. — Cela est vrai, mais il est connu de
tous les employés du bureau, qui ne respectent pas le secret prescrit

par la législature. — Quelle horreur! — Je ne dis pas le contraire, mais toutes les réclamations ou représentations que nous avons adressées à ce sujet au ministre, aux Chambres et à la presse sont restées sans effet, la bureaucratie est au-dessus de tout cela. Qui donc oserait la soupçonner de livrer votre recette à un ami? — Mais que faire donc d'une invention si importante sur laquelle nous comptions comme sur une fortune assurée à notre famille? — Rien, car tout est perdu à moins qu'il n'y ait moyen de reconnaître une photographie faite par votre procédé d'une autre. — Il n'y en a pas. — Eh bien! vous avez perdu là une belle fortune, il faut renoncer à toutes vos espérances, car vous n'aurez pas même le droit de réclamer une récompense nationale après que vous aurez vu tous les photographes s'enrichir de vos dépouilles. — Est-il possible? — C'est plus que possible, cela est certain. — Quelle injustice! — Allez-en remercier les bureaucrates qui vous ont fait ces loisirs et qui s'abritent sous la signature du ministre, lequel s'abrite sous le vote de la Chambre, qui ne demandait pas mieux que de voter quelque chose de mieux que l'informe projet qu'on lui a présenté. — Merci de vos bons conseils. — Il n'y a pas de quoi remercier le caillou qui a fait tomber le pot au lait de Perette et brisé son rêve d'or.

CVI.

On nous dira peut-être: Pourquoi publier des choses si attristantes qui sortent de votre cadre et vous feront des ennemis? Pourquoi ne pas rester dans les généralités et nous apprendre seulement qu'on fait des montres à Genève à bon marché, comme des jouets d'enfants à Nurenberg, par la division du travail, et que les Suisses sont de bons négociants parce qu'ils ont soin de n'envoyer dans tous les pays que les marchandises qu'ils préfèrent. — Nous vous l'avons déjà dit: nous écrivons non pour vous apprendre ce que tout le monde sait, mais ce qu'il ne sait pas, et vous montrer la cause réelle de la misère et des moyens d'y obvier; nous n'avons pas consacré cinquante années à intriguer, à parader, mais à étudier l'économie industrielle et ses vices, l'anarchie de la société civile et ses défauts. Nous y voyons clair aujourd'hui, car à force d'habiter une caverne obscure pour tout le monde, on finit par y voir mieux que les autres; nous ne croirions pas remplir notre mission en refusant de servir d'éclaireur à ceux qui nous suivront; quant à nous et à ceux qui existent encore, nous serons retournés à notre état primitif d'atomes achromatiques avant que l'on comprenne les vérités que nous laisserons après nous.

DES GLACES ARGENTÉES.

Progrès, progrès! en tout et partout, tel est le cri général; mais cela n'est pas généralement vrai; car nous n'avons pas fait un pas de plus que les anciens en morale, en philosophie, en politique, en poésie, en peinture et en sculpture, si toutefois nous sommes aussi avancés qu'Homère, Salomon, Platon, Phidias, Zeuxis, Lycurgue, etc.; mais on peut dire que nous les avons dépassés de cent coudées en industrie et en sciences appliquées, depuis l'invention des brevets, c'est-à-dire depuis ces tout derniers temps. On dirait que l'humanité, qui a si longtemps tourné dans un cercle vicieux, vient seulement de trouver sa voie, et que l'excentrique de l'infini s'est ouvert tout à coup devant la locomotive du progrès, à la voix de ce souverain anglais, proclamant que l'invention est une quasi-propriété. Chaque année, chaque mois et maintenant chaque jour voit éclore des découvertes dont une seule aurait suffi autrefois pour illustrer tout un siècle.

CVII.

C'est seulement depuis peu qu'il nous est permis d'affirmer que nous marchons en avant, après avoir si longtemps tourné sur place comme l'écureuil dans sa cage.

Il n'en est plus ainsi grâce à la chimie, à la physique, à la mécanique et aux sciences naturelles en général; nous pouvons nous flatter d'avoir en cela inauguré l'ère du progrès; l'esprit humain semble avoir rompu l'amnios de la routine ancestrale dans lequel il a si longtemps été emprisonné. Il va maintenant s'épandre à l'infini, comme la bulle d'hydrogène qui crève aux confins de notre atmosphère, pour se répandre dans le vide et le combler en se dilatant indéfiniment. On aurait tort de croire que notre temps, si fertile en miracles, ne doit pas durer, et que la séve qui monte à la tête des hommes de génie amènera une congestion cérébrale. Cela n'est pas à craindre sous le traitement préventif officiel, qui refroidit singulièrement l'enthousiasme des chercheurs; car l'amende infligée par les gouvernants aux prévenus d'invention, les force d'écraser plus de la moitié de leurs enfants au berceau, de peur d'en être dévorés ; la crainte d'être surpris en flagrant délit de création crime prévu par le Code Renouard-Piercot-Rogier, fait sur eux l'effet des prescriptions de Malthus.

Ces législateurs de la stérilie n'agissent ainsi, croyons-nous, que par l'instinct de préservation personnelle, naturel à tous les animaux. Ces bourdons de la ruche humaine pressentent qu'en laissant aller l'industrie sans la protéger, qu'en donnant aux inventeurs le *droit commun*, ils tomberaient bientôt en déconfiture avec la marchandise avariée et hors de cours qui remplit leurs magasins, en face des richesses éblouissantes de la science moderne. Qu'est-ce, en effet, que leur politique à côté de notre mécanique? qu'est-ce que leur diplomatie à côté de notre chimie? qu'est-ce enfin que leur philosophie à côté de la physiologie? qu'est-ce que leur poudre de projection parlementaire à côté de la raison et de la logique?

Tous ces vieux habits-galons finiront par être aussi décriés et délaissés que l'astrologie judiciaire, la rhétorique et le blason, quand les sciences exactes succéderont à l'empirisme qui ose encore arborer le drapeau de la prospérité croissante en vue du paupérisme le plus évident.

Nos neveux s'étonneront autant d'apprendre que nous ayons pu vivre dans un milieu aussi malsain, que nous nous étonnons que nos pères aient pu subsister sous le régime des brûleurs de sorciers, des fabricants d'amulettes et des marchands de poudre de succession. C'était le bon vieux temps, dit-on; oui, pour les empoisonneurs; car l'autopsie ne pouvait rien prouver sans la chimie, comme leurs ruses ne pouvaient être éventées sans la presse.

Singulier préambule, dira-t-on, à propos d'un procédé industriel. —Il n'est pas si déplacé qu'on le pense à propos de M. Petit Jean, qui n'aurait pas consacré un quart d'heure à la recherche de son beau procédé, s'il n'avait été soutenu par l'espoir d'obtenir un brevet; nous pouvons même affirmer que le brevet a été le seul mobile de Watt, d'Arkwright, de Girard, de Fulton, de Sauvage et de tous les inventeurs en général.

Qu'on ne vienne donc plus nous répéter cette banalité que les inventions auraient également lieu sans espoir de récompense! Nous demanderons à ces frelons, à ces *communistes* paresseux ou stériles, pourquoi il ne s'en faisait pas avant les brevets, pourquoi les pays sans brevets n'en font pas encore aujourd'hui et n'en feront jamais, et pourquoi ils n'en feront pas eux-mêmes tant qu'on s'obstinera à leur refuser la propriété de leurs œuvres, en admettant qu'ils soient capables d'en faire?

Voilà une question bien tranchée, et tout gouvernement qui ne la résoudra pas à notre manière, c'est-à-dire en faveur de la propriété intellectuelle la plus étendue, n'aura plus le droit de se dire ni libéral, ni progressif, ni juste, ni franc, ni intelligent des besoins de son siècle, à moins qu'il ne nous montre une nation sans brevets plus avancée ou seulement aussi avancée que l'Angleterre, la France et les États-Unis (1).

---

(1) Nous apprenons en ce moment par les journaux français du 19 octobre, que le conseil d'État va être saisi d'un projet de loi sur la PROPRIÉTÉ INTELLECTUELLE; nous n'en croyons pas une mot. Les propriétaires du sol ont trop d'intérêt à s'opposer à l'avénement des propriétaires de l'idée pour leur ouvrir la porte de la fortune et des honneurs et partager le pouvoir avec les misérables hommes de génie habitués à toutes les privations, à tous les mépris, à toutes les humiliations de la part des authochtones leurs maîtres; à moins qu'une volonté forte et généreuse n'ait le noble courage de jeter un pont sur l'abîme que sépare le présent de l'avenir, en l'appuyant sur les six arches dont le plan est tracé à la page 9 du 1er vol. du présent ouvrage, et qu'on ne charge l'architecte qui l'a conçu de l'exécution de son projet; mais ces choses là qui se voyaient dans les temps anciens, ne se voient plus aujourd'hui; on estropie, on contrefait, on abîme un bon plan on en confie l'exécution à des goujats et puis on dit: cela ne vaut rien! C'est justement ainsi qu'on a réalisé en Belgique le beau projet de loi sur les brevets que nous avions médité et perfectionné pendant un quart de siècle et dont on a fait une monstruosité qui ne peut fonctionner.

On peut donc poser comme un fait certain, incontestable, que la propriété intellectuelle est la source de tout progrès, comme la propriété matérielle est l'origine de toute société.

Nous avons donc le droit de répéter encore : *Crétin qui ne comprend, ou gredin qui s'oppose.* Choisissez, ou taisez-vous ! Peut-on être plus impertinent? nous ne le croyons pas.

Tout ceci encore à propos des glaces argentées substituées aux glaces étamées au mercure, sur lesquelles Faraday a fait une intéressante lecture pour expliquer ce procédé aux Anglais qui le respecteront, parce qu'il est sauvegardé par une loi sévère.

CVIII.

Disons d'abord la différence qui existe entre le procédé meurtrier actuel et celui de M. Petitjean.

Après avoir bien décapé, c'est-à-dire bien nettoyé la glace, on étale dessus une feuille d'étain laminé très-mince et sans le moindre trou, ce qui est déjà fort difficile à obtenir dans les grandes dimensions, puis on verse une grande quantité de mercure sur cet étain qui se trouve bientôt amalgamé et traversé par le mercure. On incline alors la grande pierre sur laquelle repose bien horizontalement la glace que l'on charge de poids pendant son égouttement qui dure une éternité: car on peut dire que les glaces étamées laissent suinter du mercure, même après vingt-cinq ans de service, et si vous vous avisez de les changer de côté, de les placer tête bêche ou sur le flanc, le mercure, toujours liquide, occasionne des stries qui exigent le réétamage entier.

Ajoutez à cela que la moindre griffe, le plus léger frottement suffisent pour gâter le tain qu'on ne peut pas réparer partiellement.

Tandis que les glaces argentées sont aussi sèches, après vingt-cinq minutes, qu'elles le seront toute la vie, et qu'on peut en réparer les avaries, en boucher tous les trous, sans aucune peine.

Arrivons aux objections, qui, fondées qu'elles étaient à l'origine de l'invention, n'ont plus de raison d'être aujourd'hui.

Dans le premier procédé indiqué par M. Drayton, on opérait la précipitation du nitrate d'argent à l'aide de l'huile de girofle, ou d'une autre huile dont il était fort difficile de débarrasser entièrement la surface métallique, et qui finissait par occasionner des taches jaunâtres, en s'insinuant dans les moindres lacunes du dépôt provenant d'un décapage imparfait ou d'une bulle de gaz même invisible à l'œil.

M. Petit Jean, en remplaçant l'huile par un réactif aqueux, obtient un précipité qui ne laisse plus rien à désirer. La glace lavée à l'eau distillée, puis séchée à une douce chaleur, est prête à recevoir une couche de peinture à l'huile ou même un dépôt de cuivre métallique qui la met à l'abri de toute avarie; de sorte que les glaces argentées peuvent impunément braver aussi bien les chaleurs tropicales que les froids polaires. L'humidité elle-même pas plus que le ployement ne peuvent fendiller la couche d'argent, plus élastique et plus ductile que la couche de tain.

Il faut environ vingt-cinq minutes pour que le liquide versé à même, sur la glace, y ait opéré son dépôt métallique, que l'on arrête au moment où le verre, vu par derrière, a perdu sa transparence.

N'est-il pas singulier que le nitrate d'argent qui vire au noir dès qu'on l'expose au soleil n'éprouve pas la moindre altération quand il est revenu à son état de pur métal, tandis que la glace sur laquelle il repose, change elle-même d'une façon fort sensible après un an d'exposition au soleil et aux intempéries de l'air, sans que la surface miroitante en éprouve la moindre altération?

Dire le nombre infini d'applications que peut avoir ce procédé serait impossible aujourd'hui. Nous avons vu des services de table, assiettes, verres, carafes, vases et surtouts glacés, réfléchissant les figures et la lumière sous les formes les plus amusantes.

Nous ne croyons pas qu'il soit possible de rien voir de plus magnifique qu'un pareil service de table, à la lumière des bougies; la plus belle argenterie ne ferait que l'effet d'un service de plomb ou de zinc en comparaison d'un service de cristal étamé à l'argent, comme on dit, avec un gros contre-sens.

Il est nécessaire que toutes les pièces de table destinées à l'argenture soient creuses ou doublées pour que le liquide puisse s'y introduire et se déposer sur leurs deux parois, comme dans ces verres de

Tantale à l'usage des escamoteurs ; mais l'art du verrier peut se prêter à tout ce que les chercheurs d'objets de luxe pourront imaginer ; reste à savoir si les verriers s'y prêteront, car ce sont en général les plus routiniers de tous les industriels, qui ne veulent faire que ce qu'ils ont toujours fait.

Quant au pouvoir réfléchissant, il est aussi supérieur à celui des glaces ordinaires que l'argent l'est à l'étain, c'est-à-dire qu'une bougie interposée entre deux glaces argentées, répercute jusqu'à 72 spectres lumineux quand les glaces étamées n'en répercutent que 36, donc double pouvoir réflecteur.

L'inventeur a eu la curiosité d'argenter un morceau de cristal de roche dont l'éclat peut servir de point de comparaison pour estimer la valeur relative des glaces de toute espèce. On peut certainement établir par ce moyen une échelle hyaloïde de dix degrés, à partir des miroirs verdâtres d'Allemagne jusqu'au cristal de roche achromatique le plus absolu. Les glaces ainsi tarifées par un jury, chaque fabrique prendrait sa véritable place dans l'industrie hyalurgique de l'Europe.

L'argent, dira-t-on, étant beaucoup plus cher que l'étain, les glaces argentées doivent coûter davantage ; il n'en est rien, car la pellicule d'argent nécessaire pour bien couvrir le verre est dix fois plus mince que celle de l'amalgame d'étain et de mercure. La main-d'œuvre est aussi moins coûteuse et cent fois plus rapide pour l'argentage que pour l'étamage.

Quant à la salubrité, ce procédé ne laisse absolument rien à désirer, tandis que l'étamage au mercure est si malsain (1), qu'un gouvernement un peu soucieux de la santé ou plutôt de la vie de ses contribuables, chose qui doit particulièrement l'intéresser, devrait l'interdire, après s'être officiellement assuré de la supériorité de l'argentage ;

___

(1) On voit des ouvriers étameurs de 25 à 30 ans affligés de tremblements tels, qu'il leur est impossible de porter leur verre de faro à la bouche sans en répandre une partie. M. RASPAIL a proposé de les soumettre à la dégalvanisation électrique, dans des baignoires de zinc, mais il n'y a que les maîtres qui aient le moyen de suivre ce traitement ; ils l'appliqueraient à des esclaves, à des nègres qui leur appartiendraient.

c'est ainsi que les gouvernements anglais et français ont procédé avant de défendre aux cheminées de fumer.

Après le procédé de Beaufumé et de Dumoulin, que nous avons conseillé d'exproprier pour cause d'utilité et de salubrité publiques, en voici un que le gouvernement devrait également se hâter d'acquérir, après juste et préalable indemnité.

Il accorderait des licences aux industriels et en retirerait de grands profits, car il ne serait pas assez mal avisé pour s'exproprier lui-même après quinze ans ; il comprendrait alors que la pérennité est de toute justice en fait d'inventions, et peut-être aurait-il la bonne pensée de l'accorder aux inventeurs de toute espèce ; il suffit de lire le *Moniteur* pour voir de combien d'espèces il s'en trouve.

Pour donner une idée aux miroitiers de ce qu'on peut exécuter avec le procédé nouveau, nous leur dirons que nous avons vu faire un miroir concave ou convexe à volonté avec un verre de montre, ce qui leur serait impossible avec la feuille d'étain. Nous leur dirons également qu'un verre plan argenté peut être bombé au feu, sans souffrir de sa descente dans le moule en fonte du bombeur ; de sorte que l'on pourra munir toutes les lampes, tous les becs de gaz de réflecteurs paraboliques ou autres, qui ramèneront à terre la lumière du gaz que nous perdons à éclairer le firmament qui n'en a pas besoin ; l'argent, préservé par le verre de l'action des gaz sulfureux, n'aura plus l'inconvénient de noircir.

Nous terminerons en disant que tout ce qui s'est fait sous nos yeux, rue des Palais, 123, est le résultat d'une juste proportion de quatre substances liquides qui ne nous ont paru que de l'eau claire. Ce liquide contient de l'oxyde d'argent, de l'ammoniaque, de l'acide nitrique et de l'acide tartrique ; 100 grammes de nitrate d'argent sont traités avec 62 grammes d'ammoniaque liquide de 88° de densité ; puis avec 500 grammes d'eau distillée, le tout filtré. Cette solution est étendue de 16 fois son volume d'eau distillée, à laquelle on ajoute goutte à goutte, en agitant, 7,5 grammes d'acide tartrique, dissous dans 30 grammes d'eau distillée ; ceci est la solution n° 1 ; un second liquide n° 2 est préparé de la même manière avec une double quantité d'acide tartrique.

Comment se fait-il que cette idée si simple des dépôts métalliques ne soit pas venue à tous les chauffeurs de machines à vapeur, qui voient leurs chaudières s'incruster sous l'action de la chaleur par le dépôt des sels calcaires ou autres en dissolution dans l'eau la plus claire qu'ils puissent introduire dans leurs bouilleurs? Car l'invention de M. Petit Jean n'est au fond pas autre chose. Mais vous voyez combien la découverte des bonnes proportions a dû lui coûter d'essais et d'argent.

Il chauffe sa glace à 50 degrés centigrades et la recouvre de sa solution sur 3 millimètres d'épaisseur, et vingt ou vingt-cinq minutes après le tour est fait.

Ce nouvel artifice nous semble ne pas devoir en rester là, et nous croyons que tous les sels métalliques sont susceptibles de se déposer de même sur tous les objets préalablement chauffés, sans que l'emploi de la pile devienne nécessaire.

Qui nous dit que ce ne sera pas un grand luxe d'avoir des glaces étamées à l'or, à l'aluminium, au nickel, au strontium, au molybdène et à tous les métaux de colorations diverses. Le rose serait le plus recherché par les pâles camélias, le jaune et le vert n'auraient de succès que chez les Maintenons, virant à la mortification; mais enfin, M. Petit Jean est à même de leur en faire voir de toutes les couleurs.

On ne sait pas comment se sont formées ces plaques de mica feuilleté qui peuvent se déliter presque à l'infini. Le procédé de M. Petit Jean nous met sur la voie de celui qu'a suivi la nature. Ce sont des dépôts successifs de cette matière à l'état liquide, tombant, par gouttes intermittentes, sur des pierres horizontales, plus ou moins chauffées par le voisinage du feu central, pendant quelques milliers d'années tout au plus. Ces dépôts ne peuvent se comparer qu'à une suite de couches de peinture superposées après que la précédente est séchée ou solidifiée, en supposant qu'elles n'adhèrent pas l'une à l'autre.

Si nos chimistes parviennent à trouver le dissolvant du mica, comme ils ont trouvé celui du caoutchouc, on en fera de nombreuses applications dans l'industrie de luxe; ces plaques de mica, argentées, nous donneraient des glaces flexibles qu'on pourrait rouler en cylindre. Quels beaux pieds de carcels! quels beaux miroirs de télescopes exempts de la double réflexion qui nous oblige de recourir aux miroirs métalliques, si imparfaits et si oxydables! L'Académie devrait bien offrir un prix de 10,000 francs pour cette immense découverte, rendue très-possible depuis le procédé que nous venons de décrire.

Mais on n'est pas encore arrivé à dissoudre ni à liquéfier l'asbeste ou l'amiante qui semble être de la même nature que le mica. Ce qu'il y a de particulier dans cette matière, c'est que toutes ses couches se lient l'une à l'autre de manière à pouvoir déliter une rondelle forée au centre, en hélice continue.

Nous terminons cette histoire de l'argenture du verre en remerciant M. Leloup d'en avoir doté la Belgique, où la fabrication des glaces prend un développement très-considérable en dépit des tarifs étrangers.

Résumé des avantages du nouveau système importé en Belgique par M. Eugène Leloup.

Produits plus beaux, réfléchissant l'image avec plus de puissance. — Applications multiples — détériorations impossibles — pouvant se transporter sans autres précautions que celles que nécessite le transport du verre — pouvant se placer dans toutes les positions, sur terre et sur mer — économie notable, augmentant en raison des surfaces — matériel considérablement réduit — manipulations chimiques faciles, réussite constante, assurée, — la vie des travailleurs ne court aucun danger — avantage de pouvoir livrer les produits au commerce de jour à autre, et enfin moyen d'argenter sans polissage préalable les glaces qui l'ont été par l'ancien système.

LE FRIZONYX.

Qu'est-ce que cela signifie, disions-nous en ouvrant un prospectus qui nous arrive par la poste; lisons : « Il n'est personne qui n'ait remarqué en passant dessus, les nombreux essais de pavages dont aucun n'a réussi... » Bon, c'est un nouveau pavé qui nous tombe sous le pied, plus dur que le grès de Paris, plus réfractaire que le granit de Londres, plus fibreux que l'amphibolite de Milan et moins douloureux que le quartz et le galet d'Arles et de Lyon, puisque, si ce n'est de l'onyx, cela s'en approche, cela frise l'onyx. Tout le monde serait pris au calembour jusqu'à ce qu'on ait parcouru la longue et juste critique de tous les pavages du monde, et que l'on tombe sur le nom de l'inventeur, M. Frizon, rue d'Alger, 8, à Paris, qui vous fond tout ce qui concerne son état, pavés, dalles, trottoirs, boulevards, routes, avenues, ponts, chemins de ronde, digues, terrasses, parvis, gares, conduits, voûtes, aqueducs, viaducs, fonds de canaux, citernes, lavoirs, abreuvoirs, écuries et remises; nous en passons et des meilleurs, ne fût-ce que des casemates, remparts, parapets et glacis, beaucoup plus solides que ceux de Bomarsund, et à des prix fort modérés sans doute, puisque l'inventeur n'a besoin que d'un capital de cent mille francs pour faire tout cela.

On n'y croira pas, sans doute. Eh bien, nous y croyons, nous, après avoir vu les blocs métallico-vitreux fondus par l'ingénieur Bérard, avenue Gabrielle, à Paris. Tout le monde se disait à l'Exposition : Qu'est-ce que cette masse de scories spongieuses qui figurait à côté du bel appareil à trier et nettoyer le menu de houille du même inventeur?

Est-ce un aérolithe tombé du ciel et équarri par le fil de fer Chevalier?

Non, c'était simplement un magma de minerais de peu de valeur, fondu dans un haut fourneau, coulé ou plutôt foulé et refroidi dans un moule.

On conçoit que M. Frizon ait eu l'idée d'en faire des pavés après que M. Bérard en a fait des blocs de 15 mètres cubes pour les substructions maritimes qui n'éprouveront plus les altérations qu'on reproche aux bétons-Vicat.

Chenot a longtemps roulé le projet de faire aussi des pavés silico-métalliques de ce genre; mais s'il a trouvé de nombreux admirateurs de ses échantillons dans les deux palais de Cristal, il n'y a jamais trouvé d'encouragement réel.

M. Frizon doit être plus heureux, puisqu'il est l'Améric Vespuce des Colomb et des Pizare qui l'ont devancé.

Nous sommes bien persuadé qu'il y aura un jour autant de hauts fourneaux et de cubilots occupés à fondre des pierres qu'à fondre du fer; l'opération et les bénéfices seront à peu près les mêmes; parce que le rendement en blocs coulés et moulés d'après toutes les règles de la coupe des pierres et de l'ornementation, épargnera une immense main-d'œuvre.

On s'apercevra seulement alors de la stupidité qu'il y a de dégrossir, taillader et sculpter un à un des blocs informes quand on peut les couler en moule, et en aussi grand nombre qu'on le désire, comme on fond, coule, forge et moule le basalte de la grotte de Fingal et de l'Auvergne.

C'était bon pour les Grecs et les Romains de faire tailler des centaines de chapiteaux similaires, des milliers de rosaces et des millions d'oves et de gouttes uniformes.

Il nous appartient, à nous, de les fondre, ne fût-ce qu'en plâtre comprimé par Abate de Naples (1), et couverts de silicate par Kuhlmann, de Lille, ou de phosphate, par Coignet, de Lyon, qui a moulé à froid un palais en béton, avec caves, écuries et remises d'une seule pièce:— ce n'est pas une mystification, vous pouvez aller voir tout cela aussi bien que nous, à Saint-Denis, où vous trouverez installée la seule

---

(1) Abate est un chercheur indécourageable; il trouve d'excellentes choses, comme son impression des racines de bois sur indienne, ses toiles imperméables et ses cuirs factices; rien ne lui succède, comme disent les Anglais. Sera-t-il plus heureux avec son plâtre humecté à la vapeur et comprimé, qui doit reconstituer une sorte d'albâtre, non pas translucide comme celui d'Algérie, mais aussi dur? Nous le souhaitons, mais par le temps de mauvais brevets qui court, ce serait un miracle qu'il ne mourût pas à l'hôpital.

fabrique de phosphore rouge amorphe dont on fait des allumettes qui n'empoisonnent plus; — nous le disons avec conviction, tout propriétaire qui bâtit encore en pierre de taille devrait être mis en curatelle comme un gérant inhabile, comme un ignorant, dilapidateur du patrimoine de sa famille; car nous pouvons et nous devons bâtir aujourd'hui à 60 p. c. meilleur marché que nos pères, avec les procédés Coignet, Bérard, Frizon, de Nemestrol et autres.

CIX.

Si l'empereur pouvait un jour se soustraire à la camarilla des *pétrédificateurs* empanachés qui le cernent, il dirait à ces nouveaux inventeurs : Je veux un palais fondu, moulé et lapidifié à votre façon, sans un coup de ciseau, de scie ou de pointeau, et je le veux orné de bas-reliefs aussi riches que possible, sans voir pendant des années de malheureux sculpteurs suspendus aux murailles comme des araignées. Nous sommes sûr qu'il serait promptement servi et que la nouvelle architecture économique ne tarderait pas à se répandre par toute la terre, car : *Regis ad exemplar totus componitur orbis.*

Savez-vous quel bien en résulterait, c'est qu'avec l'argent immobilisé dans les coûteuses bâtisses d'aujourd'hui, on procurerait des logements à tous les ouvriers, à toute la nation, qui est loin d'avoir un abri de 2 mètres cubes par personne, tandis qu'il lui en faudrait 32 pour respirer un air à peu près sain ?

Jean Jacques a dit : L'haleine de l'homme est mortelle pour ses semblables. Cela est vrai au moral comme au physique, et le ventilateur Van Hecke est une vérité aussi utile à faire adopter que la vaccine, que l'on s'occupe à démonétiser après l'avoir si longtemps préconisée.

N'est-il pas curieux d'avoir attendu pour élever une statue à Jenner, le moment précis où il se forme une conspiration de médecins pour l'abattre, en prouvant que la vaccine a été plus funeste qu'utile à l'humanité? car ils l'accusent de toutes les maladies de poitrine qui déciment la population vaccinée. Le jour n'est pas loin où l'on exigera des certificats de non-vaccination quand on ne les portera pas sur la figure. *O altitudo!* ô profondeur de la sottise humaine !

Puisque tout est en progrès depuis les anciens, pourquoi donc l'architecture est-elle restée immobile? Pourquoi passe-t-on tant de temps à taillader et égratigner des pierres, quand on peut les fondre, les mouler et les composer comme on veut? Nous entendons encore les grincements des gratteurs du vieux Louvre, qu'on aurait pu nettoyer à l'éponge imbibée d'acide chlorhydrique en moins d'une semaine; mais messieurs les architectes n'y eussent pas gagné grand'chose.

On a fait beaucoup de bruit dans le temps de la découverte de certains cailloux qui, passés au feu et réduits en poudre, acquéraient la faculté de prendre sous l'eau comme le plâtre, comme la pouzzolane; mais personne n'a songé que cette vertu d'absorber et de solidifier de l'eau en dégageant de la chaleur, est le propre de toute pierre ou terre argileuse qui a passé au feu : on dirait qu'elles ont retenu du calorique latent qui ne devient patent qu'en présence de l'eau de cristallisation qui vient remplacer celle que le feu lui a dérobée dans un temps ou dans un autre.

En se guidant d'après ce principe, les chaux, les pierres et les poussières hydrauliques naturelles ou artificielles ne feront plus défaut dans aucun pays.

Cette leçon vaut bien un ruban sans doute, mais les inventeurs de ciments romains, de ciments de Pouilly, de bétons et de chaux hydrauliques, dont nous montrons la ficelle, nous voteront une corde de chanvre de Riga, lequel, entre parenthèses, sera détrôné par celui de l'Inde, quand on pourra persuader aux Indous de le semer dru, au lieu de le planter par grains espacés qui leur donnent des arbres. D'un autre côté, ils plantent les cannes à sucre si près les unes des autres qu'elles restent fort courtes et donnent un moindre rendement que dans nos colonies où on leur laisse plus de terre et d'air.

CX.

Nous voilà bien loin de la sciographie, de la scénographie et de l'appareillage, mais nous vous promettons de rester dans notre sujet; cependant nous ne voulons pas laisser perdre ce que vient de nous raconter un de nos amis qui s'est fait cigarier à Bruxelles, et qui gagne plus d'argent en roulant la feuille de Nicot qu'en mâchonnant le bout de sa plume dans une administration.

« Quel mauvais tabac! s'écria-t-il en prenant une prise dans la tabatière où nous prisons nos idées.

Le tabac devient rare, la feuille américaine est hors prix, nous dit-il, il faut bien qu'on le frelate; voilà le produit le plus clair de l'émancipation des noirs et de la libre concurrence.

Depuis que ces moricauds sont libres de ne plus travailler, ils ne travaillent plus, ils sèment seulement un petit champ de pommes de terre douces qui leur suffit pour toute l'année, et ils vont à la chasse comme nos gentilshomme léporins. Ils vont enfin remonter l'humanité en partant du nembrodisme. Voilà pourquoi le tabac manque. Nous en tirons bien un peu de l'Allemagne, mais c'est de la feuille maigre, petite et sans graisse.

— Où trouvez-vous le débouché de tant de cigares?

— Nous fournissons surtout à la Havane.

— Pas possible!

— Mais si, mais si; comprenez donc que quand la régie de France met en adjudication des milliards de cigares de la Havane, les concessionnaires ont beaucoup plus d'avantages à les faire fabriquer en Belgique d'où ils partent pour aller se faire naturaliser à Cuba; puis rentrent en France par Calais, tandis qu'ils eussent pu entrer par Quiévrain en évitant deux ou trois mille lieues de mer.

Les cigares que l'on consomme en Belgique accomplissent le même pèlerinage, ce qui les charge de 40 p. c. de frais et les améliore de 80 p. c. Voyez-vous, le tabac gagne comme le vin de Bordeaux, à faire un voyage de long cours. Tel est le nouveau mot d'ordre. »

O fumeurs, comme on vous fume votre argent en se moquant de votre crédulité!

Si Molière revenait, il chercherait la différence qui peut exister entre monsieur le chevalier qui fait des ronds en crachant dans un puits, et le chef de bureau qui fait des ronds en *bouffant* sa fumée en l'air.

Un touriste thibétain qui a imprimé à LL'assa son tour d'Europe raconte que le tabac est la religion nouvelle des diables de l'Occident, qui désertent les anciens temples pour les nouveaux, nommés estaminets, d'*estamiento,* mot espagnol qui signifie *assemblée* des fidèles au dieu Tabago. L'adoration que les indigènes lui ont vouée s'élève jusqu'au fanatisme ; il y a des dévots qui ne peuvent passer une heure sans lui faire un sacrifice ; les châteaux et les palais même, qui avaient chacun une chapelle consacrée au vrai Dieu, les ont remplacées par des tabagies, sortes d'oratoires consacrés aux sacrifices du soir qui remplacent la prière d'autrefois.

CXI.

Les Chinois brûlent du papier doré sous le nez de leurs idoles pour cent millions de francs par an, mais les tabaconistes de l'Occident brûlent du tabac pour plus de cinq cent millions, avec garantie du gouvernement, sous la voûte de leurs chapelles ; il y a des sectes qui préfèrent le brûler sous la voûte des cieux : ce sont les libres penseurs qui jettent au vent la cendre du sacrifice, tandis que les vrais croyants la récoltent précieusement dans de petits vases placés sur l'autel. Ils croient qu'au jugement dernier le poids de ces cendres mises dans le plateau de la balance sera défalqué du poids de leurs péchées. Ah ! que ces peuples sont barbares à côté des Thibétains !

CXII.

TOUR DE BABEL.

— Mais, direz-vous, où en sommes-nous de l'architecture ? — Écoutez, petits et grands, les grands surtout et si vous avez un grand jardin vers le haut de la capitale, prenez un brevet pour y élever une tour de Babel de cent étages, en charpente de fer et de verre avec un cuffat à vapeur qui vous élève sans fatigue à tous les étages, jusqu'au sommet inclusivement. A 50 centimes par personne, nous vous promettons la pratique de tous les voyageurs du monde, qui ne traverseront pas la ville sans monter sur votre tour pour la voir. Toutes les villes du monde auront un jour de pareils observatoires, dans lesquels il y aura des appartements où l'on ira prendre les airs, comme il y a des lieux où l'on va prendre les eaux.

On verra naître une médecine pneumatique, la *pneumopathie* sera son nom, qui assignera à chaque malade la couche d'air qui lui convient; ceux qui étouffent dans les couches basses seront rapidement soulagés dans les couches supérieures, le sang battra plus vite dans leurs veines dilatées et leur poumon s'épanouira au point qu'avec un seul on vivra aussi bien en l'air qu'avec deux à terre.

Vous voyez bien qu'une pareille entreprise a toutes les chances d'un succès assuré; une pareille tour de *verre et fer* peut s'élever en peu de temps à une hauteur bien supérieure à celle de nos cathédrales gothiques, où l'on monte rarement par respect pour le grand extenseur crural et ses antagonistes, tandis que quand une petite servante à vapeur vous prendra sur sa main pour vous déposer sur votre palier, cela changera de thèse.

De grandes chaînes d'ancrage servant comme en Chine de paratonnerre et d'appui contre la rafale, vous permettront de dormir bercé par la tempête et loin des bruits du bas monde, que vous regarderez d'un œil philosophique comme bien au-dessous de vous.

L'étage culminant sera occupé par un astronome libre qui verra bien plus clair dans les cieux que les astronomes officiels, qui ne s'occupent que des choses terrestres et de la conquête des étoiles qui se portent à la boutonnière.

Quand il s'agira d'illuminations, tout le royaume en jouira, car on apercevra la tour nationale sur toute la frontière; et les feux d'artifice donc! il ne faudra plus courir dans un bas-fonds pour en apercevoir quelques étincelles. Vos fusées volantes s'élèveront à la hauteur du mont Blanc.

Si les Chambres étaient raisonnables, elles déclareraient d'utilité publique un pareil monument, et proposeraient un prix pour le meilleur plan. Il suffirait de cinq à six lampes électriques de Thiers et Lacassagne (1) pour éclairer toute une ville du haut de cette tour. Cette lumière plombante comme celle du soleil n'aura pas les incon-

_____

(1) M. Lacassagne est mort, mais son courageux associé poursuit son œuvre avec une persévérance égale à sa conviction. Il est en ce moment occupé à éclairer les vastes ateliers du Creusot par ordre de M. Schneider, industriel éclairé qui ne repousse aucune lumière, parce qu'il unit la science à la pratique, comme le feront tous les grands industriels de l'avenir.

vénients de la lumière rasante, qui force le monde à lui tourner le dos
en lui donnant dans l'œil.

L'économie d'un pareil éclairage substitué au gaz suffirait pour
payer les intérêts de la tour, avec amortissement de 5 p. c. Les
personnes qui souffrent de la migraine seront immédiatement soula-
gées en montant par ses escaliers; ce remède paraît souverain, il est
employé, dit-on, dans l'Inde par ordre des docteurs, qui prétendent
que la tour de Babel n'avait pas d'autre but que de guérir la migraine
des Babyloniens.

Soit que la pression de l'atmosphère étant moindre à cette hauteur,
les vaisseaux se dilatent et que les humeurs circulent plus librement,
soit que l'exercice de la montée fasse un effet utile, soit enfin que
l'imagination y joue un rôle, le fait est que le patient se trouve guéri
aussitôt qu'il atteint la plate-forme de la *tour à manger de l'air*; quelques-uns même y font porter leur lit pour y passer la nuit. Notre tour-
monstre serait beaucoup plus efficace et pourrait devenir un hôpital
hémicranisant. Nous ne soumettons pas cette idée au Congrès médical, mais à l'architecte d'Anvers, auteur du grand vertébral, qui a
conçu et exécute en ce moment une voiture capable de transporter
1,500 personnes ou 1,500 tonnes de marchandises avec une vitesse de
80 lieues à l'heure. Celui-là n'hésitera pas devant un pareil monument, qui sera, bien entendu, bâti en retraite avec un escalier en hélice
extérieure réalisant le rêve biblique de la tour de Babylone et la
dépassant en hauteur. Quel belvédère pour annoncer l'entrée de
l'ennemi sur un point quelconque de nos frontières, à l'aide de puissantes lunettes dont on munirait cet observatoire digne d'un siècle qui
brille par l'élévation des idées et les phares de Fresnel, capables
de porter la lumière à cent lieues, si le globe était plat comme
le croyaient les anciens et une foule de modernes. Le premier pays
qui réalisera cette haute conception, aura mérité que le premier
méridien passe par sa tour au lieu du pic de Ténériffe. C'est de
là que partira l'heure vraie et que tous les paysans régleront leur
montre à midi précis sur la chute du ballon, ou à minuit sur le départ
d'une fusée indiquant la fermeture des estaminets. Persuadez-vous
bien que la réalisation d'un pareil monument n'est devenue possible

que depuis peu d'années, c'est-à-dire depuis que l'architecture fer et verre est devenue un jeu d'enfant. Ceux qui ont fait le palais de cristal de Sydenham trouveront ce plan bien simple, et peut-être refondront-ils leur baraque disgracieuse en tour de Babel, sur laquelle tous les peuples de la terre viendront confondre leurs idiomes et fondre leurs écus et leurs dollars en schellings, premier pas de fait vers l'uniformisation des monnaies.

Allons Horeau, allons Paxton, vite à l'œuvre ! A propos d'Horeau, c'est lui qui a obtenu le prix sur les 38 concurrents qui ont fourni leurs plans, et c'est Paxton qui a construit. Justice de commission !

Horeau s'en venge noblement en enseignant la grande et belle architecture moderne aux maçons de Londres, comme Soyez a montré la bonne cuisine française aux gargotiers de la Grande-Bretagne.

MONOGRAPHIE DU MAL DE MER.

PRÉSERVATIF ET GUÉRISON.

Nous avons déjà touché cette question ; mais on nous demande de divers côtés de vouloir bien entrer dans de plus grands détails, de dire enfin tout ce que nous savons sur le compte de cet affreux cauchemar dont la guérison décuplerait le nombre des voyageurs maritimes et ferait la fortune des compagnies de navigation, qui nous indemniseraient probablement des voyages aquatiques entrepris depuis trente ans, très-souvent dans le seul but d'essuyer une bonne tempête, afin d'étudier les symptômes du mal et de vérifier l'exactitude d'une théorie conçue en haine de cet abominable choléra jaune, vert ou bleu, qui fait de la plus jolie figure de femme, un objet hideux à regarder et qui a dû faire manquer plus d'un mariage dans certains voyages entrepris en temps de fiançailles.

Quant aux figures d'hommes, elles sont d'ordinaire si pleines de poils ou d'avaries, que le contraste n'est pas aussi marqué.

Après nous être convaincu que ce n'est ni l'air de la mer, ni l'odeur du navire, ni la vue des patients, ni rien de ce que l'on dit des causes efficientes de ce monstre, nous en avons conclu que c'était un mal purement mécanique qui n'était pas plus du ressort du médecin, du pharmacien, du parfumeur que du confiseur, mais que cela regardait uniquement le mécanicien physiologiste.

Pour mieux nous en assurer, nous avons fait maintes séances nocturnes sur les diverses balançoires des Champs-Élysées, que nous allions répéter en mer, et nous devons dire que nous n'avons jamais trouvé notre théorie en défaut.

La grande roue verticale où l'on monte et redescend tour à tour, nous a surtout servi d'instrument de conviction; car la nausée qui nous prenait en descendant était détruite en montant.

Ceux qui seraient tentés de contester l'exactitude de notre thérapeutique peuvent s'en assurer pour deux sous, à moins que le prix n'en soit augmenté, comme de toute chose, à cause de la cherté des vivres.

Tant qu'il n'y avait que peu de malades à bord cela ne prouvait rien; mais quand, sur 230 passagers, nous avons été le seul épargné, nous avons acquis une confiance entière dans notre procédé. C'est alors seulement que nous avons osé le communiquer à l'Académie, par la bouche d'Arago, qui fit un signe d'assentiment; mais, comme toujours, il est intervenu des inventeurs à la suite, brodant des théories inintelligibles par-dessus la nôtre, qui est restée enfouie sous un déluge de mots techniques, au milieu d'un désert d'idées.

C'est exactement ce qui s'est passé à propos de notre découverte de la *mise au point de l'œil*, que les derniers venus ont appelée *adaptation* et *accommodation* de l'œil aux distances. Ces glaneurs ne nous ont appris qu'une chose : c'est qu'ils désiraient substituer leur nom diplômé au nôtre, qui a fait tant rire, l'an passé, dans le procès Maccaud, l'auditoire du tribunal correctionnel de la Seine. M* Sénard a calmé cette hilarité par ce trait d'esprit : « Oui, messieurs, j'invoque l'opinion de M. Jobard, qui, au lieu de changer son nom, a préféré l'illustrer. » Vlan!!!

Poursuivons notre explication, qui intéresse tout le monde et son père; car ceux-là mêmes qui n'arrivent pas au paroxysme final, n'en sont pas moins fort tristes, fort mal à l'aise et, comme Arnal, voudraient bien s'en aller ; tandis qu'avec notre préservatif, on voudrait que la balançoire allât de plus fort en plus fort, tant on y trouve de plaisir, quand on se porte aussi bien qu'à terre.

Écoutez et retenez bien ce que nous allons vous dire, et faites en part à vos amis et connaissances : mettez dans un verre vide une boulette de pain, par exemple ; abaissez le tout un peu vivement, et vous sentirez l'objet frapper la paume de la main qui le recouvre.

Eh bien, vos intestins étant mobiles dans les cavités splanchniques, autrement dit dans l'abdomen, autrement dit dans le ventre, le même effet a lieu dans le tangage, c'est-à-dire quand le vaisseau plonge et semble se dérober sous vos pieds. Aïe ! aïe ! Les intestins, se soulevant contre le diaphragme, compriment le foie, et la vésicule biliaire est forcée de dégorger son contenu dans l'estomac ; de là les vomituritions verdâtres, suivies de l'irritation des papilles de l'estomac, peu habitué à sentir tant de fiel pénétrer à la fois dans son réduit, veuf de tout bol alimentaire, c'est-à-dire de toute mangeaille.

Les personnes qui ont bien dîné avant de s'embarquer souffrent moins de l'action du fiel ; mais elles n'en payent que plus largement eur tribut aux poissons. Quand la traversée est courte, le mal des bien repus est supportable ; mais si elle est longue, ce palliatif contre le mariphobisme est aussi vain que l'aumône contre le paupérisme. A quoi se réduit donc le remède ? Sont-ce les pastilles de menthe, l'éther ou le chloroforme, ou la pinte de rhum, dont nous avons vu le professeur Schlegel s'administrer une dose anesthésiante ? Non, rien de tout cela, pas même les bonbons de Malte ni le papier d'Albespeyre ; mais nous ne condamnons pas le papier de Jaffa, qui a touché le saint sépulcre, et nous dirons pourquoi un jour de doute.

Il suffit d'empêcher que les intestins ne se soulèvent et ne viennent titiller le diaphragme en provoquant le hoquet vomitif. Il n'y a donc qu'à les emballer et les arrimer comme toute autre marchandise destinée à passer la mer, et à les fixer à demeure sur le bassin, de manière à leur enlever toute mobilité ou, si vous voulez, toute liberté malfaisante ; ce qui prouve que la répression et la compression évitent bien des révolutions, sans recourir à l'expulsion des éléments de troubles intérieurs.

Si vous avez compris, vous trouverez le remède vous-même, en vous plaçant une ceinture sous le thorax, c'est-à-dire sur le haut du ventre, au plus près des dernières côtes, comme si vous vouliez vous donner une tournure de guêpe. Ceci est déjà fort bon et peut suffire en bien des cas; mais, pour plus de sûreté et pour mieux consolider la masse intestinale, vous attacherez à la première une seconde branche de ceinture qui, partant du rachis, passe sous le pubis, autrement dit le périnée, et vienne s'accrocher à une boucle fixée à la partie antérieure de la ceinture, qu'elle empêche de remonter. Il y a des gens qui n'ont pas été soulagés en plaçant leur ceinture sous le ventre comme des Chinois; ceux-là n'avaient pas compris.

Voilà qui est clair et plus intelligible que ce que des médecins qui prennent les effets pour la cause sont venus raconter à l'Académie.

Le sang, dit l'un, quitte les parties supérieures et la tête se vide; d'où l'on doit conclure qu'il ne s'agit plus que de traverser l'Océan les pieds en l'air.

Il se produit, dit un autre, une action vertigineuse, un malaise universel qui vous fait prendre la vie en dégoût, de sorte que plus d'un crisiaque se jetterait par-dessus le bastingage s'il en avait la force.

Voilà ce que c'est que l'*æquora morbus* : c'est clair comme de l'encre de la petite vertu; voilà pourquoi votre fille est muette et votre femme aussi, pendant la traversée seulement!

Il nous semble que quand un médecin n'a qu'une enfilade de mots techniques pour toute explication, il ferait bien de s'abstenir de les envoyer à l'Académie, qui ferait bien de ne pas en émailler ses séances, qui perdent tous les jours de leur crédit; car on croit au loin que l'Académie approuve tout ce que son secrétaire lit sans observation, sans discussion, sans critique, et que les journaux reproduisent de même. Elle a bien décidé qu'elle ne lirait plus les mémoires sur *le mouvement perpétuel* et sur la *quadrature du cercle*; pourquoi n'en ferait-elle pas autant des non-sens et des bêtises évidentes dont on l'accable?

Nous avons connu des gens qui croyaient avoir trouvé un remède dans le *décubitus*, c'est-à-dire en se couchant au plus près du pivot de roulis, où le mouvement est le moindre; mais, comme cela dépend de la polarisation, ou, pour parler chrétien, de la position du corps, dont ils ne savent pas l'importance, ils échouent bel et bien dans une nouvelle épreuve. Cela veut dire qu'il faut toujours se coucher la tête en proue, les pieds en poupe, attendu que, dans ce cas, les élans du vaisseau en avant tendent à pousser les intestins vers le bassin, en les éloignant du diaphragme; c'est toujours la conséquence de notre système. Nous croyons que tous les oreillers des lits de navire devraient être tournés vers la proue et tous les matelas bourrés de rognures de liège dont l'on ferait rapidement un excellent radeau en cas de naufrage; l'autorité devrait intervenir en cette affaire, plus importante que beaucoup d'autres où elle n'a que faire.

Un diplomate turc de notre connaissance s'étant couché les pieds en face des nôtres, nous lui prédîmes qu'il serait malade avant cinq minutes; ce qui n'a pas manqué, bien que ce monsieur nous affirmât ne l'avoir jamais été.

Il ne faut pas croire que le soulèvement de la masse intestinale ait besoin d'une grande amplitude : il suffit de quelques millimètres pour produire la nausée chez les sensitifs; l'imagination suffit même quelquefois. Nous avons connu une dame qui ne pouvait regarder une marine de Gudin sans être saisie du mal de mer, et beaucoup d'autres qui ne peuvent souffrir d'aller à reculons dans une voiture suspendue; car l'oscillation des intestins occasionne un mouvement de marée, qui produit son effet, quelque léger qu'il soit.

On a vu des *Camélias* malades rien qu'en mettant le pied dans la nacelle de l'étang d'un château.

Plus d'une fois, nous avons desserré notre ceinture pour voir ce qui se passerait; mais nous étions bien vite forcé de remettre l'ardillon dans son œil.

Nous donnons le conseil d'arrimer ses intestins avant de les confier au perfide élément, et avant d'être malade; car après, cela devient difficile et souvent impossible ; les fonctions normales une fois troublées, ne se rétablissent pas subitement. Ainsi, sur la Méditerranée, il nous est arrivé de relever et de sangler notre voisin, en plein paroxysme, et il lui a fallu une bonne demi-heure pour se remettre; il trouva cependant que nous lui avions rendu un

grand service, parce qu'il était malade pendant trois semaines après
la moindre traversée. Il se constitua donc notre esclave pendant les
huit jours que nous passâmes à Marseille pour visiter ses fabriques,
où il avait ses entrées comme chimiste de la ville ; il s'appelle Meynier
ou Ménier. Ceci prouve que notre remède est aussi efficace sur les
eaux bleues de la Méditerranée que sur les eaux verdâtres de
l'Océan. Observation stupide, comme on en fait tant.

Il faut convenir que si Pulvermaker avait exploité cette ceinture
électrique, comme il exploite ses chaines et ses genouillères, ses plaques et ses bagues aimantées, il aurait gagné beaucoup de millions
de plus. Quant à nous qui en faisons cadeau à l'humanité, à la société,
à la patrie, à tous ces fétiches enfin qu'on nous fait adorer dès l'enfance, ils ne nous sauront pas plus de gré de nos inventions qu'à
Pradel de ses chansons ; ce poëte des poëtes vient de mourir de faim
dans une auberge d'Allemagne. Nous avons cependant reçu des
remerciments d'un négociant anglais, nommé Northon, qui en
était à la 33e traversée en Amérique et avait toujours été malade
jusqu'à la 34e.

On nous a opposé le corset des femmes, qui, bien que très-serrées,
n'en souffrent pas moins du *mal de mère;* donc notre théorie est en
défaut, disent les ergoteurs. Nous leur ferons observer que le corset
comprime le thorax, c'est-à-dire les côtes, en diminue la capacité,
refoule le foie et le diaphragme vers les intestins, lorsqu'il s'agit surtout de les en éloigner. Nous ajouterons que le premier soin des
femmes, en mer, est de se délacer, ce qui les met dans les conditions
de tout le monde. Nous ajouterons encore que les hommes replets
sont plus malades que les maigrelets, les courtauds que les asperges ;
ceux qui portent d'habitude des ceintures, comme les Hollandais,
le sont moins que ceux qui n'en portent pas.

Il y a des gens qui prennent leur parti d'un mal inévitable, et l'ac-
ceptent comme un vomitif drastique, un succédané de celui de Leroy ;
mais c'est qu'on meurt aussi bien de l'un que de l'autre : témoin l'ingénieur Simons, nommé gouverneur de Saint-Thomas, qui n'a pu
dépasser Madère, où il a rendu l'âme, après avoir rendu tout ce qu'il
avait dans le corps.

CXIII.

On sait combien il est difficile de conserver l'équilibre et de marcher droit sur le pont d'un navire, pendant le tangage et le roulis ; les matelots s'amusent des bourgeois qui n'ont pas le *pied marin* ; c'est leur seule distraction, leur unique spectacle ; aussi se gardent-ils bien de les instruire ; s'ils leur disaient seulement : « Imitez-nous, » on se tiendrait immédiatement aussi bien qu'eux ; car il suffit de ne pas quitter l'horizon des yeux ; on voit parfaitement alors quand le corps ou les mâts dévient de la verticale et on la retrouve naturellement en fléchissant l'une ou l'autre jambe, sans étude, et comme par instinct ; mais quand on a les yeux attachés sur le sol du navire ou sur les parois, on ne s'aperçoit de rien et l'on trébuche, parce qu'on ne peut juger, par comparaison, des mouvements de l'élément instable avec ceux de l'élément stable, pas plus qu'on ne peut distinguer, à Bruxelles, l'heure de la demie, battant le même nombre de coups. On en jugerait mieux par un prélude sonnant tous les quarts d'heure comme dans les anciennes villes de Flandre. Mais cette remarque est en pure perte pour nos édiles.

Tout cela est fort bien ; mais ne pourrait-on débarrasser tout le monde de ces soucis individuels et mettre le navire entier à l'abri du mal de mer ? — C'est aussi la question que nous nous sommes faite et que nous avons résolue. Connaissant la cause de ce mal mécanique, ainsi que l'axiome homœopathique, *similia similibus curantur*, il ne nous a pas été trop difficile de trouver le moyen de mettre, soit tout un vaisseau, soit une cabine réservée, à l'abri du terrible *vomito viride*.

Supposez une compagnie comme celle de Cunard, de Vanderbilt ou des frères Gauthier, en possession d'un pareil monopole, inscrivant en grandes lettres sur la coque de ses navires l'avis suivant : *Garanti contre le mal de mer !* Il est évident que tous les passagers leur donneraient la préférence, que tous les concurrents seraient forcés d'abandonner la lutte et de vendre leurs vaisseaux à la compagnie monopolisante, qui s'étendrait sur tous les points du globe et deviendrait plus puissante que la Compagnie des Indes. Supposez une seule cabine abritée contre le mal en question ; attendez que l'exacerbation de la douleur ait complétement brisé les liens qui rattachent un Mirès aux biens de cette vie, et vous verrez à quelle énorme somme il achètera sa carte d'entrée au paradis, c'est-à-dire dans le sanctuaire dont le capitaine aurait la clef. « Mon royaume pour un cheval ! » — « Mille actions du gaz de Marseille pour un tour de clef. » En vérité, l'exploitation du mal de mer vaudrait mieux que celle du guano.

Et vous voulez qu'en présence de ces milliards, nous donnions, par pure humanité, notre précieux Ko-i-Nohr à la reine des mers sans en obtenir un des éclats résultant du clivage ? Nous ne sommes pas si Jobard ! Nous avons déjà fait preuve de beaucoup trop d'abnégation et de générosité pour nous résoudre à celle-là. Et puis nous sommes bien aise de donner une leçon transcendante à ceux qui prétendent qu'il est impossible de garder un secret, ou qui disent que toute invention doit venir en son temps, et que, par conséquent, la société ne doit rien au premier inventeur, si ce n'est une punition pour être sorti des rangs de l'armée et avoir couru en éclaireur en avant de la lourde phalange macédonienne.

« Pourquoi ne prenez-vous pas de brevets dans tous les pays ? » nous disent les bonnes bêtes du bon Dieu, qui ne savent pas la hauteur de l'amende à laquelle on condamne les inventeurs dans tous les pays prétendus civilisés ; qui ne savent pas quelle somme de temps et d'argent il faudrait pour obtenir justice contre la *Great steam navigation Company*, s'il lui plaisait de commettre un *infringement* à notre propriété ; et cela lui plairait, ainsi qu'à toutes les compagnies et à tous les bateliers du monde. Mettez-vous donc à leur poursuite avec un juge de paix, un huissier, un avoué et des agents de ville, pour aller poser les scellés et dresser des procès-verbaux sur tous les vaisseaux de l'univers, argués de contrefaçon, afin de les poursuivre devant toutes les juridictions du monde !! Cela est complétement dérisoire ; si, du moins, un article de la loi des brevets disait que tout inventeur qui aura rendu un service signalé à la société sera admis à faire valoir, en temps et lieu, ses droits à une récompense nationale et même internationale ; à la bonne heure ! Mais nos grands hommes d'État, c'est-à-dire quelques petits bureaucrates bien ignorants des choses de l'industrie qu'ils dirigent, n'ont pas voulu de cet acte de justice dont ils n'auront certes jamais à réclamer l'application en leur faveur.

N'avons-nous pas raison de défier les pirates et les communistes de nous arracher notre secret, dussent-ils nous éventrer pour le chercher dans nos entrailles ? Nous le croyons introuvable, même aux trouveurs de nicotine. Ce qui prouve que l'inventeur a le droit de transiger avec la société et les sociétés qui nous diront peut-être : « Prouvez-nous et nous vous récompenserons. Mais, aussitôt la preuve faite, *passato il pericolo, gabbato il santo*, disent les Napolitains. « La cage ouverte, le serin s'envole, » disent les Canariens. « Le flacon débouché, l'arome est perdu, » disent les Orientaux. Pesez bien toutes les raisons que nous avons de nous taire et ne venez plus nous assiéger de vos *pourquoi !*

BOIRE LA MER

Est une locution généralement employée pour donner l'idée d'une chose impossible ; mais comme il n'y a rien d'impossible au Créateur qui a fait l'inventeur à son image, il s'ensuit que ledit inventeur fait aussi des miracles pour sauver le genre humain, et que ledit genre humain le prenant pour un dieu, le sacrifie et le dévore selon l'usage antique et solennel.

Changer l'eau de la mer en eau de source, équivaut à changer l'eau en vin aux yeux des navigateurs. C'est ce que vient de faire le docteur Normandy, dont nous avons déjà décrit l'excellente théorie. C'est donc avec plaisir que nous reprenons la plume pour annoncer les brillants résultats de sa mise en pratique.

Après avoir donné son avis favorable sur la viabilité d'une invention en germe, un technologue est aussi heureux qu'un astrologue du succès de ses horoscopes ; c'est ce qui nous arrive à propos d'un embryon d'appareil à dessaler et aérer l'eau de mer, lequel était exposé au Palais de cristal de Londres, par le docteur Normandy. Nous avions admiré la simplicité de ce petit chaudron qui, placé au-dessous du niveau de la mer et recevant un filet d'eau salée, l'évapore, lui rend son air de composition, la filtre, la refroidit et permet d'en remplir des carafes comme à une fontaine, pour les mettre immédiatement sur la table du bord, à la température de l'eau de la mer.

Tout cela nous avait semblé si bien raisonné, physiquement, chimiquement et mécaniquement, que nous n'avons pas hésité à croire au succès et à le dire, dans notre rapport, qu'on ne nous a pas permis d'insérer dans le Bulletin du Musée, où l'on ne veut laisser entrer que des inventions sanctionnées par une longue expérience.

C'est donc avec une sorte de triomphe que nous publions aujourd'hui la pièce originale émanée de l'état-major du grand navire l'*Atrato*, qui est parti pour les Indes occidentales muni d'un petit appareil de trois pieds de long, lequel a fourni 500 gallons (2,500 lit.) par jour, d'eau délicieuse, puisque personne n'a voulu toucher à celle des caisses à eau, qui sont revenues intactes à leur point de départ, Southampton; la Compagnie les a fait enlever comme inutiles, pour faire place à 30 tonnes de marchandises de plus, lorsque le bâtiment est reparti, le 2 octobre 1857, pour un nouveau voyage, avec le seul appareil du docteur Normandy.

Un grand appareil, commandé par la *Peninsular and Oriental steam navigation Company,* est parti le 17 octobre pour la grande station d'Aden, qui manque d'eau potable. Il donnera 20 tonnes (25,000 lit.) d'eau par jour.

L'appareil pour la corvette du roi de Prusse a été expédié le 13 du mois de septembre pour Danzig. On en construit plusieurs pour les vaisseaux à voiles de Liverpool.

L'*Atrato*, au lieu de chercher à faire aiguade à Saint-Thomas, a vendu de son eau aux habitants qui venaient lui en demander. On peut dire que c'est le monde renversé. Voilà les révolutions pacifiques que les inventions sont appelées à faire ici-bas. On a donc tort de traiter les inventeurs de révolutionnaires, de les condamner à l'amende des brevets et de les dépouiller de leur propriété, sans aucune indemnité. Les pays qui se conduisent de la sorte et qui jettent les inventions dans le domaine public, en sont les premières victimes. Ainsi, nous avons beaucoup de constructeurs capables de fabriquer cet appareil à meilleur marché qu'ailleurs : ils pourraient donc espérer en faire pour le monde entier, car pas un vaisseau ne voudra ou ne pourra plus s'en passer. Eh bien! ils sont tous là à se regarder pour savoir qui commencera; pas un n'ose faire les premiers frais d'outillage, dans la crainte d'être écrasé par des concurrents plus puissants, ou par une association, toujours plus forte qu'un individu isolé.

Voilà un cas où l'on ne nous soutiendra pas que la concurrence est avantageuse au pays. Ces cas-là sont aussi nombreux que les brevets déchus par oubli de payement ou pour n'avoir pu être mis à exécution dans l'année.

Voici la copie de la pièce dont nous avons parlé :

« Royal Mail steam packet *Atrato*.

« Southampton, 20 septembre 1857.

« *To Dr Normandy, patent marine aerated fresh water company.*

« Monsieur, c'est avec grand plaisir que nous avons à vous informer que votre appareil placé à bord de ce vaisseau a fonctionné admirablement pendant son voyage à Saint-Thomas, aller et retour, et ne nous a pas donné le moindre mal. Il a produit régulièrement 18 gallons (90 litres) par heure, l'eau de mer étant à 70° Fahr., et 17 gallons (85 litres) par heure, l'eau de mer étant à 80° Fahr.; l'eau distillée, au sortir de l'appareil, avait la même température que celle de l'eau de la mer : les proportions d'eau douce aérée et condensée étaient égales, et le liquide était prêt pour le service de la table.

« L'eau est admirablement claire et égale, sous tous les rapports, aux meilleures eaux : elle était plus estimée que celle qu'on a emportée de Southampton. D'après le peu d'espace que cet instrument occupe et la facilité avec laquelle l'eau est procurée, l'appareil du docteur Normandy doit, dans un temps donné, devenir indispensable pour les vaisseaux océaniques de première classe. Vu la certitude avec laquelle on peut se procurer de l'eau douce prête pour le service de la table au moyen de cet appareil, la Compagnie a fait enlever une portion des caisses à eau et converti l'espace occupé par ces caisses pour l'arrimage de 30 tonnes de cargaison.

« Nous avons l'honneur d'être, monsieur, vos obéissants serviteurs.

« F. Woolley, commandeur ; James Wilkie, ingénieur en chef ; W. Vincent, surintendant de la marine. »

BOIRE DU VIN

Vaut mieux que de boire de l'eau de mer, quelque bien desalée qu'elle soit. Nous aimons bien le docteur Normandy, mais nous préférons le docteur Robert, dont nous avons également révélé le premier la pure théorie dans un article intitulé *Du vin comme s'il en pleuvait,* et qui a mis tous les chercheurs en mouvement. Nous avons donc lieu de nous réjouir de leurs succès, succès parallèles dont la nouvelle nous arrive en même temps pour clore la troisième livraison de notre ouvrage.

On va voir combien M. Robert a dépassé tous les tripoteurs de vins factices en faisant seul du vin réel, du vin naturel, du vrai vin de raisin, à l'aide de la vinasse.

M. Robert a bien dépassé le miracle de Cana que ses concurrents se sont contentés d'imiter en changeant l'eau en vin. Il prend le jus de la vigne quand les autres ne prennent que du bouillon de grenouille.

A vrai dire il a commencé par là d'après les conseils de Chaptal, de Chaptal qui a cependant tout dit, mais que l'on n'a pas compris, sauf Robert, qui a été grandement surpris après coup de trouver la science et les prévisions de Chaptal d'accord avec ses expériences et sa pratique.

Il s'agit ici d'établir la différence essentielle qui existe entre le vin d'eau sucrée et le vin de vinasse. Nous sommes assuré que pas un chimiste et pas un dégustateur ne s'y méprendra.

Rappelons d'abord que le procédé Robert exclut l'eau de la manière la plus absolue, par deux motifs : le premier, c'est que l'eau *ne devient jamais du vin,* quoiqu'elle puisse se mêler à lui ; le second, c'est que nos lois pénales en *interdisent* l'immixtion dans le vin sous quelque forme, par quelque motif, dans quelque but et sous quelque prétexte que ce puisse être.

Certes mieux vaudrait employer de l'eau sucrée que de l'eau pure pour faire de la *piquette,* car l'eau sucrée peut rendre au vin tout l'alcool qui lui est utile. La fermentation qui se développe à cette occasion favorise aussi la dissolution de certains principes qui se trouvent encore dans le marc, mais elle ne peut y produire ceux qui ne s'y trouvent plus, ou du moins en quantité suffisante, tandis qu'ils se trouvent abondamment dans la vinasse, plus abondamment même dans celle-ci que dans le vin, puisqu'elle est sous ce rapport un vin concentré.

Si l'on opère avec peu d'eau sucrée et beaucoup de marc, on peut arriver à produire une piquette qui ressemble presque au vin. Elle pourra même paraître plus agréable à boire à l'état nouveau que celui-ci, parce qu'elle contient moins des acides du vin; mais ces acides en font le prix et la base essentielle, surtout pour les coupages avec les vins du Midi qui en manquent. Ces acides sont un aliment utile et un des éléments nécessaires et constitutifs du vin; ils le soutiennent quand il vieillit.

Tous les éléments du vin, à l'exception de l'alcool, ne sont point contenus, dans ces vins à l'eau, en même proportion que dans les vins purs. Or l'alcool ne constitue pas le vin à lui seul, et nous savons que la fermentation par l'eau sucrée agit moins énergiquement sur le marc que celle par la vinasse sucrée.

Il n'est pas permis de penser que l'eau des sources, des rivières, des pluies, ou que l'eau distillée elle-même soient pareilles à l'*eau de végétation d'un fruit*, et qu'elles agissent d'une manière identique à celle-ci, soit dans le phénomène de la fermentation, soit dans celui de la nutrition.

Certes l'eau distillée, ou plutôt l'eau pure est la même dans toute la nature dès qu'elle est pure; mais l'eau de végétation d'un fruit, celle par exemple qui se trouve naturellement dans le vin soit de premier jet, soit de vinasse rétablie, n'est pas de l'eau pure au point de vue qui nous occupe, quoiqu'il s'y trouve, chimiquement parlant, de l'eau pure. Veut-on des preuves d'une différence matérielle? En voici : D'abord à la dégustation attentive, les vins à l'eau laissent toujours sentir, plus ou moins, le froid, le plat, la crudité de l'eau qui n'est pas séveuse, si on peut s'exprimer ainsi, quoique les vins puissent être d'ailleurs très-alcooliques et même agréables à boire.

Plus ou moins aqueux, en raison de la quantité ou proportion de marc employée, du degré d'épuisement ou de lavage de ce marc (car ici nous n'avons plus la vinasse pour fournir constamment au vin tous les éléments du moût au maximum), ce vin par l'eau ressemble toujours à un vin très-riche, qui aurait été additionné de plus ou moins d'eau, l'eau en plus ou moins grande quantité s'y faisant sentir comme dans le vin très-fort où on l'ajoute en plus ou moins grande proportion.

N'y a-t-il pas des cas où un vin par trop riche devient plus agréable à boire par l'addition d'un peu d'eau? Cela n'empêche pas ce vin de perdre de son prix par cette addition que le consommateur aime mieux faire lui-même.

Ces vins à l'eau vieillissent vite, n'ayant pas en proportion suffisante certains principes immédiats. Il ne peut s'y en trouver en excès que le temps doive précipiter.

Ils se maintiennent les premiers temps, parce que l'alcool a beaucoup moins d'éléments utiles à y conserver que dans les vins complets, riches au suprême degré de tous les principes du raisin; mais en vieillissant ils deviennent plus froids et plus plats; la saveur de l'eau se fait de plus en plus sentir; ils finissent mal et vite.

Ils ne pourrissent pas d'abord, mais ils arrivent, en vieillissant, à une fermentation acide et promptement à une fermentation putride, l'alcool ne suffisant plus pour empêcher les fâcheux effets de l'eau crue.

Ces vins nourrissent moins, puisqu'ils contiennent moins des principes spéciaux du raisin.

Au surplus, l'eau crue additionnée ne peut ni par la fermentation ni par la macération obtenir une homogénéité complète avec les éléments du vin comme par l'action naturelle de la végétation.

Après la simple dégustation, voici une autre preuve qui est presque chimique :

Si l'on distille du vin naturel, provenant soit de raisin pur, soit de vinasse rétablie, et qu'on fractionne le produit de manière à recueillir à part l'eau qui vient immédiatement après la sortie de l'alcool, on reconnaîtra, à la dégustation de cette eau, qu'elle a un bouquet et un goût particuliers analogues à ce qu'on appelle la séve des vins, tandis que si l'on opère de la même façon avec un *vin à l'eau*, l'eau qui suivra l'alcool sera bien de l'eau ordinaire qui aura entraîné un peu de cette espèce de séve, mais en quantité moindre et seulement en proportion du marc employé, en quantité très-minime si le marc se trouvait épuisé.

Enfin si l'on sucre cette eau provenant de la distillation de la vinasse et qu'on en fasse du vin, comparativement avec de l'eau ordinaire sucrée, le vin de la première eau sera plus *séveux*, moins froid et moins plat que celui de la seconde.

Veut-on encore une preuve matérielle de ces deux vérités :

1° Que la vinasse sucrée agit sur le marc plus énergiquement que l'eau sucrée ?

2° Que l'eau sucrée, infiniment préférable à l'eau pure pour faire des boissons et utiliser ce qui se trouve dans le marc, est loin de valoir la vinasse sucrée, qu'elle ne peut remplacer avantageusement ?

Que l'on fasse fermenter de la vinasse sucrée sur un marc noir épuisé par des fermentations successives d'eau sucrée, au point que ces fermentations cessent faute de ferment et que le vin qu'elles produiront ne soit pour ainsi dire plus qu'une eau alcoolisée et incolore.

Le vin de vinasse fait sur ce même marc épuisé, aura toutes les conditions du vin ordinaire ; la couleur seule laissera à désirer, mais elle sera plus prononcée que celle du vin à l'eau qui l'aura précédé ; ce qui prouve, entre autres choses, que l'action de la vinasse sur le marc est plus puissante que celle de l'eau.

Par la vinasse on peut épuiser le marc noir au point de le rendre blanc et insipide.

Comme c'est l'ordinaire des chercheurs de marcher du compliqué au simple, c'est par l'emploi de l'eau sucrée que M. Robert a commencé ses essais ; mais il n'a pas tardé à remplacer l'eau par la vinasse.

TÉLÉGRAPHIE SOUS-MARINE ET PUITS CHINOIS.

Les premiers échantillons de *gutta-percha* venaient d'être envoyés de l'Inde par le capitaine Montgomery, à la Société royale de Londres; on en avait distribué de petits morceaux aux chimistes pour l'analyser et lui chercher des applications; il s'était formé une grande compagnie pour monopoliser ce produit, lorsque nous visitâmes notre savant ami Wheatstone qui nous avait fait voir à Bruxelles son premier télégraphe terrestre à aiguilles et à cadrans et son photomètre à rotation, et sa *concertina*, et son stéréoscope, et son téléphone, et sa voix humaine factice, et bien d'autres choses curieuses de son invention; car celui-là, nous disait le baron Séguier, dans son langage imagé et concis, est un inventeur bien *ficelé* et un physicien *ferré*; il est tout petit, mais rempli d'esprit et n'en restera pas là !

Ce fut sur sa cheminée de *Conduct street* que nous aperçûmes le premier morceau de gutta-percha et que nous émîmes l'idée, qu'il paraissait déjà nourrir, de l'appliquer à la télégraphie sous-marine. L'année suivante, M. Wheatstone nous fit voir une spirale en serpentin retirée de l'eau de mer, parfaitement intacte et conduisant l'électricité sans perte, ce qui rendait possible la communication entre Douvres et Calais, dont il présenta le premier le projet, qu'on traita, selon l'usage, de rêverie. En 1848, nous publiâmes, comme poisson d'avril, dans l'*Indépendance*, que le câble était posé, et qu'on s'occupait de mettre Londres en communication avec New-York et Calcutta.

CXIV.

La ligne de Calais ayant réussi quelques années après, fut suivie d'une ligne plus longue entre Suffolk et la Haye, puis de celle de la Méditerranée qui, après un premier échec, vient enfin d'aboutir. On devint bientôt assez hardi pour essayer de relier l'Amérique à l'Irlande; mais on n'avait pas assez compté sur l'Océan qui, dans certaines parties, est aussi profond que le mont *Everest* est élevé; c'est-à-dire de plus de deux lieues. Le câble s'est rompu à 300 milles, à la profondeur de 3,700 mètres, par une fausse manœuvre qu'on aura soin d'éviter à la troisième épreuve, car il faut au moins trois épreuves au meilleur artilleur pour mettre sa bombe dans le tonneau. Ceux qui ne savent pas cela se découragent d'un premier insuccès et ne réussissent à rien; la compagnie du câble transatlantique semble avoir prévu ce premier échec et ne s'est nullement découragée.

Il ne s'agira que de donner plus de vitesse à la marche du navire; car elle n'était que de quatre nœuds à l'heure, tandis que le câble défilait avec une rapidité de cinq nœuds, par son propre poids qui était alors de 1,800 kilog.

Le câble en aurait pu supporter 4,000; mais dès qu'on ordonna de serrer les freins pour modérer la chute, on comprend la terrible réaction qui s'opéra par l'arrêt trop subit d'un pareil poids tombant avec tant de vitesse; la poupe du navire fut entraînée en contre-bas, la proue s'éleva très-haut et brisa la corde en retombant. Le câble eût-il été trois fois plus fort, qu'il eût cédé comme un fil de caret. C'est un pareil effet qu'il s'agit d'éviter désormais.

Pour cela notre ami Bauduin, rue des Récollets, 2, qui s'occupe avec amour de faire des conduites souterraines pour les fils de télégraphe, propose un fil beaucoup plus léger encore dont il ne faut pas avoir peur de perdre une centaine de lieues au besoin. On en fait un en ce moment composé d'un seul fil de cuivre un peu fort, recouvert de gutta-percha, enveloppée d'un fil de fer dans le genre des grosses cordes de piano; celui-là nous paraît très-simple et doit être à la fois flexible et léger, mais pas fort : il ne vaut pas celui de M. Balestrini.

Le câble rompu, au lieu de 30 millimètres, dimension des premiers, était pourtant réduit à 16 millimètres, et ne pesait que 630 grammes par mètre; on fera bien de le diminuer encore de moitié, ce qui permettra d'en arrimer davantage sur un seul vaisseau, et de le faire défiler sur de plus petites poulies, sans abandonner le serrage des freins à la brutalité des matelots. Il faut enfin que les hommes fassent preuve d'autant de prudence que les araignées dont ils veulent imiter l'industrie filandière.

CXV.

Que trois ou quatre ingénieurs se relayent à cette œuvre sainte, ne dinent jamais ensemble, et le succès est assuré. Bien des gens s'imaginent que le câble étant supporté par l'eau ne doit pas être aussi pesant que dans l'air; cela est vrai, mais ce qui est aussi vrai, c'est que le métal immergé dans l'eau ne perd qu'un septième de son poids; ils ne doivent donc pas se préoccuper des moyens de le faire arriver à fond avec des boulets mis à cheval sur la corde. Au lieu de se donner tant de peine à chercher la ligne droite pour l'électricité, qui ne nous en tient aucun compte puisqu'elle fait le tour du globe en un 20ᵉ de seconde, pourquoi ne conduirait-on pas le câble sous-marin le long des côtes, d'île en île, de cap en cap, avec des stations qui seraient aussi utiles que celles des chemins de fer, comme l'a proposé M. Balestrini pour une ligne en zigzag partant de Marseille vers la Corse, et d'île en île, jusqu'à Constantinople? Pourquoi pas de Marseille sur Gibraltar, entourant l'Espagne, le Portugal, revenant à Bordeaux et continuant jusqu'au Danemark et la Suède pour aller sauter le petit pas de Behring qui sépare le nouveau monde de l'ancien? Nous croyons que les lignes de circonvallation maritime doivent remplacer les lignes droites, trop longues peut-être pour fonctionner longtemps, sans stations de ravitaillement.

CXVI.

L'électricité *libre* fait le tour du monde en un clin d'œil, c'est vrai; mais l'électricité captive et chargée de fers, se comportera-t-elle de même? ne cherchera-t-elle pas à user et briser sa chaîne et à fuir par mer, par terre ou par air? « Le travail esclave, nous disait un grand électricien, ne vaut pas le travail libre, et j'ai trouvé le moyen d'employer l'électricité libre à faire nos commissions sans lui mettre les menottes, c'est-à-dire sans cordes; mais je ne veux pas donner mon secret pour rien; je ne veux pas tomber dans le piége aux brevets, par conséquent l'humanité s'en passera. » — Nous n'avons pas le droit de le blâmer.

En cas d'accidents parcellaires il y aurait toujours facilité d'y remédier sans grands frais, mais cela deviendrait horriblement coûteux pour une ligne droite transatlantique.

On nous objectera les rivalités et l'égoïsme des nations qui ne veulent pas être dans la dépendance les unes des autres; mais ne pourrait-on placer la télégraphie dans le droit des gens et en dehors de la politique, comme la poste qui transporte les lettres du commerce à travers les pays, même en temps de guerre?

Il est évident que le monde entier se soulèverait contre l'État qui interromprait les relations télégraphiques; qu'on les surveille, c'est bien, mais qu'on ne les détruise pas. Les phares devraient également entrer dans cette catégorie des choses d'utilité universelle que tout peuple doit respecter sous peine de se voir mis au ban des nations civilisées; nous aimons à croire que ces idées ont tenu plus de place dans l'entrevue des empereurs que toutes celles qu'on leur prête.

M. Jean Demat, de Bruxelles, imprimeur, chasseur et ingénieur à la fois, a pris un brevet pour un moyen de soutenir le câble par des futailles vides, puis de venir couper les cordes d'attache quand la pose sera terminée. Le câble, dit-il, soutenu près de la surface, gagnera doucement le fond dès qu'il sera délivré de ses attaches. Mille lieues ne font que quatre millions de mètres, lesquels divisés par cent, ne font que quarante mille tonneaux; qu'est-ce que cela fait, dit l'inventeur, puisqu'ils ne seraient pas perdus. Va-t-en voir s'ils tiennent, Jean!

Voilà des génies qui ont tort de prendre des brevets et de se plaindre qu'on ne les écoute pas avec faveur.

On examine en ce moment à Manchester une invention de M. de la Haye, qui consiste à enduire ou entourer le câble télégraphique d'une matière légère qui le soutient sur l'eau pendant qu'on le pose, et qui ne se dissout que quelques heures après. Nous ne voyons qu'un mélange de gélatine et de coton, capable d'atteindre un tel but; mieux vaudrait, croyons-nous, l'entourer d'une ficelle qui se pourrirait à loisir et le laisserait tomber doucement à fond, dans l'espace d'un ou deux mois, sans le tenir trop près de la surface toujours agitée, tandis que le calme règne en dessous. La part des courants se ferait naturellement durant la pose.

CXVII.

On dit que le restant du câble amariné sur le *Niagara* et l'*Agamemnon* est entré en fermentation, que la gutta-percha, le goudron et l'étoffe dont le câble a été entouré, se sont échauffés, ramollis, et s'échappent de tous côtés, sous la charge énorme des rangées supérieures. Cela est très-naturel et pouvait se prévoir. La perte de ce câble peut donc être considérée comme totale, sauf à lui trouver un emploi dans l'industrie pour transmissions de mouvement, cordes guide-cufat dans les houillères, peut-être même pour câbles d'extraction, bobines de grand diamètre et sondes marines électriques d'après le procédé de Balestrini qui indique sur le pont du vaisseau, l'instant où la sonde touche le fond de la mer. On conçoit qu'un semblable appareil est très-aisé à construire, puisqu'il ne s'agit que de fermer le circuit et d'établir le contact des deux fils par le choc même de la sonde sur un corps dur.

Ce même ingénieur a inventé un câble électrique qui nous semble très-bien raisonné, car il reste flexible comme un serpent. En voici le détail :

1° Une ficelle centrale résinée ;

2° Un fil en hélice autour de cette âme de chanvre ;

3° Enveloppe de gutta-percha ;

4° Tresse de chanvre goudronnée et empoisonnée ;

5° Tresses de fils de fer galvanisés à l'arsenic par la machine à revêtir les cravaches et la passementerie ; ceci pour qu'un coup de dent de squale ne fasse pas débobiner le fil enveloppant.

Ceci nous semble bon et ne laisse pas accès à des plaintes sur la raideur des fils et de leur prix.

CXVIII.

Il n'y a peut-être qu'un homme au monde qui ait droit de se réjouir de l'accident arrivé au grand stéthoscope destiné à nous faire sentir battre le pouls de l'autre monde, et c'est nous ; car nous y sentons le doigt de la Providence qui désire nous voir cribler la croûte du globe d'une infinité d'évents destinés à chauffer et éclairer gratis les aveugles humains. Allons, mes amis, comme dit M. de Montalembert, *sursum corda*, saisissez la corde! elle ne sera pas chère ; que tous les gouvernements en achètent dix lieues, vingt lieues, cent lieues et engagent les propriétaires de houillère à faire battre le mouton au fond de leurs bures, c'est-à-dire dans le dur; cela ira tout seul; car les difficultés de sondage ne se rencontrent que dans les couches voisines de la surface, à cause des alternances de sable, d'argile et de galets, — mais dès qu'on touche aux roches solides et compactes, quelle que soit leur dureté, il n'est pas difficile de faire descendre le mouton d'un mètre au moins en vingt-quatre heures, et ce mouton-cureur, notre mouton à nous, rapportera la pierre qu'il aura concassée, sans en laisser au fond du trou.

CXIX.

On nous demandera ce que c'est que ce fameux mouton qui pile et rapporte la pierre qu'il a pilée. Ce n'est rien ou presque rien, bien qu'il nous ait coûté plusieurs années à le simplifier. Figurez-vous une borne de fonte, d'un diamètre quelconque et d'une hauteur idem; prenons un mètre sur 20 ou 30 centimètres, coulée en coquille, avec pointes diamantées à sa base, avec boisseau conique à sa partie supérieure, munie d'une anse pour attacher la corde. Supposez-la garnie à l'extérieur de cannelures en rigoles, légèrement inclinées, comme les rayures d'une carabine, à un tour sur 4 ou 5 mètres, les cannelures creuses de 1 ou 2 centimètres; voilà tout. La roche pilée fait de la boue et à chaque chute du pilon elle est dardée avec force entre les cannelures et la paroi, retombe dans l'espace conique, et le remplit d'un véritable pain de sucre de pierre qu'on enlève avec le treuil et que l'on vide pour recommencer la même besogne, la plus facile et la plus bête qu'on puisse imaginer dans le terrain dur.

Une petite machine à vapeur ferait merveille, en frappant un coup par deux secondes; chaque chute pilant au moins un quart de millimètre de roche, cela ferait 5 mètres d'enfoncement en vingt-quatre heures. C'est alors que l'on prendrait en pitié ces outils gigantesques de nos sondeurs à la barre qui font si peu de besogne à si grands frais (1).

C'est alors qu'on parsemerait les déserts d'Afrique de verdoyantes oasis en créant, comme Moïse, qui frappa le roc de sa baguette, autrement dit de la barre de fer qu'il avait eu la prévoyance d'emporter de Memphis, des puits forés à bon marché.

Nous insistons souvent et de toutes nos forces sur cette industrie, tout à fait moderne pour nous, des puits forés qui existent depuis plus de trois mille ans en Chine, où on les compte par dizaines de mille et d'où les Égyptiens avaient tiré cet art important que nous ne connaissons que depuis très-peu d'années.

C'est avec cela que les Pharaons formaient des oasis sur la limite du désert, où il suffit de percer de 50 à 80 mètres pour avoir de l'eau jaillissante, comme le prouve en ce moment, en Algérie, un simple ingénieur français, avec quelques soldats qui sont regardés comme des dieux par les Arabes, accourant en foule à la nouvelle d'un heureux coup de sonde, et ils l'ont tous été jusqu'ici, comme nous n'avons cessé de le prédire depuis 1827. (Voir la *Revue des revues*.)

CXX.

Il est un fait merveilleux, mais prouvé, c'est qu'en plein désert il suffit d'une source pour voir naître une oasis verdoyante et fertile, là où il n'y avait qu'un sable aride. Ce sable quartzeux, réduit en farine, n'est pas sitôt mouillé qu'il cesse d'obéir au simoun, se fixe au sol et se change en terre végétale de première qualité.

On a remarqué que les Arabes nomades, en se fixant sur ces oasis, font un pas de plus vers notre civilisation ; reste à savoir s'ils en sont plus heureux ; mais il est de fait qu'ils payent plus exactement leurs contributions, quand ils ont une maison et un jardin, que quand ils n'ont qu'une tente et un chameau, avec lesquels ils décampent au nez du percepteur. Rien que cette considération devrait engager les gouvernements à favoriser l'industrie des puits forés dans les pays nomades.

---

(1) On sait que le fameux puits de Passy a échoué, que l'outil est retenu par des éboulements et que M. Kint abandonne la partie aux ingénieurs de l'État.

CXXI.

Il y a longtemps qu'on aurait dû établir des écoles de sondage, faire des ingénieurs sondeurs aussi bien que des ingénieurs draineurs, et délivrer des diplômes de foreurs plutôt que de déclamateurs.

Nous avions soumis le plan d'une pareille institution au ministre Falck et au roi Guillaume, qui nous avaient compris et étaient disposés à y donner suite, quand on les a mis en fuite. Depuis lors, tous les projets d'amélioration que nous avons essayé de présenter ont été assommés par les commissions instituées pour enterrer les procédés nouveaux. Sachant qu'il n'en peut être autrement sous l'absurde régime des commissions absolues, irresponsables, anonymes et jalouses, nous avons pris le parti de confier, comme le barbier de Midas, nos secrets aux roseaux, c'est-à-dire à la plume des journalistes, qui les répètent à qui veut les entendre.

C'est dommage que le filet de voix du *Progrès* ne porte pas aussi loin que les grands saxophones de Paris ou de Londres.

Ce serait une bonne mesure que d'étouffer les vagissements de tout journal qui, après un an d'épreuve, ne saurait pas justifier de 10 à 20,000 abonnés.

La publicité y gagnerait considérablement; car une foule d'excellentes choses se perdent dans ce tas de feuilles étiolées qui tombent tous les soirs dans le fleuve de l'oubli, parce que l'amour-propre des *stentors* les empêche de répéter ce qu'ils n'ont pas eu la peine de déchiffrer en manuscrit. Malheureusement

> Tous les discours sont des sottises
> Venant d'un *journal* sans éclat,
> Qui seraient paroles exquises
> Si c'était le *Times* qui parlât.
>
> MÉNAGE.

Ce qu'il y a de plus incroyable et de plus bizarre à la fois, c'est qu'ils ne veulent pas des articles qu'on leur offre gratuitement, les trouvassent-ils excellents; c'est ce qui nous est arrivé avec le célèbre Bertin de Vaux qui, après de grands compliments sur notre œuvre, nous dit : Nous avons nos rédacteurs attitrés et payés; chacun d'eux est chargé de remplir un certain espace blanc; ce serait leur faire du tort que d'en disposer gratis, vous sentez? — Nous avouons n'avoir ressenti qu'un singulier dédain pour une pareille organisation, qui force l'abonné à dire : Toujours du bouilli !

CXXII.

Ainsi, quand nous avons publié notre système chinois dans la *Revue des revues*, en 1829 (*Revues des bévues*), personne n'y fit la moindre attention, parce que ce n'était pas un journal spécial comme M. Dubrunfaut nous avait conseillé de le faire.

Serons-nous plus heureux aujourd'hui ? Nous l'espérons, grâce à la rupture du câble transatlantique que nous conseillons de faire passer une autre fois par les Açores, avec station en Portugal. C'est quelquefois le plus court de prendre le plus long; car la mer est meilleure sous le rumb des vents alizés qu'entre Terre-Neuve et l'Irlande.

Il serait bon d'empoisonner la gutta-percha et le fer du câble s'il était possible, car nous ne savons pas de quoi sont capables certains insectes. Il peut se trouver des *mâches-fer*, puisqu'il s'est trouvé des *mâches-plomb*.

Certaines courbures du câble peuvent donner entrée à leur vrille dans la gutta-percha, et il suffit d'un trou d'épingle pour interrompre la communication du fluide électrique qui cherche toujours à s'évader de sa prison depuis que nous l'avons réduit en esclavage.

CXXIII.

Voyez pourtant comme la gutta-percha est venue à propos ? Sans elle on n'aurait jamais osé songer aux communications sous-marines; toutes nos résines, tous nos goudrons n'auraient pu la remplacer.

Il faut espérer que l'absurde échafaudage des lignes aériennes finira par disparaître honteusement sous terre. Les frères Baudouin et plusieurs autres ont déjà proposé des moyens de canalisation électrique tellement étanches qu'on ne peut douter un moment de leur succès, ni de leur éternelle durée; mais comme Siemens a fait en Prusse des essais imparfaits et malheureux, qu'il a laissé ronger ses fils par les loirs, on repousse tout perfectionnement de ce genre. Ce serait pourtant le meilleur moyen de traverser les pays barbaresques, car une fois la ligne enterrée, la charrue ayant passé et l'herbe poussé par-dessus, personne ne pourrait la retrouver que les ingénieurs avec le plan à la main.

INVENTION DES PETITS CHINOIS.

Puisque nous avons entrepris de donner l'histoire des inventions qui parviennent à notre connaissance, nous ne voyons pas pourquoi nous tairions la suivante, qui intéresse autant de monde que le cours de la bourse et les mercuriales, car c'est une mercuriale dont ceux qui desserrent facilement le cordon de leur bourse pourront profiter pour changer la direction de leurs aumônes.

Un enfant du nom de Breton, embarqué à Brest, comme mousse, à l'âge de 13 ans, déserta le navire qui l'avait amené à Canton, à coups de garcette; il y vécut de colportage et acquit une certaine aisance ainsi que la connaissance de la langue parlée. Il fut choisi par l'ambassadeur hollandais Van Braemt, comme interprète majordome, pour le conduire à Pékin; il assista aux cérémonies de réception de l'ambassade, la ramena à Canton et revint en Europe pour son malheur; car, disait-il, habitué à la simplicité, à la bonne foi et à la probité de ces bons Chinois, je ne me trouvais plus à la hauteur de la finesse, de la malice et de la perfidie raffinée des Européens dont je suis devenu la proie.

Fixé à Ghislenghien, comme brasseur, avec sa femme et ses enfants chinois qui étaient venus le rejoindre, il ne réussit pas dans ses entreprises, dont il fut évincé, selon l'usage, par ses associés. Il sollicita un emploi dans la plantation de mûriers que le roi Guillaume avait tenté d'introduire en Belgique; mais le vertueux bureaucrate qui gouvernait cette infortunée culture ayant un protégé à mettre à la place de ce Chinois marié avec une païenne, lui enleva cette dernière ressource, et le malheureux exécuta ce qu'il lui avait annoncé : il se noya, pour ne pas mourir de faim, dans l'étang même de Ghislenghien.

Ce brave homme étant illettré, n'a pu écrire ses observations; mais comme nous l'invitions à dîner toutes les fois qu'il venait à Bruxelles, nous avons recueilli de sa bouche plus de renseignements sur les mœurs et coutumes des Chinois que nous n'en avons trouvé dans les livres. Voici ce qu'il a répondu à nos questions sur les expositions d'enfants :

CXXIV.

« Les jeunes missionnaires qui s'arrêtent à Macao pour apprendre un peu de chinois, sont ensuite introduits en fraude par les catéchumènes de la côte qui leur servent de guides pour les conduire soit dans leurs paroisses, soit dans leurs diocèses, car la Chine est divisée depuis longtemps, comme le reste du monde, en circonscriptions ecclésiastiques *in partibus*.

« Bien que les missionnaires soient déguisés en Chinois, il est assez facile de les reconnaître à leur visage pâle ; aussi ne traversent-ils les villes que de très-grand matin ; c'est dans ces excursions qu'ils sont frappés du spectacle d'enfants exposés sur le pas des portes et sur le seuil des pagodes.

« Quelques cochons échappés, quelques chiens errants ne dédaignent pas d'y toucher ; c'est alors qu'ils demandent à leur guide ce que cela signifie ; celui-ci répond alors : C'est la loi ; mais il ne,prend pas la peine de leur expliquer que c'est une loi de police qui permet d'exposer les enfants morts, afin que le corbillard banal qui parcourt la ville tous les matins les emporte, sans frais, au cimetière commun.

« C'est cette confusion entre le mort et le vif qui a fait propager l'erreur que les Chinois font manger leurs enfants par les chiens et les cochons. Cela est si loin des mœurs chinoises, nous disait le bonhomme, et si loin d'être légal, que je n'ai vu que deux supplices en Chine : c'étaient des mères infanticides à qui le bourreau coupait les seins en leur disant : Tu n'es pas digne d'être mère ! On les laissait ainsi périr de faim, attachées par les cheveux à un pieu de bambou. C'était une grande désolation dans la contrée qu'un pareil supplice qui durait plusieurs jours.

« En général, les Chinoises sont d'autant plus attachées à leurs enfants que la coutume de les mettre en nourrice n'existe pas comme chez nous, et que plus un enfant cause de mal à sa mère, plus elle s'y attache. Quant à la population qui vit sur les rivières, les enfants portent toujours une gourde au cou pour les soutenir sur l'eau quand ils y tombent, ce qui arrive très-fréquemment dans une population aussi dense; on parvient presque toujours à les repêcher et à les rendre à leur mère. S'il s'agissait de noyer les enfants, ce ne serait pas une gourde vide et fermée, mais une pierre qu'on leur mettrait au cou. »

Il est pourtant vrai que dans certaines villes, comme à Chang-Haï, il existe un étang sacré gardé par un bonze, où les parents pauvres chargés de trop d'enfants ont la barbare coutume de noyer leur quatrième ou cinquième fille. Le docteur Yvan nous a raconté qu'ayant interrogé une femme du peuple sur la raison qui lui avait fait noyer son dernier enfant, celle-ci répondit tout naturellement qu'ayant déjà trois fils et trois filles, elle était trop pauvre pour en nourrir davantage.

Mais cela est si peu permis que le gouverneur de Chang-Haï a publié dernièrement un avis rappelant une ancienne ordonnance de l'empire qui défend de noyer ses enfants sous quelque prétexte que ce soit, et cela sous des peines très-sévères.

Il faut bien que l'infanticide ne soit pas en honneur dans un pays dont la population est la plus dense de tous ceux que l'on connaisse (365 millions.) Les Chinois sont d'autant moins malthusiens que le *circulus* de Pierre Leroux y est admis de toute antiquité.

On y croit en général que l'engrais humain est suffisant pour produire de quoi nourrir celui qui l'a produit, pourvu qu'il travaille un peu la rizière et qu'il ne dîne pas chez Chevet.

Tel est le récit, que nous tenons pour très-véridique, fait par ce vieillard, bien avant qu'il fût question de l'œuvre prêchée par M. de Forbin Janson. Sans doute que ce nouveau saint Vincent de Paul aura été induit en erreur par les récits des missionnaires qui avaient saisi le vif pour le mort.

CXXV.

Nous finissons en répétant que le meilleur emploi qu'on puisse faire des 1,200 lieues de corde mises hors de service, serait leur application au sondage chinois; car cette corde est seule capable de faire battre un mouton de fonte ou d'acier de 200 kil. sur le granit, à la profondeur de 2 à 3,000 mètres, ce qui nous rapprocherait assez du feu central pour nous donner de l'eau bouillante ou de l'asphalte, ou un courant de gaz protocarboné, qu'il serait si facile de carburer aujourd'hui à la benzine, pour lui donner le pouvoir éclairant qu'il pourrait ne pas toujours avoir en suffisance, mais il en serait d'autant meilleur pour le chauffage.

A quelque chose malheur est bon. Il y a 30 ans que nous attendions celui-là pour vulgariser le sondage chinois. Quand nous avons fait notre premier puits, c'était une semblable corde qui nous manquait, car celle de chanvre s'est gonflée, éfilochée et pourrie dans l'eau ; celle de notre second puits de l'école militaire, s'est également pourrie et rompue à 800 pieds ; les chaînes que Goulet Gallet, de Reims, et le baron Hémar ont substituées à la corde devenaient trop lourdes à certaine profondeur.

Ce seul inconvénient a empêché Mulot, Degousée, et Kint d'employer la corde qu'ils ont remplacée, les uns par des tiges de bois ferré, les autres par des tubes de fer creux ; mais tout cela dépouillait ce procédé de la plus précieuse de ses qualités, celle de pouvoir relever le mouton cureur et de le redescendre en quelques minutes à l'aide d'un simple treuil ; tandis qu'avec des barres on n'en finit pas.

A une grande profondeur, disait-on, l'élasticité de la corde amortira tellement le choc du mouton que son effet pilonnant deviendra nul.

Que fallait-il donc pour assurer et répandre l'excellent procédé des Chinois, nos maîtres en bien des choses? il ne fallait qu'une corde exactement semblable à celle du câble transatlantique ; mais pas une usine n'était outillée pour en fabriquer ni mille, ni cent mètres, en supposant qu'on leur en eût fourni le plan. Les Chinois tressent à la main des cordes de bambou de 20 à 30 brins, plats comme ceux dont nous faisons nos chaises, en les imbriquant ou tressant en retraite les uns sur les autres ; mais nous n'avons pas un ouvrier en Europe assez adroit pour faire une chose qu'il n'a jamais faite et que tous les ouvriers chinois savent faire. Cette corde est légère, solide, ne se détériore pas dans l'eau et ne coûte presque rien.

Nous avons donc raison de nous réjouir de l'échec arrivé à ce câble, car les morceaux en seront bons, à moins que les entrepreneurs n'aient la malheureuse idée d'inventer une machine pour le défilocher et redresser leur fil d'archal, qui a, dit-on, deux fois et demie la distance de la lune à la terre; puissent-ils ne trouver aucun acheteur de ce fil éreinté!

Ils le déferont pourtant, car ils ne comprendront pas un mot à ce que nous leur racontons sur l'emploi qu'ils en pourraient faire, en supposant que cet écrit leur passât sous les yeux, ce qui est plus que douteux; alors, adieu notre beau rêve de voir un jour la croûte du globe criblée de trous comme une écumoire, d'être éclairés et chauffés au gaz naturel et délivrés des tremblements de terre par des volcans artificiels.

LITHOPHANIE.

ÉMAIL OMBRANT.

Puisque M. le baron de Bourgoing ne craint pas d'avouer ses actes diplomatiques, nous allons dénoncer quelques-uns de ses actes industriels qu'il a pris le plus grand soin de cacher à l'Europe, bien qu'ils lui fassent plus d'honneur que tout ce qu'il a pu faire de mieux pendant sa longue carrière politique.

Il ne faut pas que l'histoire des beaux-arts ignore plus longtemps le nom de l'inventeur de la *lithophanie*, ce merveilleux procédé de reproduction des chefs-d'œuvre de nos maîtres, et de l'*émail ombrant* qui figure sur nos tables, sans qu'on puisse deviner par quelle magie il se produit à aussi bon marché.

Quand M. de Bourgoing voulut bien nous initier à sa découverte sur la table même où nous écrivons ces lignes, il nous pria de taire le nom de l'auteur, pour cause, je crois, de déchéance de caste, car il n'y a pas que les Indous qui craignent de perdre leur caste.

Aujourd'hui que le travail artistique ne déshonore plus, depuis que des rois se sont fait graveur et des princesses sculpteur, il est bien permis aux ambassadeurs de se faire inventeurs ou d'avouer sans rougir qu'ils ont eu la faiblesse de l'être.

Nous allons donc expliquer le *délit* dont M. le baron de Bourgoing s'est rendu coupable en inventant la lithophanie, qui rapporte déjà plusieurs millions de thalers à la Prusse et à la Saxe. C'était fort simple comme vous allez voir :

Il prend un carreau de vitre, verse dessus de la cire fondue mélangée d'une couleur quelconque, à l'épaisseur de deux millimètres environ, de manière à ôter au verre presque toute sa transparence, puis il s'amuse à sculpter à contre-jour un dessin quelconque sur cette cire amollie par quelques gouttes d'essence de térébenthine, en enlevant, à l'aide de petites spatules, les parties qui doivent être plus ou moins claires et rechargeant celles qui doivent rester plus obscures, jusqu'au noir inclusivement. On comprend qu'il dispose ainsi de tous les tons de la gamme, du noir au blanc, et que les corrections sont on ne peut plus faciles.

Voilà le travail de l'artiste terminé; vient ensuite celui du porcelainier, qui se charge d'en tirer autant d'épreuves que l'on désire.

Il n'y avait à cette époque que deux établissements en Europe qui se livrassent à cette industrie, c'était la manufacture royale de Berlin et celle de Meissen, le pays du célèbre Hahnemann; nous allâmes les visiter toutes les deux pour connaître dans ses derniers détails la pratique de cette curieuse fabrication dont les produits remplissent l'Allemagne, pendant qu'ils sont presque inconnus en France et ailleurs faute de brevets.

Voici comment on procède.

La feuille de verre chargée de sa cire est posée à plat sur une table; on l'entoure de quatre briques et l'on coule doucement du plâtre, gaché mou, sur ce modèle, jusqu'à la hauteur des briques.

Quand cette masse est prise, on la retourne, on enlève le type et l'on a une empreinte en creux.

C'est sur cette matrice que l'on pose une galette molle de terre à porcelaine que l'ouvrier fait pénétrer, par une légère pression des doigts dans les creux de la matrice en plâtre, qui enlève même à la terre une certaine quantité de son humidité et la rend plus consistante. Cela fait, on relève ce flan, qu'on laisse sécher à plat avant de l'enfourner pour le dégourdir. On poursuit de la sorte cette espèce de tirage qui marche aussi vite que celui de certaines gravures chalcographiques; elles se vendent de 1/4 à 25 thalers, selon leur grandeur et la perfection du travail. Les plus habiles artistes attachés à ces établissements ne reçoivent que 60 thalers par mois. Ils travaillent d'après des aquarelles ou des dessins quelconques qu'on leur fournit.

Il y a quelque casse et quelques gondolements à la cuisson, mais on brise les épreuves fautives plutôt que de les livrer au commerce. Le peu d'exemplaires qui sortent des frontières d'Allemagne sont cotés à des prix tels, par les marchands revendeurs, qu'ils en ont fait passer le goût aux amateurs.

Il serait à désirer que quelques-unes de nos fabriques de France et de Belgique se décidassent à joindre cette charmante industrie à la leur; beaucoup de nos jeunes artistes y trouveraient de l'occupation, les dames mêmes peuvent travailler à cette industrie. Nous sommes sûr qu'il suffirait d'accorder un brevet d'importation ou de fabrication exclusive au premier qui le demanderait, pour l'engager à faire les premiers frais d'introduction; mais cela n'est pas possible aux termes de la loi insensée qui régit la matière aujourd'hui.

M. de Bourgoing, dit-on, qui n'a pas pris de brevet, a voulu en faire jouir la société de tous les pays. Eh bien! c'est précisément cette liberté de faire qui a empêché de faire. Une invention livrée à la libre concurrence est comme un champ livré au libre parcours, personne ne veut prendre la peine de le fumer et de le cultiver. Cet exemple est saillant, mais il n'est pas le seul de cette espèce, on en peut compter des milliers.

CXXVI.

M. de Bourgoing a complété son œuvre par l'*émail ombrant*, qui est la contre-partie de la lithophanie.

On conçoit qu'une lithophanie cuite puisse être imprimée dans la pâte à porcelaine, destinée à devenir une assiette par exemple; il suffit de la saupoudrer d'un émail coloré en vert, en bleu ou en autre couleur, dont une certaine épaisseur approche du noir, pour obtenir, par la fusion, les diverses teintes provoquées par le plus ou moins de saillie du contre-moule ; car l'émail remplit les creux et découvre les sommets. Malheureusement cette industrie livrée à des mains inhabiles en France a donné rarement des produits irréprochables ; si l'assiette n'est pas parfaitement horizontale au fond de sa gozette, l'émail fondu se porte plus d'un côté que de l'autre et le dessin manque de pureté. On en trouve cependant de parfaitement réussis, ce qui prouve que l'art est bon, mais que l'artisan ne l'est pas. C'est absolument comme en lithographie : l'art est parfait et peut remplacer en tout point la gravure, même sur acier, mais les artistes manquent, ou répugnent de changer de métier ; il est vrai que les éditeurs préférant le métal à la pierre, sont pour beaucoup dans la conservation de la routine. Ils prétendent qu'on ne peut pas tracer une ligne aussi fine sur la pierre que sur le cuivre et l'acier ; or, c'est le contraire qui est vrai, mais on ne peut les convaincre, même en le leur prouvant pièces en main.

Après nous être rendu compte de l'invention de M. le baron de Bourgoing, nous avons proposé d'y ajouter la peinture, et aujourd'hui les Allemands font de charmants petits tableaux lithophaniques.

Nous avions donné à M. de Lucenay l'idée de tirer des épreuves en cire coloriée ; il en a commencé la fabrication, mais la cire exposée au soleil d'une fenêtre se fondait ; il faudrait une autre substance, telle que l'ivoire liquide inventé par une dame de Paris.

Les Allemands font cependant quelques jolies choses en cire ; il en figurait quelques collections à l'Exposition ; celles qui étaient exposées au nord ont résisté, mais les autres ont été fortement avariées par le soleil.

Nous croyons que le dernier mot n'est pas dit sur cette nouvelle branche de l'invention de M. de Bourgoing ; malheureusement les chercheurs devraient être un peu chimistes et connaître la propriété des corps et de leurs mélanges. Cela exige de longues et coûteuses recherches, et la durée des brevets est trop courte pour que les inventeurs puissent rentrer dans leurs avances ; voilà pourquoi on n'avance pas, quoi qu'on dise à tout propos : Voyez le chemin que

nous avons fait avec de mauvais brevets! que ne ferait-on pas avec
de bons?

L'aï qui fait un pas par heure, dit aux souches : Voyez comme
j'avance! Le cerf lui dit : Tu recules et l'aigle donc! Or les inventeurs
sont des aigles obligés d'aller au pas de l'aï, forcés qu'ils sont de
traîner le boulet du brevet de 15 ans chargé de 1,500 francs
d'impôt.

Comment se fait-il qu'il ne se trouve pas en Europe un seul homme
d'État qui comprenne qu'en encourageant les recherches, ou seulement en cessant de mutiler les chercheurs et en leur accordant le
droit commun, il enrichirait son pays sans porter dommage à qui que
ce soit? Cette absence d'intelligence du bien et du juste nous frappe
plus qu'aucun phénomène naturel, car celui-ci nous paraît vraiment
surnaturel et inexplicable autrement que par cette petite fable qui
pourrait bien être la vérité :

LE PRÉCURSEUR.

O mes amis, courons vers ce palais d'Armide,
Dont j'aperçois là-bas la splendide lueur!
    Disait à la foule stupide,
    Un adolescent plein d'ardeur.
    Avancez donc, je vous en prie,
    Ou du moins laissez-moi passer!

    A bas le fou qui nous ennuie!
    Lui criait-on sans avancer.
    Mais l'enfant, rempli de courage,
    Voulant se frayer un passage,
    S'obstinait, coudoyait, froissait
    La foule qui s'épaississait,
    Murmurait, maugréait, maudissait...

    Voilà comment on indispose
    Un entourage qui s'oppose
    A tout ce qui marche en avant...
    Non-seulement cette masse l'arrête,
    Mais le soulève au-dessus de sa tête
    Et le rejette au dernier rang...

    A moins qu'il ne fasse la bête,
    En vérité, je vous le dis,
    Nul ne sera jamais prophète
    En son pays !

L'humanité fort mal pourvue
De bons jarrets,
N'avance qu'à pas de tortue
Vers le progrès,
Mais dans sa sottise elle tue
Ses bons marcheurs,
Sauf à dresser quelque statue
Aux précurseurs.

INUTILITÉ DES LUNETTES.

Un journal scientifique exprime ainsi son opinion sur une lecture que nous avons faite à l'époque de l'Exposition universelle sur la *presbymyopie* :

« La dernière séance de l'Académie a été remarquablement remplie par trois communications importantes de M. Dumas, du maréchal Vaillant et de M. Jobard.

« Le nouveau métal dont on n'avait encore aperçu que des paillettes, a fait aujourd'hui son entrée sous forme de lingot, l'*allucinium*, comme l'appelaient les docteurs, est enfin passé à l'état d'*aluminium*, l'atome est devenu kilo par ordre de l'empereur, aux frais duquel ont travaillé les chimistes de Javelle, qui viennent de trouver le moyen de produire à 10 francs le kilogramme le sodium qui en coûtait 1,000 auparavant, et il en faut trois pour en produire un du nouveau métal.

« A cette nouvelle richesse de la France, le maréchal Vaillant est venu ajouter un sac de minerais d'or et d'argent, d'escarboucles et autres gemmes, dont les gisements viennent d'être trouvés en Algérie, cette grande ferme de l'empire, dont la fertilité a eu le temps de se refaire par une jachère de 1,500 ans.

« Une autre communication de M. Jobard n'a pas moins intéressé l'assemblée : son utilité saute aux yeux, car il s'agit de la guérison de la myopie et du presbytisme par une gymnastique oculaire que chacun est libre de faire pour se débarrasser des besicles, cet *oïdium* vitreux qui menace d'envahir tous les yeux et de passer à l'état d'infirmité congéniale.

« Si l'on continue à libérer les myopes après la publication de M. Jobard, on ne trouvera plus un homme propre au service, à moins qu'on ne réforme ce cas de réforme; car le savant belge indique le moyen de se faire myope ou presbyte à volonté, comme il l'a fait lui-même, après s'être convaincu que l'œil possède la faculté de se mettre au point comme une lunette, en s'allongeant et s'aplatissant sous l'action des muscles qui l'enveloppent et dont on croyait les fonctions bornées au mouvement giratoire; mais, dit M. Jobard, la mise au point ne se faisant pas assez promptement au gré de notre impatience, nous prenons des besicles qui comblent à l'instant la différence; c'est un tort, car, peu de jours après, l'action inconsciente mais certaine des muscles aurait ramené l'angle visuel à son état primitif. Il suffit de répéter les tentatives de lecture deux ou trois fois par jour pour obtenir ce résultat; ce n'est qu'après avoir cessé de lire pendant quelques semaines de voyage que l'on se croit menacé de perdre la vue, mais ce n'est qu'un accident facile à réparer.

« Les sauvages et les marins ont presque tous la vue longue, et les hommes de bureau la vue courte; s'ils changeaient d'état, ils changeraient de manière.de voir au physique aussi bien qu'au moral, et n'y perdraient rien.

« M. Jules Cloquet approuve la théorie de M. Jobard sur les effets de l'innervation automatique et la puissance de la volition prolongée.

CXXVII.

« On comprend que les muscles de l'œil se tendent et se renforcent comme les autres par l'exercice, et qu'ils se paralysent ou s'atrophient par le défaut d'usage comme ceux du pavillon de l'oreille, qui, mobile chez l'homme primitif, est devenu inerte chez nous. Il en est de même des orteils dont les peuples de l'Orient se servent comme de seconde main à défaut de l'étau, qui est la troisième main de l'ouvrier civilisé. Nos orteils ont été atrophiés par les cordonniers, qui font des souliers pour Hercule sur la forme de la Vénus; quand donc les feront-ils assez larges du bout, pour permettre aux doigts de pied de jouer du piano sans accompagnement de cors ?

« M. Jobard regarde comme un préjugé fatal l'idée que l'œil se fatigue à lire de menus caractères et à faire de fines broderies.

« C'est, dit-il, comme si l'on défendait aux enfants de marcher, de danser et de crier, sous prétexte que cela use les jambes et les poumons.

L'œil ne s'affaiblit qu'avec toute la machine, et dans la même proportion.

C'est le contraire de l'idée reçue qui est la vérité : celui qui lit le plus conserve la meilleure vue, comme celui qui souffle le plus dans les instruments à vent conserve les meilleurs poumons, comme vient de le démontrer M. A. Sax dans une brochure fort bien raisonnée. Pas un trompette, pas un clarinettiste, pas un flûtiste ne devient asthmatique et ne meurt de la poitrine, comme pas un horloger, pas un graveur ne devient presbyte.

« L'œil ne s'use et ne s'aplatit point par l'usage, comme on le croit ; il se répare comme tout le reste de l'organisme mais il se ternit et se rouille comme tout ce qui ne travaille pas.

« Nous connaissons un savant d'Égypte, M. Jomard, qui de presbyte en campagne est devenu myope à quatre-vingt-deux ans par le travail de cabinet, comme M. Jobard, qui s'est fait quatre ou cinq fois la vue longue ou courte, selon les professions diverses qu'il a exercées.

« Ces observations nous semblent aussi naturelles qu'elles sont importantes. Lire de fins caractères à une lumière douce réfléchie par un abat-jour, éviter la lumière directe éclatante qui fait sur la rétine l'effet de l'alcool sur l'estomac, tel est le régime que suit et recommande l'observateur belge, qui termine en rappelant que le physicien Plateau a perdu la vue en regardant le soleil. »

GRAND PERFECTIONNEMENT DANS LES MACHINES ÉLECTRIQUES.

M. Perrault, dit Steiner, mécanicien et physicien, de Francfort sur Mein, a inventé en 1847 un système particulier de coussins ou frottoirs et un amalgame métallique pour perfectionner ou renforcer les machines électriques. Ce système, qui lui appartient tout entier ainsi que ses modifications de 1850 à 1855, a très-peu de rapport avec celui de Kienmeier ou de Van Marum qui date de 1788, mais ne ressemble en rien à celui de Ramsden et de Winter. Les dits coussinets ou frottoirs nouveaux qui donnent aux machines électriques soit à plateau, soit à cylindre de Nairne, une puissance de tension plus énergique que tous les autres artifices connus jusqu'à nos jours, consistent d'abord en une plaque de bois bien plane, sur laquelle est établi un rembourrement de plusieurs morceaux de flanelle qui renferment une préparation métallique communiquant à la garniture métallique extérieure de la planchette. Tout cela est recouvert d'une forte étoffe croisée en coton, fixée sur le contour de la planchette; sur cette étoffe de coton est appliquée, à l'aide de suif, une couche d'amalgame, par-dessus laquelle on coud un morceau de fort taffetas de soie, également recouvert d'une couche du même amalgame, qui existe déjà en-dessous sur l'étoffe de coton. C'est la couche extérieure d'amalgame qui frotte contre le verre de la machine, en dégageant l'électricité positive, tandis que l'amalgame sous-jacent s'électrisant négativement, transmet son électricité à l'amalgame du coton, puis à la préparation métallique intérieure du coussin et au sol. Ce taffetas du coussin est cousu au coton seulement de trois côtés; mais du côté opposé au sens de la rotation du plateau, il dépasse le coussin et se prolonge de 5 à 6 centimètres, ce qui empêche l'électricité dégagée, en sortant du coussin, d'éprouver une interruption entre le coussin et l'armature du capuchon, de manière qu'elle passe sans aucune déperdition jusqu'aux dents des conducteurs. Les armatures ou capuchons, qui sont en taffetas de soie blanche sans aucune préparation particulière et sont attachées ingénieusement aux coussins, remplacent les anciennes armatures en taffetas jaune gommé ou verni, qui donnent aux machines pendant l'hiver une humidité froide et en été se collent par la chaleur sur le verre du plateau, et sont ordinairement déchirées, dans tous les vieux cabinets de physique que nous avons visités.

La principale trouvaille de Steiner, c'est son amalgame substitué à l'or mussif; sa composition est en poudre impalpable et très-fine, il nous a seulement fait connaître qu'elle se compose d'étain, de zinc, de bismuth et de mercure; mais M. Steiner n'a pas encore jugé à propos de donner leurs proportions, ni la manière de la préparer, et il fait bien, pour montrer aux ennemis de la propriété intellectuelle qu'un inventeur sait et peut garder son secret, l'exploiter jusqu'à sa mort et l'emporter dans la tombe.

Avec les coussins que nous venons de décrire, on obtient même, par les temps humides, de fortes étincelles; mais par le temps sec, les étincelles partent constamment des mâchoires ou griffes des conducteurs, en suivant la surface du plateau, jusqu'aux coussins du haut et du bas; les étincelles ordinaires du conducteur atteignent une longueur surprenante.

M. Steiner lui-même, en faisant des voyages continuels depuis ces dernières années, a perfectionné ou renforcé un grand nombre de machines électriques d'une partie de l'Allemagne, de la France, de la Suisse et de la Sardaigne; il est dans ce moment en Belgique; il est porteur d'une foule de certificats de satisfaction de tous les savants de l'Europe qui l'ont employé.

Voici quelques-uns des résultats obtenus dans l'ombre par les machines à la Steiner :

Dès les premiers tours, le plateau est entouré d'une lumière qui éclaire toute la machine. Une pluie d'étincelles est attirée par les griffes et s'échappe des franges de soie des armatures, pendant que de longues aigrettes s'élancent de plusieurs points des conducteurs et que de grosses étincelles partent des peignes pour se rendre aux coussinets.

En présentant les bords d'une plaque métallique à la surface du plateau, on obtient des bandes d'une grande intensité lumineuse. Notre confrère, M. Silbermann aîné, a fait en 1850, au Conservatoire de Paris, des expériences sur une très-grande machine armée de 80 jarres; elles ont été répétées cette année à la faculté de médecine, en présence de MM. Foucault, Gavarret et Ruhmkorff, avec un succès effrayant et non sans danger; car quand un fort fil de fer est pulvérisé par une étincelle, il est probable que si elle traversait un homme il serait foudroyé.

La grande machine électrique du Musée a été inaugurée par un accident analogue. M. Canzius, notre prédécesseur, qui l'avait fait construire, à l'heureuse époque où le gouvernement accordait des fonds au directeur du Musée pour faire avancer la science, reçut accidentellement une telle décharge qu'on le trouva étendu par terre quatre heures après. Ce fut son fils, médecin distingué, qui le fit revenir à la vie à force de l'inonder d'eau fraîche. Avis aux personnes qui se trouvent en présence d'un individu frappé de la foudre !

C'est une pareille machine que nous voudrions voir substituer à la guillotine.

CXXVIII.

Tout ceci est fort curieux, mais il serait plus utile de tirer parti de cette puissante action de l'électricité statique en l'appliquant soit à l'éclairage, soit à la réduction de certains minerais, soit enfin à la médecine ou à la chimie; mais les savants purs n'entendent pas de cette oreille; ils ont comme une sainte horreur des applications de la science à l'industrie.

Ils se contentent de répéter ce qui est écrit dans les traités, et ne cherchent pas à diriger leurs recherches vers un but manufacturier.

Ils sont payés pour enseigner ce qui est connu, disent-ils, mais pas pour dépenser leur argent à la recherche de l'inconnu ; fi donc ! on pourrait les prendre pour des inventeurs, cela ferait du tort à leur considération ; c'est bon pour les demi-savants, pour les *tripoteurs*, de faire ce métier de casse-cou ! Aussi les plus grandes découvertes sont-elles dues à ces malheureux qui se ruinent en essais, sans avoir autant de peur d'entamer leur patrimoine que les professeurs officiels d'entamer leur *respectability*. On demandait naguère à une de

ces illustrations de la Catalyse pourquoi il n'appliquait pas les connaissances acquises aux frais du gouvernement à perfectionner
l'agriculture de son pays ; il répondit que la découverte du meilleur
engrais ne conduisait pas aussi sûrement aux honneurs académiques
que la découverte d'un demi-atome d'acide carbonique dans la composition du diamant.

Il est à remarquer que les savants d'état dans tous les genres ne
sont pas ceux qui font les plus belles inventions dans leur propre
partie ; aussi sont-ils très-enclins à repousser et étouffer celles que les
laïques leur présentent : c'est comme un reproche qui les blesse et les
humilie. Quand les hommes *de génie* présentent leur découverte à des
hommes *du génie,* au lieu de rencontrer la bienveillance et les conseils qu'ils allaient chercher, ils n'en reçoivent que des moqueries et
souvent des algarades terribles qui les mettent en fuite avec leurs
rouleaux de papier, qu'on ne leur permet souvent pas d'étaler.

Il n'est pas un inventeur qui ne se reconnaisse dans ce petit tableau
de genre ; aussi s'enfuient-ils dans leur trou pour y travailler à tâtons,
puisque la lumière de la science leur est refusée par les flamines de
la Minerve officielle.

Tout cela fait vivement regretter qu'il n'y ait pas d'atelier d'expérimentation richement doté pour les premiers essais, un hospice de la
maternité où les têtes enceintes pourraient aller se délivrer du fardeau qui fait battre si violemment leurs tempes quand il est à terme.

Il n'y a donc rien d'étonnant de voir les vieux inventeurs devenir
méfiants, moroses et mécontents du genre humain.

La fable suivante fera mieux comprendre notre pensée et apprécier
notre poésie, qui a tant de mérite, nous dit le professeur Altmeyer
qu'il n'en doit plus rester dans notre prose, merci !

LE VIEUX CHIEN.

Après une assez longue absence,
Arthur en rentrant au château,
Veut caresser le vieux Patau,
Témoin des jeux de son enfance ;
Mais le chien lui montre les dents,
Gronde et menace de le mordre.

— Eh bien ! mon ami, quel désordre
Est venu déranger tes sens ?
Toi, jadis, si plein de tendresse,
De bonne humeur, de gentillesse,
Si sémillant, si frétillant,
Et si bonne personne ?...
— C'est la surprise qui m'étonne,
Répond le chien en grommelant ;
Je fus, c'est vrai, dans ma jeunesse,
Beaucoup trop bon, beaucoup trop confiant,
Mon cœur débordait de tendresse,
Je me serais précipité dans l'eau,
Pour tous les gens de ce château ;
Mais j'ai reçu tant d'algarades,
De coups de pieds, de rebuffades,
Que je me suis retiré dans mon trou,
Pour y flair comme un hibou.

Combien de jeunes gens entrés dans cette vie,
Remplis d'amour et le cœur sur la main,
Ont vu changer leur sympathie
En mépris pour le genre humain !
C'est qu'ici-bas l'ingratitude,
L'injustice et la trahison,
Réagissent comme un poison,
Et poussent vers la solitude,
L'honnête homme trompé, qui, s'il n'en devient fou,
Finit ses jours comme un hibou.

Pauvres n'attendez rien, quand le besoin vous presse,
Du vieillard retiré, mais tout de la jeunesse ;
Saisissez de son cœur le premier mouvement,
Car il est toujours bon, nous a dit Talleyrand.

- - - - - - -

DES MOTEURS A VAPEUR D'ÉTHER ET A VAPEURS COMBINÉES.

Les inventeurs nous voyant prendre avec ardeur le parti des inventions que nous jugeons viables, lors même que d'autres les déclarent mauvaises, s'imaginent qu'il leur suffirait de notre avis favorable pour faire que leur invention devînt bonne, du moins pour la spéculation.

On nous écrit des choses bien flatteuses et bien faites pour chatouiller l'amour-propre d'un imbécile ou tenter l'ambition d'un pauvre diable.

« L'autorité qui *s'attache* à si juste titre à vos jugements nous fait
« *attacher* le plus grand prix à votre suffrage; » ou bien, « toute peine
« mérite salaire, et vous pouvez compter sur notre reconnaissance;»
« ou bien encore, « il y a un bon nombre d'actions destinées aux
« collaborateurs, etc, etc. »

Comment tenir rigueur à de si aimables propositions auxquelles se
joint quelquefois la prière de laisser ajouter notre illustre nom à la
liste des honorables membres du conseil de surveillance, d'une affaire
qui doit se faire soit en Algérie, soit au Mississipi?

Grâce à Dieu, nous connaissons depuis trop longtemps l'allure des
affaires industrielles fondées sur des brevets, *sans garantie du gouvernement,* pour donner dans ces panneaux où trop de savants
renommés ont eu le malheur de perdre l'autorité qui *s'attachait*
jadis, à juste titre, à leurs jugements.

Nous n'en dirons pas davantage, ceci serve d'avis aux amateurs
des nôtres ; car avant de nous prononcer sur une invention, nous
voulons y voir clair du haut en bas, nous en avons trop fait nous-
même, pour n'avoir pas acquis l'expérience nécessaire en ces matières
plus délicates qu'on ne pense, puisqu'il s'agit souvent de la ruine ou
du salut des actionnaires.

Nous avons eu l'occasion d'enlever la cataracte à plus d'un grand
seigneur qui se laissait saigner par des inventeurs de mouvement
perpétuel; mais il ne s'agit pas de cela aujourd'hui : la machine à
éther n'est point dans la catégorie des illusions, elle a même quelque
chose de trop séduisant pour les personnes étrangères à la chimie et
à la physique, qui voient l'éther se mettre en vapeur sous la chaleur
de la main et se condenser à la température ordinaire de l'eau, tandis
qu'il faut beaucoup plus de chaleur pour vaporiser cette eau. Malheureusement l'éther qui est si léger, donne une vapeur beaucoup plus
lourde que celle de l'eau, et la force élastique d'une vapeur quelconque
est toujours relative à la chaleur employée à la produire; ce qui veut
dire en termes vulgaires que la force est la chaleur, comme les derniers travaux de nos savants et entre autres de M. Regnault l'ont
démontré à l'évidence.

Ainsi, de quelque façon qu'on l'emploie, ce n'est pas seulement l'union qui fait la force, c'est aussi la chaleur. Introduisez-la dans des barres de fer, dans des liquides ou dans des gaz, ils vous rendront, en la perdant, la force que vous leur aurez donnée; reste à savoir lequel de ces moyens est le plus facile et le plus simple dans la pratique industrielle, soit en l'employant seul, soit en le combinant avec d'autres. Ainsi, l'eau chauffée jusqu'à 99° peut, en augmentant de volume, exercer une force considérable contre les parois qui la contiennent, et c'est sur ce principe que nous avons basé notre théorie de l'essai des chaudières à vapeur, sans pompe d'injection, moyen qui a été appliqué avec succès dans les ateliers de M. Durenne à Paris, mais que la routine administrative a laissé de côté pour en faire plus tard la gloire d'un retrouveur officiel.

Passé 100° l'eau passe à l'état de vapeur, mais en absorbant une grande somme de calorique qui devient latent et s'en va dans l'air comme la chaleur de nos cheminées. On a cherché à le recueillir et à l'utiliser, et on y est parvenu, soit en chauffant de l'eau nouvelle, soit en chauffant des ateliers à l'aide d'un long tuyautage dans lequel se condense la vapeur, en abandonnant sa chaleur latente au métal qui la rend par rayonnement, à l'air de l'appartement.

La perte de la vapeur d'eau est peu de chose en comparaison de la vapeur d'éther ; aussi a-t-on cherché le moyen de ne pas en perdre du tout, en la gardant dans une forêt de tuyaux dans lesquels on la condense à l'aide d'eau froide qui la dépouille de son calorique. Mais à moins qu'on n'ait une source d'eau vive supérieure à ce condenseur, il est besoin de l'élever à l'aide d'une force empruntée à la machine et qu'il faut défalquer de sa puissance théorique.

On avait pensé que la marine était dans les meilleures conditions pour la réfrigération de l'éther ; mais ces bonnes conditions dans les mers du Nord, deviennent de plus en plus mauvaises en approchant de l'équateur où l'on ne trouve plus que de l'eau à 12°, à 18° et au delà, et cette eau chargée de sels finit par incruster le faisceau de tubes plats et très-rapprochés qui constituent le condenseur, de sorte qu'il finit par ne plus rien condenser.

C'est un fait encore peu connu des praticiens que l'incrustation externe des vases métalliques dont le calorique est interne, et nous ne sommes pas surpris que M. Du Trembley n'ait pas songé à cet inconvénient, le plus sérieux qui pût s'opposer à l'adoption générale de sa machine à double vapeur.

Jamais fabrication n'avait été montée dans la prévision d'un plus grand succès. L'atelier de la rue Amelot, dirigé par un inventeur de premier mérite, M. Palmer, avait fait l'entreprise de sept cent mille tubes repoussés pour contenir l'éther ; c'est désolant de voir une pareille affaire, si bien combinée, s'arrêter court devant un grain de sel, et un homme du plus haut mérite en fait d'inventions paralysé du même coup.

On crevait autrefois les yeux aux inventeurs, on leur coupe les bras aujourd'hui par contrat notarié.

Nous n'en dirons pas plus, quoique nous en sachions davantage. Avis à ceux qui se livrent pieds et poings liés au capital inintelligent, oppresseur et jaloux.

La recherche de la paternité des inventions est une chose inutile et impossible ; quand vous croyez tenir le premier inventeur il se trouve qu'il avait un père, un grand père et une foule d'aïeux. Voici M. Tissot, de Lyon, qui, de bonne foi, pense être l'inventeur du moteur lyonnais ou de la machine à éther simple ; mais le premier brevet de M. Du Trembley date de 1842, et M. Nollet, de Bruxelles, l'avait de beaucoup précédé, nous en avions déjà antérieurement abandonné l'idée alors, non comme impraticable, mais comme trop peu profitable théoriquement, pour valoir la peine d'y mettre la main ; car nous n'avions pas la subvention qui a permis à M. Nollet d'exécuter sa machine, laquelle s'est depuis transformée en machine électrique à gaz, produit par la décomposition de l'eau, dont M. Schepard, son associé, a fait briller l'inanité aux Invalides, sous une auguste protection.

Pour en revenir à M. Du Trembley, il travailla avec obstination à sa machine à éther simple, pendant deux ans, avant de se laisser convaincre par les savants, que la production d'un mètre cube de vapeur d'éther, à la pression d'une atmosphère, coûtait autant qu'un mètre cube de vapeur d'eau à la même pression ; bien qu'à 100° la vapeur d'eau n'eût qu'une pression égale à une atmosphère, alors que la vapeur d'éther à cette même température a une pression de 7 atmosphères, à cause de la dilatation différente de ces deux liquides et des quantités respectives de chaleur que contiennent leur vapeur. Le célèbre Dalton qui a fait de nombreuses expériences dans ses derniers jours sur les vapeurs de toute espèce, nous avait expliqué cette loi dans son cabinet de Manchester en 1831, ce qui a détruit nos illusions au sujet de la machine à éther sur laquelle nous étions allé le consulter.

M. Du Trembley s'étant adressé à l'ingénieur Philippe pour la construction de sa machine, celui-ci nous a affirmé qu'il avait donné à M. Du Trembley l'idée de la machine à double vapeur; c'est-à-dire de réunir sous le même bras d'un balancier une machine à vapeur d'eau et une machine à vapeur d'éther, et de faire vaporiser l'éther au moyen de la vapeur d'eau après son expansion, de sorte qu'il trouvait là une source de chaleur qui ne coûtait rien.

En effet, le succès fut des plus complets; on atteignit tout d'un coup une économie de plus de 50 p. c., qui ne se démentit jamais pendant les expériences officielles nombreuses qui furent faites par ordre du gouvernement, dans plusieurs voyages sur la Méditerranée, de Marseille à Constantinople et ailleurs. Quand on sait que la vapeur d'expansion s'échappant à 100 °après avoir accompli son travail mécanique peut encore élever la vapeur d'éther à 7 atmosphères, il est facile de voir pourquoi cette puissance additionnelle ne coûte rien. Mais M. Du Trembley ne se borne pas à cela, il poursuit l'idée qu'avec des liquides bouillants à des températures graduées, que la chimie connaît, on pourra retirer d'un kilog. de charbon trois ou quatre fois plus de travail mécanique qu'on n'en obtient aujourd'hui; mais une pareille machine n'est bien praticable que dans les pays froids.

Si la chimie trouvait un liquide non inflammable et non explosible, la machine à vapeur compliquée deviendrait d'un usage général, malgré le plus haut prix de sa construction.

Il ne faut pas non plus oublier le surcroît de dépense nécessité pour le *rifreshment*, quand on n'a pas de chute d'eau froide à sa disposition.

Il existe déjà sept bateaux pourvus de la machine de M. Du Trembley, entre autres le *Kabyle*, le *Zouave* et le *Sahel*, sans compter le remorqueur qu'il établit en ce moment entre le Havre et Paris; mais M. Tissot, qui ne fait que débuter, n'en a qu'une de 10 chevaux établie dans une brasserie lyonnaise; elle ne brûle que 1,50 kil. par heure et par cheval, mais on sait combien nos bons constructeurs de machines ordinaires se rapprochent de ce chiffre avec les doubles enveloppes.

On atteint évidemment ce minimum de dépense par les nouveaux gazogènes de Beaufumé et Dumoulin, qui ont trouvé beaucoup d'avantages à brûler le gaz mêlé à l'air sous les chaudières, puisqu'on parvient de la sorte à vaporiser 10 kil. d'eau au lieu de 6, avec un kil. de charbon; mais nous nous demandons ce qui arriverait si l'on combinait ou additionnait dans une même machine tous les moyens d'économie présentés dans ces derniers temps; il est probable que les chiffres économiques donnés par les inventeurs dépasseraient zéro dépense.

Nous parlons sérieusement, en disant que les appareils Beaufumé, Dumoulin, Duméry; etc., appliqués à la machine à éther de MM. Du Trembley et Tissot avec les enveloppes de Farcot, on atteindrait un minimum de consommation inférieur à un kil. de houille par force de cheval et par heure, mais il y aurait une autre source d'économie considérable à se servir d'un combustible à meilleur marché, tel que la tourbe convertie en gaz, qui nous ramènera bientôt à la machine à grisou de Brown.

Il n'y a rien d'impossible à cela. Le plus difficile est d'amener les inventeurs à une fusion d'intérêts et d'amour-propre, sans compter la mesquine opposition des producteurs de combustible qui se croiraient lésés par par le succès de la vapeur à bon marché, sans vouloir considérer qu'ils se rattraperaient, comme on dit, sur la quantité de moteurs dont l'industrie ferait un plus grand emploi. Ce serait ici le cas d'exproprier les inventeurs pour cause d'utilité publique.

Nous croyons avoir éclairé déjà suffisamment la question pour les industriels qui nous liront, mais il nous reste l'objection des incrustations externes des machines à éther, qui peut être levée par l'épuration préliminaire de l'eau destinée à la condensation.

Quant au *moteur lyonnais* à éther seul, nous avons peine à croire qu'un homme aussi considérable que M. Latapie soit venu présenter à l'Académie un rapport sur la machine de M. Tissot, s'il ne lui avait pas reconnu des qualités nouvelles que nous allons résumer.

L'éther employé par M. Du Trembley finit par s'acidifier avec le temps, à altérer le métal et occasionner des grimpements.

Oui, répond M. Du Trembley, cela est arrivé une fois, avec de l'éther de garance qui contenait de l'acide sulfurique; mais l'éther ordinaire n'a jamais présenté aucun de ces inconvénients et ne s'est jamais acidifié, après un emploi prolongé depuis 1844.

L'éther pur attaque ou doit attaquer et dissoudre la graisse des boîtes à étoupes; c'est pour cela que M. Tissot ajoute à 100 litres d'éther 2 litres d'huile essentielle et fait passer son éther injecté par la pompe, à travers une mince couche d'huile d'olive ou de pied de bœuf qui la surnage.

Il en résulte que l'éther entraîne une portion de cette huile qui va lubrifier les parties frottantes, et comme on a dissous un gramme de soude par litre dans l'eau qui occupe le fond de la chaudière, on obtient un savonule d'éther très-favorable à la lubréfaction, qui n'altère pas le lut d'albumine et de chaux des joints, et entretient, plutôt que de les dessécher, les boîtes à étoupes; nous en recommandons l'emploi pour tous les frottements.

Ces fermetures se composent de chanvre trempé pendant 24 heures dans un mélange de deux tiers d'huile d'olive et d'un tiers de poudre de stéatite ou craie impalpable de Briançon; cette tresse qui embrasse la tige du piston est elle-même embrassée par un manchon de caoutchouc sulfuré dont l'élasticité rétractile continue, maintient parfaitement la tresse de chanvre contre la tige mobile. Il est bien entendu qu'il faut que ce manchon soit ouvert de force quand on le met en place. Nous ne voyons rien de mieux que cet artifice pour rendre étanches toutes les boîtes à étoupes des machines à vapeur quelconques.

Il est bien entendu qu'il faut conserver le chapeau virole de retenue. Il n'y a plus moyen de perdre par là ni vapeur ni éther.

Nous pensons donc que M. Latapie a bien mérité de l'industrie en faisant connaître les différentes améliorations introduites par M. Tissot dans l'emploi des machines à éther. Mais nous n'en restons pas moins convaincu que c'est la chaleur qui fait la force et non l'excipient; qu'il s'appelle eau, air, éther, sulfure de carbone, chloroforme, amylène, méthylène, gaz acide carbonique, carbure d'hydrogène, mercure (1) ou barre de fer.

C'est toujours la chaleur qui dilate les corps, en s'insinuant entre leurs molécules et qui les condense en les abandonnant. C'est cette alternance du chaud au froid qui fait la force dont on doit chercher à tirer le meilleur parti possible selon les lieux, les temps et les circonstances. Toute autre théorie est rêverie ; la force animale elle-même n'a pas d'autre source ni les moteurs naturels non plus ; les vents et les cours d'eau, et le mouvement de la terre et des astres, obéissent sans doute à la même loi, car la Providence n'emploie pas deux moyens différents quand elle en a un bon.

Mais il en est une de loi qui ne nous paraît pas naturelle et qui nous indigne, c'est celle du vol et du plagiat éhonté des inventions; par exemple, de celle qui consiste à surchauffer la moitié ou le tiers de la vapeur, qu'on fait rencontrer avec la vapeur saturée, dans une boîte où elles se mélangent à volonté avant d'entrer sous le piston. On obtient positivement, de la sorte, une économie de charbon de 50 p. c., en comparant son effet avec celui de la vapeur ordinaire et de 25 p. c. en le comparant à celui de la vapeur surchauffée en totalité.

C'est un Américain, un ancien membre du Congrès, M. Wethereld, de Wethedreville, qui vient réclamer le prix de 6,000 francs promis par l'Académie de France, et qu'il enlèvera sans doute comme la médaille d'or de l'Exposition, au nez et à la barbe de l'inventeur français, M. Sorel, dont le brevet a été, comme tant d'autres, la proie des flibustiers de l'autre monde. Nous supposons que M. Wethereld, satisfait de la gloire et des nombreux dollars

---

(1) On fait grand bruit en Piémont d'une machine à mercure qui n'a pas plus de chance d'être plus économique que les autres, d'après la loi générale que nous venons de rapporter.

qu'il retire déjà de ce simple artifice, en Amérique et en Angleterre, fera encore cadeau de ces six mille francs à l'inventeur réel, par reconnaissance du complaisant silence qu'il a gardé à l'Exposition de 1855.

Si les rédacteurs de journaux scientifiques possédaient un peu plus d'érudition technologique, ils pourraient être les juges de paix et les gardes champêtres du domaine de l'invention, ravagé par les maraudeurs, avec un laisser-aller, un décolleté, un sans-gêne impayables. Il suffirait de les siffler avec toutes les trompettes de la renommée pour les faire sauter par-dessus les clôtures, ou les empêcher de les franchir.

Nous recommandons au cercle de la *Presse scientifique* qui va s'ouvrir à Paris, entre les rapporteurs des journaux, de former un syndicat pour la défense des abeilles contre les frelons; ils auront bien mérité des inventeurs français surtout, dont la mansuétude forcée égale la fécondité.

RUBENS INVENTEUR DE LA STÉRÉOSCOPIE.

Il est peu de curieux qui n'aient visité le muséum de Trafalgar-square, et parcouru le salon de Rubens; mais personne ne s'est rendu compte de l'artifice à l'aide duquel ce grand peintre donnait à ses tableaux ce relief, ce mouvement et cette transparence inimitables qui distinguent ses productions.

Voyez l'*Enlèvement des Sabines*, qui, par parenthèse, sont représentées par de blondes Flamandes vêtues de lampas du temps de Philippe le Bon, caressant plutôt qu'arrachant de leurs doigts rosés la moustache de ces féroces Romains; elles ont plutôt l'air de dire : *Chers brigands!* que de crier : *Aux voleurs!*

Telle fut sans doute l'intention malicieuse de cet homme d'esprit; mais ce tableau fut aussi le premier qu'il peignit des deux yeux; il venait de découvrir le principe de la stéréoscopie, car jusque-là on n'avait peint que d'un œil.

L'ancienne école allemande, avec ses profils nettement accusés, ses silhouettes découpées et collées sur la toile, nous prouve que les premiers artistes fermaient un œil pour regarder leurs modèles, ou qu'ils avaient l'œil droit plus fort que l'autre, comme beaucoup d'individus. Or, il est évident qu'un peintre qui a les yeux d'égale force ne voit pas comme tout le monde, et que les objets lui paraissent entourés, à droite et à gauche, d'une sorte de pénombre résultant de la séparation des deux yeux, qui permet de voir un peu plus de la moitié des objets, tandis que les lignes horizontales sont nettes et sans auréole; c'est cela qui fait apprécier le relief des corps, sans quoi nous ne distinguerions pas la statue de la grisaille, ni la réalité immobile, de la peinture, ce qui arrive toujours aux borgnes.

Les sourds privés d'une oreille ne savent pas apprécier non plus le point d'où part le son qui frappe leur unique tympan, l'intéférence de la lumière et du son étant la cause unique de ces deux phénomènes délicats. Il est probable que l'hémiplégie des organes du goût et de l'odorat produit les mêmes erreurs d'appréciation en ce qui les concerne.

Voyez cette bordure plus large que le doigt qui accompagne les contours des bras, des jambes et des profils de Rubens, je vous défie d'en fixer la limite à plusieurs lignes près; c'est ce qui fait le désespoir des graveurs, qui, prenant tantôt en dehors, tantôt en dedans de la pénombre, nous ont souvent donné des tracés informes de tableaux qui ne l'étaient pas.

Savez-vous comment nos corrects artistes ont appelé ces pénombres qu'ils ont prises pour des incertitudes, des grattages, des corrections mal faites qui laissaient percer les objets de dessous, à travers cette espèce d'auréole? Ils les ont appelés des *regrets*, des *repentirs* et quelquefois des *négligences*. Ils étaient loin de se douter que c'est cela qui donne la transparence, le relief et le mouvement aux tableaux de Rubens et à ceux de quelques-uns des plus célèbres peintres qui ont deviné ou imité son secret en peignant des deux yeux.

Regardez un objet alternativement d'un œil et de l'autre, et vous verrez cet objet se déplacer d'autant plus sensiblement qu'il est plus rapproché de vous; dessinez-le dans ces deux positions et vous aurez la largeur de la pénombre cherchée. Cette pénombre, sur laquelle repose la stéréoscopie, est transparente et permet d'apercevoir vaguement les objets de dessous, de sorte qu'il y a en réalité plus de choses visibles dans les tableaux de Rubens que dans ceux d'Albert Durer, de Van Eyck ou de Hemmelinck.

Les anciens, dit-on, peignaient le mouvement d'un fuseau en action, d'une toupie roulante et d'une roue de char au galop; c'est-à-dire qu'ils peignaient ce qu'ils voyaient. Dantan a deviné leur secret en donnant vingt doigts à Liszt au piano. Il suffit d'agiter vivement la main devant soi pour en compter autant. Une baguette agitée de la sorte vous en fait voir deux, plus une traînée intermédiaire; n'hésitez pas à les peindre en demi-teinte comme vous les voyez, ce sera la nature en mouvement.

Ces observations, comprises, amèneront un perfectionnement dans la peinture; mais cela exige un genre d'études qu'on ne fera jamais dans les écoles officielles. Il faut donc attendre la venue d'un artiste indépendant comme Wiertz, qui ne craint pas de laisser des queues d'ombre diffuses à la suite de ses personnages volants, ce qui indique la place qu'ils viennent de quitter.

Quand tous nos artistes auront pris l'habitude de peindre ce qu'ils voient des deux yeux, et qu'ils tiendront compte de la persistance de l'image sur les organes de la vision, nous verrons une véritable révolution s'accomplir dans la peinture.

A propos de stéréoscopie, nous devons consigner ici qu'un observateur, dont nous avons oublié le nom, vient d'en présenter un à l'Académie, qui est destiné à allonger la vue, en donnant du relief aux objets lointains. Voici en quoi consiste cet instrument : sur les deux extrémités d'une planche d'un mètre ou deux, plantez deux miroirs ouverts à 45°.

Au milieu de la planche dressez deux autres petits miroirs parallèles, destinés à recevoir les images renvoyées par les grands miroirs; regardez ces miroirs l'un avec l'œil droit, l'autre avec l'œil gauche, et vous aurez la sensation des reliefs lointains, comme si vos yeux étaient écartés de un ou deux mètres.

Nous travaillons à mettre dans la poche cet instrument tout à fait importatif, comme il a été fait par l'inventeur, qui ne le donne que comme un meuble à placer sur la fenêtre d'un château; tandis qu'avec le nôtre, on pourra aller à la chasse des points de vue. Ce qu'il y a de favorable au rapprochement des lointains, c'est qu'on peut les regarder avec une double lorgnette de spectacle et avec des lunettes ordinaires.

DÉCOUVERTE DU DIAPASON NATUREL.

Il est d'une grande importance de ne jamais perdre les étalons qui nous servent de mesures légales, et de pouvoir les retrouver s'ils venaient à s'altérer. Les fraudeurs auront beau désormais abaisser l'étalon métrique et les compositeurs élever l'étalon diatonique, on pourra toujours les rajuster en suivant les procédés que voici :

Pour le mètre, prenez la dix millionième partie de la distance du pôle à l'équateur; c'est fort simple, comme vous voyez, mais vous serez un peu embarrassé peut-être; tandis que si vous avez perdu votre *la*, non le *la* de l'opéra, mais le *la* de Beethoven, de Gluck, de Mozart, il n'y a qu'à tourner la tête pour dire *non*. Dans toutes les langues du monde, c'est le signe universel de la négation. Eh bien! c'est celui-là qui donne le *la* au moyen duquel vous pourrez mettre d'accord tous les instruments de l'univers.

Il y a quelques années que le baron Cagnard de la Tour, observateur aussi consciencieux, mais aussi paresseux que Robert, est venu apprendre à ses collègues de l'Académie des sciences, qu'il suffisait de tourner vivement la tête de droite à gauche, pour entendre le *la*. Chacun répéta à l'instant la première leçon du conscrit : tête droite; tête gauche! ce qui fit croire à une condamnation unanime du fait annoncé par leur collègue auquel on n'a pas laissé le temps d'expliquer comme quoi ce *la* là ne pouvait être entendu au sein de l'Académie, à cause du frôlement des cravates et des faux cols empesés qui suffisent pour couvrir cette faible note laquelle ressemble au bruit sec et lointain d'un marteau frappant sur une enclume.

On rit beaucoup de cette idée qu'on regarda dans le monde scientifique comme une rêverie du bonhomme ou comme un fait isolé qui lui était particulier. Cependant il nous a démontré qu'en sifflant d'accord avec la note interne qu'il entendait et en touchant le *la* de son piano, son sifflet se trouvait à l'unisson.

Nous venons aujourd'hui confirmer cette découverte en expliquant le mécanisme qui la produit :

On sait que chacun de nous a dans le tuyau de l'oreille une enclume, un marteau, un tympan, des fenêtres, des étriers, des osselets, des chapelets et une foule de choses dont on ne se douterait pas. Eh bien ! le mouvement brusque de droite à gauche met en jeu ledit marteau, dont le manche est attaché au centre du tympan. Or ce marteau frappant l'enclume, met en jeu tout le système acoustique, quand on branle un peu vivement la tête de droite à gauche, car il est aussi naturel d'entendre en dedans du tympan que de voir en dedans de la cornée.

Ce son ne se produit que dans une oreille chez ceux qui ont la voix fausse, c'est-à-dire une oreille rouillée ; ceux qui entendent un double *la* à l'unisson sont nés virtuoses, ceux qui n'entendent rien sont des imbéciles qui feront bien de ne pas se vouer au culte d'Amphion.

L'heure de l'expérimentation la meilleure, est celle où l'on sort du lit, avant d'avoir mis sa cravate ; il faut fermer les yeux pour mieux entendre cette musique produite, nous le répétons, par le tremblotement du marteau suspendu par des attaches élastiques à côté de l'os creux qu'on appelle l'enclume.

Il y a donc toute une étude à faire sur ce point de physiologie. Il faut s'assurer d'abord si toutes les enclumes frappent le *la*, si toutes les races ont le même diapason, et si les deux oreilles sonnent à l'unisson, ou s'il y a accord ou dissonance entre l'une et l'autre, ce qui indiquerait qu'on a la voix congénialement juste ou fausse, et dans ce dernier cas il n'y aurait aucun remède, car ce défaut originel se transmet fidèlement du père au fils, comme nous avons eu l'occasion de le constater. Le père et la mère ayant la voix fausse ne peuvent engendrer un musicien et *vice versâ*. Ce moyen sera peut-être employé judiciairement quelque jour, pour reconnaître la légitimité des enfants naturels.

Toute oreille dure est celle dont le marteau ne vibre pas facilement, soit que les attaches deviennent cartilagineuses, soit qu'il y ait encombrement dans les conduits de l'oreille moyenne. Les tintements ou bourdonnements proviennent de l'affluence du sang passant avec violence dans les artères de l'appareil auditif, par suite de la fièvre, ainsi que des pulsations du fluide nerveux qui battent de quatre à six fois plus vite que les pulsations de l'artère sanguine, ce dont on peut s'assurer en se fourrant le doigt dans l'oreille ; on entend alors très-distinctement le roulement des pulsations du fluide nerveux, observation nouvellement présentée à l'Académie qui la laissera mourir comme tout ce qui est trop nouveau et peut déranger le *statu quo*.

DU BLANC D'ARGENT.

POISON DES DENTELLIÈRES.

On sait que la céruse est un poison qui fait un grand ravage sur la santé des dentellières, lesquelles blanchissent leurs applications par le battage qui produit un nuage de poussière délétère qu'elles respirent sans se douter du danger.

On a beau leur dire que le *blanc de plomb* est un poison ; elles vous répondent qu'elles se servent de *blanc d'argent*. Or le blanc d'argent n'est que de la céruse comme le blanc de plomb.

Ce faux nom est une tromperie commerciale analogue à celle des marchands de vin qui damnent les Turcs avec l'étiquette de *Tisane de Champagne*.

Nos chimistes sanitaires qui s'occupent avec tant d'ardeur à verbaliser contre les industries insalubres, au lieu de chercher les moyens de les assainir, n'ayant pas trouvé d'antidote au blanc d'argent, nous avons cru devoir nous adresser à un savant étranger, M. Kuhlmann, de Lille, qui ne croit pas déroger en appliquant sa science à l'industrie. Voici ce qu'il nous envoie sur l'innocuité du sulfate artificiel de baryte, qu'il veut substituer au blanc de plomb dans la peinture.

« Pendant huit jours, j'ai nourri des poules avec de la farine mise en pâte avec 1/3 de sulfate de baryte ; j'ai nourri un petit chien pendant deux jours en mêlant à ses aliments 22 grammes de cette substance par repas, sans qu'il se soit manifesté aucun symptôme malodif; de ce côté donc, innocuité complète dans la fabrication.

« Je n'ai pas été aussi heureux dans l'application au blanchiment de la dentelle de Bruxelles : le sulfate ne pénètre pas aussi bien ni en si grande quantité dans les tissus façonnés ; il semble que bien qu'il soit le résultat d'une précipitation chimique, il n'acquiert pas la ténacité du blanc d'argent en poudre, — le battage ne produit pas avec le sulfate barytique un nuage de poussière comparable à celui que produit la céruse.

« Lorsque le sulfate est bien desséché et que le dessin à appliquer est légèrement humide après avoir séjourné quelque temps entre plusieurs doubles de flanelle humectée, le sulfate s'y fixe et s'y fixe solidement, mais l'adhésion à la surface n'est pas si grande et le dessin de dentelle sort de l'opération du battage avec moins de blancheur, mais il est à remarquer que l'excès de blancheur que donne la céruse est en grande partie superficiel.

« Ainsi j'ai fait l'expérience de battre entre des doubles de flanelle les broderies à appliquer, blanchies par la céruse et par le sulfate de baryte, et de cette opération il est résulté que la broderie blanchie par la céruse a perdu une grande partie de sa céruse qui s'est déchargée sur la flanelle, tandis que la broderie blanchie au blanc de baryte a très-peu perdu. En dernier résultat les deux produits avaient une nuance sensiblement égale.

« Au point de vue de la facilité du blanchiment des dessins de dentelles, le blanc de zinc se place entre la céruse et le blanc de baryte.

« Reste, au profit de l'emploi du blanc de baryte surtout, l'avantage d'une entière inaltérabilité par les émanations d'hydrogène sulfuré, ce qui est un point important dans la question.

« Je dirai, en terminant, que le battage des dentelles avec le blanc d'argent se faisant au moyen de la semelle d'une pantoufle, la dentelle étant logée avec la poudre blanchissante entre plusieurs doubles de papier glacé dont les bords sont repliés sur eux-mêmes, de manière à bien clore l'espace où le travail s'accomplit, l'ouvrier n'est pas sérieusement exposé, alors surtout qu'il ne défait pas les plis trop promptement et avant que le nuage de poussière ait disparu ; que ce battage, dis-je, ne présente pas, dans ces conditions, des dangers tels qu'il faille arriver dès aujourd'hui à une interdiction absolue de ce travail. Je crois que des instructions pourraient être rédigées de manière à faire ressortir les dangers qui résultent d'une application inintelligente du procédé et de la négligence des ouvrières qui, le plus souvent, ne sont pas averties.

« J'espérais dans mes expériences arriver à des résultats plus décisifs, mais je vous envoie un compte fidèle de mes observations, sans parti pris d'avance.

« Je poursuivrai cependant quelques essais et je me ferai un plaisir de vous écrire encore si quelque résultat utile me paraît digne de vous être signalé.

« Ces expériences ne m'écartent pas du cadre de recherches que j'ai entreprises depuis plusieurs années et qui concernent la fabrication des sels barytiques et leurs applications dans l'industrie. »

Voici la lettre de M. Kuhlmann où ce savant nous apprend que la question du battage des dentelles a éveillé l'attention du gouvernement français :

Mon cher monsieur JOBARD,

J'ai été consulté il y a quelque temps par le secrétaire du comité consultatif des arts et manufactures, établi près le ministère du commerce de France, sur le moyen de substituer au blanc d'argent, pour le blanchiment des dentelles, quelque autre matière présentant moins de dangers pour la santé des ouvrières qui se livrent à ce travail.

Je m'empresse de vous envoyer la copie de la lettre que j'ai écrite à cette occasion.

Depuis cette époque, j'ai examiné un produit que l'on propose de substituer au blanc d'argent et dont un échantillon m'a été envoyé de Belgique.

Ce produit n'est autre chose que du sulfate de plomb qui, à raison de sa grande insolubilité, doit en effet présenter à l'emploi, moins de danger que la céruse.

Je ne perdrai pas de vue votre demande d'envoi au Musée de l'industrie d'échantillons de mes silicates.

J'espère pouvoir y joindre des spécimens de l'application que j'en ai faite à la peinture, etc.

Agréez, etc.

FRÉD. KUHLMANN.

VIN ROBERT. EAU NORMANDY.

Nous avons déjà initié nos lecteurs à l'admirable procédé de révi-
nification des vinasses, ou vins épuisés de leur alcool par la distillation. Cette découverte est tellement importante que nous ne voulons
pas laisser échapper la moindre notion qui puisse parvenir à notre
connaissance, sans en faire jouir nos souscripteurs; ils ne diront pas
du moins que nous ne leur en avons pas donné pour leur argent, car
il y aura plus d'une immense fortune faite par ceux qui sauront nous
comprendre.

Il ne s'agit pas ici de la chaptalisation des vins, ni des vins d'eau
sucrée, ni des milliers de recettes qui se vendent sous le manteau
pour faire des vins sans raisin et des imitations de boissons mécaniquement alcoolisées; celle-ci est la recette du bon Dieu lequel ne recon-
naîtrait pas le vin de Robert, de son vin à lui, car le vin Robert est
bien le jus de la vigne du Seigneur, qui lui a dit comme à toute chose:
Croissez et multipliez. C'est ce qu'a fait M. Robert.

Un habile inventeur aussi, un Langrois, M. Champonois, a proposé
de multiplier le vin, le cidre, par addition d'alcool au marc fermenté:
il croyait sans doute présenter une idée nouvelle, mais elle apparte-
nait depuis longtemps à M. Robert, qui l'avait répudiée après de
grandes expériences faites en 1855.

Voici en quels termes il s'explique:

« Ce que conseille M. Champonois n'admet aucun doute, puisque sa
théorie a été confirmée par ma pratique; mais ainsi qu'il arrive aux
bonnes choses, le mieux a remplacé le bien, ce procédé a cédé devant
un meilleur. Voici pourquoi:

« L'eau a deux graves inconvénients: le premier c'est que son
immixtion dans le vin est interdite par nos lois pénales qui la quali-
fient d'agent falsificateur, dans quelque but, sous quelque forme, pour
quelque motif et sous quelque prétexte qu'elle ait été opérée; le
second, qu'il est peut-être superflu de signaler après l'absolutisme
du premier, c'est que l'eau ordinaire ne peut jamais remplacer, dans
le vin, l'eau de végétation du raisin; il semble qu'elle ait besoin
d'être épurée au crible subtil de l'organisme.

« Les vins à l'eau sont toujours plus froids et plus plats; la saveur de l'eau s'y fait de plus en plus sentir, ils finissent vite et mal. En effet, tous les éléments du vin ne se trouvent pas toujours en proportions égales ou suffisantes dans les marcs déjà épuisés; on a beau y ajouter de l'eau et de l'alcool dans les proportions voulues, ces deux éléments ne constituant pas à eux seuls le vin, sont impuissants à combler les lacunes.

« D'un autre côté l'alcool qui, selon la juste expression du savant Gay-Lussac, a été flétri par la distillation, ne reprend plus dans le vin, le moelleux, la fraîcheur, le parfum qu'il possède quand il a été développé par la fermentation, il ne s'unit jamais si intimement et de la même manière aux autres éléments du vin.

« Frappé de ces imperfections, je suis parvenu à les faire disparaître, en remplaçant l'eau par le vin distillé (vinasse), et l'alcool tout fait par le sucre destiné à le développer naturellement dans le vin par la fermentation.

« De cette façon, mon procédé ne consiste plus qu'à répéter ce qui a déjà été fait par la nature. En quoi la vinasse provenant de vin naturel qui a été soumis quelques heures à une ébullition ménagée diffère-t-elle de ce vin? en ce qu'il a perdu l'alcool, un peu d'eau et d'huile essentielle; or l'eau et l'huile essentielle sont généralement en excès dans les vins de brûlerie, qui leur doivent leur platitude et leur goût dit de terroir.

« La vinasse qui est le vin, moins l'alcool, de l'eau et de l'huile essentielle, peut aussi être considérée comme moût du raisin, moins du sucre, du ferment, de l'eau et de l'huile essentielle, c'est-à-dire comme du moût peu sucré et concentré par l'ébullition ainsi que le préparaient les anciens, et que le préparent les modernes pour l'améliorer quand il est trop aqueux et qu'il contient trop d'huile essentielle.

« La vinasse est donc en définitive un moût concentré, mais trop pauvre en sucre (1). (J'ai constaté que la vinasse contient encore du sucre.)

---

(1) La vinasse ne coûte pas plus cher dans les pays à distillerie que l'eau, car on la jette quand on ne peut pas la rétablir. Son emploi, indépendamment de ses

« Chaptal, Parmentier et d'autres grands œnologues nous ont enseigné le moyen de corriger les moûts trop peu sucrés, c'est d'y ajouter du sucre comme le font, disent-ils, depuis plus de 50 ans, quelques propriétaires de grands crus du Bordelais et de la Bourgogne, lesquels ont, par ce moyen, donné une réputation méritée à leurs vins qui se vendent plus cher que ceux de leurs voisins.

« En versant sur le marc frais, qui est le raisin moins le moût, de la vinasse sucrée qui est le moût enrichi, je reconstitue le raisin complet et foulé dans les conditions normales, où il se trouve d'ordinaire dans la cuve après la vendange; en abandonnant cette cuve à la fermentation vineuse naturelle sous l'influence du ferment naturellement contenu dans le marc et dans la vinasse, il se produit un vin comme celui d'autrefois, car mon procédé n'a de nouveau que de recueillir une matière première qui avait jusqu'alors été considérée à tort comme un résidu sans valeur et sans utilité.

« L'art est parvenu à créer l'alcool de diverses substances étrangères à la vigne, tandis qu'il est resté impuissant à créer la vinasse, c'est-à-dire la portion du vin qui n'est pas l'alcool; cette partie essentielle du vin sans laquelle le vin n'existerait pas, ne pourrait-elle pas avec raison être considérée comme la matière précieuse de la vigne, car s'il en était d'elle comme de l'alcool, la vigne serait exposée à céder la place au tubercule, à la racine ou à la graine, qui pourraient la fournir? »

« L'alcool sur le marc présente deux autres inconvenients assez graves pour rendre le procédé généralement impraticable. »

« C'est qu'il *mute* le marc et gêne ou empêche la fermentation tumultueuse en précipitant le ferment et les sels de tartre. »

« C'est qu'il est en grande partie absorbé par le marc, comme cela arrive toutes les fois qu'on met un fruit dans l'eau de vie. Au bout de quelques jours, ce fruit se trouve beaucoup plus alcoolisé que le

---

autres avantages, présente de l'économie même sur celui de l'eau, parce qu'elle contient encore du sucre en plus ou moins grande quantité qui, après avoir échappé à la première fermentation, se décompose à la seconde en alcool qui ne coûte rien.

liquide qui le contient (1). Ainsi en versant sur du marc de l'eau alcoolisée à 10 °/°, par exemple, on n'en retire plus du vin à 10 °/° d'alcool. L'alcool absorbé par le marc résiste par le même motif au lavage modéré. La distillation seule peut l'extraire complétement et promptement. Mais au lieu d'alcool fin, on n'obtient plus que de l'eau-de-vie de marc ; il y a donc perte ou dépense inutile. Pourquoi ne pas employer tout simplement la matière sucrée à développer l'alcool dans le vin ? N'y gagnât-on que les frais de distillation et les droits de régie, que ce serait déterminant. »

Nous sommes si heureux d'avoir mis en lumière les deux découvertes les plus utiles du siècle, le bon vin et la bonne eau, qui marchent d'un pas égal vers un immense succès, que nous ne voulons plus les séparer.

Après le vin pourtant, l'eau de mer potable. Voici ce que nous apprenons de l'appareil Normandy.

Le grand alambic commandé par la *Peninsular and oriental steam navigation Comp.*, fournissant 25,000 litres de bonne eau douce aérée par jour, est parti de Londres pour *Southampton*, en route pour la station d'Aden, dans la mer Rouge.

La *Royal steam navigation Comp.*, voyant les résultats obtenus sur l'*Atrato*, a incontinent commandé trois appareils pour l'*Orinoco*, le *Magdalena* et le *Parana*, et ainsi de suite pour tous les vaisseaux de sa flotte à mesure qu'ils reviendront au port.

L'inventeur ne se serait pas douté que son eau ferait concurrence à celle du Nil, qui alimente exclusivement la ville de *Suez*. Sur les rapports du comité médical de l'armée, l'hôpital militaire de cette ville va être fourni d'un appareil Normandy, comme le prouve le billet suivant du secrétaire de lord Panmure à l'auteur :

MONSIEUR,

Conformément aux instructions de lord Panmure, j'ai l'honneur de vous informer que Sa Seigneurie a décidé qu'un de vos appareils à distiller l'eau de mer serait envoyé à Suez, et il vous prie en conséquence de vouloir bien lui faire connaître quelles sont, dans votre opinion, les préparations qu'il conviendrait de faire pour que l'appareil puisse fonctionner aussitôt son arrivée à Suez.

H. J. STOAKS

---

(1) La cause de ce phénomène est l'endosmose qui s'établit entre l'alcool et le sucre contenu dans le fruit à travers la pellicule ou membrane endosmosique qui les sépare.

N'est-il pas remarquable qu'aucun constructeur du continent ne s'occupe de cette grande affaire et qu'aucun gouvernement ne s'en émeuve ? Décidément tout progrès doit émaner de la Grande-Bretagne; c'est cela surtout qui constate sa supériorité sur les autres pays, qui se laissent trainer par elle à la remorque du progrès positif et réel. C'est à nous de faire acte d'humiliation devant la reine des mers, impératrice des grandes Indes, jusqu'à plus ample informé.

PYROGRAPHIE.

Chaque jour voit naître de nouveaux procédés graphiques, de nouvelles manières de reproduire les types, d'étalonner la pensée artistique et de la multiplier à l'infini.

Il n'est certes pas une branche de l'industrie qui se soit enrichie d'autant d'artifices différents et excellents que *l'imagerie réverbérative;* (pour les choses nouvelles il faut de nouveaux mots, tant pis pour le Dictionnaire de l'Académie).

On en a tant trouvé depuis un quart de siècle seulement, qu'il n'a pas fallu moins d'un gros volume pour les décrire, et c'est M. Herman Hammann, de Genève, qui a eu le courage, la persévérance et le talent de les rassembler. Eh bien, depuis l'apparition de son livre sur les *arts graphiques,* il en a surgi assez d'autres pour doubler de volume sa prochaine édition.

Que de chemin nous avons fait dans l'art de parler aux yeux sans rien dire, depuis que ce brave comte de Lasteyrie nous avouait qu'il donnerait volontiers un de ses bras pour avoir un moyen de multiplier la pensée sans aide et sans autorisation de la police, ce qui équivaudrait à la conquête de la liberté de la presse, origine de toutes les autres libertés, disait-il !

Il a longtemps travaillé à se passer de l'attirail encombrant de Gutenberg, et nous aussi, M. Hammann nous le rappelle dans vingt endroits de son Encyclopédie polygraphique, et nous devons dire que si tous les procédés qu'il publie sont aussi exactement décrits que les nôtres, son livre est un trésor.

Revenons à la *pyrographie,* que nous voulons baptiser, nous qui n'avons jamais consenti à être le parrain d'aucun enfant avant d'avoir tiré son horoscope et lu dans son avenir : *succès complet.*

Or, la *pyrographie* ou *causticographie,* fille d'un *poker* ou tisonnier, est née il y a une vingtaine d'années dans l'âtre du comte Duchastel dans son château de Neeryssche près de Louvain, qui lui enseigna les premiers rudiments de l'art du dessin, sur une planche de peuplier blanc ; mais quand il lui eut montré tout ce qu'il savait, l'enfant déserta la maison paternelle, passa la Manche et se réfugia à Manchester auprès de M. Clayton qui le prit en amitié, perfectionna son éducation et l'épousa très-légitimement devant l'atorney général. Il en eut beaucoup d'enfants plus charmants les uns que les autres. M. Maas-Brown nous en a présenté une douzaine qui nous ont enchanté par leur tournure gracieuse et polie et surtout par leur teint basané qui annonce une bonne santé et une longue vie.

Il ne peut en être autrement quand on a Mars et Vulcain pour aïeuls.

Qu'est-ce que ce bavardage mythologique auquel nous ne comprenons rien, vont s'écrier les impoétiques réalistes qui ne savent pas que telle était l'agréable manière des Grecs de lancer dans le monde une invention nouvelle, en la clouant au ciel ; cela valait bien nos ignobles canards.

Voici, par exemple, en quels termes ils eussent annoncé la découverte du dagueréotype :

Héliographie, fille du Soleil et d'Iode, fille de Neptune, sœur de Brome, fut présentée par Mercure aux barbares humains qu'elle charma au point de leur faire oublier la douce miniature.

Mais quittons l'Olympe et ses sublimes apothéoses pour retomber dans le positivisme de l'atelier. Voici, en somme, ce que c'est que la pyrographie ; vous n'ignorez pas qu'il existe des burins, des plumes, des tirelignes, des crayons, des pinceaux et des styles de toute espèce pour tracer une pensée artistique sur le papier, la toile ou le métal ; mais on ne connaissait pas le pinceau de feu, qu'il faut se garder de porter à la bouche par distraction, car il est toujours rouge et toujours il doit l'être. Ainsi chargé de calorique par deux jets de gaz sortant d'un ombilic de caoutchouc auquel il est attaché, à peu près comme le fer à souder du chalumeau aérhydrique du comte des Bassyns de Richemont; il suffit de promener ce crayon pyrographique sur une planche de bois blanc, sapin, canada, érable, etc., pour y laisser des traces de roussi, depuis la teinte la plus légère jusqu'au charbon noir inclusivement.

On obtient ainsi, soit des hachures, soit un agréable lavis de couleur sépia, momie, ou terre de Sienne; on recouvre son œuvre d'un vernis et l'on en fait des meubles qui imitent à s'y tromper les incrustations ligneuses si difficiles, si lentes et si chères de la haute ébénisterie. L'incrustation est un art perdu qui sera forcé de se retirer devant la pyrographie, comme la gravure devant la lithographie, la xylographie devant la zincographie, la calligraphie devant la typographie, et la miniature devant la photographie.

Voilà le progrès réel : changer son cheval aveugle contre un borgne et le borgne contre un clairvoyant. Bien qu'on fasse souvent le contraire en changeant de ministres et de constitutions. Ces méprises si communes en politique, sont fort rares en industrie, ou, pour mieux dire, n'existent pas; car c'est le public qui examine, l'intérêt privé qui pèse, l'égoïsme qui juge, et le suffrage universel qui sanctionne. Or, il ne peut manquer de sanctionner, non-seulement l'écriture et le dessin, mais l'imprimerie pyrographique telle que nous allons la décrire.

Prenez une presse en taille-douce, enlevez le rouleau supérieur et le remplacez par un cylindre de fer creux gravé extérieurement. Faites entrer dans son axe semé de petits trous un courant de gaz hydrogène, il échauffera continuellement le cylindre imprimeur.

Au lieu d'une planche métallique introduisez une planche de bois blanc entre les rouleaux et vous aurez du bois imprimé à autant d'exemplaires que vous voudrez. Rien n'est plus aisé à régler que cette impression; si le rouleau n'est pas assez chaud, on tourne plus lentement, et *vice versâ*.

Il est certain que ces empreintes sont indélébiles et résistent à tous les réactifs, excepté à celui de la varlope et du rabot.

Un jour peut-être en fera-t-on des billets de banque incontrefaisables, mais, pour sûr, on fera de cette façon des cartes de géographie qu'on appliquera en guise de panneaux autour des appartements, sur les portes de tous les buffets et sur toutes les tables; car, nous le répétons, cela est très-riche, très-solide et très-agréable à l'œil.

Le papier devenant rare, chaque abonné enverrait son panneau à l'imprimerie chercher une empreinte du journal du matin, comme les Cherokées envoient un morceau de calicot, après l'avoir lavé, chercher une épreuve de leur journal, imprimé à l'encre délébile.

Une machine à raboter des frères Dekeyn, placée à l'entrée du journal, aura plus vite blanchi les panneaux que la blanchisseuse n'aura lavé le calicot.

Par ce moyen il ne resterait rien de la polémique de la veille, ce qui ne serait pas un des moindres services que la pyrographie est appelée à rendre à la société.

La composition se ferait comme à l'ordinaire, en colonnes que l'on appliquerait sur un cylindre, à la façon de Hoé.

Un fondeur, placé dans un petit réduit voisin de l'imprimerie, prendrait un contre-moule dans lequel il verserait, non pas de l'étain, mais du fer en fusion. Cela ne sera pas plus long à faire que les clichés de *la Patrie*, et le tirage s'en trouvera considérablement accéléré.

Nous ne désespérons pas de voir imprimer pyrographiquement, même du papier, s'il était un peu plus solide et moins cassant que celui du *Sancho*, qui tombe en lambeaux le lendemain de sa naissance.

Quel bonheur d'être délivré de cette encre puante qui graisse les manches d'habit jusqu'aux coudes, de ceux qui s'appuient sur cette littérature gluante dont on ne sait pas plus se passer que de tabac, bien qu'elle ne vaille souvent pas une pipe de ce poison lent !

Qui peut le moins, peut le plus dans le cas présent; au lieu de roussir simplement et artistiquement la surface d'une planche, on peut, comme l'ont fait les frères Heilmann de Mulhouse, y enfoncer de deux ou trois millimètres une pointe; puis en imprimant un mouvement de rotation à ce burin tenu en incandescence par deux petits jets de gaz affrontés, on peut brûler ainsi un dessin de profondeur égale, et faire en moins de trois jours un ouvrage qui prenait plus d'un mois aux artistes employés à la gravure des blocs pour indienne.

Quand le tracé en creux est obtenu et qu'il faut le mettre en relief, c'est-à-dire en tirer des clichés, il suffit de verser sur la planche un alliage fondu, composé de 1/3 de plomb, 1/3 bismuth, 1/3 zinc et d'un vingtième du tout, d'antimoine.

Cet alliage qui diffère de celui de Darcet par le zinc et l'antimoine, reçoit de ce dernier une dureté très-convenable et donne des empreintes d'une grande finesse.

On peut en tirer beaucoup de cachets avant que le moule soit altéré par la chaleur.

M. Schlumberger, de Thann, adopte de préférence un alliage composé de 16 partie plomb, 24 étain et 8 bismuth, qui fond à 160 degrés, est très-dur et très-malléable.

« Bah! bah! diront nos routiniers, tout cela c'est de la bêtise : nos pères ont bien gagné leur vie avec leurs picots, sans tout ce charlatanisme d'inventions nouvelles, auxquelles on a bien tort de donner des brevets qui ne servent qu'à encourager un tas de va-nu-pieds occupés à révolutionner nos bonnes et solides industries d'autrefois; je voudrais les voir pendre, ces gueux d'inventeurs qui ont le front de se plaindre d'être maltraités par la loi. Va! si j'étais gouvernement, ils en verraient de cruelles! Mais il n'y a plus au pouvoir que des poules mouillées qui n'osent pas taper sur ces chenapans, qui sont cause de la cherté des vivres et de la maladie des pommes de terre produite par leurs maudits télégraphes et leurs chemins de fer du diable. »

Faites-nous donc des conseillers communaux, des membres des chambres de commerce et des représentants de cet acabit!!

Ils ne sont pas tous aussi cramoisi, mais si la majorité ne parle pas ainsi, elle le pense et vote en conséquence. Voilà pourquoi nous avons de si mauvaises lois de brevets dans tous les pays qui ne font rien sans consulter ces économistes de pacotille.

P. S. On a longtemps discuté sur la peinture *encaustique* des anciens ; Caylus croyait l'avoir retrouvée, en peignant avec de la cire à l'aide du feu ; mais il est plus probable que cet art n'était que la pyrographie, dont on recouvrait le travail avec un vernis de cire.

Bien des auteurs se sont mis l'esprit à la torture pour chercher l'inventeur de l'art de faire du feu, comme si la foudre et les feux-follets n'avaient pas toujours existé, comme s'il n'y avait pas toujours eu des esprits caustiques disposés à brûler la langue aux sots et aux médisants. Tel article de la presse a suffi pour embraser plus d'un pays ; en voici un qui brûlera les yeux à plus d'un de nos détracteurs ; nous l'empruntons à L'Ingénieur *des travaux publics,* publié par Victor Masson et dirigé par M. Avril (mars 1857), qui parle ainsi du présent ouvrage :

« C'était, je crois, Cicéron qui disait : *Timeo hominem unius libri,* je redoute l'homme d'une seule idée. Il avait raison.

« Le penseur, le savant, le chimiste qui se voue à la poursuite d'une idée, arrive à lui communiquer une force toujours imposante et redoutable ; il devient universel pour la généralisation que peu à peu il donne à l'objet constant de sa poursuite.

« Vers quels horizons nouveaux ne nous a pas entraînés Chénot avec sa théorie de l'oxydation et de la désoxydation ? Quels espaces ne nous fait pas franchir M. Boutigny avec sa découverte de l'état sphéroïdal ?

« Il en est de même de M. Jobard ; depuis vingt ans, il s'est voué au triomphe d'une idée économique que l'on peut résumer dans ces termes : *L'œuvre intellectuelle est une propriété comme une terre, une maison ; elle doit jouir des mêmes droits, et ne pouvoir être expropriée que pour cause d'utilité publique.*

« C'est encore au service de cette maxime si simple et si juste que M. Jobard consacre le nouvel ouvrage que nous annonçons.

« Les expositions ne sont pour M. Jobard qu'une occasion de reproduire son thème favori avec une finesse humoristique et une variété de connaissances littéraires qui rappellent les plus belles pages de l'*Ornithologie passionnelle* de Toussenel.

« Personne, en Europe, ne connaît mieux la filiation d'une invention que le savant directeur du Musée de l'Industrie de Bruxelles, et il n'est pas un progrès qui ne soit signalé et désigné avec le nom de son auteur. M. Jobard parle de science avec une grâce littéraire toute nouvelle ; et comme le vocabulaire n'est pas fait, il l'invente et lui donne un caractère pittoresque. Ainsi le volant devient le *banquier de la mécanique* (page 137) ; il recommande aux hommes *de génie* de se défier des hommes *du génie* (page 134), et formule des axiomes du genre de celui-ci : *L'angle de suffisance est le complément de l'angle d'insuffisance.*

« Il est rare de trouver un livre plus spirituel, et sous cette enveloppe légère en apparence, plus propre à faire triompher les idées dont M. Jobard s'est fait le champion. »

VERRE SOLUBLE, WASSERGLAS, SILICATISATION DES PIERRES.

Il y a bien longtemps, sans doute, qu'on rêve aux services que rendrait à l'industrie la découverte d'une solution ou vernis transparent, susceptible de durcir à l'air, et d'être inattaquable aux agents qui respectent le verre fondu.

Il paraît que cette trouvaille date déjà d'un quart de siècle au moins, mais qu'en présence du peu de protection accordée aux inventions, l'inventeur aura emporté son secret dans la tombe.

Voici ce que nous a raconté, à ce propos, le célèbre Clément-Désormes; nous n'avons pas perdu un mot de sa narration; car les paroles d'un vrai savant exercent, sur l'intellect d'un ignorant, une puissance de pénétration, analogue à celle de la balle Devisme sur l'épiderme d'un éléphant. « Un jour, dit-il, se présente à moi un individu muni d'un sac de papier plein d'une poudre blanchâtre, et d'un flacon de liqueur, et me dit : donnez-moi une pièce de cinq francs, marquez-la et enfermez-moi pendant une demi-heure et vous verrez ce qui en adviendra. C'était original, cela me plut. J'enfermai, dans mon cabinet, ce fou qu'un Richelieu eût enfermé à Bicêtre; mais quand il sortit, il me présenta une brique de marbre en me disant : « Examinez et analysez-moi ça. » C'était bien du marbre. — Cassez ce morceau en deux et vous y trouverez votre pièce de cinq francs. « En effet elle y était, et marquée. — Mais, lui dis-je, c'est là une invention superbe. — Je le sais bien, car je puis en quelques heures changer votre rampe d'escalier de pierre en marbre, et une statue idem, à très-bon marché . — Nous nous reverrons, confrère, lui dis-je en le quittant, mais je ne l'ai plus revu, et ne sais ni son nom, ni son adresse. Autrefois on aurait pris cela pour une apparition diabolique. »

« Mais, lui dis-je, il n'y a rien d'impossible en chimie, même la transmutation des métaux, à ce qu'on dit. Vous devriez pouvoir refaire ce qu'un autre a fait. — Cela est vrai, mais il faut du temps, je n'en ai plus et nous n'avons plus guère aujourd'hui que des chimistes atomisants, qui dédaignent la pratique; j'ai quitté cette voie

15

et me suis fait chimiste manufacturant; j'ai lâché l'équation pour prendre le pilon, et je m'en trouve bien. »

Je quittai mon illustre compatriote en emportant une parcelle de son feu sacré et en répétant cet aphorisme de Quintilien : *Occursus ipse virorum magnorum est aliquid ut ex magno viro, vel ipso tacente proficias.*

Quelques années après, un professeur bavarois, nommé Fuchs, retrouva l'invention en gestion, à l'époque de l'incendie du théâtre de Munich; mais il ne songea à l'appliquer qu'aux matériaux et étoffes qu'il s'agissait de rendre incombustibles; il l'utilisa ensuite pour la peinture à fresque, sous le nom de *Wasserglas*. Munich, Berlin, Bruxelles possèdent déjà de beaux échantillons de peintures silicatisées, dont la durée menace d'être éternelle. Les palais de Milan auraient eu bien besoin de cette invention pour conserver leurs fresques extérieures, qui tombent en ruine aujourd'hui, dans la rue de Balbi surtout.

Les Anglais, qui emploient cette liqueur pour durcir leurs statuettes de pierre artificielle, ne l'ont pas encore appliquée à la peinture; car l'architecte Horeau nous prie de lui en procurer la recette, pour orner les beaux pavillons fantastiques indiens qu'il construit pour les nababs de la Grande Bretagne.

MM. Rochas et Dallemagne, qui ne se donnent pas pour inventeurs, ont été les premiers à appliquer le *Wasserglas* à la silicatisation des monuments.

M. Kuhlmann, de Lille, chimiste utilitaire avant tout, s'est appliqué à la fabrication en grand du silicate de potasse, dont il tire de plus grands profits que l'inventeur.

C'est pourtant une belle chose de voir qu'une pierre tendre et friable s'imprègne de verre liquide et devienne dure comme du marbre.

Sans doute que du plâtre gâché serré, à la vapeur par le procédé Abate, de Naples, et imprégné de silicate, se changerait en albâtre algérien, le plus beau des sulfates de chaux marbrés, racinés et agatisés qu'on puisse voir.

Il suffirait de tailler un buste, une statue dans un bloc de craie et de les arroser de silicate de potasse pour les rendre éternels. Il est évident que pas un de nos statuaires, s'ils savaient cela, ne prendrait la peine de façonner, à tour de bras, une statue dans un dur et coûteux bloc de Carrare, qui leur joue souvent le mauvais tour de tatouer la plus jolie figure d'un affreux machurage en lui faisant perdre les trois quarts de sa valeur. Nous engageons M. Fraikin à aller chercher des blocs de craie à Grez, plutôt que de les tirer d'Italie. La différence de prix d'achat sera comme cent est à mille, et il n'aura plus besoin de praticiens ou manœuvres dégrossisseurs qui lui coûtent si cher et lui font si peu d'ouvrage en un an.

Puisque le plâtre durcit rapidement sous l'influence du silicate de potasse, le statuaire n'a plus qu'à faire un creux de sa terre; son manuscrit deviendra une édition dont il tirera autant d'exemplaires de marbre qu'il voudra; il pourra vendre alors cent francs ce qu'il ne peut donner aujourd'hui pour 6,000, et les vestibules du moindre électeur seront aussi bien parés que ceux de nos sénateurs. On dira de la sculpture ce qu'on a dit de la lithographie :

> Nos boulevards tout du long
> Ne seront plus qu'un salon
> Où, sans même avoir posé,
> Chacun peut être exposé.

Allons, messieurs les plâtriers, si les artistes ne se hâtent pas d'aller prendre des leçons de silicatisation chez M. Dallemagne, allez-y vous-mêmes; mais en attendant, comme vous ne lisez rien, nous allons vous écrire comment il opère. Attention!

Il prend du silicate de potasse préparé avec soin dans son usine et ayant la composition du *verre soluble;* il le dissout dans deux fois son poids d'eau, ce qui donne un liquide formé de une partie de verre soluble et de deux parties d'eau. C'est ce liquide qui est livré au commerce.

Quand on veut l'appliquer à la silicatisation des pierres, il est convenable de l'étendre encore de deux à trois parties d'eau. On imbibe alors la pierre de cette liqueur, avec des brosses, des pinceaux, des arrosoirs. On a soin de laisser agir tour à tour l'air et la solution. Lorsque la pierre refuse d'absorber de nouvelles quantités de silicate, on en lave la surface avec de l'eau, afin d'éviter la formation d'un vernis siliceux superficiel, qui boucherait les pores.

Cette précaution est importante si l'on veut que la pierre conserve son aspect mat, comme cela doit être dans les statues et la sculpture en général.

Il en coûte 75 centimes par mètre carré. Il faut convenir que ce n'est pas cher.

On a employé cet excellent procédé aux monuments de Versailles, de Fontainebleau, à la cathédrale de Chartres, à l'hôtel de ville de Lyon et au Louvre, où il a donné les meilleurs résultats.

Le célèbre peintre Kaulbach, de Berlin, emploie comme suit le verre soluble sur ses peintures à fresque. Il peint d'abord à l'eau, à la manière ordinaire, puis il arrose sa peinture avec la liqueur dont nous venons de parler. La chaux grasse sur laquelle repose la peinture, se transforme en chaux hydraulique, et le tour est fait. C'est ainsi que s'y est pris M. Portaels pour son fronton de Caudenberg.

On peut aussi mélanger les couleurs broyées au *Wasserglas* et les appliquer au pinceau; dans ce cas, la solution en doit être plus concentrée.

En broyant le sulfate de baryte artificiel de son invention et du blanc de zinc, M. Kuhlmann obtient une peinture très-solide qui remplace la céruse avec une infinité d'avantages, ne serait-ce que d'éviter les odeurs d'huile et d'essence de térébenthine qui sont un poison depuis quelque temps, comme le blanc de plomb. La peinture de Sorel au chlorure de zinc broyé avec du blanc de zinc produit le même effet; reste la question de prix.

Les peintres sur étoffes peuvent également se servir du silicate de potasse en guise d'épaississant.

Voilà tout le mystère du verre soluble dont on nous demande la recette de tous les côtés, même de la Russie. Fort bien, dira-t-on, voilà qui est connu, et, dès demain, tous nos artistes, tous nos industriels vont en faire des applications à leur art ou à leur métier. Détrompez-vous : pas un de ceux que cela regarde ne lira cette notice qu'il faudrait leur fourrer sous la porte vingt fois, avant qu'ils y jettent les yeux; mais dans une vingtaine d'années, nous serons accosté, comme cela nous arrive assez souvent, par l'un ou l'autre de ces arriérés qui nous dira : Vous qui savez tout, connaissez-vous cette nouvelle invention dont on parle tant, et qui s'appelle la *siphilisation* ou *chilification* des pierres?

C'est une erreur de croire que les bonnes inventions vont vite : il leur faut, comme au gland, un siècle pour devenir chêne.

Tout ce que peut faire un technologue c'est de les décrire fidèlement et d'en confier le secret aux roseaux. C'est une belle chose que la presse, mais elle sera beaucoup plus utile, quand ses premiers Paris politiques, et les polémiques oiseuses, auront fait place à des articles scientifiques et industriels, servant à foison les bons procédés, les bonnes recettes, et faisant connaitre les nombreuses découvertes qui se succèdent aujourd'hui avec une abondance merveilleuse.

Nous nous rappelons le temps où il n'y avait pas matière à remplir un pauvre bulletin mensuel spécial, celui du baron de Férussac; puis un feuilleton, puis enfin quelques journaux hebdomadaires; mais aujourd'hui dix journaux quotidiens pourraient à peine y suffire, et de ceux-là il ne resterait pas seulement *verba et voces*.

Quand les études positives auront droit de bourgeoisie dans nos latinoirs, nos feuilletonistes romanciers feront place aux technologues utilitaires qui parleront un langage moins amusant peut-être, mais beaucoup plus en rapport avec nos besoins quotidiens.

Cette transformation se fera lentement, mais elle nous parait inévitable; à moins que l'on ne mette un terme, comme on l'a déjà proposé, à l'ardeur de la jeunesse pour les sciences positives et à son dégoût pour les fleurs de rhétorique qui ne la menaient à rien qu'au regret d'avoir perdu ses plus belles années à la poursuite du *que retranché* et à l'extraction des racines grecques, qui ne valent pas les pépites de l'Australie.

Nous avons le droit de parler contre la pitoyable instruction similaire donnée, c'est-à-dire vendue à toute la jeunesse d'un pays et propre tout au plus à faire des attachés d'ambassade, des aspirants surnuméraires ou des consommateurs purs et simples. Nous savons le travail surhumain que nous a coûté la nécessité de nous défaire de la marchandise avariée que notre bon père nous a souvent dit avoir payée plus de quarante mille francs, avant que nous en pussion tirer un centime, et les terribles efforts qu'il nous a fallu pour acquérir une autre pacotille.

Nous engageons les jeunes gens qui ont plus de cœur que d'argent, à s'y prendre de meilleure heure, et les pères de famille à mettre l'argent qu'ils destinent à l'instruction de leur fils à la caisse d'épargne, au lieu de le fourrer dans ces abrutissoirs où ils n'apprendront jamais à gagner leur pain quotidien aussi sûrement qu'avec une industrie ou un métier quelconque.

Mais, nous disait un inspecteur universitaire, nous avons déjà une vingtaine d'écoles industrielles, on marche vers vos idées. — Combien avez-vous encore d'écoles latines? — Environ 1,800. — Eh bien! renversez l'équation et vous serez tout à fait dans nos idées.

Nous savons que les améliorations ne peuvent se brusquer et qu'on ne doit pas ôter le pain aux revendeurs de latin; il est juste que ceux qui en ont acheté pour 25,000 francs, sous les auspices du gouvernement, puissent gagner leur vie à en revendre. Aussi proposons-nous de leur payer intégralement leurs appointements avec 10 p. c. de préemption comme à la douane, à condition qu'ils gardent leur marchandise pour eux.

Il y aurait un grand profit pour une nation de convertir ses latinoirs en laboratoires, moins une vingtaine, où les amateurs de *conciones* pourraient continuer d'aller admirer les républiques grecques et romaines sans danger pour la société. Car il est ridicule de fabriquer des Brutus et des Cassius, *auspice civitate,* pour leur tirer dans les jambes quand ils crient : Vive la république! Si les parents mettaient les vingt-cinq mille francs qu'ils destinent à l'instruction de leurs fils à la banque, ce capital, au denier vingt, leur assurerait au moins cinq mille francs de rente à 40 ans. Combien de millions de latineurs de cet âge en ont autant? Si du moins l'État leur assurait un emploi de cette valeur, il n'y aurait pas à l'accuser de dol et de tromperie sur la valeur de la chose vendue.

Il faut, disait un grand philosophe, enseigner aux enfants ce qu'ils

doivent savoir étant hommes. Qui croirait qu'il ait fallu un grand philosophe pour formuler une pareille trivialité ?

On n'a pourtant pas su profiter encore de sa découverte; car on
continue à enseigner aux enfants à faire de grandes lettres pendant
qu'ils ont de petits doigts, pour faire de petites lettres quand ils
auront de grands doigts.

On leur apprend le latin étant petits, pour parler avec des Anglais
et des Allemands quand ils seront grands. Nous avons beaucoup
voyagé sans rencontrer ni Grecs ni Romains, mais les wagons et les
bateaux à vapeurs sont toujours pleins d'Anglais et d'Allemands. Il y
a des milliers de commis négociants farcis de latin, qui n'ont jamais
eu à répondre à une lettre grecque ou latine; ce sont toujours des pattes
de mouche allemandes ou anglaises qu'on leur donne à déchiffrer.
Enseignez donc les langues vivantes à tout le monde, et laissez les langues mortes pour les curieux et les riches amateurs de bric-à-brac
qui aiment à repasser les escarbilles du passé.

Il peut y avoir encore quelques hommes à qui Dieu a mis les yeux
sur la nuque pour regarder en arrière; mais il nous semble que si la
majorité a les yeux sur le front, c'est pour regarder devant soi.
Vous parlez de l'ancien temps, nous dira-t-on. Les études ont été
beaucoup modifiées depuis 25 ans; voyez les programmes des universités, il y a tant et tant de choses nouvelles, que pas un des membres
des jurys d'examen ne serait en état d'être admis *minima cum laude*,
si les rôles étaient intervertis, et ce sont ces docteurs qui prétendent
que le niveau des études a baissé, comme ces vieillards refroidis qui
se plaignent que la température a diminué! Cette plainte est bien
portée, surtout à la Chambre.

De notre temps, disent les *primi* de Louvain, les études latines
étaient plus fortes; il faudrait élaguer toutes ces sciences parasites,
dont on ne sait pas même le nom, qui sont venues distraire la jeunesse d'aujourd'hui des études profondes de la poésie latine.

Or, veut-on savoir ce qu'étaient ces fortes études, cette précieuse
éducation des colléges destinées à former le cœur et l'esprit des petits
citoyens qui se trouveront un jour à la tête des affaires du pays?

Voici comment les a décrites une de ses victimes sans doute, qui exalte son indignation dans un réquisitoire qui a paru, sans nom d'auteur, dans *la Sentinelle des campagnes* du 16 mars 1847.

Nous l'avons conservé comme un chef-d'œuvre de démolissement; c'est dommage que l'auteur s'arrête sur les ruines qu'il a faites; nous tâcherons de rebâtir quelque chose, non pas avec les mêmes matériaux, car ils sont vraiment trop vermoulus; et nous croyons de bonne foi qu'il faut autre chose à la jeunesse chrétienne qu'une éducation purement païenne, à la jeunesse moderne autre chose que des études antiques.

Voici des enfants, des êtres pleins de vie, de sève, avides de joie et de mouvement; un sang vif et chaud bondit dans leurs veines : leur nature est toute d'expansion, elle jaillit au dehors. Ces troupes d'enfants actifs, joyeux, babillards, sont en affinité avec l'air, le soleil, les grandes herbes des champs, la liberté, comme les jeunes couvées de fauvettes au mois de mai. Certes, les besoins de cet âge sont faciles à saisir; leurs goûts, leurs penchants, leurs passions sont palpables. Eh bien, quel compte tenez-vous des impérieuses manifestations de la nature qui parle par ces penchants et ces goûts? Qu'en faites-vous de ces enfants? — Ce que vous en faites? vous les prenez dès l'âge de six, sept, huit ans; vous entassez ces frêles créatures dans des prisons, dans des bagnes que vous appelez des collèges; vous les serrez dans des dortoirs et des salles d'étude nauséabondes, et dès le jour de leur entrée dans ce lieu fermé et maudit, vous commencez la torture.

Allons, bourreaux, préparez les instruments de supplice! Ce n'est pas un supplice corporel; c'est un supplice de huit ans, de dix ans : c'est un supplice du corps et de l'âme à la fois. A l'œuvre, tourmenteurs, régents, pédants, pions et répétiteurs, et toute espèce d'argousins préposés à la chiourme.

Voici des têtes blondes et des têtes brunes, des joues fraîches et rosées : les parents vous ont livré les victimes, ils vous les ont amenées en troupeaux, par les jours noirs, bas, humides et froids; ils entrent chez vous avec l'hiver et dans la semaine des morts.

Et maintenant n'ayez peur qu'ils échappent, car vos grilles se sont refermées sur eux, et les murs de vos cours sont trop hauts pour que, si habiles grimpeurs qu'ils soient, ils puissent les franchir. C'est du fond de ces cours-là qu'ils verront désormais le soleil, si encore le soleil passe au haut de ces cours.

Et vous direz que ce n'est pas la question qu'ils vont subir pendant huit ans, que ce n'est pas un supplice, une torture? Comment, grands sots, imbéciles barbus, qui leur faites traduire chaque jour de chinois en mantchou, ou, disons le mot, de français en grec et en latin, que la liberté est le premier de tous les biens, que la mort est préférable à l'esclavage, ce n'est pas un supplice et une torture, que cet emprisonnement de huit années sous lequel vous les tenez, eux dont les natures vives, alertes et bouillantes, sentent mieux que vous et vos vieux Romains le besoin de liberté? Les bancs de bois sur lesquels vous clouez pour huit ans ceux pour qui le mouvement est la première condition de vie, ce ne sont pas des instruments de supplice? Et vos rudiments, vos dictionnaires, vos syntaxes, vos livres lourds et indigestes, toutes ces belles choses que vous allez vous mettre à leur faire passer, bon gré, mal gré, dans la mémoire, votre science de mots dont vous allez les gorger; toute cette métaphysique de règles à laquelle ils ne comprennent rien, et ne peuvent ni ne veulent rien comprendre; tous ces auteurs latins sur lesquels vous les faites pâlir, et dont chaque verbe ne leur entre dans la tête, avec ses étymologies et ses dérivés, que comme un coin de fer dans le tronc d'un chêne; toutes ces inutilités universitaires, fastidieuses et abrutissantes dont vous les bourrez aujourd'hui, par la seule raison qu'on faisait ainsi sous Charlemagne; toute cette infâme routine d'éducation, qui est une honte même pour la civilisation, dont chacun sent le vide, l'absurdité, la malfaisance, et qui ne s'en transmet pas moins de génération en génération; et puis vos pensums, vos punitions, vos duretés, vos ridicules caprices, vos vengeances, — car cela se voit chaque jour, chaque jour on voit là des hommes exerçant avec acharnement des vengeances sur des enfants! — Vos vengeances, dis-je, et par-dessus tout, vos sots sermons, vos morales de chaque heure, de chaque instant!... ah! vous ne voulez pas entendre que cette éducation-là constitue à l'égard de vos malheureuses victimes, de ces pauvres enfants, un supplice long et cruel, et que vous n'êtes pas des éducateurs, mais des geôliers et des bourreaux?

Que faites-vous des corps? Que faites-vous des âmes? Que faites-vous des intelligences? Il faut développer, exercer, suivre les vocations et les attraits naturels, caresser les forces et les facultés naissantes... que faites-vous?

Dans vos institutions où l'on vous jette par fournée la jeunesse à élever, vous avez une règle qui est la même pour tous, qui ne fait nulle acception des natures, des forces, des caractères. Vous attelez brutalement toutes ces intelligences à la même tâche; vous faites marcher du même pas les longues jambes et les jambes courtes. Ceux qui lisent deux fois leur leçon et la savent parce qu'ils ont la mémoire facile, sont récompensés; et, à côté, ceux qui l'ont étudiée trois heures et ne la savent pas, vous les accablez de punitions et de dures paroles; vous leur dites qu'ils sont des paresseux et des lâches; vous flétrissez leur âme par des injures *qui sont très-admissibles, et qu'on ne réprouve pas, parce qu'elles sont adressées par des hommes à des enfants!*

En admettant, ce qui est certes bien contraire à la raison, que toutes ces sottises enseignées aux enfants et aux jeunes gens à si grande dose d'ennui, de peines, de punitions cruelles et abrutissantes, dans les classes, soient des choses utiles et qu'il importe de leur apprendre, est-ce que ces procédés de l'enseignement ne sont pas des monstruosités flagrantes? Cette odieuse égalité de règle, de régime et de tâche, ce mépris des natures individuelles, ne constituent-ils pas une énormité qui stigmatise de la manière la plus éclatante nos procédés d'éducation?

C'est au xixe siècle, si fanfaron et si vantard, que le procédé d'éducation, pour ceux qui peuvent avoir part à ce bienfait, consiste à les priver de leur liberté, à les enfermer dans des prisons jusqu'à seize, dix-huit, vingt ans; à les contrarier, à les tourmenter de mille manières, jour par jour, pendant les plus belles et les plus ardentes journées de leur vie, et tout cela, pourquoi? Pour leur meubler la tête d'une foule de bêtises qu'ils s'empressent bientôt d'oublier, et dont il ne leur restera, après six semaines de vie dans le monde, qu'un profond mépris, bien mérité, pour les dogmes, les maximes, les préceptes et les mœurs de ces personnages de vieilles sociétés qu'on leur a si ridiculement présentés pour modèles, à eux qui doivent vivre de la vie que vous connaissez.

Et cette éducation, je ne saurais trop le redire, n'a qu'une règle brutale pour toutes les natures, même ration pour tous les estomacs, même ration pour toutes les mémoires, même ration pour toutes les intelligences, mêmes études, mêmes travaux. Oh! cela est prodigieux!

Mais quel est donc l'éducateur de chiens qui ait la même règle pour ses chiens d'arrêt, ses lévriers, ses chiens courants, ses épagneuls et ses dogues de garde? lequel exige de ces espèces des services identiques?

Où est le jardinier si rustre, qu'il ne sache, en élevant ses plantes, donner à celles-ci plus d'ombre, à celles-là plus de soleil, à celles-ci plus d'air, à celles-là plus d'eau? En est-il un qui attache à toutes les mêmes tuteurs et les mêmes liens, qui les taille toutes de la même façon et aux mêmes époques, qui ente la même greffe sur tous les sauvageons?

La nation humaine ne vous semble donc pas valoir la nature végétale ou la nature animale, que vous faites moins de façon pour élever de pauvres enfants que pour élever des épinards, des laitues et des chiens?

Voyez ces enfants qu'on amène dans les collèges, ils diffèrent à mille titres. Ceux-ci sont colorés, bruns, sanguins; ils ont du vif-argent dans les veines, des ressorts d'acier tendus dans les membres; c'est le mouvement, la pétulance : d'autres ont de grands fronts mélancoliques, et des yeux noirs qui rêvent, natures d'artistes, gravitant instinctivement vers les régions vagues et inconnues de la poésie; leurs longs regards s'élèvent et nagent dans les domaines de l'imagination et de l'intelligence; ils sont de la famille du bel enfant anglais de Lawrence; là, vous avez les cheveux forts et crépus, les fortes volontés, les tempéraments bilieux, les âmes vigoureuses et trempées dur, dans des corps qui déjà accusent des formes rudes et carrées; et à côté, les blonds rosés, aux yeux bleus et doux, petits garçons timides et féminins, frêles et délicats, aux formes rondes et molles, pleins de gentillesse, et tout semblables aux jolies fleurs qu'ils aiment. Vous trouverez mille natures, mille tempéraments, mille caractères; car le genre humain a été créé par excellence, riche en races, en espèces, en variétés infinies. Les natures et les caractères des enfants des hommes sont plus nombreux que les couleurs, les reflets et les formes des fleurs, des oiseaux, des insectes et des pierres précieuses qui brillent dans la création; et tous ces caractères sont appelés à étaler chacun leur richesse propre comme des rubis, des perles et des diamants enchâssés dans l'or d'une couronne de roi.

Eh bien! ces centaines de mille enfants, que la civilisation va éduquer dans ses collèges, y vivent tous courbés sous le même joug : vous voyez infliger la même éducation au Russe et au Brésilien, à l'enfant espagnol et à l'enfant anglais! mais, encore une fois, les paysans les plus brutes n'attellent pas un bœuf avec un taureau, un étalon avec un hongre, et les uns avec les autres, des chevaux de races différentes... Et nos stupides éducateurs assujettissent aux mêmes dispositions tous les enfants qui leur tombent sous les mains, quoiqu'il soit évident qu'entre telles et telles de leurs victimes, il y a plus de différence qu'entre un cheval et un mouton!

Puis, quand ils sont à l'œuvre, quand régents et pédants travaillent sur cette jeune matière humaine, et que ces êtres sentant la pesanteur du joug de plomb qu'ils portent sur le cou, le secouent et se révoltent contre l'aiguillon; toutes ces vives protestations de la nature humaine et de la destinée humaine contre les forces déformatrices sont traitées par ces maîtres et ces pédants, de mauvaises dispositions naturelles, et données en preuve *de la perversité native de la nature de l'homme!*

Oui, oui! en plein xixᵉ siècle, vous trouvez encore dans toutes les bouches ces mots : Mauvais naturel, mauvais caractères...

Mauvais naturel, mauvais caractères !...

Comment, messeigneurs ! ces naturels sont mauvais, ces caractères sont pervers, ces enfants sont des créatures mal faites, parce que leurs estomacs et leurs intelligences ne peuvent pas digérer la nourriture que vous y fourrez de force ! ils sont pervers parce qu'ils renvoient et rendent tout cela ! parce qu'ils souffrent des poisons que vous les contraignez à prendre ! parce qu'ils ne s'acclimatent pas sous les latitudes universitaires ! parce que, encore, ils se révoltent contre vos tyrannies odieuses et insupportables ! — Ils ne vous écoutent pas, ils vous narguent, ils vous méprisent, ils vous haïssent. Bon ! ne leur faites-vous pas réciter chaque jour que *la haine de la tyrannie est la première vertu?* Ne trouvez pas mauvais qu'ils mettent vos leçons en pratique. En ceci, il est vrai, ce n'est pas à vous qu'ils obéissent, c'est à la nature ; c'est elle qui leur révèle la haine et le mépris pour vous, pour se venger de ce que vous la méprisez vous-mêmes.

Les caractères pauvres, vulgaires, les intelligences médiocres, les volontés faibles, dépourvues de réaction, se soumettent moins difficilement que les autres aux règlements et aux dispositions stupides de l'éducation civilisée. Aussi, *les bons sujets* de collège, les écoliers vertueux, ceux qui sont forts en thèmes, ceux pour lesquels on n'a pas assez d'éloges, qu'on propose pour modèles à tous les autres, et qui ont les prix de bonne conduite, sont-ils assez généralement des sots fieffés, de francs imbéciles.

C'étaient précisément les natures inférieures, ou bien des natures tendres qui ont faibli, et que l'éducation civilisée a eu pouvoir de promptement dénaturer...

Mais malheur aux caractères ardents, passionnés, puissants! malheur à ces enfants faits pour être un jour des hommes prompts pour le conseil et pour l'exécution! malheur aux natures riches, énergiques, abondamment douées qui ne supportent pas la castration !

Tout ce qui n'est pas cire molle et pâte impressionnable, est nécessairement scissionnaire et fait partie des bandes de révolte. Ce sont les enfants rétifs à l'éducation pédagogique, les mutins, les mauvais sujets, les paresseux, les indisciplinables, la chair à *pensums*, la matière taillable à merci. Pour ceux-là, il n'y a pas assez de paroles insultantes dans le répertoire des régents, pas assez de punitions et de cachots dans les collèges. Puis, quand cette lutte acharnée des maîtres contre la nature des élèves a aigri et faussé les caractères, quand elle a bien développé les haines et les vengeances; quand une âme d'enfant s'est si bien tendue et raidie contre les violences de chaque jour, qu'il a lassé la rigueur des bourreaux; quand dans cette lutte sans relâche et corps à corps d'un enfant contre toute une armée de pédagogues, l'enfant a déployé un courage, une persévérance, une force, une ténacité de volonté à faire honte à tous les hommes d'aujourd'hui, et qu'il est bien reconnu qu'on ne peut pas ployer et déformer cette nature de fer... alors toutes les puissances collégiaques ameutées contre lui décident que cet enfant est un enfant maudit, indigne de soins et de pitié : et l'on renvoie ignominieusement l'héroïque enfant à sa famille qni se désespère, —chose honteuse ! — d'avoir donné le jour à un pareil monstre !... — Quel est, je le demande, l'enfant un peu vigoureux de cœur et d'âme qui n'ait été traité de monstre par des parents trompés et des régents stupides?...

Va, noble enfant ! le temps de ta délivrance approche... tu n'as plus longtemps à sentir dans ta bouche le mors d'acier qui brise les dents et déchire les lèvres; tu n'as plus longtemps à être traité, par les brutes préposées à ton éducation, comme une bête à dompter. Et vous, tendres mères, qui pleurez sur vos fils, calmez vos craintes et vos douleurs, et par avance réjouissez-vous, car vous n'avez pas enfanté des monstres! Si votre enfant se révolte contre une éducation monstrueuse, c'est un bon signe... réjouissez-vous! Vous verrez vos enfants devenir sous vos yeux des hommes utiles, honorables, loyaux; grandir en science, en habileté, en force et en talents; vous n'aurez plus à gronder, à punir, à faire pleurer et à pleurer vous-mêmes; vous n'aurez à enregistrer pour eux que des joies et des succès, à distribuer que des baisers et des caresses.

Notre siècle sot et vantard a fait grand bruit de ce qu'il a supprimé la férule dans l'éducation et les colléges. Voilà en vérité une belle avance!

Éducateurs, avez-vous supprimé dans vos éducations la contrainte, la violence, la douleur? La férule n'était qu'une des formes de votre procédé d'éducation, qui est toujours la même, toujours la contrainte, la violence, la douleur. Est-ce que toutes vos punitions ne sont pas des férules? Est-ce que vous n'excitez pas toujours les souffrances et les réactions, depuis la suppression de la férule? Chose indigne! on inflige encore aux enfants, aux jeunes gens, des punitions infamantes : on les met à genoux; on veut avilir et dégrader les âmes, non content d'étioler les intelligences. Misérables! qui osez toucher des âmes d'enfant avec la honte, comme des épaules de forçats avec un fer rouge!...

Heureusement ici vous êtes impuissants et vaincus; car vos punitions ne constituent pas aux yeux de la population à laquelle vous avez à faire, un titre de honte, mais de gloire. Quoi que vous fassiez, voyez-vous, ces enfants sont vos supérieurs; leurs jugements redressent les vôtres.

Ceux que vous accablez de punitions et d'insultes, eux, ils les portent en triomphe. Ceux que vous désignez à leurs parents comme sujets indisciplinables, caractères monstrueux, *enfants qui finiront mal*, ceux-là sont aimés et priment parmi leurs camarades. Mères, qui vous désolez sur les mutineries de vos enfants, sur leur indocilité, leur obstination à ne rien faire et à narguer leurs geôliers, allez demander l'opinion des camarades : ils vous apprendront que vos fils sont intelligents, adroits, courageux, forts contre la douleur, et bons camarades; qu'ils se battent contre les forts pour défendre les faibles, qu'ils se font redresseurs de torts et d'injustices, qu'ils sont rois aux jeux comme aux mutineries et aux révoltes; qu'ils sont fidèles, entreprenants, aimés. Or, sachez que la nature n'a pas donné aux caractères inférieurs puissance d'exercer ainsi charme et ascendant sur les autres, et qu'il n'y a de déplorable que cette fatale éducation civilisée qui heurte sans intelligence, méconnaît et fausse brutalement les vives et nobles facultés, méchante éducation aveugle, qui enfouit dans son fumier les plus belles perles et *les plus beaux diamants*.

Mais, ce qui est triste, profondément triste pour quiconque porte en son cœur le haut et religieux sentiment de la sainteté de la nature humaine, ce sont les victoires de l'éducation civilisée, plus encore que ses luttes cruelles; c'est lorsque, sous le fardeau croissant des punitions et des moralisations accumulées, la nature de l'enfant faiblit et plie, que le caractère cède, que l'âme demeure paralysée et perclue, qu'il y a prostration de toutes forces natives... Quand ils ont atteint ce résultat, quand ils ont usé toutes les arêtes, détendu tous les ressorts et façonné à leur discipline une nature ainsi débilitée et avachie, quand ils ont éteint le feu qui s'échappait des yeux, et plié sur un Rudiment de Lhomond, une tête hébétée, qui naguère se dressait fière et fougueuse; quand ils ont fait, au physique et au moral de vrais énervés de Jumiège, alors ils s'applaudissent, ils triomphent, ils écrivent aux parents qu'ils sont enfin parvenus à vaincre le mauvais naturel de leur fils, que c'est fini, qu'il est dompté... C'est un jour de fête dans la famille. Quelle bonne nouvelle en effet ; c'est fini, notre fils est dompté ! — Oui, c'est fini, oui, ils ont bien dit, il est dompté votre fils ; oui, l'homme est tué chez votre enfant, c'est fini. Réjouissez-vous, il menaçait d'être un homme, on vous en a fait un épicier : ce sera un garde national zélé, bon père, bon époux, bon citoyen, faisant bien son commerce, sot comme père et mère, et qui, un jour, bien enveloppé et serré dans son étroit égoïsme, bien dorloté dans son ménage, bien mijoté par sa femme, bien stupide, se réjouira aussi quand on lui ramènera du collége, *bien domptés*, les enfants de sa femme qu'il appellera ses chers enfants, car il aura toutes les grâces d'État.

O nature humaine, belle et brillante nature ! Noble face humaine, rayonnante, faite à l'image de Dieu, que Dieu avait créée haute et droite, et tournée vers le soleil : belle nature humaine, qu'a-t-on fait de toi ?

Comme on t'a courbée sur la terre ! comme on t'a faite semblable aux animaux qui broutent, et comment voir dans ces troupeaux de civilisés, le type humain des premiers jours !... Oui, certes, il faut qu'il y ait dans la race de l'homme une bien puissante et divine virtualité pour que ce type ne soit pas oblitéré dans la race, pour que la race ne soit pas descendue aux vies inférieures, qu'elle ne soit pas abîmée dans les dégénérescences, pour que les enfants qui naissent aujourd'hui des hommes, soient encore des enfants de race intelligente, ordonnatrice et royale...

O société perverse ! ô perverse éducation, chargée de déformer, l'homme pour le façonner à cette société!!!

Nos méthodes d'éducation sont en arrière sur notre civilisation elle-même ; car on conçoit que si l'éducation ne peut pas être, dans les circonstances actuelles, une éducation de développement intégral, au moins pourrait-on rendre l'étude moins répugnante, comme l'école mutuelle l'a prouvé d'une façon éclatante : on pourrait aussi changer la nature des études, et substituer au moins quelque chose d'utile à cette infâme routine universitaire, à cette science de mots, à ce fatras de faussetés et de sottises, à ces choses sans nom : mais la civilisation, bonne mère de tous les vices, et protégeant spécialement la routine, étouffera longtemps encore nos enfants avec son latin, son grec, ses dieux et ses déesses, et toutes les belles choses de Sparte et de Rome, fausses, sans contredit, en majorité de neuf sur dix, ce qui importe peu du reste. — Il faudra mille ans pour substituer à ces sottises malfaisantes, l'étude de la physique, de la chimie, de la mécanique de l'histoire naturelle, des mathématiques, des sciences positives enfin, des arts, libéraux, et... de sa langue que l'on ne sait aucunement en sortant de nos colléges ; — *et ce ne serait pas encore là une bonne éducation...*

LES LATINEURS.

Nous nous sommes élevés contre la manie, dangereuse dans ses résultats, dont sont possédés un grand nombre de pères de famille, de vouloir faire de leurs enfants des hommes de lettres : on leur bourre la tête de latin, et on ne leur apprend rien de ce qu'ils devraient savoir. Aussi voyons-nous pulluler des bacheliers, des licenciés, des docteurs; mais des hommes doués d'une instruction utile ! la disette s'en fait sentir partout.

A cette occasion nous croyons nécessaire de mettre sous les yeux de nos lecteurs quelques lignes publiées par un écrivain d'un grand talent, A. Karr.

Voici comment il s'exprime :

« J'ai vu hier une chose tristement comique. — Une famille de cultivateurs a cru devoir *pousser* un de ses membres : un garçon a été mis *au latin*. — Dieu sait que de sacrifices *ce latin* a coûtés à ces pauvres gens ! — Dieu sait de combien de vêtements chauds l'hiver on s'est privé pour entretenir au collège l'orgueil futur de la dynastie ! — Combien de fois on a mangé du pain sec, quand arrivaient les époques fatales des quartiers à payer ! — Il reste à la maison un fils et une fille. — La fille a manqué un bon mariage avec un garçon qu'elle aimait : — ses parents n'ayant pas voulu lui donner une petite dot que demandait la famille du jeune homme, parce que tout l'argent était destiné à celui qu'on élevait pour en faire un *monsieur* — L'autre fils conduit la ferme et nourrit tout le monde; — mais il a bien du mal à se procurer quelques livres pour suivre les progrès de l'agriculture. — Il a besoin de se quereller pour obtenir de ses parents le fumier nécessaire pour engraisser leurs terres. Ni lui ni sa sœur n'ont d'habits propres pour le dimanche. Le prix de leur travail opiniâtre est envoyé à la ville pour l'éducation universitaire du *monsieur*. — Mais le monsieur a écrit qu'il est *bachelier*.

« Depuis quelques jours, on attendait ledit monsieur ; — il avait été passer le commencement des vacances chez un camarade de collège, et il n'avait accordé que huit jours à sa famille. — Il avait annoncé, par une lettre, qu'il allait arriver avec ce même camarade. — Ses parents sont fort riches, disait-il ; — il espérait qu'on lui ferait un bon accueil, et qu'on n'aurait pas l'air trop paysan.

« Depuis la réception de cette lettre, ces pauvres gens sont dans une agitation singulière : — d'abord on se prive de tout pour pouvoir dépenser davantage quand le monsieur va arriver; — on a vendu deux vaches, — on a renoncé à acheter un cheval dont on a besoin et pour lequel on était en marché, — on a collé du papier dans les deux belles chambres; le père, la mère, le fils et la fille coucheront aux greniers sur de la paille; — on a emprunté des couverts d'argent, parce que M. le bachelier avait montré aux vacances précédentes un dégoût profond pour l'étain. On aurait bien voulu avoir un tapis, mais c'est fort cher, et cependant il s'était tellement plaint des carreaux de briques, que la mère a eu l'idée de coller par terre, dans les chambres destinées à son fils et au camarade dudit, du papier peint simulant le tapis.

« Ces deux jeunes gens sont arrivés hier matin. — A la frugalité la plus sévère, — bien plus, aux privations, ont succédé subitement l'abondance et la profusion. — Le bachelier n'en a pas paru touché ni reconnaissant : — il s'est occupé d'excuser auprès de son ami les manières et le langage des parents, qui se sont faits ses esclaves, et qui usent leur vie à travailler pour lui; — qui comptent son luxe de leurs privations perpétuelles. — Il les a pris à part, et les a engagés à parler le moins possible à table; il les a repris durement et avec ironie sur quelques mots de leur village; il les a raillés sur leur accent; — il a accepté pour lui et son ami les meilleurs morceaux. — Il n'y a pas d'impertinence qu'il ne dise et ne fasse depuis son arrivée; — mais le père et la mère l'admirent; ils font signe au frère et à la sœur de se taire, si ceux-ci veulent répondre à quelqu'une de ses sottises, et s'ils essayent de parler à leur tour.

« Il leur a déjà annoncé qu'il faudrait redoubler de sacrifices, parce qu'il allait commencer à suivre le cours de droit. — Ces pauvres gens ont passé la nuit à chercher comment ils allaient trouver l'argent qu'il demande pour les premières inscriptions. Ils se sont arrêtés à l'idée de vendre encore deux vaches; — le fils aîné a dit : Mais, quatre vaches de moins c'est beaucoup, nous n'aurons pas de fumier pour nos terres cet hiver, la terre amaigrie ne produit rien; — les parents ne l'ont pas écouté.

« Pour le jeune homme, ils s'est vanté au fils de l'huissier de la ville, dandy villageois, qu'il avait fait croire à ses parents qu'il est bachelier, tandis qu'il a dépensé l'argent destiné à sa réception en parties de plaisirs à la Chaumière, à Mabille, au château d'Asnières, etc. Comme, avant tout, il ne veut pas avoir l'air pauvre aux yeux du camarade qu'il a amené, pour expliquer l'absence de certains détails de luxe chez ses parents, il fait passer pour avares ces gens si généreux et si dévoués. »

DE L'ÉDUCATION PAR LES PROVERBES.

Si les proverbes sont la sagesse des nations, il nous semble que la base de l'éducation devrait être l'étude des proverbes, des paraboles, des aphorismes, des maximes et des axiomes de tous les temps et de tous les lieux.

L'homme le plus médiocre, chargé des produits de la sagesse des nations, vaudrait le plus grand philosophe du monde, s'il savait les citer et les appliquer à point. Il serait comme un nain monté sur la tête de tous les géants du monde, il verrait plus loin qu'eux. Voyez *Sancho* dans l'île de *Barataria*, qu'il gouvernait si bien avec un brin de cette sagesse, car il ne savait pas tous les proverbes des peuples nouveaux dont nous avons découvert les trésors.

Voici comment Sancho entendait établir son système universitaire :

L'instruction primaire aurait consisté à faire apprendre à lire dans de petits livrets remplis de proverbes élémentaires, enseignant aux enfants leurs devoirs envers Dieu, leurs parents, leur prochain et l'État, absolument comme cela se pratique en Chine.

L'instruction moyenne aurait embrassé l'étude de proverbes plus élevés, plus nombreux et plus variés.

L'instruction supérieure aurait porté sur les maximes et les aphorismes, y compris la traduction et l'interprétation des proverbes étrangers.

La rhétorique, la philosophie et l'éclectique auraient compris la discussion sur l'origine des proverbes, sur les causes qui ont fait vieillir les uns et disparaître les autres, et leur translation en vers français comme l'école de Salerne les traduisait en vers latins. Enfin, les examens sur la logique rouleraient sur l'application intelligente des proverbes dans toutes les circonstances de la vie. A celui qui se serait assimilé le plus grand nombre de maximes et d'aphorismes, on pourrait, sans hésiter, accorder un diplôme de philosophe enseignant, car ce serait l'homme le plus sage du monde, l'homme de bon conseil par excellence. Socrate et Platon ne seraient que des pygmées à côté de lui, et Cicéron qu'un babillard *prodomo*.

On a cherché à ridiculiser les proverbes, c'est un tort; on y reviendra, car il y a toujours quelque chose dans un proverbe : ce n'est jamais une noisette vide ou pleine de poussière, comme celles que l'on fait casser à la jeunesse qui aime à sentir quelque chose de nutritif sous la dent.

Elle s'ennuie de rester exposée pendant huit ans à un déluge de mots au milieu d'un désert d'idées.

Il y a pourtant de bonnes choses dans ce qu'on lui enseigne, dira-t-on, d'accord; mais *apparent rari nautes in gurgite vasto*. Que reste-t-il d'un petit morceau de sucre délayé dans un grand seau d'eau? tandis que les proverbes lui promettent, comme dans les bons pensionnats, une nourriture saine et abondante.

On lui apprend à faire des amplifications, c'est-à-dire à entourer sa pensée de crinoline ; mais on ne lui enseigne pas la concentration, la contraction, la réduction du discours. On lui enseigne à parler et jamais à se taire. Le silence est pourtant la vertu la plus rare et la plus utile à l'homme, aussi bien dans le commerce ordinaire de la vie que dans la diplomatie. On confie volontiers ses secrets à un muet, et l'on craint les bavards. Ce muet vous étrangle quelquefois en Turquie, c'est vrai ; mais le babillard vous trahit toujours en France.

Si nous parlons avec autant d'irrévérence que Jacotot de *l'alma mater*, c'est parce que nous avons de grands griefs à lui reprocher. Ne sont-ce pas les humanités qui nous ont enseigné ces délicatesses de cœur, cette dignité, cette fierté de sentiments, ce respect de nous-même, ce mépris pour l'intrigue, la perfidie, l'hypocrisie et tous les genres de platitudes à l'aide desquelles on parvient si sûrement à la fortune et aux honneurs de nos jours ? Ne serions-nous pas enfin couverts de crachats, si nous avions consenti à les mériter ? car après nous avoir dévié la colonne vertébrale du jugement, des choses de notre époque, il nous a fallu perdre bien du temps pour la redresser par une nouvelle gymnastique, de sorte que nous nous trouvons, comme disait Ovide, en Crimée, *barbarus quia non intelligor ulli*, ou comme un intrus dans l'île des Bossus ; car enfin un technologue ou un sinologue ne peuvent pas plus se faire comprendre l'un que l'autre en pays latin. Le papier seul accepte nos confidences sans regimber ; nous pouvons même lui parler magie, magnétisme, tables tournantes, sans qu'il nous saute au visage, comme le feraient des interlocuteurs en chair et en os.

Ces inventions de l'industrie métaphysique qui ne figuraient pas à la dernière exposition, figureront peut-être à la prochaine, quand les De Saulcy, les Thénard et les Élie de Beaumont seront en majorité dans les jurys d'admission. On y verra de jolis trépieds de Delphe en bois doré, que nous appelons aujourd'hui guéridons parlants. On y verra la pile de Boisraimond qui a servi à démontrer au savant de Humbold l'existence du fluide de la volition, les planchettes écrivantes de M. Bertholazza, les paniers de M. Rostan, les miroirs magiques du baron Dupotet et les aphorismes de M. Allan Kardeck : pourquoi pas ? ne sont-ce pas des meubles et outils divers, de la marchandise d'exportation enfin ? Nous connaissons dans la rue d'Aumale un ébéniste qui a vendu des milliers de petits trépieds que les amateurs cachent dans le fond de leurs chapeaux.

Nous espérons bien que l'on chargera un jour une section spéciale

16

d'essayer ces divers instruments de psychologie, comme on essaye les instruments de musique et d'astronomie.

Nous entendons d'ici une foule de lecteurs nous demander si nous parlons sérieusement et ce que nous pensons de tous ces vieux phénomènes renouvelés des Grecs. Cela prouve qu'il y a une seconde oreille comme une seconde vue.

On croit avoir tranché la question quand on a dit : Je ne crois pas aux choses surnaturelles, c'est dire qu'on ne croit pas en Dieu.

L'Académie est pourtant sur la voie de reconnaître le fluide nerveux d'après les expériences de Matheucci qui l'entraine malgré elle vers la pente du magnétisme animal, dont elle a autant horreur que des inventions trop jeunes; son vieil estomac ne les digère pas.

Le phénomène le plus surnaturel à nos yeux, c'est cette répulsion quasi universelle de l'homme pour tout ce qu'il ne comprend pas, lui qui ne comprend rien, pas même comment il digère et fabrique du sang et des pensées avec la soupe et le bouilli. C'est très-naturel, nous dit le docteur Mure, la digestion est un changement d'état des corps, et tout changement d'état produit de l'électricité et recharge la machine épuisée par l'échappement du fluide, par les pointes des pieds, des doigts, et du bout de la langue chez les bavards. Mais cette électricité-là n'est certes pas de la même nature que celles que nous admettons dans les écoles, bien qu'elle se comporte d'une manière analogue.

Si un acide qui désagrége du métal produit de l'électricité minérale, la plante qui désagrége et s'assimile des éléments minéraux, produit de l'électricité végétale, et l'homme qui ronge des végétaux et tout ce qu'il trouve sous la dent, peut bien produire de l'électricité animale.

Nous en sommes fâché, mais puisque l'Académie a déjà admis l'électricité statique et le galvanisme, pourquoi en rester là, quand M. Bequerel, lui, dit qu'il a observé déjà l'existence de l'électricité végétale? C'est en vain qu'on voudrait n'en faire qu'un seul et même agent; c'est comme si de tous les gaz on voulait n'en faire qu'un, pour la facilité des étudiants.

Est-ce que l'électricité de la torpille, de la gymnote et d'autres poissons se produit comme l'électricité minérale? est-ce que leurs piles ne sont pas entièrement composées de substances animales. Ergo?

Si l'on nous traite d'ergoteur parce que nous essayons de faire voir la possibilité du magnétisme animal à des aveugles, nous répondrons par une petite fable *ad hoc*.

LES QUINZE-VINGTS.

Dans un salon des *Quinze-Vingts*,
Rempli d'aveugles de naissance,
Par un coup de la Providence
(Le plus savant des médecins),
L'un d'entre eux recouvra subitement là vue ;
— O ! mes amis, je vois,
Et maintenant je crois
A cette faculté que j'ai tant combattue,
De toucher les objets de loin avec les yeux ;
Dieu ! que c'est étonnant, inouï, merveilleux,
Croyez-moi, ce n'est point un conte,
Sans sortir de mon banc je vous touche et vous compte !
— Encore un de toqué ! s'écrie à l'unisson
Le personnel de la maison ;
Quand cette folle agrippe son homme,
Il faut qu'on le lie ou bien qu'on l'assomme ;
Le seul moyen d'avoir raison des fous,
Est de les faire expirer sous les coups !
Aussitôt dit, cette aveugle assemblée
Se lève pour tomber d'emblée
Sur le malheureux clairvoyant,
Qui s'esquive d'abord, et puis se ravisant,
Revient à pas de loup, et sur leur joue applique
Un coup de poing géométrique
Qui leur fait voir lisiblement
Des milliers d'étincelles,
D'éclairs et de chandelles,
Ce qui termina leurs querelles,
Et les convainquit sur-le-champ.

Si les magnétiseurs pouvaient en faire autant
Aux Quinze-Vingts de notre académie
Ils guériraient leur ophthalmie,
Car il s'en trouverait beaucoup
Qui seraient convaincus du *coup*.

De discuter sur la lumière
Avec un aveugle entêté,
Ne parait une absurdité ;
De tous les arguments contre la cécité,
Congéniale ou volontaire,
A mon avis il n'en est point
De plus frappant qu'un coup de poing.

Nous ne ferons pas un volume, comme M. Paul Auguez, pour réfuter les jolis vers de M. Viennet contre les magnétiseurs, mais nous lui rendrons la petite monnaie de sa pièce, frappée au bon coin de la satire par cet éminent fabuliste, qui croit qu'il n'est pas encore temps de croire. Nous ne lui dirons pas : Lisez Allan Kardec, lisez Gasparin, lisez Morin, Cahagnet, Dupotel, Maldigny, Frappart Deleuze et Charpignon, Reichenbach, Hufeland, Gregori, Ordinaire, Miale et Mure (1) ; car elle est déjà longue et illustre la liste de ces fous

---

(1) Le nom de Mure revient assez souvent sous notre plume pour que nous reproduisions ce que le docteur Frappart répondait à Broussais :

« Le docteur Mure est un des plus admirables apôtres des investigations de la science et du dévouement à l'humanité. C'est le fondateur de l'école homœopathique de *Rio-Janeiro* ; c'est un homme de corps frêle, de santé délicate, mais d'une intrépide puissance de vouloir, qui ne craignit pas d'expérimenter sur lui-même les poissons les plus violents et le venin des serpents les plus redoutables du Brésil, pour doter la thérapeutique de nouveaux agents salutaires, que nul avant lui n'avait étudiés, remèdes héroïques pourtant dans la cure des plus horribles maladies. Voilà le docteur Mure. »

Nous ajouterons qu'après avoir porté l'homœopathie en Abyssinie, il s'est fixé au Caire, où il vit avec moins d'un demi-poumon, parce qu'il veut vivre jusqu'à ce qu'il ait accompli sa mission humanitaire. Un sot à sa place seroit mort depuis 25 ans. Il n'est bruit en Égypte que du moulin à vent du docteur pour tirer l'eau du Nil et arroser les terres ; nous en avons obtenu une esquisse que nous ferons connaître un jour.

Le docteur Mure est le créateur de l'homœopathie algébrique qui donne le vrai remède comme quotient d'une équation symptomatologique chronologiquement établie. Qui veut peut, dit-il, avec Jacolot, et il veut vivre pour faire le plus de bien possible à l'humanité qu'il méprise. Puisse-t-il pouvoir vouloir longtemps, nous le désirons, car Mure est le savant phénoménal de l'époque ; c'est lui qui a inventé l'art de conserver les animaux tout entiers, non par la méthode de Ségato qui les silicatisait pour les cabinets d'histoire naturelle, tandis que Mure les conserve pour la cuisine, et la cuisine mérite toutes les sympathies des gens comme il faut. L'art culinaire est le thermomètre de la civilisation des peuples, disait le général Buzen.

sublimes, mais assez humbles cependant pour croire qu'ils ne savent pas tous les secrets de la nature. Nous ne connaissons rien de plus outre-cuidant que de nier l'existence d'une chose parce qu'on ne la connaît pas; n'est-ce pas proclamer qu'on croit savoir tout et qu'on, est prêt à discuter *de omni rescibili*. Le fait est que notre époque abonde en petits *picots* de la *mirandolette* qui se sont laissé dire par leurs professeurs qu'ils sont nés dans le siècle des lumières, après lequel ils doivent tirer l'échelle, pour ne plus laisser monter personne dans leur pigeonnier.

Nous ne saurions trop insister sur une vérité que nous voyons, comme on dit, pointer à l'horizon, et qui fera la base de toute philosophie dans un temps prochain ; c'est la découverte de notre ignorance actuelle sur le mécanisme de la pensée. On verra de grands progrès s'accomplir quand on aura acquis la conviction que les choses se passent comme si... (paroles de Newton, au sujet de son hypothèse de la gravitation) comme si notre cerveau était une pile galvanique dans laquelle s'arrangent et se groupent les atomes métaphysiques au gré de notre libre arbitre, à la condition que cette pile soit tenue en action pendant un temps suffisant pour permettre à ces atomes de se cristalliser autour du centre de figure imaginaire désiré.

Quand on aura enfin la certitude expérimentale que l'homme est non-seulement un appareil propre à obtenir des combinaisons infinies d'objets déjà créés ou ébauchés, mais à créer de toutes pièces des choses que personne n'aurait pu concevoir et arranger d'une manière identique; car si rien ne se ressemble absolument dans la nature visible, on peut affirmer qu'il en est de même des créations métaphysiques, puisque tout ce que nous voyons est l'œuvre de la pensée de Dieu ou des hommes qui nous ont précédés. Le monde spirituel enfin n'est et ne peut être que le prototype du monde matériel.

Partant de là, sans passer par *l'objectif,* le *subjectif,* le moi et le non-moi, nous allons construire notre petite hypothèse sur la philosophie de l'invention.

Nous ne disons pas qu'on doit y croire, mais que nous y croyons.

DES REMÈDES CONTRE LA FUMÉE.

L'école de Salerne, qui mettait en vers latins rimés tous les proverbes, dictons et conseils bons à retenir, a dit une grande vérité : *Sunt tria damna domus, imber, mala femina, fumus*, que la politesse nous défend de traduire. Le premier de ces fléaux est la pluie, que tout couvreur sait réparer ; le second est irréparable ; mais le dernier, la fumée, qui paraît être du ressort des *ingénieurs en fumisterie* comme ces messieurs s'intitulent, est loin d'avoir reçu une solution définitive, parce que la science n'a pas encore passé par là.

Cependant il n'est pas un physicien qui ne sache le pourquoi de la fumée et qui ne puisse démontrer la cause des refoulements et de la stagnation, ou absence de tirage. Ces messieurs écrivent, mais les fumistes ne lisent pas ; c'est donc comme s'ils chantaient. Darcet, Péclet, Pouillet, Arnott, sont les Beethoven de la *fumisterie*, mais il passera bien de la fumée par les fenêtres, avant que les exécutants comprennent leur musique algébrique, qu'on trouvera superbe un jour ; c'est-à-dire quand les écoles d'arts et métiers auront formé une classe *d'ingénieux* qui aient une main sur l'équation et l'autre sur l'étau. Si nos cheminées continuent à fumer, ce n'est pas faute d'inventions ; car le chapitre des mitres, des champignons, des moines, des tourniquets, est inépuisable. On a feuilleté les dictionnaires grecs et latins pour leur trouver des sobriquets hybrides de toutes sortes ; ce sont des *fumifuges*, des *fumivores*, des *fumivulses*, des *aspirators*, des *ventilators* ; nous attendons un fumifrage, après le pompe-fumée ou *gazovulse* de M. Laviron, qui prouve clairement, dans une élégante brochure, que ses prédécesseurs n'ont rien compris à cette affaire. Il est vrai qu'il emploie les grands moyens, et que plus un atome de gaz délétère français, anglais et belge ne peut lui échapper ; voilà un gaillard qui peut chanter sur les toits : Je marcherai sur la fumée ! et il le fera comme il le dit, avec son moulin à vent. Une machine à vapeur serait peut-être plus sûre pendant le calme plat ; mais il a prévu l'objection : quand son moulin à vent ne pourra plus faire tourner son ventilateur-aspirateur, eh bien ! il fera tourner son moulin lui-même ou par une mécanique contenue dans une élégante caisse garnie d'incrustations qui en feront un nouveau meuble aussi riche et élégant qu'on peut le désirer. Il aurait bien employé un tourne-broche à contre-poids, mais où serait l'invention et l'élégance du nouveau moteur? M. Laviron ne travaille pas pour la petite propriété et il a raison, il n'y a que les grands qui savent payer. Sa fortune est assurée, s'il fait les ailes de son moulin en aluminium et les pivots de son ventilateur en rubis de Gaudin.

Ne nous parlez pas de faire des inventions pour les pauvres, il n'y a pas de l'eau à boire, et d'ailleurs ils aiment la fumée comme les Lapons, puisqu'ils s'y tiennent; la fumée éloigne les insectes, la fumée tapisse et conserve les poumons comme les jambons, la fumée préserve de la goutte, puisque les pauvres ne l'ont pas.

Il est bien vrai que le docteur Vanheck pourrait revendiquer les brevets de M. Laviron; mais *de minimis non curat prætor*, et nous sommes sûr qu'il laissera à Laviron le plaisir de conduire sa petite barque dans le sillage de son Léviathan.

Parlons sérieusement d'un moyen plus simple parmi les simples que chacun peut appliquer sur sa cheminée sous la forme d'un coude de tuyau de poêle, monté sur pivot qui tourne à tout vent comme une girouette. Si vous pratiquez au coude une ouverture garnie d'un cône rentrant à l'intérieur, le vent qui s'engouffrera dedans fera l'effet d'une soufflerie d'appel, qui aspirera la fumée et la chassera hors de la manche ouverte qui se tiendra toujours dans la *direction* voulue.

Cela est simple et bon; mais vous allez voir la catastrophe qui s'en est suivie pour le pauvre fumiste Jamar, à qui nous avions fait ce funeste cadeau pour lequel il s'était fait breveter.

Ses confrères en fumisterie ne tardèrent pas à le contrefaire; mais, sûr de ses droits, il chargea la justice qui ne coûte rien, d'attaquer les contrefacteurs, qui lui opposèrent l'entonnoir publié par Péclet sur nos indications écrues; mais il était inefficace; nous conseillâmes à Jamar de ne réclamer que son cône laissant l'entonnoir à ses collègues, qui répondirent que l'entonnoir ne valait rien, c'est pourquoi ils préféraient le cône.

Chose étonnante! la justice approuva la justesse des arguments du défendeur et donna gain de cause à celui qui avait raison : Jamar gagna son procès et vint nous annoncer son succès en pleurant ; il était suivi de sa femme, également en pleurs, et de ses quatre malheureux enfants.

« Nous sommes ruinés, perdus, réduits enfin à la mendicité pour avoir gagné notre procès, qui nous coûte cinq mille francs, voilà la note de notre avocat. — Oui, mais les dommages et intérêts couvriront aisément tout cela; de combien sont-ils? — De *cinquante francs*. — Pas possible : comme je suis la cause involontaire de votre ruine, je puis bien bien vous faire une petite aumône; mais qu'allez-vous devenir? — Je vais m'expatrier comme un coupable, en laissant jouir en paix mes voleurs du malheureux brevet que le gouvernement m'a vendu et qu'il devrait au moins protéger. »

Il partit en effet pour Amsterdam, où il fut bien accueilli pour son talent et son activité; il fit alors venir tous ses modèles, ses poêles et ses outils par un bateau qu'il alla recevoir à Rotterdam; mais quel spectacle affreux l'attendait! tout son matériel avait été brisé, pillé et réduit en vieille ferraille. On n'a jamais su par qui, car il tomba à la renverse et mourut de désespoir.

Voilà comme quoi tous les inventeurs font fortune, avec leur monopole de quinze ans, comme le prétendent les messieurs qui n'ont jamais rien inventé et qui s'arrogent le droit de réglementer les autres.

Ce n'est pas tout que d'empêcher les cheminées de fumer, il faudrait tirer parti de la chaleur qu'elles emportent en s'en allant par-dessus les toits, chaleur qui est au moins les 90 centièmes de celle qu'on utilise dans les cheminées ouvertes. Voici un moyen simple d'en profiter : conduisez un tuyau de poêle jusque sur le toit, entourez-le d'un tuyau plus large, mais fermé en haut et ouvert d'en bas. Que va-t-il se passer? la fumée cédera son calorique à son tuyau qui échauffera l'air contenu dans la double enveloppe. Cet air en se dilatant et ne pouvant sortir par le haut, sera refoulé par le bas dans l'appartment; il activera en même temps le tirage, car la fumée ne sera plus refroidie inutilement par le massif de briques froides qui composent les cheminées ordinaires. Mais cela n'occasionnera pas un courant d'air chaud continu, il faudra donc un autre petit tuyau alimentire parlant d'en bas et mis en communication avec la partie supérieure de la double enveloppe ; si ce tube n'est pas également chauffé, il s'établira un courant ou du moins une oscillation dans les deux branches qui empêchera la stagnation de l'air et le vide de se faire. Nous ne sommes pas précisément très-sûr de cet effet ; mais nous basons notre hypothèse sur l'équilibre instable, qu'il est si difficile d'éviter quand on n'en a pas besoin. C'est un essai à faire.

Il est singulier de voir combien de gens prennent l'effet pour la cause, à propos des petits ventilateurs de cabarets, qui tournent par la pression de l'air sortant, tandis qu'ils leur supposent la vertu de l'attirer.

D'autres placent des vis d'Archimède dans leurs cheminées, lesquelles ne tournent qu'en gênant l'ascension de l'air chaud, quand ils croyaient la faciliter. Telle cheminée qui fumait un peu, fume beaucoup après leur installation, ce qui les étonne infiniment.

Le meilleur moyen pour un foyer ouvert serait de fermer avec des glaces le devant de la cheminée et de faire arriver l'air nécessaire à la combustion en dedans de cette glace ou bandes de glaces repliables en paravent, ou puisant l'air dans la pièce inférieure ou dans la rue.

On ne perdrait rien du calorique rayonnant et l'on épargnerait 90 p. c. du combustible. Nous avons installé un poêle dans cette condition et diminué des 9/10 notre dépense ; mais les poêliers et caminologistes de pacotille vous feront croire que les vents coulis sont plus sains, parce qu'ils renouvellent l'air. Oui, mais ils le renouvellent trop ; les poêles des Russes et des Polonais se trouvent dans les conditions dont nous parlons, et ils sont mieux chauffés que les Parisiens. Nous connaissons un richard qui va passer ses hivers à Saint-Pétersbourg pour avoir chaud, tandis que d'autres vont en Italie, où ils sont souvent obligés de souffler dans leurs doigts. Nous recommandons Nice aux frileux, quand Alphonse Karr et le chevalier Gonzague d'Arson en auront fait la *terre promise* et le poêle de l'Europe déboisée, ce qui ne tardera pas d'arriver, au train dont ils font marcher la municipalité.

Nous avons proposé dans un temps de retourner toutes les cheminées d'une ville et de les faire déboucher, non par le toit, mais dans les égouts ; il suffirait d'une large cheminée communale placée sur un plateau élevé ou d'une machine à vapeur qui mettrait en jeu un ventilateur Fabry ou Lemielle, pour aspirer toute la fumée d'une ville comme il aspire le grisou de toutes les galeries d'une vaste houillère.

La seule différence serait la nécessité d'arranger les regards des égouts avec une fermeture hydraulique : un simple tube plongeant dans une cuvette, pour laisser entrer l'eau et ne pas laisser entrer l'air de la rue. C'est simple et sûr.

Voici les avantages qu'une pareille installation offrirait : la fumée de tous les foyers céderait son calorique aux voûtes qui chaufferaient les rues; la neige n'y séjournerait jamais, la boue serait toujours sèche et les passants auraient les pieds chauds tout l'hiver.

Il n'y aurait qu'à couvrir les cheminées actuelles par le haut pour les ouvrir en cas de réparation et de visite des égouts, si toutefois cela était nécessaire, car il n'y resterait pas de grisou.

Il existe bien d'autres améliorations municipales qui seront introduites dans les villes de l'avenir, car on commencera par la construction des rues souterraines pour la pose de toutes sortes de tuyaux de conduite, des eaux, des gaz, des télégraphes, de la musique et du faro. Mais on ne sait que se gêner mutuellement, au lieu de s'entr'aider en vivant en société. Nos rues sont toujours en réparation, on dirait que nos villes sont condamnées à n'être jamais achevées. On s'aperçoit bien que l'esprit d'invention n'a point encore soufflé sur la tête de ceux qui disposent de nos destinées, à voir la pauvreté de leurs conceptions et leur peu de prévoyance de l'avenir.

On ne fait en tout que du provisoire et l'on retombe sans cesse dans les essais cent fois abandonnés, comme inefficaces.

Un jour viendra où chaque ministère, chaque administration aura son inventeur, comme chaque fabrique a déjà le sien en Angleterre. A chaque difficulté on dira: Renvoyé à notre inventeur pour la solution; au lieu de dire renvoyé à la commission, c'est-à-dire aux calendes grecques.

DE L'INVENTION EN MATIÈRE DE GOUVERNEMENT.

Imaginer est difficile pour qui n'en a pas l'habitude. Pour réfléchir, il faut la solitude du corps, la quiétude de l'esprit et la sérénité de l'âme; or, les hommes d'État, les législateurs, administrateurs, *gens tenant nos cours, amés et féaux conseillers,* comme disaient les rois de France, sont moins que personne en pleine possession de leur *moi;* ils appartiennent au tourbillon du monde et des affaires, ils ont en un mot tant de choses à penser qu'ils n'ont pas le temps de réfléchir (1).

De là cette succession de mesures contradictoires, de projets indigestes et de pauvretés législatives et administratives, dont les nombreux défauts de logique et d'agencement réclament des amendements incessants qui n'amendent guère une œuvre mal venue de premier jet. C'est au point que si un négociant tenait sa maison sur le pied de certain gouvernement, ses correspondants ne voudraient plus avoir affaire avec lui, dans la crainte fondée d'une déconfiture inévitable.

Que n'a-t-on pas tenté, par exemple, pour détruire la mendicité? Rien n'y a fait, pas même les poteaux portant que *la mendicité est interdite;* car autant vaudrait écrire : *De par le roi, défense au frileux d'avoir froid;* quant à la faim, on doit l'interdire sous peine de mort, si l'on veut être conséquent.

Il faut convenir que cela touche au burlesque, et cependant cette grande mesure contre la mendicité a été plus d'une fois délibérée par des hommes d'esprit, par des conseils suprêmes, et sanctionnée par le pouvoir même; mais on ne peut rien faire de bon par la délibération, la sanction, l'enregistration et la promulgation. Tout projet émané d'une assemblée, quelque *bien qu'elle soit composée,* vaut moins que le projet d'un seul inventeur. Tout amendement est une blessure

---

(1) Penser, réfléchir, inventer est si peu dans les attributions administratives, qu'un ministre nous a avoué que dans ses milliers d'employés il n'avait qu'un seul *self-acting,* un seul qui pensât par lui-même et sût prendre l'initiative d'un arrêté ou d'une mesure qu'il ne lui avait ni demandée ni dictée, tout le reste n'étant que des roues qui attendent qu'on les pousse.

souvent mortelle pour sa conception, car il n'est que trop vrai que tout chef-d'œuvre est l'œuvre d'un seul.

Il est aussi peu logique de faire faire une loi par une réunion de législateurs, que de faire peindre un tableau par un collége de peintres, inventer une machine par une réunion d'ingénieurs, un poëme par un comité de poëtes, fussent-ils les plus savants, les plus habiles et les plus renommés ; chacun d'eux aurait fait mieux à lui seul. S'il était vrai que le nombre le plus grand renfermât plus de lumières que l'unité, il serait bien facile d'approcher de la perfection, en multipliant les législateurs à l'infini ; mais il n'en est pas ainsi, au contraire ; car, comme disait lord Chesterfield, plus la foule augmente, plus la raison décroît. Si la force matérielle s'accroît par le nombre des collaborateurs, la force intellectuelle diminue d'autant. Il paraît que ceci est une des lois du monde moral qui n'a pas encore été aperçue. Elle ressort cependant de la création même ; Dieu était seul quand il fit le monde, le moindre amendement l'eût rendu impossible ; tout enfant n'a qu'un père ; toute famille, qu'un chef ; toute armée, qu'un général, et rien n'est mieux organisé que l'armée, parce qu'elle a suivi la loi de nature. Nous le répétons, l'invention est tout, la délibération rien du tout.

Cela est si vrai que quand une machine gouvernementale est détraquée par les corps délibérants, on recourt à un seul pour la rétablir, en lui laissant le pouvoir de faire et de défaire à sa guise, et il est rare qu'il ne parvienne pas à tout remettre en place.

Malgré l'évidence de l'inutilité et de l'impuissance de la délibération en tout et partout, on se replonge de plus belle dans l'océan *commissionnel,* mais on finit toujours par s'y noyer. C'est que l'esprit d'invention ne peut germer, comme nous l'avons dit, que dans la solitude d'un cerveau libre de tous soucis du monde, affranchi de toute préoccupation étrangère, et ne comptant pas sur des collègues ou des manœuvres, pour parfaire sa création, à moins que tous les corps délibérants ne fussent que consultatifs.

Nous sommes d'avis que quand le besoin d'une loi se fait sentir, on devrait la mettre en adjudication, et donner un prix pour la meilleure solution ; il y a tout à parier qu'elle ne sortirait ni d'une assemblée, ni de la tête d'un homme d'État, ni de celle d'un administrateur, ni de tous ceux enfin qui sont chargés officiellement de cette sorte de besogne; car tous semblent privés de l'esprit d'invention ou sont loin de soupçonner que l'invention soit une partie essentielle de leurs fonctions; ils se vantent même avec certain orgueil de n'avoir jamais rien inventé, ce qui est magnifique de stupidité.

Le chef-d'œuvre attendu jaillirait d'une mansarde ou d'une chaumière, mais jamais d'un hôtel, encore moins d'un palais.

Ce sera toujours un pauvre diable, sans nom et sans patrons, qui remportera le prix, un penseur inconnu comme celui qui vient de nous apporter un projet pour supprimer la mendicité, dont la simplicité et la logique nous ont vivement frappé; car il n'y a pas à douter de son efficacité, puisqu'il est diamétralement opposé à ce qui a été tenté sans succès depuis dix-huit cents ans que la mendicité a succédé à l'esclavage.

Au lieu de comminer des peines contre le mendiant, il s'en prend à celui qui donne dans la rue et le punit comme fauteur de la paresse, protecteur de la fainéantise et créateur du vagabondage et de la mendicité, dont on est parvenu à faire un état, un métier et presque une fonction publique plus lucrative que celle du travail honnête.

La seule chose qu'on doive avoir en vue, dit-il, c'est de faire de la mendicité le moins lucratif des métiers. Il faut commencer par faire savoir au public, pour rassurer sa conscience, que le mendiant qui prétend n'avoir pas mangé depuis 24 heures, est un imposteur, attendu qu'il existe ou devrait exister dans chaque commune un établissement où il peut trouver immédiatement du pain et un travail équivalent au pain qu'il aura mangé. Si tout citoyen donnait seulement à cet établissement, soit volontairement, soit par un impôt *ad hoc*, la moitié seulement de ce que les mendiants lui arrachent, il serait délivré pour jamais de leur importunité. S'il veut leur donner

quelque chose, que ce soit l'adresse de l'établissement en question.

Le grand moyen, le seul efficace, nous le répétons, de se débarrasser de la mendicité, c'est d'en faire le plus mauvais des métiers, le métier qui fatigue le plus et qui rapporte le moins, un métier de dupe

et d'humiliation à vide, et vous le verrez bientôt diminuer et disparaître pour jamais (1).

Mais quand il est prouvé, à la suite d'une étude, longtemps suivie
par un de nos amis, sur un mendiant de dix ans, que la moindre de
ses journées était de quatre francs cinquante, et montait les diman-
ches et jours de fête jusqu'à six francs, comment voulez-vous que
l'individu qui en a tâté, se contente de la paye ordinaire d'un ouvrier?
Il n'y a que le premier pas qui coûte, et en s'y prenant de bonne
heure, les enfants du peuple ne sentent pas même la transition entre
le bien et le mal, car la timidité, la pudeur et la honte sont les résultats d'une éducation soignée.

Nous exprimions un jour notre étonnement à un maître menuisier,
de ce qu'il laissait courir ses enfants après les passants, ou demander
des sous pour la chapelle qu'ils érigent dans un coin de rue, avec
quelques brins de buis plantés entre les pavés; voici ce qu'il nous
répondit : « Tous les parents laissent faire cela, et puis on ne sait
« pas ce qui peut arriver, il n'est pas mauvais d'assurer un état à ses
« enfants; en cas de besoin, ils sauront au moins mendier; je me
« suis toujours laissé dire qu'il n'y a que les honteux qui meurent de
« faim. »

De sorte que ces petites chapelles qui pullulent dans les rues de
Bruxelles ne seraient que les écoles primaires de la mendicité; il nous
semble que les agents de police, s'ils en recevaient l'ordre, auraient
bientôt démoli ces caricatures de quêtes religieuses inventées par les
gueux du XVIe siècle, pour ridiculiser le culte catholique, chose que
les petits frères ignorent.

Si la suppression de la mendicité dans les rues peut s'obtenir par
simple transfert, en faisant porter la peine sur celui qui donne, il est
probable qu'on diminuerait les duels en punissant les témoins très-

---

(1) Un ambassadeur nous a raconté que le corps diplomatique de Turin, fatigué
de voir de grands polissons de mendiants sous le porche des églises insulter les
dames, sollicita la répression de cet abus. On répondit que la mendicité était
nécessaire pour entretenir la charité qui est une vertu. Ceci est ancien et ne concerne pas le gouvernement actuel.

sévèrement, plutôt que les duellistes ; car les premiers sont de sang-froid, tandis que les seconds ne se possèdent pas ; s'ils se battaient sans témoins, le survivant serait légalement accusé d'assassinat, ce qui à la rigueur pourrait être vrai.

Cette invention ne nous paraît pas sans valeur ; mais en voici un appendice non moins digne d'attention : il consisterait à légaliser le duel militaire en ne le permettant qu'un mois après la provocation ; beaucoup de fureurs passagères auraient le temps de se calmer, et l'intervention des parents et amis ferait le reste. Les anciennes cours d'honneur ont empêché beaucoup de duels ; mais il est certaines offenses qui ne peuvent se laver que dans le sang chez les descendants des barbares. Dans ce dernier cas, l'autorité prononcerait le fatal : *Allez, messieurs !*

Si nous ne sommes pas encore assez civilisés pour supprimer entièrement cette coutume du moyen âge, nous le sommes du moins assez pour la rendre plus rare en inventant des moyens de transition, et ceci est du ressort des inventeurs, puisque les criminalistes officiels se sont montrés si stériles jusqu'aujourd'hui qu'ils n'ont trouvé rien de mieux que de traîner sur la claie le corps du duelliste mort et de tuer le survivant.

Quel trait de génie du grand siècle qui n'avait pas de plus grand inventeur que celui de la machine de Marly ! Le dernier élève de l'école de Châlons ferait mieux aujourd'hui. Est-ce la nature de l'homme qui s'est modifiée depuis un siècle ? Non, mille fois, c'est la semi-reconnaissance de la propriété inventive qui a tout fait, c'est elle qui a réveillé cette faculté d'imaginer, d'agencer, de combiner des idées, des leviers, des éléments divers pour obtenir des effets, des produits, des résultats nouveaux. Quand on récompensera les inventeurs de lois, de règlements, de méthodes et de procédés administratifs, notre machine gouvernementale sera considérablement simplifiée et amendée, nos cinq codes pourront se placer dans un coin de la poche du gilet, comme le tarif anglais ; peut-être en reviendrons-nous au Décalogue, car l'esprit du siècle est de sortir de la complication pour arriver à la simplification. Mais cela va bien lentement au gré de notre impatience. On dirait que la nature entière est soumise au rhythme d'un *adagio* forcé comme les horloges de Bruxelles, qui sonnent si lentement que quand elles ont fini de tinter midi, il est une heure moins un quart. Ce qui a fait dire que tout vient à point à qui sait attendre la fin.

Il paraît nécessaire de donner le temps d'emboîter le pas aux paresseux, si nous en croyons la fable, qui contient toujours quelque vérité, quand l'histoire ne contient souvent que des fables.

L'AI.

Voyez, voyez comme j'avance ;
Mesurez l'énorme distance,
Que j'ai laissée entre nous deux !
Disait un aï paresseux
A la souche immobile
Qui l'admirait
Comme un niais admire un imbécile.
Oh ! dit un bœuf qui l'écoutait,
Moi qui suis cent fois plus agile,
Le cerf m'accuse d'être lent,
Et l'aigle au cerf en dit autant ;
D'où je conclus qu'il est prudent,
Pour éviter une mêlée,
Que toute course soit réglée,
Que chacun conserve son rang,
Depuis l'aï qui, s'il remue,
N'en a pas l'air,
Jusqu'à l'aigle qui fend la nue
Comme un éclair,
Lorsque tout le monde se rue
Sur un seul point,
Tout s'embarrasse, tout s'obstrue,
Tout se disjoint.
Tout se fracasse et tout se tue.
En vain cherchez-vous une issue,
Il n'en est point ;
Nul ne pouvant grandir sa taille
Comme il le veut,
Il est très-bien que chacun aille
Comme il le peut.

MOUVEMENT DE LA PROPRIÉTÉ INTELLECTUELLE.

De ce que la Suède vient de modifier sa loi des brevets après le Piémont, la Belgique et l'Angleterre, de ce que la Prusse, l'Autriche et toute l'Allemagne sont en pourparlers sur les moyens d'uniformiser leurs pitoyables embryons de lois sur la propriété intellectuelle, on devrait croire que cela va toujours en s'améliorant et se rapprochant des idées généreuses et libérales qui se sont fait jour depuis qu'un auguste personnage a fait connaître son opinion sur ce point capital de l'économie sociale; il n'en est rien, personne n'a le courage de sortir de l'ornière ouverte par le pitoyable traité de Renouard sur les brevets d'invention : ce sont toujours les mêmes formalités, les mêmes pénalités, la même défiance contre les inventeurs. On dirait qu'il s'agit avant tout de se fortifier contre l'invasion de ces implacables ennemis du genre humain qui portent tous quelque révolution dans leur sac. On accumule les chevaux de frise, les trappes et les pas de loup, *voetangels en klemmen,* autour des bureaux de patentes ; on tâche seulement d'attirer les inventeurs par l'appât d'un privilège, d'un monopole, d'un titre de propriété apparent, mais c'est pour les jeter à la voirie du domaine public quand on tient leur secret et leur argent. La Belgique en a tué plus de 3,000 depuis qu'elle a restauré son vieux traquenard, et l'*Inventore,* de Turin, nous arrive tout rempli de brevets décapités dans le cours de 1856, en vertu de la loi draconienne tissue par l'avocat Schialoja sur les principes de Proudhon.

Tous ces piéges qu'on appelle lois de brevets, sont dissimulés sous un déluge d'articles séduisants qui promettent beaucoup à première vue, mais que d'autres détruisent; c'est seulement agrandir et perfectionner sa toile, comme une araignée, dans le but de prendre le plus de mouches possible, et de s'en débarrasser plus facilement après les avoir sucées.

Les journaux annoncent qu'un conseil d'État voisin est saisi d'une loi sur la *propriété industrielle;* si ce n'est pas une fausse nouvelle, nous pouvons déclarer à l'avance que cette loi ne sera pas ce qu'on espère, car il n'est pas à présumer que les propriétaires du sol chargés de la voter, consentent à admettre les propriétaires de l'idée au partage des honneurs, de la considération et de la richesse ; l'instinct de la préservation personnelle sera toujours plus puissant que celui de la justice et de la raison d'État.

Comment croire que les patriciens accordent tout d'un coup, à leurs esclaves, l'affranchissement et le droit d'élever *hôtel* contre *hôtel?*... Cela multiplierait, il est vrai, les propriétaires, les conservateurs et les contribuables ; voilà le beau côté de la médaille; mais on lit sur le revers : *Ote-toi de là que je m'y mette.*

Ces artistes besogneux, ces misérables inventeurs, ces pauvres savants, toute cette bohème de littérateurs, de musiciens, de peintres, de graveurs, de sculpteurs, de modeleurs, d'hommes d'esprit, de goût et de génie, voyant la porte du *droit commun* entr'ouverte, se précipiteraient vers l'idole de la propriété, comme les agioteurs vers la Bourse. Ils deviendraient rangés, économes et thésauriseurs peut-être, comme des rentiers honnêtes ; ils n'aspireraient plus seulement à l'Institut, mais à la Chambre, au Sénat, au ministère même, et, ma foi, entre deux personnages d'égale capacité pécuniaire, il est probable qu'on choisirait celui qui doit sa fortune à son talent.

Vous sentez bien que les premiers occupants ne s'empresseront pas de se créer une pareille concurrence, à moins qu'une volonté colossalement juste et puissante n'ait le courage de marcher à pieds joints sur tous les obstacles qui s'opposent encore à la grande rénovation pacifique qui n'arrivera peut-être qu'à la suite d'un cataclysme plus violent que celui de 93.

A ce prix nous préférons rester cormorans chinois et continuer à pêcher dans l'océan des découvertes pour nos mandarins, pourvu qu'ils desserrent un peu notre carcan et nous laissent avaler quelques goujons. Voir la fable suivante.

LES CORMORANS CHINOIS.

Ne médisons pas des Chinois,
Car en fait d'art, en fait d'adresse,
En fait d'astuce et de finesse,
Ils dépassent nos Genevois;
Mais des Chinois le plus habile,
C'est le chef de ces mécréants

Qui tire sa liste civile
Du gosier de ses cormorans.
Cette aquatique créature
Du poisson fait sa nourriture;
Rien n'est plus connu que ce fait,
Puisque l'empereur le connaît
Et qu'il organise des chasses
Pour prendre ces oiseaux bonaces,
Auxquels il fait infibuler au cou
Un superbe anneau d'or muni d'un bon verrou,
Puis il leur dit : Allez, votre maître vous donne
Le brevet et le nom d'*oisons de la couronne*.
Allez et pêchez bien. Les cormorans chinois,
Bien qu'ils ne fassent pas les lois,
Sont de si docile nature
Qu'ils s'y soumettent sans murmure.

Les voilà donc plongeant,
Replongeant et pêchant,
Et sans cesse emplissant
Cette besace naturelle
Que Dieu leur donna pour écuelle,
Sans pouvoir avaler le plus mince goujon;
Forcés qu'ils sont, hélas ! après chaque plongeon,
De revenir à bord, pour dégorger leur prise,
Dans les avides mains des commis de l'*excise*,
Qui leur font payer cher le funeste bijou
Qu'ils se sont laissé mettre au cou.

Ce que nous critiquons en Chine
Se passe sous notre rétine
Depuis environ soixante ans.
Nos inventeurs, vrais cormorans,
Race on ne peut plus débonnaire,
Se laissent décorer d'un brevet temporaire,
Qui les force à lâcher
Ce qu'ils ont eu tant de peine à pêcher.
Dans la mer sans fond des trouvailles,
Entre les mains du domaine public,
Ce paresseux sans cœur et sans entrailles,
Qui, bien loin de rougir de ce vilain trafic,
Ne veut pas même qu'on désangle
L'étroit carcan qui les étrangle.

Dépouiller l'inventeur après dix ou quinze ans,
Il est évident que c'est faire
Du communisme à ses dépens,
Car enfin l'inventeur est un propriétaire
Aussi réel au moins qu'un possesseur de terre,
Et tout conservateur qui soutiendrait que non,
Aurait perdu le droit de critiquer Proudhon.

HÉLIOGRAPHIE.

NOUVEAU PROGRÈS.

Un corps exposé au soleil conserve-t-il dans l'obscurité quelque propriété de cette insolation ? C'est ce qu'il faut voir, s'est dit le neveu de l'inventeur de la nièpceotypie, et il a essayé d'exposer au soleil une gravure qui était restée longtemps dans l'obscurité; puis il l'a placée sur un papier sensible, c'est-à-dire très-impressionnable aux émanations des rayons photographiques. Il en est résulté que les parties blanches ont produit leur effet et qu'une image inverse en est résultée, ce qui a donné un beau cliché au moyen duquel on pourra reproduire indéfiniment la même gravure.

Ce procédé, qui n'exige ni talent, ni outillage, sera des plus utiles à ces pauvres diables qui, n'ayant ni état ni place au râtelier du budget, en sont réduits à se livrer à l'industrie de la contrefaçon des billets de banque. Heureusement que le gouvernement de la Grande-Bretagne vient d'autoriser la multiplication indéfinie des billets de la banque d'Angleterre en lui accordant un bill d'indemnité.

On espère que cet accroissement de richesse mettra promptement fin à la crise.

La nouvelle découverte de M. Niepce de Saint-Victor ne pouvait arriver plus à propos.

La banque de France, qui n'est pas si généreuse, lui a, dit-on, déjà demandé le moyen de mettre ses propres billets à l'abri de la réimpression solaire. Il nous est avis que le pauvre lieutenant serait en droit de se le faire payer pour inaugurer l'ère de l'association du capital et du talent.

PHILOSOPHIE DE L'INVENTION.

La création n'est point terminée, elle restera ouverte tant qu'il existera des hommes faits à l'image de Dieu, doués de la faculté de débrouiller leur part de chaos ou de rassembler et agencer les matériaux déjà dégrossis antérieurement et mis à leur disposition.

L'homme est le seul animal créateur, les autres ne sont que consommateurs ou en général que destructeurs.

L'homme, en sa qualité de contre-maître de la Divinité, peut créer *ab ovo* ou *post ovum*, *à priori* ou *à posteriori*, c'est-à-dire rassembler des atomes spirituels par l'action de l'électricité mentale, pour en former une idée, la féconder, l'incuber et la conduire ainsi en la nourrissant jusqu'au moment de la parturition; mais du jour où l'embryon est passé du monde idéal dans le monde réel, ou du monde intellectuel dans le monde matériel, cet enfant de l'esprit a droit à l'immatriculation gratuite au registre de l'état civil des enfants du génie, et ce droit on le lui refuse encore, et ce refus, contraire aux lois de la justice éternelle, est la cause principale des désastres sociaux qui ne peuvent cesser tant que cette cause subsistera.

Tout ce qui existe dans le monde matériel est sorti du monde spirituel ou chaotique, et tout y retourne pour en sortir encore sous telle forme qu'il plaira à la volonté divine ou humaine de lui donner. Le chaos est un grenier d'abondance inépuisable, rempli de tout ce qui est imaginable dans les limites de la raison ou de la folie, et peut passer de l'idée au fait, du projet à l'exécution ou de la théorie à la pratique, puisque celui qui le crée peut lui donner la matérialité. Un bloc de marbre, par exemple, contient toutes les statues qu'il est possible d'imaginer, et une infinité d'autres que l'artiste peut en tirer par le travail de la pensée et de la main.

Tout est dans tout, par conséquent tout est dans le chaos universel, la matière aussi bien que l'esprit, la forme, le mouvement et la raison. La volonté peut disposer de tous ces éléments pour leur donner telle apparence, telle destination qu'il lui plaît, c'est ce qui a fait dire : *vouloir c'est pouvoir, avec la foi on transporte des montagnes*. Ceux qui disaient cela le sentaient, et nous allons essayer de l'expliquer, en prenant l'analogie comme une loi naturelle, universelle et incontestable. Par exemple, nous avons la terre qui repose sur le feu, l'eau qui repose sur la terre, l'air qui repose sur l'eau, l'éther qui repose sur l'air et la lumière qui vivifie le tout; pourquoi n'aurions-nous pas, outre l'électricité statique, les électricités minérale, végétale, animale, et l'électricité mentale qui, comme la lumière, domine toutes les autres et les met en action par la volonté, car les autres électricités n'étant que de la matière mise en jeu par la pensée, il n'est pas étonnant que *meus agitat mensam.*

C'est ainsi que notre volonté immatérielle commande à notre fluide nerveux de mettre en mouvement nos muscles, lesquels accomplissent des actions frappantes qui tirent leur origine, on ne peut le nier, d'une entité spirituelle impondérable, la volonté, l'âme enfin. Quiconque a jamais créé quelque chose de toute pièce, n'a qu'a réfléchir à la marche qu'il a suivie; il verra que le besoin d'une chose qui n'existait pas s'étant fait sentir, il lui est venu le désir de l'avoir, et, convaincu de la vérité de l'axiome *qui veut peut,* il y a pensé, il a fait appel à sa muse, comme disaient les anciens; nous disons, nous, qu'il a évoqué, attiré et groupé les atomes spirituels en imaginant, *imo agendo,* en industriant, *intus struendo* en choisissant avec intelligence, *inter legendo,* en inventant, *in venire faciendo,* faisant venir à soi les atomes d'idées comme le galvanisme fait venir les atomes métalliques propres à revêtir la forme désirée; cette comparaison, juste et saisissante pour les penseurs et créateurs en tout genre, semblera fausse aux cerveaux ramollis qui se vantent de n'avoir jamais rien imaginé.

Quand les premiers linéaments de l'image cherchée commencent à s'arranger ou à se cristalliser dans une forme plus ou moins vague, et souvent indécise comme la volonté même, on est obligé de les dissoudre, abandonner et reprendre des centaines de fois, jusqu'à ce qu'un beau jour, ou plutôt une belle nuit, au moment où l'on s'y attend le moins, le spectre ou l'image de la création cherchée nous apparaît; elle fonctionne en imagination à notre satisfaction, le fœtus est à terme, l'incubation est achevée, le moment de l'enfantement est arrivé; mais que l'impatience ne vous fasse pas devancer le terme,

car vous n'obtiendriez qu'une affreuse mole, *indigesta moles,* ce qu
n'arrive que trop fréquemment aux étourdis.

Le crayon, la règle et le compas composent la trousse de l'accou-
cheur d'idées plastiques, qui se délivre assez aisément du fruit de ses
veilles, c'est-à-dire qu'il trace sans peine le portrait de son enfant sur
le vélin; car si l'image est parfaite dans le cerveau, elle se réflète de
même sur le papier; mais

> Quand rien n'est dans la tête il n'en peut rien sortir,
> La main n'est qu'une esclave et ne fait qu'obéir.

L'opération de créer est l'inverse de celle d'apprendre; ainsi
l'image d'une statue se concentre, se réduit en traversant l'appareil
oculaire, impressionne la rétine par le sommet de son cône, dont les
rayons se croisent en un point mathématique qui sépare l'esprit de
la matière ou le monde réel du monde imaginaire, lequel n'occupant
plus d'espace, permet à son contenu de s'épanouir à l'infini, ou de
prendre dans l'imagination telle réduction ou ampliation que l'on
désire.

L'appareil photographique donne une idée assez nette du magnifique phénomène de la mémoire des formes.

Les deux cônes lumineux qui s'aperçoivent au centre d'un cube de
verre d'urane offrent également une représentation matérielle très-
saisissante de l'effet dont nous parlons, surtout s'il vous plaît d'admettre que le cône des rayons immergeants soit matériel jusqu'à leur
croisement, et que le cône opposé au sommet, ou émergeant soit
spirituel ou imaginaire.

D'un côté, les objets réels; de l'autre, leur spectre comme dans le
miroir : ainsi, voir beaucoup, étudier beaucoup, c'est enrichir et
meubler votre monde imaginaire; c'est remplir votre magasin de
formes, de modèles et d'études qui peuvent servir à composer, combiner, inventer, puis à renvoyer par le même chemin les choses du
monde spirituel dans le monde matériel, lequel nous a fourni ces
modèles que nous pouvons agencer et modifier à notre guise, en vertu
du libre arbitre qui nous appartient, et de la somme de puissance
créatrice qui nous anime.

Remarquez bien que plus la chose a de grandeur quand elle frappe nos sens, plus elle les impressionne vivement par le nombre des faisceaux lumineux qu'elle émet; de là le souvenir plus durable des grandes merveilles.

Le phénomène que nous expliquons en l'appliquant à la vue, se passe également pour nos autres appareils récepteurs; toutes les paires de nerfs aboutissent à la glande pinéale, le plus précieux sans doute de nos organes, puisqu'il est le mieux abrité; c'est lui qui conserve la sensation stéréoscopique de la matière; tous nos sens sont doubles et symétriquement écartés; s'ils étaient simples, il n'y aurait pas de croisement, pas de foyer, ce ne serait qu'une ligne non susceptible d'ampliation à son entrée dans le monde imaginaire : l'hémiplégique au grand complet ne peut plus produire, il végète; la paralysie générale est la mort. L'appareil récepteur et répercuteur est brisé, il n'y a plus de rapports entre le monde réel et le monde imaginaire; il est donc superflu d'élever des statues aux inventeurs et de mettre au Panthéon les grands hommes que l'on a laissés mourir de faim; il eût été plus rationnel de les faire vivre et produire plus longtemps; car l'homme qui a beaucoup vu et retenu, est le plus apte à produire facilement et beaucoup; l'improvisation n'est pas possible à l'ignorant, à l'indigent qui n'a rien vu et ne peut rien comparer, par conséquent rien combiner, rien inventer. Pour celui-là toutes les inventions sont faites, tandis que pour les savants il n'y a presque rien de fait. Nous l'avons déjà dit : tout est à faire, à refaire, à parfaire ou à défaire jusqu'à la fin des siècles qui ne finiront pas.

NOUMÉTRIE.

Nous demandons pardon à nos lecteurs d'employer des mots grecs : on nous dira qu'il faut laisser cela aux coiffeurs et aux parfumeurs, et aux pauvres inventeurs qui vont faire baptiser leurs nouveau-nés par les pions de collége; mais nous ne savons pas le sanscrit, qui sera bien parlé quelque jour.

En attendant, nous expliquerons ce que nous avons voulu dire dans la périphrase de cent lignes qui suit :

Nous ne pouvons acquérir la sensation stéréométrique des corps, c'est-à-dire juger de leur solidité et de leurs dimensions, qu'à l'aide de la duplicature et du croisement de nos organes, qui se prêtent d'ailleurs un mutuel secours en se contrôlant l'un l'autre.

Rien ne différencie une statue d'une grisaille à l'œil d'un *monocle*, si ce n'est le toucher; encore faut-il qu'il soit double; s'il était simple, le contact en un point ne nous donnerait que la sensation d'une surface dure ou molle, chaude ou froide, sans rien nous apprendre sur sa solidité.

Les doigts forment une sous-division de l'organe du toucher, qui nous donne l'idée stéréoscopique des menus objets placés entre les doigts et le pouce; encore faut-il éviter le renversement de ces sortes d'antennes, car cette *synchyse* nous ferait sentir deux boulettes, par exemple, quand nous appliquons deux doigts supercroisés sur une seule, et fausserait notre jugement.

L'organe de l'ouïe est également double, afin de nous donner l'impression du point de départ d'un bruit quelconque, ce dont on ne peut juger avec une seule oreille. Les organes du goût et de l'odorat sont aussi doubles, mais rapprochés au point de se confondre, attendu l'inutilité de la sensation stéréométrique pour les gaz inspirés et les liquides ingurgités.

La rectitude du jugement en toute chose dépend évidemment de la perfection et de l'intégrité de nos cinq sens, et son étendue, de l'exercice plus ou moins prolongé auquel ils ont été soumis par la vérification répétée des faits du monde extérieur dont notre mémoire s'est enrichie. Le petit nombre d'hommes de jugement sain et vraiment sages indique assez l'abondance des êtres privés du synchronisme des organes récepteurs. L'un a les oreilles fausses; l'autre, les yeux d'inégale portée ou d'inégale direction; beaucoup voient les objets doubles ou d'une couleur différente; chez d'autres, c'est l'odorat ou le toucher qui manque d'équilibre, ce qui ne leur permet de voir ni d'entendre, ni de sentir comme les autres. Il y a longtemps qu'on a dit : Autant d'hommes, autant de sentiments; de là l'origine de discussions interminables sur les arts, les sciences, la littérature, la politique, etc., discussions vaines et impuissantes à ramener tout le monde à une seule opinion, surtout à la bonne, qui est la plus rare.

On peut enseigner à ceux qui ne savent pas, mais on ne peut convaincre ceux qui savent d'une autre manière que nous, car ils savent aussi pertinemment, puisqu'ils ont appris, comme nous, par l'intermédiaire de leurs cinq sens. La difficulté est de savoir lequel sait le mieux, lequel est dans la vérité ? c'est évidemment celui dont les cinq sens sont doués de l'isochronisme le plus parfait, et nous croyons que le fait est susceptible de vérification, et qu'à l'aide de divers instruments réunis et appliqués par des experts assermentés, on fera un jour le cadastre des candidats avant de confier un portefeuille à un ministre, la simarre à un juge ou le mandat de législateur à un ambitieux, qui devront justifier de l'intégrité de leurs cinq sens, par une pièce officielle, lors de la vérification des pouvoirs.

Quiconque ne verra, n'entendra, ne sentira pas juste, devra être éliminé des fonctions d'homme d'État, car ceux-là qui ont le jugement faux sont aussi dangereux dans une administration que ceux qui ont les oreilles fausses dans un concert ; ils troublent l'harmonie toutes les fois qu'ils ouvrent la bouche, soit pour parler, soit pour chanter ; et comme ces êtres incomplets ou disgraciés sont infiniment plus nombreux que les êtres parfaits, plus on en appelle à délibérer ou à chanter, plus la cacophonie augmente. Ceci confirme l'exactitude de l'observation de lord Chesterfield : Plus la foule augmente, plus la raison décroît.

Il n'en sera plus de même quand la *noûmétrie*, aidée de la *céphalométrie*, sera devenue une institution publique, officielle, par laquelle chaque fonctionnaire sera tenu de passer avant d'obtenir de l'avancement, et même avant d'être admis à une fonction publique quelconque.

Remarquez bien que tout individu en complet synchronisme, c'est-à-dire qui a le jugement droit, aura également l'esprit et le cœur droits ; il n'intriguera pas, ne volera pas, ne se laissera pas séduire, et sera juste en tout et pour tous, car il saura distinguer le bien du mal, et son jugement le préservera de toute erreur, en lui faisant voir clairement les conséquences inévitables de toute malversation, de toute injustice, de tout déportement; choses que ne voient et ne prévoient pas les êtres privés de judiciaire, par défaut de symétrie dans l'un ou l'autre de leurs sens, et souvent de plusieurs. Gardez-vous de confier un pouvoir quelconque à ces invalides de jugement, à ces brise-raison, inaccessibles aux avis et aux bons conseils. Ce n'est pas de leur faute, c'est celle de ceux qui les ont investis du pouvoir dont ils abusent.

On appelle insensés et l'on enferme ceux qui ont leurs cinq sens faussés; ceux qui n'en ont que quatre sont des lunatiques qu'il faut surveiller; ceux qui n'en ont que trois sont des hommes toqués ou fêlés qu'on laisse vaguer et dont on supporte les écarts; ceux qui n'en ont que deux forment la grande majorité : c'est la multitude de M. Thiers; mais ceux qui n'ont qu'un sens avarié sont ce qu'on appelle les hommes raisonnables, les bons et estimables citoyens, l'élite de la société. Quant aux hommes complets et parfaitement sains de corps et d'esprit, ils sont en si infime minorité que la majorité les repousse et les écrase quand ils veulent se mettre en avant, c'est-à-dire à la place qui leur appartiendra sans conteste après l'établissement du *noûmètre* officiel.

Il est à remarquer que le monde moral ou spirituel, étant le prototype du monde matériel, ne peut refléter que les images empreintes sur la glande pinéale par l'intermédiaire des sens; il s'ensuit que si ces images sont fausses, elles ne peuvent se cristalliser en idées justes, de quelque façon qu'on les combine. Voilà pourquoi tant d'écrivains, d'inventeurs ou de projetistes ne produisent que des romans, des plans ou des machines baroques qui ne plaisent qu'aux esprits de leur catégorie, mais que la raison pure repousse.

Le docteur Dunre, qui a fait un livre pour prouver que tous les hommes ont leur folie et que la sienne était de décrire celle des autres, n'était pas trop éloigné de la vérité, car tous les fous ne sont pas en prison, — pour cause de pénurie de loges. Quant aux sages, ils doivent être très-rares, puisque la Grèce n'en a produit que sept en sept cents ans.

L'ABBÉ DE LAMENNAIS, ÉCONOMISTE POLITIQUE.

Trois lettres de l'abbé de Lamennais viennent d'être retrouvées; elles datent de dix ans, et font connaître son opinion sur le système de la propriété industrielle, sur lequel l'auteur a voulu consulter tous les grands esprits de l'Europe, même les plus opposés entre eux. Ainsi, tandis que père Lacordaire lui donne son adhésion complète, l'abbé de Lamennais scinde la question, et établit parfaitement la différence entre la production de la richesse et sa distribution; il trouve la première parfaitement résolue, mais il a des doutes sur la seconde.

On en jugera par ses réponses aux propositions de l'auteur du *Monautopole*, qui commence par poser en fait, qu'il serait juste que chacun fût propriétaire et responsable de ses œuvres, dans toute société bien organisée.

Voici l'opinion du savant abbé. Ces lettres sont si claires qu'elles font assez connaître les objections auxquelles elles répondent; nous les imprimons donc à la suite l'une de l'autre dans l'ordre chronologique de leur date.

PREMIÈRE LETTRE.

Paris, 9 avril 1847.

J'ai reçu, monsieur, avec la lettre que vous m'avez fait l'honneur de m'écrire, les brochures qu'elle m'annonçait. *Je crois à la vérité du principe important que vous y développez; je crois que la nation qui l'adopterait* et le consacrerait hardiment, dans toute son extension, imprimerait à son industrie une impulsion dont les effets seraient incalculables, et par là même remédierait à beaucoup de maux par l'élévation forcée du prix du travail. Toutefois il resterait encore, ce me semble, à résoudre d'autres questions d'une importance suprême pour l'avenir de la société. En un mot, votre idée, très-juste et très-féconde, me paraît résoudre mieux que toute autre le problème de la production, et c'est un pas immense; mais celui de la distribution appellerait encore, à mon avis, une solution ultérieure; car ces deux problèmes, bien qu'étroitement liés, ne forment pas toutefois un seul et même problème, et le dernier dépend surtout d'un certain sentiment de justice qui peut être blessé au sein même de la société la plus riche.

Continuez votre œuvre, monsieur; elle est belle, elle est grande, et nul autant que vous ne peut en assurer le succès.

F. LAMENNAIS.

DEUXIÈME LETTRE.

Paris, 20 avril 1847.

Je n'ai point, monsieur, d'objection contre le principe selon lequel vous voudriez que l'industrie fût organisée. Comme vous, je crois qu'il amènerait un développement immense et utile à tous de la production, et que, dans la limite où chacun jouirait du fruit de son travail, on serait, selon votre expression, *propriétaire de ses œuvres*. La justice, loin d'être blessée, serait complétement satisfaite. Mais je crois aussi que toutes les questions qui préoccupent aujourd'hui les esprits sérieux, ne seraient pas résolues par votre principe seul. Tout le monde n'*invente* pas, il s'en faut de beaucoup ; et chaque inventeur ayant besoin de bras pour réaliser pratiquement et mettre à profit son invention, nous voilà toujours dans le travail salarié et dans ses conséquences, si effrayantes aujourd'hui partout, que partout aussi on y cherche un remède. L'exemple de l'Angleterre, où l'on s'est plus rapproché qu'ailleurs de l'application de votre idée, prouve, ce me semble, deux choses : la puissance de l'idée elle-même pour la création de la richesse ; la nécessité d'un ordre spécial de moyens pour arriver à une équitable distribution de cette même richesse entre tous ceux qui ont concouru à sa création ; autrement elle deviendrait chez toutes les nations ce qu'elle est déjà, d'une certaine manière et à un certain degré, chez le peuple le plus riche de l'Europe, une véritable calamité pour la masse des hommes.

Recevez, monsieur, l'assurance des sentiments de haute estime et de vive sympathie dont j'aime à vous renouveler l'expression.

F. LAMENNAIS.

TROISIÈME LETTRE.

Paris, 30 avril 1847.

Les questions, monsieur, que vous touchez dans votre dernière lettre, sont trop vastes pour que j'aie seulement la pensée d'y entrer. De proche en proche, elles nous conduiraient à traiter tous les points de cette science encore à peine naissante où les économistes ont porté jusqu'ici plus de zèle peut-être que de vraie clarté. Au reste, c'est ainsi que toute science commence, un peu à tâtons, et en achetant chaque vérité au prix de nombreuses erreurs.

Je suis très-fort de votre avis que, parce qu'un bien n'est pas tout bien, on doive le rejeter. Certainement rien n'est plus absurde. Prenez d'abord ce qu'on vous offre, vous aviserez après à vous procurer plus. Vous nous offrez d'abord, vous, monsieur, un puissant moyen de production qui tournera au profit de beaucoup de gens aujourd'hui misérables ; je l'accepte de grand cœur, quoique je ne pense pas (car je persiste dans cette opinion) qu'il résolve un autre problème d'une importance capitale aussi. Le salaire, arbitrairement en soi, n'a rien qui blesse la justice ; c'est un contrat dont les conditions peuvent être réglées équitablement. Mais le sont-elles aujourd'hui, et peuvent-elles l'être dans le système commercial et industriel existant ? Non, selon moi et selon beaucoup d'autres. Je sais bien qu'une plus grande demande de travail augmente le prix du travail. En thèse générale, c'est incontestable, en supposant toujours une certaine proportion entre le nombre des bras et la quantité de travail demandé. Or, cette proportion nécessaire pour que la cause générale ait son effet, manque presque partout, ou, en tout cas, les choses se passent comme si elle manquait. « Quand le travail, « dites-vous, augmenterait, le salaire augmenterait nécessairement et forcé-« ment. » Le travail a énormément augmenté en Angleterre depuis un demi-siècle, et le salaire a baissé proportionnellement. C'est à ce mal qu'il faut remédier, de quelque manière qu'on l'explique.

Recevez de nouveau, monsieur, l'assurance de ma haute estime.

F. LAMENNAIS.

Tout le monde n'invente pas, dit M. de Lamennais. — Non, répond M. Jobard ; mais il suffit de trois ou quatre inventeurs pour donner du travail et du pain à des millions d'ouvriers. Watt, Arkwright, Gray et Wheatstone, avec la vapeur, la filature, les chemins de fer et les télégraphes, emploient plus de vingt millions de bras, que, sans eux, vous auriez sur les vôtres.

Ces inventions ne sont nées qu'à la suite de celle des patentes ou brevets, et n'existeraient pas sans eux ; car les peuples sans brevets n'inventent pas plus que les Turcs, les Chinois et les Indous ; ou s'ils inventent, ils n'exécutent pas ces grandes et coûteuses découvertes qui font la prospérité et la supériorité des nations à brevets.

Le salaire n'est pas déshonorant, dit M. de Lamennais, mais il est insuffisant ; — abolissez la concurrence intestine, répond M. Jobard, et les patrons ne seront plus contraints de faire peser tous les frais de la guerre sur leurs ouvriers. Il se pourrait que le consommateur payât quelque chose de plus, mais il vaudrait mieux prélever des centimes sur des millions de consommateurs, que de prélever des centaines de francs sur des milliers d'ouvriers.

LA LIBRE CONCURRENCE INTÉRIEURE

EST LA SOURCE DU MONOPOLE ET DE LA FAIBLESSE INDUSTRIELLE D'UNE NATION.

Aux yeux de tout le monde, la libre concurrence, sans plus, est le *criterium* de la science économique, le point de départ d'un progrès indéfini, le symbole de la liberté, etc., etc.

Une chose que tout le monde croit nous est suspecte ; car tout le monde, c'est la masse, la foule, la majorité, la force brute ; mais si

la victoire est ordinairement du côté des gros bataillons, la vérité, le
droit et la raison sont souvent ailleurs. Si la force matérielle est dans
le nombre, la force intellectuelle est dans l'unité.

Il est plus que probable, non-seulement que la foule se trompe,
mais qu'on la trompe au sujet de la libre compétition à brûle-pourpoint, et qu'elle donne tête baissée dans un affreux panneau ; nous
devons la prévenir qu'on se sert de ses aspirations instinctives vers
la liberté pour la ramener doucement aux carrières avec la pince de
la concurrence, comme le lion échappé de la cage du belluaire. Il est
aisé de démontrer que la lutte intérieure nous reconduit tout droit
vers l'esclavage, en nous affaiblissant par la guerre civile érigée en
principe économique.

La foule est *surfacière* et juge sur les apparences ; les enfants se
laissent éblouir par le clinquant. Nous qui n'avons à ménager ni les
erreurs des gens d'esprit, ni la perfidie des prédicateurs du men-
songe qui leur profite, nous allons prouver que la libre concurrence
intestine, que l'on nous donne comme l'antidote du *monopole*, est
précisément le chemin le plus droit et le plus sûr pour arriver au
monopole le plus solide, le plus impitoyable, lequel exigera au moins
autant de révolutions, d'émeutes et de massacres qu'il en a fallu pour
détruire le *monopole* de la féodalité ; car la libre concurrence vient
établir la féodalité industrielle sur les ruines de la féodalité territoriale,
précisément comme les fabriques qui s'établissent dans les vieux
châteaux et les vieux couvents nous en donnent le prélude. Mais ce
féodalisme industriel est bien autrement brûlant que celui de la théo-
cratie, dont on a si peur, tandis qu'on n'a pas l'air de se douter de
l'invasion des hauts barons du fer et du charbon, de la laine et du
coton, comme les appelait le duc d'Harcourt au Congrès de Bruxelles.

Ils ne se doutent peut-être pas plus de ce que deviendront leurs
citadelles industrielles, que les manants qui construisaient les nids
d'aigle des burgraves qui devaient les protéger plus tard, Dieu sait
comment !

« La libre concurrence est un noble drapeau ; suivez-le ! » disent
les bardes des seigneurs de l'industrie, à la foule qui les applaudit,
comme elle applaudissait les seigneurs du sol proclamant le libre

parcours, le libre pacage, en s'opposant au clôturage des terres communales par des fossés et des haies qui les gênaient dans leurs chasses à courre. « Mes amis, leur disaient-ils, vous pouvez mener votre vache et votre chèvre sur toute l'étendue de la jachère et des bruyères communales; bénissez la loi qui en interdit la vente et le partage! » Mais personne n'avait la charité de leur dire : « Toi, Pierre, tu n'as qu'une vache; toi, Jean, qu'une bourrique, et le seigneur a cent vaches, cinquante bourriques et mille brebis; qui donc profite le plus du libre pacage? » Le clerc et le bailli eussent été là pour soutenir que chacun est libre d'avoir autant et plus de vaches et de moutons que le seigneur.

C'est précisément ce que répondent les clercs de l'école économique, qui nous enseignent comme quoi chacun est libre d'établir et d'exercer telle industrie qui lui plaît, sur telle échelle qu'il juge à propos, en vertu de la libre concurrence. Mais il ne vient à personne l'idée de demander lequel arrivera le plus vite à la borne d'or plantée au bout de la carrière commerciale, de celui qui est à cheval, ou de celui qui est à pied.

L'un d'eux nous disait : « Si vous êtes à cheval et moi à pied, je suis libre de prendre un cheval comme vous. — Bien; mais ce cheval s'appelle *million*. — Eh bien, je prends un million. » Voilà la réfutation des forts en thème de l'école de Malthus, qui ne veulent pas voir que la libre concurrence intérieure, au lieu d'être un progrès, n'est qu'un recul vers l'état politique de nos estimables ancêtres, qui passaient partout où ils voulaient et faisaient tout ce qui leur plaisait, selon la vigueur de leur poing ou la portée de leur flèche. Voilà où l'on nous ramène, non pas insensiblement, mais au grand galop.

Les braves et naïfs missionnaires du *laissez faire* ne se rappellent pas que la loi a dû intervenir entre le fort et le faible pour forcer le géant à respecter le nain son frère; mais le géant, habitué à manger des nains, s'est travesti en lingot, et, comme la loi n'a pas dit au gros lingot : « Tu respecteras le petit lingot, » les gros lingots s'en donnent à cœur joie.

Mais, nous dit-on, les petits lingots n'ont qu'à s'associer pour tenir tête aux gros lingots. — Eh bien, alors les gros lingots se *fusionne-*

ront, comme vous le voyez déjà en ce temps-ci ; de sorte que nous arriverons tout droit à l'empire industriel par la fusion des communes industrielles en provinces industrielles, et des provinces en royaumes. — Et alors ? — Eh bien, alors... concluez vous-même...

— Mais le moyen d'empêcher cela ?

Vous devriez le savoir, depuis plus de trente ans que nous le répétons sur tous les tons ; le moyen, c'est que chacun soit maître en son moulin et qu'il y ait des juges à Berlin, ou, si vous voulez, que chacun soit maître en son parvis et qu'il y ait des juges à Paris, ou que chacun soit maître en sa chapelle et qu'il y ait des juges à Bruxelles.

Si le droit du plus fort n'eût pas été aboli en Prusse, le grand Fritz aurait eu bientôt raison à coups de canon du moulin à vent de *Sans-Souci*.

Eh bien, aujourd'hui, sous la libre concurrence, que vous aimez tant, le plus fort a le droit de canonner votre petite fabrique, votre petit magasin, et de vous jeter sur le pavé quand et comme il lui plaît, en mettant ses gros lingots en batterie contre votre petit lingot.

Voilà ! oui, voilà tout le mystère de la libre concurrence industrielle et commerciale, qui vous ronge, vous ruine et vous empoisonne, *et nunc intelligite, gentes !*

Quand donc comprendrez-vous que, si chacun était propriétaire de l'industrie qu'il a créée, importée ou achetée, il serait dans le cas du meunier de Sans-Souci, vis-à-vis des potentats industriels, qui ont toujours envie d'augmenter leurs grands domaines aux dépens des petits, sans leur payer plus d'indemnité que le conseil fédéral de la Suisse n'en veut payer à l'inventeur du télégraphe électrique ? Cela veut dire que tant que la loi ne protégera pas la petite industrie contre l'envahissement de la grande ; à l'intérieur, tant que la libre concurrence, le libre parcours, la libre déprédation régneront sur la terre, elle ne sera qu'un enfer pour les faibles, les petits et les honnêtes gens, sans être un paradis pour les riches.

Ce sera toujours le triomphe de la force sur le droit, du géant sur le nain, du gros lingot sur le petit lingot. La libre concurrence à l'intérieur est la guerre civile en permanence, qui vous affaiblit au point de vous rendre incapables de soutenir la lutte contre l'étranger.

Comment ne voyez-vous pas que vous vivez au milieu d'une infernale Vendée, de l'assassinat à brûle-pourpoint, du vol, de la fraude, de l'adultération, de la frelatation et du faux monnayage industriel et commercial; car la faillite où la liquidation continue ne crée que ruine et misère à bâbord et à tribord, suivie de grèves, d'émeutes et de révolutions.

Comment voulez-vous que des gens qui se battent toute l'année de porte à porte deviennent assez forts pour porter la guerre à l'étranger et même pour résister à ses attaques?

Si les tribus de l'Algérie n'eussent été en guerre les unes avec les autres, l'invasion étrangère n'eût pu avoir lieu.

Voilà trait pour trait, et sans charge, cette admirable *shiva* des *Tughs* du laisser faire, qui a pour temple Clichy, pour autel un tas de crânes fêlés, pour sceptre une aune rognée et pour devise : *Sauve qui peut!*

Ce ne sont pas de vaines hypothèses, des craintes chimériques éloignées; ce sont des faits patents, qui crèvent les yeux, mais n'éclairent personne, puisque tout le monde cherche ou fait semblant de chercher ailleurs la cause des désastres financiers qui désolent aujourd'hui le monde commercial et industriel.

Rien ne peint mieux l'envahissement monopoleur où nous conduit la libre concurrence mercantile, par exemple, que la petite pièce de vers suivante, dont nous regrettons de ne pas connaître l'auteur.

LES BOUTIQUIERS.

Les voyant grandir tous les jours,
Vraiment on ne se doute guère
De ce qu'ils ont été naguère
Et de ce qu'ils seront un jour.
D'abord ce fut un porte-balle
Qui, chargé des plus lourds fardeaux,
Pour habiller la capitale,
Mit sa boutique sur son dos.
Ensuite, évitant prudemment
L'impôt des portes et fenêtres,
Nous avons vu, par nos ancêtres,
Créer la boutique en plein vent;
Puis on assura les pratiques
Contre les rhumes de cerveaux,

Et la première des boutiques
Eut quatre pieds et deux vitraux.
Vint un marchand plus éveillé
Qui, pour augmenter sa fortune,
De deux boutiques n'en fit qu'une ;
Chacun en fut émerveillé.
Ayant pris le rez-de-chaussée,
Puis le premier, puis le second,
Un novateur eut la pensée
De prendre toute une maison.
Bientôt cela parut mesquin,
Et la foule s'étant accrue,
On vit un jour toute une rue
Se transformer en magasin.
Mais moi, plus adroit, plus habile,
J'étais bien sûr d'avoir enfin
En créant le magasin-ville,
La ville dans mon magasin.
Certes, mon établissement
Est d'une assez belle apparence ;
Je crains pourtant la *concurrence*
Du magasin-département.

Cette peinture de l'envahissement du mercantilisme par l'effet de la libre concurrence nous paraît de toute vérité.

« Tant mieux ! diront les économistes qui regardent comme non avenues les ruines entassées derrière les envahisseurs ; — suites et effets naturels de la guerre, disent-ils ; on ne peut s'y soustraire, puisque la vie est un combat. » Soit ; mais la civilisation doit égaliser les armes d'abord, et chercher à faire régner la paix par la justice, assise sur le droit ; or, le droit du plus fort, du plus grand assembleur de capitaux, n'est que le droit barbaresque, dont nous ne voulons plus.

Ce que nous voulons, ce que vous n'oseriez plus ne pas vouloir avec nous, c'est que *chacun soit propriétaire et responsable de ses œuvres*, bonnes, médiocres ou mauvaises.

Vous brûleriez tous les codes, toutes les pandectes, tous les digestes, toutes les chartes, que ce seul aphorisme suffirait pour conserver la civilisation dans ce qu'elle a de plus juste, de plus grand, de plus encourageant et de plus progressif.

Chose inouïe et inexplicable ! vous n'en voulez pas ; vous préférez la charte primitive du genre humain dans son enfance, la liberté sauvage de faire tout ce qu'on veut et de passer partout où l'on peut, que vous décorez du beau nom de *libre concurrence.*

Est-ce qu'il vous répugnerait de vivre dans une société où le plus savant, le plus intelligent, le plus actif, le plus honnête serait aussi le plus riche, le plus puissant, le plus considéré; tandis que le plus paresseux, le plus vicieux, le plus fripon, le plus pauvre serait le plus méprisé? C'est pourtant ce que la libre concurrence à qui fera mieux vous amènerait forcément; tandis que votre libre concurrence à qui fera pis, celle que vous prêchez comme des étourdis, renverse la question en donnant la palme au plus perfide, au plus rusé, au plus menteur, au plus malhonnête enfin, que vous appelez le plus habile.

Comment ne voyez-vous pas que la pyramide sociale est sur sa pointe et qu'il suffirait de ces deux lignes magiques pour la replacer sans secousse sur sa base : *Chacun mettra son nom en toutes lettres sur les produits qu'il livrera à la consommation et chacun sera propriétaire de ce qu'il inventera, importera, achètera.* La concurrence s'établirait immédiatement à qui fera mieux, tandis que l'anonymie et le droit de voler impunément l'invention des autres ne peuvent amener que la concurrence à qui fera pis, dont vous êtes déjà en pleine jouissance; car, à l'heure qu'il est, tout ce que vous achetez, de plus en plus chèrement, ne vous est livré qu'à faux poids, fausse mesure et fausse qualité : comestibles, combustible, chaussure, habits, boissons, éclairage, remèdes et drogues de toute espèce; tout est frelaté, falsifié, adultéré; tandis que tout serait bon et juste si le marchand était forcé de mettre son nom sur tout ce qu'il vous vend. Son intérêt personnel vous répondrait de sa probité; mais les voleurs, consultés, ont répondu que cela gênerait la libre concurrence; il n'ont pas voulu de la *marque obligatoire;* et les gouvernements ont dit : « Laissons faire; *caveat emptor!* » comme les Romains disaient : « *Cave canem!* gare au chien! » Voilà en quoi consiste l'organisation actuelle de l'industrie et du commerce, ces deux branches les plus importantes de l'activité moderne! tout est organisé tant bien que mal, excepté ces deux grandes institutions sociales.

On produit tout à meilleur marché que jamais, à l'aide des machines nouvelles et de la division du travail, et tout se vend de plus en plus cher, par le soin que prennent les intermédiaires de cacher le lieu de provenance et le nom des producteurs. Un fabricant de Paris a avoué au jury de l'Exposition qu'il produisait d'une certaine marchandise pour 850 mille francs, laquelle était revendue pour onze millions et demi par les intermédiaires, qui lui défendaient de placer son adresse sur ses objets. Un autre a avoué que ses bottines, qui lui coûtaient 8 fr. 50, étaient revendues 24 francs. Un tailleur qui payait 8 francs à un ouvrier pour piquer un paletot, a déclaré qu'avec la machine à coudre de *Singer*, il ne payait plus que 2 francs; mais il n'en fait pas profiter l'acheteur en diminuant ses prix de vente; au contraire!

A qui servent donc les progrès de la mécanique? dira-t-on. — Uniquement aux intermédiaires, aux boutiquiers, aux revendeurs, qui pullulent autour de nous et qui sont dix fois plus nombreux qu'il n'est nécessaire. *Le public est comme ce seigneur qui avait dix fois plus de domestiques qu'il n'en fallait et qui se plaignait que sa maison lui coûtât beaucoup.*

Avec la *marque d'origine obligatoire*, le public profiterait de tous les progrès de l'industrie.

Il ne serait plus trompé sur le poids, la mesure et la qualité de tout ce qu'il achète, et les fabricants seraient délivrés de la tyrannie des commissionnaires, agioteurs, courtiers, spéculateurs, *middlemen*, et autres parasites qui n'ajoutent pas un atome à la richesse publique, dit Marius Rampal.

Il est évident que c'est la libre concurrence et le commerce anonyme qui ont fait surgir ces *botrytis* de tous les pores du cadavre de la société en putréfaction.

Il faut des courtiers, des intermédiaires, des commissionnaires, des détaillants, mais pas trop n'en faut; et il n'y en aurait pas trop si le nom et l'adresse des fabricants étaient connus du public; mais ils n'oseront se faire connaître que quand la loi les y forcera, chose qu'ils désirent tous autant que nous. Mais les intermédiaires, qui ne devraient être que leurs subordonnés, sont devenus leurs maîtres, leurs tyrans, et les gouvernements, qui sont les tuteurs du peuple,

regardent et laissent faire ! Nous finirons ce long article par la ritour-
nelle impériale :

A chacun la propriété et la responsabilité de ses œuvres.

THÉATRE INDUSTRIEL.

Après notre procédé d'éducation par les proverbes, nous proposons
l'instruction par les théâtres. On ne dira pas au moins que nous
ennuyons la jeunesse, comme nous l'avons été par la vieille méthode.

Instruire en amusant est, quoi qu'en dise M. Élias Regnault, une
meilleure méthode que celle d'instruire en fatiguant. Les théâtres
actuels n'ont qu'un but, celui d'émouvoir l'imagination par des fictions
horripilantes ou ridicules; on sort de là après avoir ri ou pleuré,
mais on n'en sort ni plus savant ni plus moral.

Il n'en serait pas de même d'un théâtre où l'on représenterait des
industries en action. Il en coûterait moins pour monter une filature
qu'un opéra. Ce théâtre serait pourvu d'une machine à vapeur pour
mettre en jeu tous les appareils mouvants au son d'un bon orchestre.
Il y aurait des loges comme aujourd'hui; mais les machines seraient
méthodiquement groupées au centre de la salle et le public circulerait
librement alentour. Tous les quarts d'heure, un professeur, suivi de
la foule avide d'apprendre, commencerait une description *ab ovo*
de toutes les phases par lesquelles doit passer la matière première,
avant d'arriver à son état définitif de produit manufacturé marchand.

Supposons qu'il s'agisse d'une imprimerie; on conçoit qu'on obtiendrait aisément du typographe le mieux outillé, le déplacement et
l'installation de ce qu'il a de plus riche et de plus propre en fait de
matériel et d'ouvriers, dont le costume pourrait être aussi frais que
celui des Colins et bergers d'opéra. Il y aurait une fonderie de caractères avec sa table et ses rabots d'ajustage; la distribution des caractères d'après la police typographique, la composition en placard, la
mise en page, la correction, le tirage, le pliage, le satinage, le bro-
chage et même la reliure.

Qu'on ne dise pas que tout le monde connaît cela ; car il n'y a pas un individu sur cent qui sache comment se fait le journal qu'il lit ni le pain qu'il mange.

Il est évident que tout père de famille conduirait ses enfants à ce théâtre d'instruction appliquée, où tous les collèges, pensionnats, casernes et séminaires, iraient voir avec bonheur toutes les industries jouer leur rôle au naturel. Ce ne serait pas à comparer à ces froides expositions de l'industrie pétrifiée et muette, ni à ces petits joujoux qui encombrent les cabinets de physique.

Quoi de plus intéressant qu'une faïencerie, une verrerie, une fonderie, un haut fourneau, un laminoir, un marteau-pilon en action, l'exploitation d'une houillère même, avec ses galeries, ses hercheurs et son cuffat montant la houille par la coupole, tandis que les mineurs montent et descendent aux échelles droites, la lampe de Dubrulle à la boutonnière ? Quoi de plus émouvant que des drames souterrains comme celui de Goffin dans le royaume des gnomes, avec des simulacres d'explosions de grisou ?

Que d'idées nettes et positives ne s'imprimeraient pas sur les cerveaux des enfants, à la vue de toutes les merveilles de l'intelligence humaine, tour à tour représentées jusqu'à satisfaction de la curiosité nationale ; car il n'y a pas de doute que le pays tout entier ne voulût voir la pièce nouvelle, qui se jouerait du matin au soir, en effectuant un travail réel au profit de l'exposant. Le prix d'entrée le plus élevé serait de cinquante centimes.

C'est là que se donneraient les rendez-vous d'affaires pour les hommes, et que les dames viendraient étaler leurs nouvelles toilettes, parce que cela n'aurait rien de commun avec ces enfers où elles n'osent entrer en souliers de satin et en volants de dentelle ; ce serait de l'industrie coquette en habit de fête, une véritable idylle manufacturière.

On n'aurait pas à enjamber ces corps morts, ces détritus et ces cloaques qui entourent souvent les usines reléguées dans tous les coins du pays, et que l'on cache volontiers aux curieux, et pour cause ; car plus d'un patron négligent serait honteux de montrer sa fabrique en déshabillé, et bien en peine quelquefois de vous expliquer le jeu de ses machines.

Nous répétons que le montage d'une nouvelle pièce industrielle ne coûterait pas autant que la mise en scène d'un vaudeville, car beaucoup de fabricants seraient charmés de pouvoir étaler au public un petit atelier choisi qui serait pour eux la plus riche des réclames.

Les recettes d'un pareil théâtre seraient d'ailleurs telles, qu'elles permettraient de se procurer toutes les machines et tous les produits des industries étrangères les plus nouvelles, — si la douane en permettait l'entrée et que le gouvernement crût devoir favoriser l'établissement d'une pareille université, complémentaire de toutes les autres.

Nous le demandons aux hommes de bonne foi, mais non pas aux excommuniés du sens commun : y aurait-il une instruction plus solide, plus nécessaire et plus indispensable à tous les citoyens du royaume ?

Les enfants, qui ne retiennent presque rien du tout des applications abstraites et souvent abstruses dont on les ennuie, retiendraient le tout de l'instruction palpable qu'on leur étalerait sous les yeux et sous la main.

Dix pages de description de machines ne valent pas un croquis, a dit le baron Séguier ; mais dix dessins, avec coupes et recoupes, ne valent pas la vue de la machine elle-même en action.

Quel enseignement plus indispensable aux avocats et aux magistrats appelés chaque jour à plaider et à juger des causes industrielles, sans avoir la première notion des choses sur lesquelles ils sont forcés de prononcer à vue de nez ! Il n'est pas jusqu'aux actionnaires de toutes sortes de sociétés industrielles qui ne fussent enchantés d'avoir une idée de l'espèce de production dans laquelle ils ont engagé leurs capitaux. Beaucoup seraient étonnés de voir qu'ils font des glaces ou du fer quand ils croyaient exploiter de la houille ou de la calamine.

Arago a dit à la tribune que beaucoup de ses amis n'ont pu lui dire que le nom de la compagnie dans laquelle ils avaient pris des actions, sans pouvoir en désigner le but ni la spécialité ; tel tirait du plâtre qui croyait filer du lin ; tel autre croyait avoir jeté son argent dans un canal qui l'avait mis à l'*Ancre*, car les capitaux que l'on dit timides, sont encore plus aveugles.

Si les capitalistes avaient fréquenté le théâtre industriel dans leur jeunesse, ils auraient des notions plus exactes de tout ce qui se passe autour d'eux ; tous seraient au moins des quarts d'ingénieurs civils, u des fractions de chimistes : ils ne donneraient plus dans les mouvements perpétuels et discuteraient avant de s'engager. Alors les déceptions devenant plus rares, ils ne prendraient plus l'industrie en grippe pour avoir été pris en traître par d'ignorants et audacieux spéculateurs, qui fondent des sociétés sur des chimères ou des impossibilités notoires, en comptant sur l'ignorance des actionnaires ; car le succès d'une souscription, disent-ils, est en raison directe de son absurdité.

En un mot, quelque temps de fréquentation du théâtre industriel ferait une génération d'hommes instruits et positifs, tandis que dix années passées dans les latinoires ne font que des rhéteurs, des poëtes, des ergoteurs et des sophistes complétement étrangers au monde qu'ils traversent comme des troupeaux de canards sauvages, sans s'informer du nom de la contrée ni de l'industrie des populations qui l'habitent. Ils y ont brouté, voilà tout.

Comme les théâtres ordinaires ont épuré le langage, les théâtres industriels l'étendraient considérablement en l'enrichissant de l'immense vocabulaire de la science moderne que les gens du monde n'entendent plus, ce qui les dégoûte des livres scientifiques, et divise la société en deux couches distinctes qui ne se comprennent pas plus que les ouvriers de la tour de Babel, et l'on sait qu'on ne se dispute et ne se bat que faute de s'entendre.

Le théâtre industriel serait donc un véritable pacificateur, en même temps qu'un instructeur impayable. Avec quel intérêt les dames ne suivraient-elles pas la fabrication des aiguilles, des épingles, des crochets, des éventails, des dentelles, des bijoux et de ces milliers d'objets utiles ou agréables dont elles se servent toute leur vie sans avoir une idée de leur fabrication et sans pouvoir en dire un mot raisonnable à leurs enfants ?

Quel riche sujet de conversation dans leurs soirées, dont les cartes, la médisance et la crinoline ont bien de la peine à combler le vide.

Les groupes des deux sexes que la différence de vocabulaire tend

à éloigner tous les jours, se rapprocheraient bientôt, car les dames
écouteraient avec autant d'intérêt un ingénieur développant les
mystères d'une invention nouvelle telle que celle du *Léviathan*, du
télégraphe, du stéréoscope, qu'un diseur de fadaises ou un réciteur
de fables et de sonnets pleins de défauts.

— Papa, enseignez-moi donc le secret de la pompe de notre cuisine, demanderait une petite fille; dites-moi pourquoi cette cheminée fume; le poêlier dit bien que c'est parce qu'elle ne tire pas,
mais je n'en suis pas plus avancée.

Avec quoi fait-on le sucre, le sel, le savon, la bougie? Oh! j'aime-
rais bien mieux savoir tout cela que la mythologie, à laquelle je ne
comprends rien, car si cela est vrai, qu'on me l'explique; et si
cela est faux, qu'on ne m'en parle pas.

Heureuse mère, vos enfants sont curieux, ils deviendront des
citoyens utiles : conduisez-les au théâtre industriel; là vous verrez se
développer leur vocation pour l'une ou l'autre des branches de l'activité humaine pour laquelle ils sont peut-être nés, et qu'ils n'auraient jamais connue sans cela. Ils en sauraient plus de la vie réelle
à quinze ans qu'ils n'en savent à trente aujourd'hui, avec cette éducation fausse ou niaise des petites et des grandes écoles, véritables
abrutissoirs intellectuels où des gens qui ne savent guère entreprennent d'enseigner ce qu'ils ne savent pas.

On dira un jour : Cet homme n'est si crétin que parce qu'il n'a pas
fréquenté le théâtre industriel; il confond le carbone, l'hydrogène et
l'oxygène. Le pauvre homme a donc passé toutes ses soirées à l'estaminet! s'écriera un petit garçon de douze ans.

Vous voyez bien que le théâtre industriel est une institution complémentaire des universités, qu'il vous instruira rapidement, solidement, en vous amusant, tandis que les vieilles pédagogies ne vous
instruisent que lentement, superficiellement, en vous ennuyant profondément.

Ce qui entre par une oreille sort par l'autre, dit-on; mais ce qui
entre par les yeux n'en sort plus : c'est un cul-de-sac. L'instruction
orale est insuffisante et ne devrait servir que de *cicerone* à l'instruction visuelle.

Les idées ne pénètrent dans notre sensorium que par l'intermédiaire de nos cinq sens, qui ont besoin de se contrôler; celui qui n'apprend que par l'oreille se prive de quatre instituteurs indispensables, la vue, le goût, l'odorat et le toucher. Vous voyez bien que le chimiste et le physicien les emploient tous à reconnaître les propriétés des corps. C'est pour cela qu'ils vous paraissent des colosses de science, et qu'ils entortillent jusqu'à l'aveugle justice, qui n'a pas fréquenté le théâtre industriel.

Comment espérez-vous avoir une idée exacte du monde objectif en n'envoyant qu'un seul de vos organes à la découverte? Il est vrai qu'en exerçant exclusivement les oreilles par exemple, on finit par les avoir bien longues.

Voyez, touchez, sentez, flairez, pesez une matière, une chose quelconque, et vous en aurez une connaissance plus complète que par tout ce qu'on pourra vous en raconter à l'école, même en signes algébriques.

Les sens sont comme des épingles nécessaires pour fixer une image sur la glande pinéale; avec une seule, l'image se met de travers, se déchire et tombe.

Celui qui est privé de ses cinq sens s'appelle insensé; celui qui n'en emploie qu'un ou deux doit avoir l'esprit faux et savoir mal tout ce qu'il sait. Nous connaissons des surfaciers qui ont passé toute leur vie à lire, croyant s'instruire, et qui raisonnent de tout comme des perroquets, c'est-à-dire sans comprendre ce qu'ils ont lu. S'ils avaient passé leurs soirées à flâner autour des machines en mouvement du théâtre industriel, leur instruction serait peut-être des plus complètes.

C'est là qu'on viendrait exhiber toutes les découvertes nouvelles, et que les capitalistes se décideraient à prendre des actions, en voyant la bonté et la beauté des résultats.

Le théâtre industriel ferait certainement marcher le progrès au pas accéléré des locomotives.

Tout ceci est beaucoup trop simple, trop vrai, trop intelligible, pour être compris par les gens qui n'ont rien appris que par l'oreille et n'ont attaché leurs images qu'avec une épingle.

L'INVENTION DES INVENTIONS.

La meilleure des inventions serait celle qui réglerait équitablement les droits de l'inventeur.

Tous les peuples civilisés sont à la recherche de ce phénix ; mais au lieu d'aller au-devant de lui, on lui tourne le dos et l'on s'en éloigne de plus en plus : témoin le nouveau projet qui s'élabore en France en ce moment, et qui servira de guide aux pays voisins.

Nous croyons devoir consigner ici les véritables principes qui doivent diriger les législateurs de l'avenir dans cet affreux dédale dont nous avons réussi à trouver le fil après trente ans de recherches assidues.

Nos amis nous ont engagé à examiner l'œuvre informe qui va recevoir la sanction du pouvoir en France ; il est bon de n'en pas laisser un article debout, afin que la postérité n'accuse pas notre siècle d'avoir méconnu les premiers éléments du droit, de la justice et de la raison.

Il est bon que les inventeurs futurs sachent qu'ils ont eu au moins un défenseur, mais qu'il n'a pu se faire entendre de ceux qui disposent des destinées de l'humanité, à cause du bruit que les médiocrités glapissantes qui les assiégent font autour d'eux.

Nous ne savons s'il en sera toujours ainsi, mais nous le craignons fort.

Quoi qu'il en soit, nous aurons rempli notre tâche sans arrière-pensée, sans intérêt personnel, et, comme nous en félicite le baron de Humboldt, avec cette indépendance d'opinion, sans laquelle il n'y a pas de progrès possible.

EXAMEN DE LA NOUVELLE LOI DES BREVETS D'INVENTION EN FRANCE.

Cette loi n'est encore qu'un projet, mais nous avons la conviction qu'elle ne subira pas d'améliorations, car il est radicalement impossible d'amender une chose mauvaise d'un bout à l'autre ; on l'attend, on la demande, on l'espère ; elle sera donc servie telle quelle aux amateurs.

Voici comment s'exprime le *Progrès international* à ce sujet :

« Tant qu'une loi n'est qu'à l'état de projet, la presse n'a pas seulement le droit de le censurer, c'est son devoir de l'amender, en tant qu'il en soit susceptible ; mais on doit lui obéir et se taire dès qu'il est devenu loi de l'État bonne ou mauvaise.

« Pour critiquer une œuvre de ce genre, il faut être à même de présenter quelque chose de mieux, et il n'existe, à notre connaissance, en Europe, qu'un seul homme qui ait fait de cette spécialité l'étude de toute sa vie. En voyant la faiblesse et la timidité des critiques françaises, nous l'avons prié d'analyser seulement les *cas de nullité et de déchéance* qui nous paraissent comme autant de piéges tendus aux inventeurs.

« Il ne nous semble pas possible qu'un seul brevet puisse enjamber ces nombreuses chausse-trapes sans tomber dans l'une ou l'autre ; et, ma foi, après avoir lu l'article original que nous adresse M. Jobard, nous demeurons convaincu que ce projet est l'œuvre d'un ennemi des abeilles ou d'un ami des frelons, à moins qu'il ne parte, comme il le dit, de quelque aspirant-candidat-surnuméraire-adjoint dont on aura voulu essayer la force de rédaction et le talent machiavélique pour retirer d'une main ce qu'il vend de l'autre aux inventeurs.

« Il faut espérer que ce projet rédigé par quelque enfant terrible, éprouvera le même sort que le projet belge, et qu'après avoir passé par les engrenages administratifs, il n'en restera pas un seul article.

« Il ne nous semble pas possible que ce *code noir* soit sanctionné jamais chez un peuple qui a tant de raison de dire :

Nous vivons sous un prince ennemi de la fraude.

« Nous avons le droit d'ajouter d'un ami de la propriété intellectuelle, d'après ce qu'il a fait déjà en faveur de la propriété artistique, littéraire et commerciale. Il n'est pas probable, disons-nous, qu'il veuille laisser la propriété industrielle en proie aux contrefacteurs. »

EXAMEN DES HUIT CAS DE NULLITÉ

du nouveau projet de loi sur les brevets d'invention.

> « On peut affirmer que celui qui attachera
> son nom au *Code de la propriété industrielle*
> aura fait plus qu'aucun de ses devanciers
> pour populariser et affermir son autorité. »
> (ET. BLANC, *Traité de la Contrefaçon.*)

ART. 12. Est nul et de nul effet tout brevet délivré dans les cas suivants :

Premier cas nul : « Si la découverte, invention ou application est reconnue « contraire à l'ordre ou à la sûreté publique, aux bonnes mœurs ou aux lois de « l'empire. »

Voici un inventeur qui demande un brevet pour une grenade portative, propre à défendre une ville contre l'envahissement de la plus grande armée ennemie; pour un poison propre à vous débarrasser des rats; pour la conversion du cuivre en or; pour la pierre philosophale enfin, etc. Tous ces brevets sont accordés sans examen, aux termes du projet; mais on réfléchit que l'on pourrait en abuser, et on en propose l'annulation après leur publication, qui a fait connaître la composition de la bombe, du poison ou de toute autre invention que l'on croit contraire aux mœurs et aux lois du pays. — On déclare, par ce jugement, que l'inventeur n'a pas le droit de poursuivre les contrefacteurs, lesquels deviennent dès lors libres d'en user et d'en abuser, car cela dépend de la manière de s'en servir, et à ce compte, il faudrait interdire l'usage du feu et de toutes les forces de la nature ou de l'art, car on peut abuser de tout.

Ne comprenez-vous pas que, si l'inventeur seul en avait la propriété, il pourrait être surveillé et surveillerait lui-même les contrefacteurs; tandis qu'en mettant son invention dans le domaine public, la surveillance devient impossible et la responsabilité disparaît?

On a refusé le brevet du coton-poudre en Belgique; ce qui fait que chacun peut en fabriquer, au risque de faire sauter la maison du voisin.

Refuserez-vous, en général, d'accorder un brevet après examen préalable? Refusez alors de breveter les allumettes, le gaz, les fusils, les couteaux, les compas, les pavés même, car on peut certainement en faire un très-mauvais usage, comme vous savez. Mais si, en refusant un brevet pour un poison, ou pour toute découverte réputée dangereuse, vous aviez le moyen d'anéantir l'inventeur et l'invention, vous seriez du moins aussi logiques que nos ancêtres en étouffant le mal à sa source. Ainsi donc, il résulte de ceci que l'inventeur, sachant que vous repousserez sa demande, se gardera bien de se faire connaître et pratiquera en secret ses philtres dangereux, ses procédés diaboliques, ses machines infernales, sans que vous sachiez à qui vous en prendre; il empoisonnera peut-être des milliers de personnes avant que vous ayez trouvé le contre-poison d'une drogue dont vous avez refusé de connaître la composition et son auteur. Vous serez, parbleu! bien avancé avec cette absurde prévention!

Deuxième cas nul : « Le brevet délivré pour compositions pharmaceutiques ou « remèdes de toute espèce. »

De plus fort en plus fort! défense est faite de découvrir un remède meilleur que ceux de la pharmacopée officielle : celui qui s'aviserait de guérir la rage, le choléra, la fièvre jaune ou tout autre fléau qui décime l'humanité, n'a pas le droit d'en faire insérer la recette dans un brevet, afin qu'elle ne soit pas perdue; il doit se garder de s'en servir et mourir avec son secret. Ce ne peut être qu'un élève de Malthus qui a dicté cet article-là.

Comment ne voyez-vous pas qu'en donnant des brevets pour les remèdes pharmaceutiques et thérapeutiques, pour les compositions cosmétiques et odontalgiques, pour les parfums, collyres, pommades, savons et amalgames quelconques, vous en connaîtriez immédiatement l'excellence ou l'inanité?

Et puis n'avez-vous pas des lois médicales auxquelles le breveté ne peut se soustraire, s'il veut exploiter, vendre et appliquer ses remèdes et compositions nouvelles?

Brevetez donc tout cela! vous en retirerez de grands profits sans aucun danger, puisque le brevet ne met personne au-dessus des lois de l'empire, et vous encouragerez les médecins, les pharmaciens et les chimistes à faire des recherches que vous leur interdisez maladroitement.

Troisième cas nul : « Si le brevet porte sur des principes, méthodes, systèmes,
« découvertes et conceptions théoriques ou purement scientifiques dont on n'a pas
« indiqué les applications industrielles, ou sur des plans et combinaisons de crédit
« ou de finances. »

Veuillez nous dire, s'il vous plaît, quel mal pourrait résulter pour
la société de délivrer des brevets pour toutes ces découvertes, voire
même inapplicables industriellement, pour le moment? N'est-il pas
vrai qu'un savant, un penseur, un théoricien, tient autant qu'un praticien à l'honneur de ses découvertes? Pourquoi l'empêcher d'en
prendre date certaine, ne fût-ce que pour en avoir la priorité honori-
fique; puisqu'il payerait volontiers votre enregistrement? Et puis, si
l'invention devenait d'utilité générale, comme l'iode, qui n'avait pas
d'application industrielle au moment de sa découverte, n'avez-vous
pas le droit de l'exproprier?

L'admission de ce seul principe, que vous avez emprunté à notre
projet (preuve que vous le connaissez) devrait suffire pour annuler
toutes les dispositions préventives que vous accumulez inutilement
contre les inventeurs. Comment ne voyez-vous pas qu'en les breve-
tant vous limitez à vingt ans leur possession, au lieu de la leur laisser prendre gratis pour toute leur vie et trente ans après leur mort,
sous forme d'un livre ou d'une brochure dans lesquels ils exposeront
leurs *principes, théories, méthodes, conceptions* et *découvertes* scientifiques; leurs plans et combinaisons de crédit ou de finances, qui peuvent
quelquefois doubler celles de l'État ou d'une compagnie? Vous voulez
donc pouvoir vous en emparer ou les laisser prendre aux autres, sans
indemnité? Convenez qu'il y a là une criante injustice et une entrave
au progrès du génie, que vous prétendez encourager par vos
brevets!

Expropriez! vous en avez le droit; mais ne dépouillez pas l'inventeur de quoi que ce soit, sans indemnité, si vous trouvez son invention bonne, ou laissez-la périr entre ses mains si elle ne vaut rien.

Je ne possède qu'un arbuste, il ne peut vous porter ombrage; mais
je possède un chêne, achetez-le-moi; peut-être qu'avec le temps et
des soins, mon arbuste deviendra un arbre utile à la marine de
l'État; ne l'arrachez donc pas et laissez-le-moi cultiver à perpétuité,
préservez-le même de la dent des rongeurs tant que vous pourrez.

Quatrième cas nul : « Si la découverte, invention ou application n'est pas nou-
« velle. »

Alors ne délivrez aucun brevet, puisqu'il n'y a rien de nouveau
sous le soleil ; car tout est dans tout : le chaos primitif contenait toutes
les inventions ; cela est vrai, mais n'est-ce donc rien de le débrouiller ?

Ainsi, vous refuseriez un brevet à celui qui vous irait chercher les
secrets de la porcelaine du Japon, comme disait M. Lesoinne, de l'encre impériale de Chine, du fameux vert végétal de la Cochinchine,
de l'art de cultiver les perles vraies, d'obtenir des puits de gaz perpétuels, etc., parce que ces choses ne sont pas nouvelles en Chine, et
sont même imprimées dans les encyclopédies chinoises et japonaises ;
— n'est-ce donc rien de les y découvrir ?

Comment ne voyez-vous pas que toute invention qui n'est pas
exploitée dans votre pays est pour lui comme non avenue, et qu'il
faut donner des brevets à ceux qui feront les frais d'importation et
d'application ? Que vous importe, à vous, État, qu'une invention sorte
d'un vieux livre, d'un pays étranger ou du cerveau d'un inventeur ?
Avez-vous le moindre intérêt à vous en informer, en tant que gouvernement matériel et fiscal avant d'être paléographe ?

Il n'y a qu'un seul cas où vous devez annuler un brevet : c'est celui
où un réclamant viendrait prouver qu'il exploitait cette industrie en
France, avant le dépôt. Laissez donc l'enquête ouverte pendant six
mois avant de consolider un brevet d'importation quelconque, publié
au *Moniteur*.

Vous mettrez fin de la sorte à ces commissions rogatoires qu'il faut
parfois envoyer jusqu'en Amérique, pour savoir si l'invention en
litige n'y est pas connue, et vous détruirez l'industrie de ces parasites qui se chargent, moyennant finance, de déterrer, dans les bibliothèques, des traces de la non nouveauté d'une invention quelconque.

Il n'y a pas un brevet qui puisse résister aux fouilles cryptogra-
phiques de ces paléontologues industriels qui mettent leurs talents de
scarabée à la disposition des contrefacteurs de mauvaise foi.

Cinquième cas nul : « Un brevet est nul si le titre sous lequel il a été demandé,
« indique frauduleusement un objet autre que le véritable objet de l'invention. »

Voyez quel crime abominable ! un inventeur qui ne sait pas la valeur d'un titre grec qu'un pion de collége lui aura donné, sera dépouillé d'une invention sur laquelle il comptait pour nourrir ses enfants; il nous semble qu'il serait plus humain, de la part de l'administration, de l'inviter à changer le titre de son brevet, ou de le mettre en prison : il vous bénirait même s'il en était quitte pour des coups de knout!

Sixième cas nul : « Si la description jointe à l'original du brevet n'est pas suffi- « sante pour l'exécution de l'invention, ou si elle n'indique pas d'une manière com- « plète et loyale les véritables moyens de l'invention. »

Voilà un article suffisant pour faire tomber les trois quarts, au moins, des brevets; car il est peu probable que le premier venu, et même un homme de l'art ou du métier, soit en état de réussir comme l'inventeur, même en suivant exactement sa description; car il y a certains tours de main, certaine durée de temps, certain degré de température qu'on ne peut décrire et d'où dépend cependant le suc- cès. Sax a inventé des instruments nouveaux dont lui seul savait jouer et que seul il pouvait bien faire, puisque, même en les mou- lant, ses contrefacteurs n'en faisaient que de mauvais; le dépossé- derez-vous pour cela?

Nous défions un homme de l'art d'exécuter une nouvelle montre, une machine à tricoter, à coudre, à faire des cardes, du tulle, de la dentelle, etc., avec les épures les plus détaillées sous les yeux!

Et, d'ailleurs, ne savez-vous pas que l'inventeur n'est breveté que pour ce qu'il a décrit? S'il cache quelque chose et que quelqu'un s'en empare, il pourra se faire breveter comme inventeur, ou exécuter cette chose cachée sans crainte d'être poursuivi comme contrefacteur. Cet article est donc aussi puéril qu'inutile.

Septième cas nul : « Si le brevet a été pris contrairement au droit de préférence « conféré par l'art. 9. »

Cet art. 9 est d'abord très-dangereux; voici comment : un pillard entend dire vaguement qu'un individu de talent s'occupe de telle ou telle découverte; il court en déposer une vague description, et il a une année devant lui pour se procurer le fin mot, par le canal des ouvriers ou des amis de l'inventeur même, lequel trouve la place prise quand il croyait arriver le premier.

C'est ce qui nous est advenu avec notre pompe rotative en caoutchouc que nous avions fait breveter avant le temps ; de sorte que nous avons été victime du droit de *préférence* dont il est question ; droit aussi dangereux que celui de l'ancien *caveat* anglais, qui a servi à dépouiller tant d'inventeurs français et autres.

Huitième cas nul : « Si le brevet a été pris pour invention ou découverte faite « par un agent de l'État, etc. »

Ceci est emprunté à l'arrêté de M. de Bavay, ancien ministre belge des travaux publics, qui interdit à ses employés de se faire breveter ; on a dit à ce propos qu'il était inutile de prendre un arrêté pour boucher une bouteille vide. Ceci est inspiré par l'affaire du fusil Minié.

Mais ce qui prouve le mieux que le projet de loi en question est sorti de la main d'un enfant, c'est qu'il n'a pas même réfléchi que quand un fonctionnaire de l'État inventerait d'aventure quelque chose, il ferait prendre un brevet par sa sœur ou sa tante, sinon par son fils ou son neveu, majeur ou mineur ; car la loi est aussi large de ce côté qu'elle est étroite sous tous les autres.

Premier cas de déchéance : « Le breveté qui n'a pas acquitté son annuité avant « le commencement de chacune des années de la durée de son brevet. »

Splendid ! s'écriera John Bull ; voilà qui nous va ! Nous n'avons qu'à placer notre chapeau sous cette gouttière, il sera toujours plein ; car les Français sont oublieux et causeurs : pour peu qu'ils rencontrent un ami dans la rue, ils arriveront trop tard rue Neuve-des-Mathurins, 36. Cela s'est vu des centaines de fois ; d'autres se sont trouvés atteints d'une fièvre cérébrale au moment fatal, et ont laissé passer le terme, comme M. Croutel, de Reims ; d'autres, comme ce Marseillais qui, étant parti pour Paris, éprouva un retard d'un jour et perdit toute sa fortune, assurée par contrat provisoire ; ce qui le fit tomber mort en apprenant qu'il n'y avait ni appel, ni recours en grâce pour les inventeurs, tandis que l'on accorde cette faveur aux plus grands scélérats, tels que Pierri et Orsini.

Cependant, quand un contribuable ne paye pas après deux avertissements et une contrainte, le fisc se contente de saisir et faire vendre une portion suffisante de son avoir pour se payer ; mais il ne le dépossède pas de tous ses biens.

Cela prouve que l'inventeur est considéré comme un criminel au premier chef, qui ne mérite ni répit ni merci. Si du moins on le croyait digne d'une commutation de peine, il préférerait peut-être les galères à la déchéance; car, souvent, son invention fait toute sa fortune et toutes ses espérances; mais non : sa montre l'aura trompé d'une minute, pas de quartier, il faut qu'il meure !

Deuxième cas de déchéance : « Est déchu, le breveté qui n'a pas mis en exploi- « tation sa découverte ou invention en France, dans le délai de trois ans, ou qui « a cessé de l'exploiter pendant trois ans. »

De plus fort en plus fort, pour qui sait combien de temps, de peine et d'argent il faut pour perfectionner et mettre en exploitation la moindre découverte; mais, quand elle est grande, comme un nouveau système de chemin de fer électro-pneumatique, comme une nouvelle artillerie, comme une nouvelle locomotive, un pont à grande portée, un Léviathan à vapeur, ou tout autre grande conception qui demande la réunion de nombreux capitaux que l'on n'obtient qu'après plusieurs années d'épreuves, ou dont personne ne veut être le premier à deman- der l'application; ce n'est pas un an comme en Belgique, ni trois, ni dix, ni quinze ans qui suffisent. Une grande idée est comme un gland auquel il faut cinquante ans pour devenir chêne, tandis qu'il ne faut que trois mois pour avoir des petits pois. Vous voulez donc n'encou- rager que les petites inventions et la culture des petits pois?

L'enfant du génie est comme l'enfant de la chair : ce n'est pas à trois ans qu'on peut lui mettre le sac sur le dos et le fusil sur l'épaule, pour aller en guerre contre les pirates.

L'Angleterre ne fixe aucune époque à l'inventeur pour la mise en exploitation; on se repose sur son intérêt privé. Or, dira-t-on que l'industrie anglaise souffre de cette latitude? est-elle moins avancée que la nôtre?

Soyez donc logiques et comprenez que le progrès ne consiste pas à jeter les inventions à la voirie du domaine public, mais à les en tirer autant qu'il est possible, pour les faire passer dans le domaine parti- culier; il serait plus utile pour la société de ressusciter un adulte que de la doter d'un embryon nouveau. Le jardin cultivé tombe en friche en tombant dans le domaine public, et la friche devient jardin en passant dans le domaine privé ; ne l'oubliez pas !

Troisième cas de déchéance : « Est déchu, le breveté qui a introduit en France
« des objets fabriqués à l'étranger et semblables à ceux qui sont garantis par son
« brevet, sans l'autorisation du ministre. »

Qu'on le condamne à une amende, cela se concevrait à peine, mais déchu ! s'il apporte dans son sac ou sa poche un modèle de la chose qu'il a fait breveter en France, cela passe toute imagination ! On nous a beaucoup fait peur des lois de Dracon ; mais elles ne s'appliquaient qu'à des criminels, et celle-ci s'applique non-seulement à des innocents, mais à des gens qui n'ont en vue que d'enrichir le pays par leur talent et leur génie. Les habitants de la Tauride dévoraient les étrangers suspects que le hasard jetait sur leurs côtes ; chez nous, on dévalise les honnêtes inventeurs (les inventeurs n'ont pas le temps d'être malhonnêtes) qui viennent, de bonne foi, nous apporter leurs chefs-d'œuvre ; car ils ne peuvent, en conscience, soupçonner qu'ils courent à leur ruine en transportant une nouvelle lampe, un nouveau porte-cigare, un nouveau bec de gaz qui leur appartiennent, de l'autre côté de la frontière d'un pays ami et allié.

Il faudra donc munir tous les douaniers non-seulement de la liste des brevets accordés, mais encore de tous les objets brevetés, afin qu'ils puissent dresser procès-verbal, même contre ceux qui rentreraient après être sortis de France.

En vérité, nous avons fait trop d'honneur à ce projet en l'attribuant à un aspirant-candidat-surnuméraire-adjoint dont on aura voulu essayer le talent d'embrouiller les choses simples.

Nous espérons que le conseil d'État, la Chambre ou le Sénat feront bonne justice de cette indigeste *olla podrida*, qu'ils remplaceraient sans doute par les 7 articles publiés dans le précédent numéro du *Progrès international*, s'ils en avaient connaissance ; mais, comme ils ne peuvent délibérer que sur ce qu'on leur présente officiellement, nous craignons fort que les inventeurs français ne tombent de Charybde en Scylla comme y sont tombés les inventeurs belges.

Il sera donc toujours vrai que le bien ne peut sortir que de l'excès du mal, et qu'un bon avis ne peut se faire entendre !

A quoi donc servent les journaux, qui restent muets comme des poissons, à l'exception du *Courrier de Paris*, au moment où il s'agit de la plus importante des palingénésies sociales, la reconnaissance complète de la propriété intellectuelle?

Il est évident que les arguments qui précèdent ne peuvent être réfutés, mais ce qui est encore plus évident pour nous, c'est qu'ils ne seront ni compris, ni écoutés par le temps qui court. Cela est réservé à l'avenir. Les premiers qui annoncent une vérité nouvelle, doivent payer cette audace de leur tête ou de leur place, s'ils en ont une; nous nous y attendons; mais ce qui nous console, c'est que nous ne perdrons pas grand'chose. La curée sera mince pour les amateurs, et ils savent que nous ne reculons pas pour si peu quand il s'agit de la conquête d'un nouveau monde, plus riche peut-être que celui de Colomb.

La fable suivante expliquera mieux notre pensée.

LE PREMIER BALLON.

Voyez-vous au ciel ce point noir
Qui se balance dans l'espace!
C'est le premier ballon qui passe ;
Mais il faut pour l'apercevoir
D'excellents yeux, disait à la foule assemblée
Un amateur à l'œil perçant.
(Dire une vérité d'emblée
Est toujours un fait imprudent.)
Chacun lève aussitôt la tête,
Et du point noir se met en quête,
Dans la voûte du firmament.

Voyez-vous pas? — non, ma parole :
Nous sommes dupes de ce drôle,
Il faut l'assommer ! — Moi je vois,
Dit l'un d'eux, — moi je crois,
S'écrie un myope en colère,
Que vous lui servez de compère ;
Haro sur le vil imposteur!
A mort, le mystificateur;
Et ceux qui prennent sa défense!

Victimes de leur clairvoyance,
Ils ont beau crier, regardez !
Les malheureux sont lapidés!...
Sur eux la canaille se rue,
Et sans les écouter les tue.

Pendant ce bel exploit, le ballon descendait,
Et tout le monde le voyait ;
Mais personne n'osait le dire,
Devant cette foule en délire.

Enfin quand le ballon fut prêt
A se poser à terre,
Il fallut bien croire et se taire ;
Hormis les aveugles pourtant,
Qui voulurent toucher avant.

Le peuple alors, honteux de sa bévue,
A ces pauvres martyrs élève une statue.
C'était fort bien assurément,
Mais il eût mieux valu le faire auparavant.

Mes amis, vous pouvez m'en croire,
Ce conte-ci n'est que l'histoire,
De tous les *précurseurs*,
Inventeurs ou *fauteurs*
De quelque vérité nouvelle.
Tous ces illuminés, ainsi qu'on les appelle,
Seront toujours crucifiés pour elle.
Galilée et Colomb, Mesmer et Jacotot,
Ont montré leur ballon trop tôt.

Une loi qui n'intéresse ni ceux qui la font, ni ceux que l'on consulte, ni ceux qui la votent, doit passer comme une lettre à la poste. Ainsi passera la nouvelle loi sur les brevets, qui n'est, d'ailleurs, qu'une nouvelle édition de la vieille, considérablement empirée et fort peu corrigée, comme nous allons le démontrer ; car il est de vieilles machines comme celle de Marly qu'il est non-seulement impossible, mais inutile de vouloir améliorer, quand on a quelque chose d'infiniment plus simple et de meilleur.

Il est évident que la retouche de 1844 a été malheureuse, car elle n'a fait qu'éliminer le grand principe de la loi de 91, qui reconnaissait l'invention comme une propriété, sans lui en donner les droits, ce qui était une contradiction à laquelle on aurait dû remédier avant tout, pour être conséquent dans le progrès. Mais on veut aujourd'hui que le brevet ne soit plus qu'un privilége, une récompense ou un encouragement. C'est ainsi qu'on respecte les grands principes de 89, dont on proclame cependant bien haut les avantages.

Le brevet, cessant d'être un droit, ne sera plus désormais qu'une concession du bon plaisir, bien plus écourtée que les priviléges du roi par la grâce de Dieu, qui s'étendaient souvent à 99 ans, sans restrictions, ni formalités, ni amendes préalables. Voilà comment on recule le moment si désiré et si nécessaire de cette palingénésie sociale pacifique, que le monde attend comme le Messie.

La loi des lois, celle qui touche aux racines mêmes de la civilisation, la loi la plus nécessaire, la plus juste, la plus importante de l'époque, celle qui devrait ouvrir à deux battants les portes de l'espérance au travailleur désespéré, restera fermée comme celles de l'enfer du Dante, dont on se contentera de remplacer l'inscription dérisoire : S. G. D. G. par une main indiquant l'étroite chatière garnie des onze lacets de nullités et de déchéances à travers lesquels doivent passer les malheureux inventeurs, au risque de s'y faire étrangler.

PROJET.

« ARTICLE PREMIER — Toute *nouvelle* découverte ou invention, dans tous les « genres d'industrie, confère à son auteur, français ou étranger, le droit *exclusif* « de l'exploiter à son profit, sous les *conditions* et pour *le temps* ci-après déter- « minés. »

Quiconque lit cela d'un œil distrait, n'y trouve pas plus à redire qu'à cette vieille farandole de la carmagnole, à laquelle on n'attache plus de sens, mais qui n'en est pas moins grosse de menaces contre l'aristocratie du génie. Celui qui est parvenu à fourrer le mot « *nouvelle* découverte » dans le couplet, a dû s'écrier : « Ah! ça ira! ça ira! pas un brevet n'échappera! » En effet, le public et les juges sont si bien imbus de la sagesse du grand Salomon, qu'ils admettent, comme lui, que, puisqu'il n'y a rien de nouveau sous le soleil, un inventeur a mauvaise grâce de revendiquer quoi que ce soit, comme nouveau, et de se plaindre d'avoir été volé.

Proudhon l'a bien compris, quand il a dit : « La propriété, c'est le vol, » comme les saints-simoniens disaient : « Le mariage c'est l'adultère. »

Supprimez la propriété et le mariage, vous supprimez en même temps deux grands crimes, le vol et l'adultère. Voilà !... Exigez que 'invention soit *nouvelle*, et vous supprimez les inventeurs, les inventions et les brevets, ces crimes de lèse-contrefaçon, et vous deviendrez heureux comme des Marocains, laborieux comme des Turcs, civilisés comme des Indous, et forts comme des Chinois.

Ces pauvres Chinois, s'ils avaient eu leur Jacques Ier, il y a deux siècles, ce seraient eux qui donneraient aujourd'hui la chasse aux jonques anglaises dans la Tamise, avec leurs *Léviathans* et leurs batteries flottantes. A quoi tiennent cependant la force, la richesse et la gloire des nations ? A une simple feuille de papier, contenant la déclaration du citoyen Lakanal et du marquis de Boufflers, que « l'idée qui germe dans le cerveau d'un homme est sa propriété, au même titre que les fruits du pommier qui croît dans son verger ! »

Mais cette feuille de papier, qui vous promet le droit *exclusif* d'exploiter votre invention à votre profit, ressemble à s'y méprendre au testament du commandeur Nicolaï, donnant tout ce qu'il possède à un légataire exclusif, à des conditions tellement onéreuses, que celui-ci fut forcé d'y renoncer.

Nous disons, nous, aux inventeurs, que les onze nœuds coulants à travers lesquels ils seront obligés de glisser, en étrangleront 90 pour cent, s'ils s'avisent de réclamer leurs droits. Ils regretteront donc d n'avoir pas imité la prudence du légataire de M. Nicolaï.

Nous concevons fort bien que ce projet, bardé de tant de restrictions, ait reçu l'approbation des chambres de commerce et des conseils généraux, et de tous ceux qui n'aiment les inventions qu'autant qu'ils peuvent en jouir gratuitement. Ils ont parfaitement senti que jamais un brevet ne sera inviolable ni soutenable quand l'inventeur se présentera devant eux pour les provoquer en combat judiciaire, avec une cuirasse percée de onze grands trous, ou cas de nullité et de déchéance, à travers lesquels leur avocat pourra fourrer sa plume avec impunité et les blesser au cœur. Le contrefacteur demandera, dans tous les cas, des commissions rogatoires pour aller fureter les archives du monde entier et prouver que l'invention n'est pas *nouvelle*, attendu que, dans feu la bibliothèque d'Alexandrie ou dans celle du grand Lama, ladite invention se trouvait ou se trouve si bien expliquée, que chacun peut l'exécuter à première vue.

Il est évident que des juges qui désirent être éclairés doivent accor-

der le temps nécessaire à ces recherches; ainsi, on déléguera M. Sta-
nislas Julien en Chine, M. Von Siebold au Japon et M. Rouget à
Bénarès; et, en attendant qu'ils soient de retour, le contrefacteur
aura le temps d'épuiser la veine. Il a fallu dix ans de recherches à
Berlin, à Milan et à Londres pour savoir si les inventions de Sax
étaient bien à lui. Il a fallu aller aux États-Unis pour savoir si Hurdt
n'avait pas été volé par Penzold et Seyrig. Ah! c'est une bien bonne
idée que la recherche de la paternité des enfants trouvés du génie!
Cela vaut de l'or pour les contrefacteurs. *Quod erat demonstrandum.*

« *Le droit de l'inventeur est constaté par des titres que délivre le gouvernement*
« *sous le nom de brevets d'invention.* »

Remarquez bien qu'ils se délivrent sans examen; ce n'est donc
qu'un simple enregistrement que chacun devrait être libre de prendre au *Moniteur spécial des Inventions*, à tant la ligne; cela économi-
serait tous les frais de paperasserie, de communications et de responsabilité, qui exigeront bientôt un ministère spécial, un personnel
immense et des locaux sans nombre, pour empiler des archives
toujours croissantes (1) que le *Moniteur* seul, avec de bonnes tables,
suffirait à conserver admirablement sans danger d'incendie, d'inon-
dation ou de tremblement de terre.

La poste a le bon esprit d'utiliser les chemins de fer au transport
des lettres; pourquoi le gouvernement n'utiliserait-il pas la presse
officielle à la délivrance des dates certaines, voire même à l'enregistrement? Pourquoi, enfin, les gouvernements sont-ils les derniers à
adopter les inventions nouvelles, ne fût-ce que pour diminuer les
dépenses de l'État et celles des contribuables, en supprimant les
courses inutiles? Abréger les formalités, c'est diminuer l'impôt, a
dit le grand Colbert. Pourquoi fait-on courir l'inventeur de la rue

---

(1) On délivre chaque année, en France, 6,000 brevets dont on garde une
copie au ministère; en ne donnant à chaque liasse qu'une épaisseur moyenne
de 2 1/2 centimètres, avec les certificats d'addition, cela constitue une pile
de 150 mètres de hauteur, à peu près la tour Saint-Jacques sur les tours de Notre-
Dame.

Neuve-des-Mathurins à l'hôtel de ville, où il arrive souvent trop tard, tandis que ces bureaux pourraient être porte à porte?

Qu'entendez-vous par une *publicité* assez *complète* pour pouvoir exécuter les inventions? Incomplète pour les uns, elle sera plus que suffisante pour certains esprits qui comprennent à demi-mot, et même sans mots, à la vue du moindre diagramme. Quel sujet de contestation sans fin, et de flibusterie donc! Écoutez! Voici un outil, une machine, un objet quelconque breveté; le titulaire fabrique et livre au commerce l'objet en question; il en obtient même un tel débit, qu'il éveille la concupiscence des contrefacteurs, qui répandent de plus en plus cet objet : de sorte qu'il est universellement connu quand l'inventeur songe à attaquer les voleurs, lesquels viennent se défendre en exhibant un livre, ancien ou moderne, imprimé en Espagne, en Allemagne, en Afrique ou en Amérique, n'importe où, n'importe en quel idiome; car tout est bon, tout va bien, tout sert, pourvu qu'on tue les inventeurs, ces ennemis du genre humain. On demande aux experts si, en comparant la description à l'objet breveté, qu'on a soin de leur mettre sous les yeux, ils se sentent en état de l'exécuter; —l'inventeur est flambé, car ils répondront toujours *oui*, à moins d'être des crétins; mais, dans ce cas, on réclame d'autres experts, c'est-à-dire une contre-expertise que la justice impartiale ne saurait refuser.

Nous le demandons aux gens de bonne foi, un pareil article est-il marqué au coin du sens commun le plus vulgaire? N'est-il pas la sanction du mot de Thénard :

« Rien n'est plus aisé à faire que l'invention de la veille, mais rien de plus difficile que l'invention du lendemain! »

Or, ce sera toujours à l'invention de la veille que l'on aura affaire. Cela ressemble encore à l'idée de M. Dehesselle, qui veut qu'on accorde à l'inventeur le droit exclusif de son invention pendant tout le temps qu'un autre aurait pu mettre à l'inventer.

« *Pendant les six mois qui suivent le dépôt, la description de l'inven-teur est tenue secrète par le gouvernement.* »

Ceci est copié de la loi belge, qui n'accorde, elle, que trois mois de secret. La France, ayant doublé la taxe, devait redoubler de discrétion. Mais si ce prétendu secret n'est pas mieux observé qu'en Belgique, on peut dire que c'est le secret de Polichinelle et de son auguste famille; car on ouvre immédiatement les brevets dans les bureaux; on les donne à analyser aux membres de la commission, qui les emportent chez eux pour les examiner, bien que l'examen soit supprimé; on les enregistre, on les classe, on les enliasse, on collationne et sépare les deux copies, etc.; mais on ne les montre pas au public avant le troisième mois; voilà ce qu'on appelle le secret en Belgique.

> Quand on veut garder un secret
> Il ne faut pas de secrétaire :
> Un homme est toujours indiscret
> Quand il est payé pour se taire.

Si l'on veut avoir un secret réel, c'est d'ordonner aux préfets de n'envoyer au ministère que les brevets déposés cachetés entre leurs mains depuis six mois. Les indiscrétions ne seront plus possibles dès lors.

Ce secret est une invention enfantine qui n'a aucune raison d'être et qui, d'ailleurs, ne peut que nuire à tout le monde. La meilleure cachotterie est la publicité, la notoriété la plus générale et la plus prompte possible; celle du *Moniteur spécial des Inventions,* qui sera plus lu que le *Moniteur* politique lui-même. Car il offrira un immense intérêt à tous les manufacturiers, ingénieurs et savants du monde entier; pas une bibliothèque ne pourra s'en passer. On ne vole pas ce qui est confié à la garde du public, et personne ne serait assez osé pour contrefaire une invention insérée au *Moniteur,* tandis que l'on pille audacieusement celles qui sont défendues par le sceau du secret, soit qu'on les doive à l'indiscrétion d'un ouvrier, d'un copiste ou d'un commis assermenté ou non. — Il est telle invention éphémère, comme celle d'un joujou, d'une mode, qui profitera uniquement à un contrefacteur, lequel pourra toujours dire qu'il ignorait l'existence dudit brevet pendant tout le temps qu'on sera tenu d'en refuser la communication au public. Pas un juge n'oserait condamner un homme légalement en mesure de prétexter ignorance d'un décret non promulgué, et un brevet tenu secret est un décret non promulgué.

On semble avoir voulu laisser à l'inventeur le temps de se pourvoir ailleurs, et de prendre des brevets dans les autres pays. L'intention est bonne, mais le moyen radicalement mauvais; il serait beaucoup plus simple d'obtenir de tous ces pays, que l'inventeur réel ou primitif eût seul le droit, lui ou ses ayants cause, d'obtenir des brevets valables à l'étranger, avec la réciproque entre tous les pays civilisés. Déjà la chose existe en Autriche, en Belgique, aux États-Unis, où l'inventeur seul peut se faire breveter légalement. Il ne faudrait pas deux mois pour obtenir l'échange de pareils cartels, qui couperaient l'herbe sous le pied à ces nombreux commis voyageurs en inventions dérobées, qui parcourent l'Europe avec leurs marmottes remplies de plans et de recettes diverses qu'ils vendent aux imbéciles.

La Prusse, la Hollande et la Russie savent temporiser jusqu'à la publication officielle des brevets anglais et français, et n'en accordent guère plus que la Suisse, qui n'en accorde pas; mais ces pays travaillent contre leurs intérêts, en croyant travailler pour; car une industrie non brevetée ne s'établit pas toute seule, ou ne s'établit que tardivement, timidement et pitoyablement, comme tout ce qui est du ressort de la libre concurrence.

On ravage, on dévaste un jardin livré au domaine public, mais on ne le cultive pas; il en est de même des inventions annulées.

Toutes ces remarques sont le fruit d'une longue expérience des hommes et des choses; mais les faiseurs de lois de brevets de tous les pays prennent leur coxis pour leurs chausses, comme les économistes prennent la libre concurrence pour le remède au monopole, tandis qu'elle en est la cause la plus efficace et la plus indiscutable, car ils n'osent pas entreprendre de la discuter.

Sur les 42 articles du projet de loi français, nous n'en avons examiné que trois, qui fournissent déjà plus de raisons qu'il n'en faut, non pas pour les corriger, mais pour les mettre au pilon comme M. Tesch y a fait mettre le projet du divan *ad hoc* nommé pour faire la loi belge. Le conseil d'État fera bonne justice de cette élucubration hérodiaque, dirigée contre les enfants du génie, non pas en l'amendant, mais en la jetant au feu qui purifie tout.

Voici comment s'exprime à ce sujet le *Progrès industriel* de Lyon, du 24 janvier :

« Nous avons inséré le projet de loi sur la propriété industrielle, soumis
« dernièrement aux délibérations du conseil d'État. Nous donnons aujourd'hui à
« nos lecteurs un autre projet, beaucoup plus laconique, et qui, pour cela, peut-
« être, sera beaucoup plus de leur goût. Qu'ils optent sans façon ; ils en ont le
« droit ; et qu'ils nous transmettent, si bon leur semble, les motifs de leur
« option. »

« Nous nous réservons, d'ici à la délibération du Corps législatif, de traiter la
« question et d'opter nous-même entre les us et coutumes de la société européenne
« et les profondes conceptions de l'apôtre de la propriété intellectuelle. »

Suit notre projet de loi en 7 articles.

Nous ne doutons pas que, si tous les journaux s'occupaient de cette grave question, elle ne fût résolue dans le sens des paroles de l'empereur, qu'on ne saurait trop reproduire :

...... « L'œuvre intellectuelle est une propriété comme une terre, une maison ;
« elle doit jouir des mêmes droits et ne pouvoir être expropriée que pour cause
« d'utilité publique.

                                          « LOUIS-NAPOLÉON BONAPARTE. »

Comparez ces simples et sages paroles avec le projet décousu, contradictoire et l'on peut dire insensé, que l'on ose soumettre à la sanction de tous les grands pouvoirs d'un État tel que la France, d'où devraient partir toutes les nobles initiatives.

Nous avons besoin de croire pour l'honneur de la grande nation qu'il ne sera jamais voté par ceux qui disposent de ses destinées, ni sanctionné par le souverain éclairé qui la gouverne.

Les journaux non politiques français semblent croire que la critique d'un projet de loi sur la propriété intellectuelle n'est pas de leur domaine, et ils n'osent reproduire nos observations sans en décliner la participation morale, au moyen de quelque *vitupérance*, comme dirait Rabelais. Le MONITEUR INDUSTRIEL, par exemple, ajoute que nous ne *reculons même pas devant l'exagération afin de mieux faire ressortir nos opinions et nos pensées ;* mais, au fond, nous connaissons assez bien sa tendresse en matière de protection, pour comprendre qu'il ne nous blâme que pour la forme.

Si tous les journaux en faisaient autant pour éclairer la question, la France ferait un pas immense vers l'époque où devra s'accomplir cette grande rénovation pacifique, qui datera du jour de la reconnaissance intégrale de la *propriété intellectuelle*. Il ne s'agit point d'un vain espoir, d'une vague utopie, mais d'une institution en commencement d'exécution dans tous les pays qui ne doivent leur état d'avancement qu'à la protection plus ou moins parcimonieuse qu'ils accordent déjà aux inventeurs.

Cette remarque, qui n'a pas encore été faite, force les plus obstinés de convenir que le thermomètre de la prospérité des nations est parfaitement *adéquat* avec leurs lois de brevets.

Le regrettable docteur Stollé a fait un livre exprès pour en convaincre le ministre Manteuffel.

Suivez, disait-il, la concordance de ces deux échelles! Angleterre, États-Unis, France, Belgique, Autriche, Prusse, Suède, Espagne, Piémont, Italie, Russie, Valachie, Turquie, Maroc, Soudan, etc.

Attribuer à d'autres causes qu'à la protection des inventions le développement industriel d'un peuple est une recherche oiseuse; aussi défions-nous tous les paléographes du monde de la trouver dans l'ethnographie ou différences de races; ce serait reconnaître la supériorité des Anglais sur les Français jusqu'en 91, époque de la première loi des brevets, à laquelle nous attribuons, nous, le développement du génie industriel en France; car avant cela, la France était moins avancée en industrie que la Turquie, la Perse et les Indes.

D'où peut donc partir cette force occulte de résistance qui fait prendre de si minutieuses précautions contre l'esprit d'invention? Pourquoi se donne-t-on tant de peine pour le paralyser en lui enlevant toute garantie? Telle était la question que nous adressions un jour à M. Romieu, qui nous répondit franchement : « Comment « voulez-vous que moi, simple possesseur d'un peu de sol et d'un « brin d'influence, j'accorde aux littérateurs, artistes et inventeurs, « le droit de s'enrichir par leurs œuvres? Ils deviendraient bientôt « aussi influents, s'ils étaient aussi riches que nous, et, comme ils « seraient plus actifs et plus intelligents, ils nous rejetteraient bientôt « au second plan. C'est donc l'intérêt de la préservation personne « nelle qui parle, qui rédige et qui vote dans la question, et non

« l'incapacité et le parti pris, comme vous le supposez à tort. »
— Accordé.

> « ART. 4. Les brevets sont délivrés sans examen préalable, aux risques et périls
> « des demandeurs, et sans garantie, soit de la réalité, de la nouveauté ou du
> « mérite de l'invention, soit de la fidélité ou de l'exactitude de la description. »

Voilà un grand pas de fait, depuis que nous avons vu traîner des brevets sur le bureau d'Arago, membre du comité d'examen, qui nous a avoué qu'ils étaient là depuis six mois, sans qu'il osât se prononcer sur aucun des cas rapportés ci-dessus. Nous avons eu l'honneur de le convaincre de l'inutilité et du danger de l'examen préalable ; mais nous n'avons pas été aussi heureux auprès de M. Brix, du comité de Berlin, qui marche sur la traînée de M. Beuth, l'instituteur de l'examen préalable en Prusse, lequel a servi de phare à Saint-Pétersbourg et de prophète à M. Schialoja, le célèbre *jettatore napolitano*.

Du reste, le premier endormeur a été M. Renouard, dont le livre a fait plus de mal à l'industrie que ceux d'Eugène Sue à la morale publique.

Nous nous étonnons que la direction des brevets, en France, n'ait pas vu qu'en présentant l'article 4 elle donnait sa démission en masse ; car, puisqu'elle n'examine et ne garantit rien, ni la vérité, ni l'exactitude, ni la nouveauté, ni la qualité de l'invention, pourquoi ne pas laisser remplir les formalités de l'enregistrement par les inventeurs eux-mêmes, qui n'auraient qu'à se transporter au *Moniteur spécial*, à payer l'insertion et à retourner à leurs affaires. Il suffirait d'un seul agent du Trésor à l'imprimerie impériale pour opérer la recette et ordonner l'insertion. S'il y avait des dessins, l'inventeur en fournirait la gravure sur bois, qui serait introduite dans le texte ; — rien de plus simple, de plus prompt, de plus sûr, qu'une pareille marche ; un seul numéro de ce *Moniteur* lui tiendrait lieu de brevet, qui serait transmissible par endossement.

Il pourrait même en obtenir un nombre d'exemplaires pour ses amis et commettants ; — quelle publicité vaudrait celle-là ! Le monde entier se trouverait informé de l'existence de toutes les inventions qu'on perd tant de temps et d'argent à faire connaître aujourd'hui, souvent sans y parvenir, avant l'échéance, l'annulation ou la déchéance qui menacent tous les brevets dans leur enfance. Que d'argent ne rapporterait pas ce *Moniteur spécial des Inventions!* Nous sommes certain qu'il serait entrepris, par adjudication, pour des sommes considérables.

« Art. 5. La priorité est acquise à l'inventeur à partir du dépôt de sa demande
» et restera secrète pendant six mois. »

Nous avons déjà démontré le danger de ce secret, et la nullité de cette précaution, que le contrefacteur sera toujours en droit d'esquiver légalement; car il n'y a d'arrêté exécutoire qu'après sa promulgation. — Tant que votre arrêté reste dans votre tiroir, même signé du Roi, disions-nous à M. le ministre de Theux, a-t-il force de loi? — Non. — Eh bien, ne cachez donc pas les brevets, puisqu'il y a danger pour l'inventeur que vous voulez favoriser. Cet homme d'État nous a compris; nous espérons que les Chambres françaises nous comprendront également et que l'art. 5 sera supprimé comme tous les autres.

« Art. 6. La durée des brevets est fixée à vingt ans. »

Comme en Belgique, et pourquoi cette durée a-t-elle été fixée à vingt ans en Belgique? — Parce qu'un monsieur a prétendu que c'était assez; il n'a pas voulu trente, parce que ce serait, disait-il, le temps de la vie active d'un inventeur. La commission s'est contentée de cette raison à cause de son absurdité sans doute; mais elle n'a pu nous dire pourquoi pas trente, qui est d'accord avec la petite emphytéose, et pourquoi pas quatre-vingt-dix-neuf, qui est la durée de la grande, et encore moins pourquoi pas la pérennité qui constitue seule la propriété?

L'échelle de la taxe annuelle est également une contrefaçon de la loi belge, mais doublée; de sorte que l'amende des brevets, qui n'était que de 1,800 francs, s'élèvera désormais à 4,200 francs; ce qui prouve bien que l'on range l'invention au nombre des crimes prévus par la loi, comme l'a dit Alph. Karr.

« *Chaque annuité, payée d'avance, ne peut être remboursée.* »

Même quand elle est payée après la chute officielle du brevet, ce qui s'est vu des centaines de fois. On reçoit toujours, mais on ne rend jamais; tant pis pour l'inventeur qui n'a pas la date de ses échéances collée au fond de son chapeau ou gravée sur sa tabatière, comme certains inventeurs prudents ont dû le faire.

« ART. 7. L'auteur d'une invention déjà brevetée à l'étranger peut obtenir un « brevet en France; la durée de ce brevet ne peut excéder celle des brevets anté- « rieurement pris à l'étranger. »

Voilà quelque chose d'étrange, si jamais il en fut; le motif avoué de cette dernière clause est qu'il ne serait pas prudent qu'un monopole détruit à l'étranger continuât à peser sur la France; mais, si j'ai un brevet de quatorze ans en Angleterre et un de deux ans en Prusse, où l'on ne dépasse pas six ans, laquelle des deux lois servira de jauge à la durée de mon brevet? Vous prendrez naturellement la plus courte, puisque vous croyez que la chute la plus prompte est la meilleure. Mais voici bien un autre embarras : mon brevet étranger a été annulé par une cause quelconque; est-ce que du même coup on doit annuler mon brevet français? C'est évident, direz-vous; puisque votre industrie est publique à l'étranger, elle ne saurait être privée ou privilégiée en France; ce serait placer l'industrie nationale dans une condition d'infériorité notoire. — Bien! mais voilà que je n'ai pas pris de brevet partout, ni en Suisse, où l'on n'en donne pas, ni en Russie, où l'on n'en donne guère, ni en Belgique, où on les tue par milliers; que ferez-vous alors? Annulerez-vous tous les brevets étrangers? car il n'en est pas un seul qui n'entre dans l'une ou l'autre catégorie dont nous parlons.

Pour être logique, ne dites donc pas que l'auteur d'une invention déjà brevetée à l'étranger peut l'être en France, puisque c'est impossible.

Ceci prouve une fois de plus que vous prenez la question à l'envers, que vous tournez le dos au droit sens; car vous devriez vous réjouir qu'une industrie qui tombe dans le domaine public à l'étranger puisse rester debout en France, où elle prospérera, tandis qu'elle déclinera ou périra à l'étranger, comme une friche abandonnée au libre parcours.

Cela est tellement vrai, que vous ne voyez que très-rarement une industrie s'introduire d'elle-même dans les pays où chacun est libre de l'importer.

S'il en était autrement, ne verriez-vous pas toutes les choses brevetées seulement en France ou en Angleterre, envahir l'Espagne, l'Italie et tous les pays où la libre déprédation reste ouverte?

Qui donc va s'établir au Maroc, avant d'avoir acheté un monopole d'Abd-er-Rhaman?

Convenez que tout ce que vous avez conservé de l'ancienne loi, que tout ce que vous avez compilé de la loi belge, est tout aussi décousu que ce que vous y avez ajouté de votre cru; ce sont, ou d'évidentes contradictions, ou de véritables infractions au contrat social; et, ce qu'il y a de plus grave, ce sont de terribles atteintes à la prospérité même de votre pays. Les Anglais, vos éternels rivaux, doivent se réjouir de vous voir prendre tant de soins pour empêcher l'industrie française de dépasser la leur; ce qui ne manquerait pas d'arriver si vous donniez plus d'appui quant aux inventeurs, si, au lieu de ne leur octroyer que quatorze ans, vous leur donniez la pérennité dont quelque voisin plus avisé vous enlèvera un jour l'avantageuse initiative.

Il est même probable que ce sera l'Angleterre qui vous dépassera encore dans ce progrès inévitable; car l'Angleterre n'ignore pas qu'elle doit sa supériorité industrielle, par conséquent commerciale et politique, à la protection qu'elle a accordée la première aux inventeurs de tous les pays qui les persécutaient; elle sait que l'Espagne qui la surpassait en force et en richesse au temps de la grande Armada, n'est descendue si bas, que pour n'avoir pas favorisé le travail national et avoir laissé combler ses mines pour aller ouvrir celles du Pérou.

Il est évident que si l'Espagne eût accordé des patentes et que l'Angleterre en eût refusé, l'Espagne tiendrait dans le monde la place importante de l'Angleterre, et l'Angleterre n'occuperait que la place insignifiante de l'Espagne.

Le docteur Bowring savait si bien cela, qu'il allait déblatérant par tout le continent contre les brevets, en les représentant comme un obstacle au progrès industriel des nations; il a laissé des élèves en

Prusse, en Belgique, en France et en Russie; mais nous n'hésitons pas à dire qu'il a surtout fait des dupes parmi les économistes politiques; car ils se placent à un point de vue diamétralement opposé au nôtre, puisqu'ils se réjouissent quand ils voient tomber un brevet dans le domaine public, tandis que nous regardons cela comme un sinistre. On ne peut s'empêcher de penser, en les voyant se frotter les mains, qu'il y a là une teinture de cet esprit gamin qui rit de voir tomber quelqu'un sur le verglas, tandis qu'un esprit humain s'en afflige et vole au secours du malheureux, qu'il cherche à relever.

Il nous est avis que toutes les lois du continent sur les brevets ont été dictées par ce mauvais esprit qui s'amuse à tendre des cordes dans la rue pour faire tomber les curieux, et pourtant ce ne sont que les curieux qui inventent et non les gamins.

Pourquoi ne faites-vous pas rédiger vos lois sur les inventions par les inventeurs? pourquoi prenez-vous tant de soin de les exclure du conseil? et pourquoi n'avez-vous aucun égard pour les observations qu'ils vous envoient? Ne sont-ils pas en droit de vous adresser ce reproche historique : « Pourquoi traitez-vous de nous sans nous? »

Nous terminons en vous donnant un bon conseil : c'est de brûler votre projet actuel et de charger une douzaine de vos premiers inventeurs d'en faire un autre. Vous n'aurez pas grande peine à en trouver de très-capables. Prenez, par exemple : le baron Séguier, Perrot, Cavé, Galy-Cazala, Sorel, Tissier, Gaugain, Guérin, Bréguet, Coignet, Boutigny, Bourdon, Froment, le comte du Moncel, le marquis de Caligny, etc. Ceux-là vous feront un projet digne d'être présenté au conseil d'État et discuté par la Chambre et le Sénat, et vous n'aurez pas enfreint l'axiome de droit romain : *Audiatur et altera pars.*

Nous recevons le premier exemplaire d'une pétition rédigée par M. Armengaud pour demander avec les formes les plus exquises et les meilleurs arguments, à l'Assemblée législative, de daigner faire quelques retouches au projet de loi étudié par le *conseil d'État*, après avoir fait appel aux lumières des *chambres de commerce*, des *manufactures* et des *sociétés savantes*.

Il nous semble qu'après avoir passé à travers tant de cribles, ce projet doit être censé tellement parfait que l'Assemblée législative et le Sénat peuvent le voter de confiance.

La pétition de M. Armengaud, quelque polie, quelque bien motivée qu'elle puisse être, n'en est pas moins imprégnée d'un parfum vitupérateur qui empêchera de la prendre en considération.

Toute pétition, toute critique arrive trop tard, quand elle ne précède pas la première étude d'un projet de loi, car dès qu'il y a quelques lignes de rédigées et d'imprimées, la chose doit avoir son cours, bonne ou mauvaise. C'est comme à la roulette : dès que la bille est lancée, le jeu est fait, rien ne va plus!

Quand un synode a dit et écrit : La terre ne tourne pas, les Galilées sont mal venus à prouver le contraire.

M. Armengaud ne sera pas torturé, mais il ne sera pas plus écouté que nous, bien qu'il se contente de bien peu, comme il l'avoue par le billet suivant :

« Permettez-moi d'adresser au publiciste le plus infatigable, mais aussi le « maître des maîtres en fait de droit industriel, la première épreuve d'une péti- « tion sur la révision de la loi des brevets.

« Vous demandez une réforme radicale, moi, plus modeste, je me contente « d'une révision anodine, en laissant au *temps et à l'opinion publique* la tâche « d'aller plus loin.

« Quoique bien distancé par vous, mon cher maître, je saisis avec bonheur « cette occasion de vous renouveler toute mon admiration pour la fécondité de « votre intelligence inépuisable et l'assurance de mon affectueux dévouement.

« CH. ARMENGAUD.

« Paris, 7 février 1858. »

La compétence de MM. Armengaud en fait de technologie et de brevets est sans contredit la première de France, on peut même dire que leur opinion tient souvent lieu de loi, dans les cas nombreux où le texte reste muet ou obscur; nous sommes donc étonné qu'ils laissent au *temps et à l'opinion publique* la tâche qu'ils auraient pu remplir plus sûrement que ces deux fétiches, invoqués par tous les ouvriers fatigués avant d'avoir rempli leur tâche.

Le temps et l'opinion ne sont que le double estomac du grand ruminant social qui ne peut digérer que la nourriture qu'on lui donne.

Si M. Armengaud avait servi nos 7 articles à l'opinion publique, le temps eût pu en tirer le chyle vivificateur de l'industrie à venir,

mais il ne lui offre à brouter que quelques bourgeons parasites détachés du mancenillier à l'abri duquel on invite les inventeurs à venir
se faire empoisonner en payant; sans compter ceux qui seront étran-
glés dans les onze traquenards de nullités et de déchéances dont son
tronc est environné.

La pétition de M. Armengaud porte cet exergue qui semble fort
raisonnable :

> « Une bonne loi sur les brevets doit reconnaître les droits de l'inventeur et
> « concilier sagement ces droits avec eux du domaine public. »

Mais nous nions carrément les droits du domaine public sur la
pensée d'un homme, car celui-ci est libre de refuser de l'émettre. Le
droit d'expropriation pour cause d'utilité, de salubrité, de sécurité et
d'agrément public étant acquis à l'État, l'État n'a rien à discuter,
rien à stipuler préalablement avec l'inventeur; tous les articles de
conciliation, de restriction et de pénalités dont le projet de loi est
hérissé, deviennent des précautions inutiles. Laissez donc l'inventeur
agir à ses risques et périls puisque vous avez effacé de vos codes le
principe de la *prévention* pour ne conserver que celui de la *répression*,
le cas échéant.

M. Armengaud voudrait voir rétablir l'ancien comité officieux
chargé de prévenir les inventeurs de l'inanité de leurs inventions.
C'était bon et bonnête de les prévenir pour ne pas leur laisser perdre
1,800 francs, mais depuis qu'il ne s'agit plus que de 20 francs, cet
avertissement n'a plus de raison d'être, ni le comité d'examen non
plus : ce sera autant de gagné pour le budget.

M. Armengaud sait mieux que personne qu'il faut beaucoup
d'années avant qu'un brevet rapporte quelque chose, et il demande
vingt ans au lieu de quinze, ce qui est déjà convenu et entendu; mais
cela ne suffit pas, selon nous, pour les inventions importantes qui
demandent quelquefois toute la vie et la fortune d'un inventeur avant
d'aboutir. M. Armengaud demande le secret des brevets pendant
quelque temps; nous avons déjà démontré le danger de ce prétendu
secret.   ·

Le projet de loi a soin de vous avertir que nul ne peut être poursuivi, comme contrefacteur, pendant les six mois que dure le secret,

ce qui veut bien dire que l'on pourra prétexter ignorance de ce brevet ; mais voici bien un autre embarras, c'est de savoir jusqu'à quel point il est légal de dépouiller un fabricant d'une industrie qu'il aurait montée à grands frais et de bonne foi comme étant sienne, ou appartenant au domaine de tous ? Nous pensons que les tribunaux ne pourraient, en bonne justice, l'exproprier sans indemnité. — Voyez où l'on est entraîné par le moindre écart fait en dehors du strict droit.

Nous sommes à peu près d'accord pour déclarer que toute idée connue, mais non exploitée dans le pays, doit être brevetable, et nous admettons la taxe par augmentation quinquennale qu'il propose.

M. Armengaud demande que le gouvernement relève les brevets déchus par oubli de payement, pour les inventions *non encore accaparées par le domaine public*; ceci est plus rationnel que ce qui s'est passé en Belgique où l'on a oublié de faire cette distinction.

Il demande, avec nous, que la perception de la taxe soit précédée, comme pour les autres contributions, de deux avertissements et d'une contrainte, suivie d'une amende, mais non pas de la déchéance ; nous insistons pour que la taxe soit ajoutée à la cote ordinaire, et prélevée dans les mêmes formes, par le percepteur des contributions ; nous ajoutons que tous les brevets devraient être reportés, quant au payement de la taxe, au premier janvier de chaque année pour la facilité des inventeurs.

Qu'importent quelques mois de plus ou de moins sur une durée de 20 ans !

Quant au temps fixé pour la mise en exploitation, il voudrait le voir porté à 5 ans; mais nous demandons qu'on le fasse disparaître totalement comme en Angleterre ; l'intérêt particulier est le meilleur aiguillon, et coupe court à cette flibusterie qui consiste à refuser aide et protection aux inventeurs privés d'ateliers et qui ont besoin de recourir précisément à des fabricants intéressés à voir tomber leurs brevets.

Nous regrettons que la pétition ne fasse pas ressortir le luxe inutile et tout à fait léthifère des cas de nullité et de déchéance, ni de cette inextricable procédure nécessaire pour obtenir la validation d'un brevet, lequel, après des années de courses et des dépenses considérables, ne sera pas validé du tout, puisqu'il reste exposé comme les autres aux trois cas de déchéance, c'est-à-dire si le breveté a *tardé d'une minute à payer son annuité*; s'il n'a *pu mettre en exploitation dans les trois ans*, et s'il a introduit par mégarde en France un *objet similaire fabriqué à l'étranger*.

Il faut convenir que cela est un peu trop fort, pour un homme qui aurait été assez courageux et assez riche pour passer par la filière de la validation.

Si du moins l'argent qu'il aura déboursé servait à le racheter de ces trois exorbitantes pénalités; mais non, on ne lui offre absolument rien en échange de ces sacrifices que pas un seul breveté ne consentira à faire dès qu'il aura lu le cahier des charges qu'on s'est plu à accumuler contre les amateurs de consolidation, que M. Gardissal a fini par réunir autour de son idée.

Ceci rappelle ce soudan des *Mille et une Nuits*, qu'un de ses prisonniers empêchait de dormir en lui demandant à boire, à boire, et qui lui fit avaler toute l'eau de sa baignoire.

Ah! vous voulez être consolidé pour ne pouvoir tomber pendant 20 ans? Soit, on va vous maçonner dans un mur de briques, mais vous payerez les briques, le mortier et les maçons au poids de l'or; voilà ce qui s'appelle valider ou consolider une invention. Nous aimerions autant le procédé de Richelieu envers Salomon de Caus.

Allons, M. Gardissal, hâtez-vous de demander la suppression de ce perfide cadeau qui vous a sauté au nez, comme le boudin des trois souhaits.

Nous ne perdrons pas notre temps à disséquer la section II, il suffira de l'étaler sous les yeux stupéfaits des brevetés pour leur ôter l'envie d'en tâter. Il n'en est pas un qui ne préfère rester exposé à cent procès éventuels plutôt que d'entamer le procès préventif qu'on lui présente; procès de luxe, procès comme on n'en verra guère, procès comme on n'en verra pas.

Des actions en validité de brevets.

17. Tout inventeur peut, deux ans après la délivrance ou une année au moins après la mise en exploitation de son brevet, faire statuer sur sa validité dans les formes suivantes :

18. A cet effet, il présente une *requête* au tribunal de son domicile.

Cette requête contient élection de domicile au chef-lieu de l'arrondissement et *constitution d'avoué*. Le président fixe la *somme nécessaire* pour l'instruction de l'affaire, ordonne la *consignation* de cette somme et la communication de la demande au ministère public.

19. Après le dépôt de la somme déterminée par l'ordonnance du président, une *copie de la requête* et de l'ordonnance est transmise dans la quinzaine par le procureur impérial au ministre de l'agriculture, du commerce et des travaux publics.

Le ministre adresse, dans les formes administratives, une *copie du brevet*, de la description et des dessins y annexés, aux *secrétariats* des préfectures, aux *chambres de commerce*, aux *chambres consultatives* des arts et manufactures, et, s'il le juge utile, aux *greffes des tribunaux de commerce* et aux *conseils de prud'hommes*, le tout AUX FRAIS du demandeur. Ces frais sont prélevés sur la somme consignée.

Ce dépôt est constaté par un *arrêté ministériel notifié au breveté* et communiqué au procureur impérial.

A la diligence du breveté, extrait de la requête mentionnant le dépôt effectué est *publié trois fois, de mois en mois*, dans le *Moniteur*. Le président peut, en outre, ordonner l'insertion de cet extrait dans *d'autres journaux*.

La première publication a lieu dans la quinzaine de la notification de l'arrêté ministériel.

Toute personne peut prendre communication des pièces déposées et s'en faire *délivrer expédition* à ses frais.

20. Dans les trois mois qui suivent la dernière publication, toute personne est admise à former opposition à la demande du breveté.

Cette opposition est motivée.

Elle contient *constitution d'avoué*, élection de domicile au chef-lieu de l'arrondissement où la demande est portée ; le tout à peine de nullité.

Elle est signifiée, par un *simple acte*, au ministère public et à l'avoué du demandeur.

21. Après l'expiration du délai fixé par l'article précédent, le ministre constate *par un arrêté* l'accomplissement des formalités prescrites.

Il transmet cet arrêté au procureur impérial, avec *son avis motivé* et celui *du comité spécial* mentionné à l'art. 16 ; il y joint tous autres documents qu'il juge convenables.

22. Ces formalités remplies, l'affaire est *portée à l'audience*, soit à la requête *du procureur impérial*, agissant comme partie principale, soit à la requête de la partie la plus diligente.

S'il est survenu des oppositions, il est statué par un seul et même jugement.

Dans tous les cas, le jugement est rendu sur le rapport d'un juge et sur les conclusions du ministère public.

33. Le jugement ou l'arrêt qui statue sur l'instance en validité a *l'autorité de la chose jugée*, même à l'égard des tiers.

Le brevet validé ne peut être attaqué que si le breveté encourt à l'avenir LA DÉCHÉANCE pour les causes énoncées dans l'art. 13.

Nous terminerons ici notre tâche, car elle devient par trop navrante en pensant que c'est en plein xixᵉ siècle, en plein Paris, ce cerveau de la civilisation, ce foyer de toutes les lumières de l'Europe intelligente, qu'un pareil projet a pu germer, croître et se développer sous les yeux d'un prince éclairé si jamais il en fut.

C'est à désespérer de la société moderne qui semble commencer son mouvement rétrograde vers les sombres époques où l'on aveuglait et brûlait les inventeurs ; car chaque retouche que l'on tente de faire à la loi qui devrait nous conduire à la propriété intellectuelle intégrale, ne fait que nous en éloigner.

Il n'y a pas à dire que nous assombrissons le tableau ou que nous le voyons sous un faux jour, car nous le plaçons en pleine lumière ; mais la presse influente reste muette et indifférente devant la seule question qui puisse faire sortir l'humanité du cercle vicieux dans lequel elle tourne comme un cheval aveugle, au lieu de s'échapper par la tangente pour s'élancer vers les régions inconnues du progrès indéfini (1).

Le roi Louis-Philippe nous faisant un jour l'honneur de nous demander comment nous trouvions l'exposition, nous lui répondîmes : Elle est fort belle, sire, mais nous en connaissons une infiniment plus riche et plus brillante. — Où donc cela ? — Dans la tête et dans les cartons de vos inventeurs. — Pourquoi donc n'accouchent-ils pas ? — A défaut de forceps d'argent, sire ; car l'argent veut de la sécurité, des garanties, et la loi des brevets ne leur en donne pas ;

---

(1) Une lettre que nous recevons à l'instant de notre frère, ancien professeur de l'université de Casan, auteur d'une méthode d'enseignement rapide, nous ouvre les yeux sur les motifs de répulsion pour tout ce qui pourrait hâter la marche de l'instruction et du progrès.

Ayant exposé sa méthode à un puissant personnage romain qui l'écoutait avec le plus grand intérêt, il lui répondit :

Questo e troppo bello, per esser ammesso qui à Roma, ove non vogliono che l'educazione andasse troppo presto.

autrement vous verriez bientôt remplacer tout ce que vous admirez à l'exposition, machines et produits, par quelque chose de mieux et de meilleur marché. — Voilà une idée qu'il faut pousser par la presse. — Il serait plus aisé de convaincre le souverain du peuple que le peuple souverain. Voilà pourquoi les gouvernements parlementaires resteront forcément en arrière du progrès; car la presse refuse son appui aux vérités nouvelles qui, arrivant toutes nues, ne peuvent avoir le gousset garni. Sa Majesté daigna sourire, mais elle a sanctionné le projet de M. Cunin Gridaine qui n'aimait pas les inventeurs; car il lui est arrivé d'être condamné pour avoir enfreint le brevet de l'oléine qu'il avait délivré lui-même.

Pour vous prouver, disait M. Ét. Blanc à certain ministre, combien la loi de 1844 est mauvaise, c'est qu'elle a fait ma fortune. — Elle est donc bonne à quelque chose? — Oui, pour les avocats. — Mais ne pourrait-on la retoucher? — Non, le feu seul qui purifie tout, est capable de la nettoyer.

On n'a pas écouté M. Ét. Blanc, homme spécial dans la partie, dont les écrits sur les brevets font autorité; on ne l'a pas appelé dans la commission de rédaction du projet actuel, pas plus qu'on n'a songé à nous adjoindre à la commission d'organisation du Congrès de la *propriété intellectuelle*, ce dont un journal libéral témoigne son étonnement en ces termes :

« Nous avons vainement cherché parmi les membres de la commission d'organisation de ce Congrès, le nom de M. Jobard, directeur du Musée de l'Industrie ; du savant qui a consacré toute sa vie, toutes ses études, à démontrer la nécessité de la reconnaissance *de la propriété intellectuelle*, et dont tous les ouvrages ont été dirigés vers ce but. Si cette omission était le fait d'un oubli elle serait réparable, mais elle est la suite d'un système d'exclusion qui prouve que les questions personnelles l'emportent souvent sur l'intérêt de la cause qu'on voudrait voir triompher. C'est ainsi que, dans cette question, on commence par écarter de la commission officielle le meilleur défenseur de la *propriété intellectuelle*. »

Nous remercions le *Journal de Bruges* qui n'a cessé de partager et de défendre nos doctrines depuis 25 ans, malgré la pression qu'on a tenté d'exercer sur ses convictions, pour l'obliger à déserter la cause du *monautopole;* mais il ignore que l'on écarte en principe toutes les spécialités des commissions. Nous en faisions un jour l'observation à

un ministre qui nous répondit : — Les hommes *spéciaux* troublent
les délibérations et ne peuvent jamais être d'accord avec la majorité
des commissions ; ils ont tous un mauvais caractère, c'est pour cela
qu'on en a peur et qu'on les éloigne.

PRÉSERVATIF CONTRE LES TREMBLEMENTS DE TERRE.

EXTINCTION DES VOLCANS.

Cette annonce sera peut-être accueillie comme celle du paratonnerre de Franklin l'a été par la Société royale de Londres, lorsqu'il
lui fit connaître son moyen d'empaler la foudre.

Le nôtre est plus facile à comprendre et, si les savants le rejettent,
nous en appellerons aux vignerons, qui savent que, quand un tonneau fermente et menace de faire éclater sa prison, il suffit d'un
petit coup de vrillette pour donner issue aux gaz comprimés qui se
forment par la fermentation.

Or, le royaume de Naples est un grand tonneau dont le Vésuve est
la bonde ; mais, quand elle s'engoue, quand le tampon de laves refroidies résiste à la pression, les douves de la Calabre et de la Basilicate
sont forcées de se soulever pour livrer passage aux gaz formés par la
décomposition de l'eau sur les minerais incandescents, ou par la
réduction des éponges métalliques de Chenot, ou par toute autre
querelle de Neptune et de Vulcain dans le domaine de Pluton, comme
auraient dit les anciens.

Quoi qu'il en soit, il est impossible de nier que tout *terre muoto*
n'ait pour cause l'explosion du grisou, ou la pression des vapeurs
que l'on voit s'échapper par toutes les fissures, comme on voit la
fumée sortir des débris après l'explosion d'une mine souterraine.

On aperçoit même des jets de flamme briller à côté de jets d'eau,
de boue et de poussière, selon la nature du sol traversé par ces gri-
sous en révolte.

Cela compris, il n'est pas difficile de voir qu'il suffirait de percer
dans la plaine de Portici, par exemple, un trou assez profond pour

atteindre les entrailles du volcan, et lui couper la parole en donnant une issue artificielle aux gaz, quels qu'ils soient, analysés par Sainte-Claire-Deville, au fur et à mesure de leur formation ; ce qui les empêcherait de s'accumuler et d'acquérir cette énorme pression qui doit sans doute s'élever à beaucoup d'atmosphères pour soulever ainsi un royaume tout entier.

Il est vrai que l'aire du piston est d'une assez belle dimension pour travailler à basse pression.

Nous n'estimons pas à plus d'une lieue l'épaisseur de la croûte qui recouvre le volcan ; car, si elle était aussi considérable que le prétend M. Cordier, le volcan n'aurait pas la force de vomir ses entrailles avec un œsophage de vingt-trois lieues, comme il a cherché à l'établir d'après un calcul dont M. Valferdin a déjà démontré la fausseté, en prouvant qu'à 878 mètres, l'accroissement de température est d'un degré par 23 mètres et non plus par 32, d'après la moyenne du savant académicien.

Il va de soi que plus on se rapprochera du feu central, plus l'intervalle des degrés se raccourcira, de sorte qu'avec un percement de deux ou trois kilomètres au plus, on se trouvera en communication avec les gaz cherchés, lesquels pénètrent certainement à travers les terrains devenus plus ou moins perméables par les fractures des roches primitives, produites par les soulèvements antérieurs. Ces gaz arrivent même à la surface du sol dans certaines contrées.

La province de Bakou, avec ses colonnes de feu perpétuelles, est à l'abri des tremblements de terre, ainsi que la province chinoise d'Ou-Tong-Kiao avec ses puits de feu forés à 3,000 pieds, par un procédé que nous allons décrire et dont nous garantissons le succès pour l'avoir essayé nous-même dans le phyllade du Luxembourg.

Quand, à l'aide de bras d'hommes, nous avons pu percer un mètre par jour, dans le terrain dur le plus difficile, il est à présumer qu'à l'aide d'une machine à vapeur, on fera plus de six mètres en 24 heures, dans la lave refroidie de la surface et dans les trachytes, les gneiss ou le granit primitifs.

Voici de quel outil simple et sûr se servent les Chinois pour atteindre les puits de sel et de gaz recouverts d'une roche de 2 ou

3,000 pieds dont la formation n'a pas moins de quatre lieues sur sept en superficie, d'après le père Imbert.

On prend un mouton cylindrique de fonte, de 22 centimètres de diamètre et d'un mètre de hauteur, cannelé extérieurement à la manière de certaines colonnes d'architecture ; ces cannelures doivent être légèrement inclinées de la base au sommet comme les rayures d'un fusil Delvigne ; la tête ou le pied du mouton est semé de grosses pointes pyramidales pour mieux égruger la roche ; la partie supérieure est creusée en cône rentrant, de la capacité d'un gros pain de sucre. C'est dans ce cône que s'accumulent les détritus de pierre broyée par la chute du mouton, en jaillissant en boue par les cannelures extérieures dont nous venons de parler.

Ce mouton-pilon est fondu en coquille, afin d'acquérir la dureté de l'acier ; il est muni d'une anse très-allongée à laquelle on attache une corde de fil de fer semblable en tout à celle du câble télégraphique transatlantique, ou mieux encore du câble natté de Balestrini, qui nous paraît mieux conçu, aussi fort et assez souple pour s'enrouler facilement sur les tambours ou poulies d'extraction.

Ajoutez une petite machine à vapeur locomobile de six à huit chevaux pour opérer la frappe à l'aide d'une came qui soulèverait le pilon d'environ deux pieds par deux secondes, et vous avez l'appareil complet, suffisant, avec trois à quatre hommes pour percer l'écorce du globe en moins de deux ans, sur une profondeur de 2 à 3 kil. ; ce que nous croyons nécessaire pour atteindre aux gaz ou vapeurs qui causent de si terribles dégâts et empêchent de dormir les dames de Naples, que nous engageons à joindre leurs prières à cette description, pour qu'il soit fait un essai de notre outil, au risque d'imposer silence à leur épouvantable voisin.

Il est plus que temps de le punir d'avoir englouti Pompeïa, Herculanum, Stabia ; car il creuse, il creuse, et sa voracité croissante menace sans cesse l'heureuse et brillante Parthénope, comme le lac de Harlem menaçait Amsterdam.

Aucun procédé de sondage ne coûte moins et ne marche avec une pareille facilité ; il suffit de remonter l'outil environ toutes les heures ; ce qui s'exécute cent fois plus vite qu'avec des barres, et il revient au jour chargé d'un pain de sucre en pierre, que l'on verse à terre, où il acquiert, en séchant, la dureté même de la substance aux dépens de laquelle il a été formé ; parce que l'opération se passant à l'abri de l'air, l'affinité d'agrégation des molécules de même nature se trouve encore facilitée par le pilonnement continu.

Cette explication n'est pas seulement une probabilité, c'est un fait.

Ce qu'il y a de parfait dans cette méthode, c'est que l'outil frappe toujours sur le roc vif, sans cesse débarrassé des détritus qui se produisent.

Si l'on nous demandait pourquoi ce système de sondage, qui date de 1830, n'est pas généralement employé, nous répondrions qu'il est encore ignoré, ou mal connu, et qu'il n'est parfait que dans les terrains monolithiques, mais que, dans les terrains boulants, superficiels, il présenterait à peine deux ou trois fois plus d'avantages que le procédé de Moïse, imité par MM. Flachat, Mulot, Degouséo, Kind et Blarlau.

Nous engageons les intéressés, qui se composent à peu près de tous les habitants du royaume des Deux-Siciles, à sacrifier quelques paoli pour mettre un terme aux tremblements de terre, au risque de tamponner l'Etna aussi bien que le Vésuve, qui paraissent conspirer sourdement avec les révolutionnaires, pour détruire ce beau royaume, sans lequel les touristes anglais seraient obligés de mourir du spleen dans les brouillards de la Tamise.

L'ÉLÉVATEUR-OBSERVATOIRE

DE MM. STOCQUELER ET SAUNDERS.

Un philosophe pratique d'Angleterre vient de matérialiser l'idée du grand Bacon, qu'un homme ne peut s'élever seul, à moins d'incroyables efforts, et encore ne peut-il longtemps se soutenir à la même hauteur.

Il lui faut des aides, des amis ou des compères pour le hisser et faire d'un nain un géant dont la vue domine au loin, soit pour voir venir l'ennemi, soit pour commander à la foule qui admire d'en bas sa haute perspicacité, et la longue portée de sa vue. Nous voulons parler de l'*élévateur-observatoire* de MM. Stocqueler et Saunders qui se sont associés pour élever sur leur machine à parallélogrammes, le premier polichinelle venu, en chair et en os, par-dessus les toits, soit pour éteindre un incendie, soit pour réparer un bâtiment, soit une vigie sur la côte, soit une vedette en campagne, soit un point de triangulation, soit un jardinier pour cueillir ses pommes.

On comprendra, c'est-à-dire certains comprendront qu'il s'agit d'une savante application du *sautereau*, ce petit jouet en zigzags qui s'allonge rapidement quand on en rapproche les deux branches. La seule application utile qui en ait été faite figure sur les tables de l'aristocratie anglaise et sert à passer une portion de pouding aux vis-à-vis, ou une cuisse de dindon ; aujourd'hui cet outil à triples branches accroupies sur un petit char peut élever l'animal entier jusqu'à 180 pieds, ce qui lui permet de fourrager les nids d'aigles ou de dénicher les nids de salanganes dans les fentes des rochers de Java. Tout l'appareil ne pèse pas mille kilogrammes et deux hommes suffisent à le manœuvrer. Il est de plus très-solide, car le vent traverse ces tringles sans résistance et ses quatre roues sont très-espacées.

Il y a tant de gens qui désirent s'élever au-dessus du vulgaire que le succès de cette invention nous paraît assuré ; cette machine vient à point pour faire concurrence à certaine association ; car elle est capable d'élever aussi toute espèce de médiocrité au niveau de la tribune aux harangues. Faisons des vœux pour qu'elle ne serve pas à hisser trop d'ambitieux au pouvoir et que la tête ne leur tourne pas.

CHAUSSURE HYDROPHOBE.

Nous avons fait connaître la reine des allumettes, qui mérite le nom d'allumette de sûreté ; nous sommes heureux de pouvoir annoncer la venue du roi des souliers, qui mérite le nom de chaussure hydrophobe, parce qu'elle ne peut souffrir l'eau, ou de fidèle empeigne, parce qu'elle ne divorce jamais de la semelle à laquelle elle est unie par des liens indécousables, indéclouables, indévissables et indécollables ; car elle n'est ni cousue, ni clouée, ni chevillée, ni vissée, ni collée.

Tel est le problème résolu, au moyen d'un procédé mécanique, par M. Chevallier, rue du Singe, n° 10, à Bruxelles.

Ceci est encore une énigme pour nous qui en avons longtemps cherché le mot ; mais nous avons vu, touché et tarabusté ce sphinx enfant du génie et du Phénix, sans faire reculer l'empeigne d'un millième de semelle.

Tout ce que nous en savons, c'est que cette chaussure résulte du mariage du cuir végétal au cuir animal, c'est qu'elle est beaucoup moins chère et beaucoup plus durable que tout ce qu'on nous vend aujourd'hui, à des prix exorbitants ; car, sous le prétexte que le bœuf est cher, la vache est hors de prix ; 24 francs une paire de bottines qui ne durent pas 24 jours, sans rire au nez de l'imbécile qui les a payées, et c'est nous.

Patience ! nous serons bientôt vengés des exactions de ce crépinisme *éhonté*. Nous venons de voir une paire de souliers de la nouvelle espèce qui a marché 18 mois et qui est encore imperméable, bien qu'usée autant qu'on peut raisonnablement l'exiger. Nous engageons l'inventeur à monter sa fabrication sur un bon pied ; mais il lui manque, comme à tous les inventeurs, un capitaliste qui s'unisse à lui avec la même solidité qu'il sait unir sa semelle à l'empeigne. Nous ne pouvons que lui souhaiter cette chose rare par la dégelée financière qui court.

Il s'agit de la gutta-percha privée de son *albane* ou partie fusible, par une opération analogue à celle qui consiste à priver le suif de son oléine. En cet état, la gutta-percha peut très-justement prendre le nom de cuir végétal et fournir des semelles de toute épaisseur.

MACHINE A VOTER DE L'INGÉNIEUR PARSY.

Ce qui s'oppose à l'extension du gouvernement parlementaire est sans aucun doute la difficulté de recueillir facilement et rapidement les votes, dans une réunion un peu nombreuse.

Le temps perdu par l'Assemblée nationale pour récolter, compter et vérifier ses 900 votes n'a pas peu contribué à la chute de la République.

Cette assemblée comprenait si bien le péril qui la menaçait, qu'elle avait proposé un prix considérable pour l'invention d'un appareil *prompto-voteur.*

Tous les esprits inventifs s'étaient mis à l'œuvre; il y eut des tours de force d'accomplis; on en essaya plusieurs, mais en général ils sont arrivés trop tard pour empêcher la catastrophe.

On a calculé que le quart de la durée des séances était employé à la votation; ce qui occasionnait une perte de près de 5,000 francs par jour, ou de deux millions par an. Le moyen de résister à un régime aussi ruineux pour les contribuables, sans les indisposer? Aussi voyons-nous le régime parlementaire ébranlé de tous côtés, faute de machines à voter; celui qui trouverait le moyen d'appliquer la mécanique à ce gouvernement, aurait bien mérité du peuple souverain, dont chaque individu a son vote à dire (sans pouvoir le dire) dans la confection des lois auxquelles il est obligé d'obéir. On aurait du moins le droit de répondre avec une apparence de raison aux mécontents qui font des barricades contre la loi : *Patere legem quam fecisti.* Soumettez-vous aux entraves que vous vous êtes tressées! Mais, faute d'une machine à voter, on ne peut appeler tout le monde au scrutin, et c'est ce qui fait clabauder les parias.

Mais, comme il n'y a rien de parfait sous le soleil, M. Parsy ne s'est occupé que de faciliter le vote des chambres actuelles, de manière à obtenir instantanément le résultat du scrutin d'une manière infaillible, qu'il s'agisse du vote public ou du vote secret, clérical ou libéral, whig ou tory; les membres votent de leur place sans se déranger et sans qu'il y paraisse.

Les fraudes sont impossibles par le mécanisme de M. Parsy, du moins nous n'avons pu nous attraper nous-même.

En raison de sa simplicité, cet appareil est susceptible de s'appliquer aux élections générales, quand même on y appellerait les femmes et les enfants, ce qui serait de toute justice.

Mais les avantages de cette invention se feront principalement sentir dans les assemblées délibérantes, où les nombreux appels et les votes nominatifs font perdre un temps précieux, que tout le monde regrette, jusqu'aux députés, qui sont forcés de se mettre en grève à chaque article de lois qu'on fait si longues aujourd'hui.

Cette invention supprimerait le scrutin par assis et levé, si souvent entaché d'incertitude, qu'on entend fréquemment crier : « Aux voix ! aux voix ! » Ce vote fatigant n'est, d'ailleurs, pas digne de la majesté d'une assemblée de souverains qui ne sont pas faits pour obéir comme des conscrits, eux qui ont seuls le droit de commander.

Le coût d'une pareille machine, qui peut durer cent ans, sans autre liste civile qu'une once d'huile de pieds de bœuf, ne serait que de cent francs par député ministériel ou non ; ce qui la réduirait à un franc par siècle.

Plusieurs républiques de l'Équateur, où la chaleur est accablante, sont à la veille de jouir de cet appareil législatif, dont le besoin se fait tellement sentir, que les députés ont demandé d'amener un nègre pour le faire lever à leur place. Il est à espérer que cet instrument arrivera à temps dans les pays chauds pour y consolider à jamais le précieux gouvernement parlementaire, fait, dit-on, la gloire des temps modernes.

La curieuse machine de M. Parsy qui lâche à chaque coup de bras une boule qui va tomber dans un plateau de balance, ce qui permet non-seulement de compter, mais de peser les voix, et nous donne le moyen d'augmenter indéfiniment le nombre des députés, par conséquent de faire les meilleures lois du monde.

Si, comme on le dit, deux avis valent mieux qu'un, il doit être évident que mille valent mieux que cent. *Ergo !*

Tout en faisant l'éloge de la machine de M. Parsy, nous avons la conviction que notre système hydraulique est infiniment plus simple, meilleur et moins coûteux.

L'ALUMINIUM ET SES USAGES INDUSTRIELS.

Dans une séance extraordinaire de la Société d'encouragement, qui s'est tenue mercredi soir, 2 décembre 1857, sous la présidence de M. Dumas, M. H. Sainte-Claire-Deville a donné des détails d'un haut intérêt sur la fabrication en grand du sodium, de l'aluminium et des alliages de ce dernier métal, et sur l'emploi, dans les arts, de ces divers produits. Nous allons présenter une analyse succincte de cette importante communication.

On sait que l'aluminium est un corps simple de nature métallique, se rapprochant, par ses propriétés chimiques, du fer, du chrome, du cobalt et du nickel ; par ses propriétés physiques, de l'or, de l'argent, du cuivre, de l'étain, du zinc, etc. Une seule de ses propriétés lui assigne un rang tout à fait distinct dans la classe des métaux : c'est sa faible densité, qui est de 2,56, tandis que, pour les autres métaux, elle varie de 7 à 22. Il s'extrait de l'alumine, base des argiles et des kaolins, un des corps les plus répandus dans la nature.

L'aluminium a été pour la première fois isolé de l'alumine, et obtenu à l'état de corps simple, il y a environ trente ans, par M. Vohler, chimiste allemand ; mais il ne l'avait isolé qu'en très-petites quantités et à un état d'impureté tel, que de graves erreurs sont restées longtemps accréditées sur son compte. L'aluminium n'est réellement bien connu que depuis les travaux de M. Sainte-Claire-Deville, qui datent de la fin de 1853, et auxquels n'a pas manqué l'appui d'une auguste protection. Aujourd'hui, la fabrication manufacturière de l'aluminium est fondée, et une usine spéciale, établie à Nanterre, est en mesure de fournir à la consommation, d'une manière régulière, tout l'aluminium nécessaire aux besoins industriels. Un résultat remarquable obtenu est une amélioration très-notable des qualités du métal, par une pureté beaucoup plus grande. En même temps, les prix de revient se sont abaissés, et donnent la certitude que le prix de vente, fixé à 300 fr. par kilogramme, ne sera pas relevé (1).

Les propriétés chimiques de ce corps sont, en général, très-favorables à son usage dans les arts. Il est inaltérable par l'air, par l'eau et par la vapeur d'eau, même à une température rouge sombre ; il est inaltérable par l'hydrogène sulfuré. L'acide nitrique, l'acide sulfurique à froid ne l'attaquent pas. L'action du sel marin, du vinaigre et des matières calcaires peut, quant à présent, laisser dans certains esprits quelques doutes sur la possibilité de l'appliquer aux usages culinaires ; mais l'argent et l'étain sont eux-mêmes attaqués par une partie des mêmes réactifs, sans qu'on songe à se priver des commodités qu'offre leur usage. Dans tous les cas, ce métal aurait sur ceux qu'il serait appelé à suppléer, l'avantage précieux de ne donner, comme résultat de son altération, que des produits entièrement inoffensifs. L'aluminium donne avec le cuivre des alliages légers, très-durs, et d'un beau blanc, lorsque le cuivre est en petite proportion, et des bronzes

---

(1) Le prix de 300 francs par kilogramme auquel l'usine de Nanterre livre l'aluminium ne sera certainement pas augmenté ; car un de nos amis est en mesure d'en produire à un prix infiniment moins élevé. Nous n'osons pas, n'y étant pas autorisé, dire quel est ce prix ; il suffira à nos lecteurs de savoir qu'il sera si minime que l'aluminium pourra remplacer le cuivre dans la plupart des applications.

Note du rédacteur.)

d'un beau jaune d'or, malléables, d'une très-grande résistance et beaucoup moins altérable que le bronze ordinaire, lorsque la proportion d'aluminium varie de 5 à 10 p. c. ; ces alliages ont un grand avenir industriel. On forme également des alliages d'étain, de zinc, d'argent, de fer, de platine, etc.

On peut faire facilement un plaqué d'aluminium sur le cuivre, très-solide ; on peut appliquer l'or par l'action de la filière sur des fils d'aluminium, et on arrive, par des essais actuellement en cours d'exécution, à dorer par voie humide sur ce métal.

Les applications de l'aluminium, eu égard à son prix encore élevé, doivent se borner quant à présent aux objets de luxe ou de prix pour lesquels on ne s'arrête pas à la valeur de la matière. La bijouterie fine s'en est promptement emparée pour les bracelets et les ornements de tête ; elle a bientôt apprécié sa fusibilité pour le moulage, sa ductilité pour l'estampage, son aptitude pour le travail de la ciselure. Dans ces applications diverses, l'aluminium est parfaitement propre à remplacer l'argent, toutes les fois que l'or n'est pas l'élément exclusif de l'ornementation. Les bijoux d'aluminium se vendent maintenant dans tout Paris et commencent à s'exporter. Enfin, l'aluminium semble être venu au moment opportun pour fournir un nouvel élément de travail aux mille branches de l'industrie dite parisienne.

Ce métal, léger, propre, facile à monter, à ciseler, à estamper, se prête admirablement à la fabrication de tous ces riens que consomme en si grande quantité une population riche et arrivée à un grand raffinement de civilisation ; cachets, porte-plumes, garnitures d'encrier, de presse-papier, porte-cigare, porte-monnaie, tabatières, boutons de chemises, etc., etc. La dorure, que les procédés d'application aujourd'hui à l'étude ne peuvent tarder à conquérir, augmentera dans une proportion considérable ce genre d'application du nouveau métal. La coutellerie s'en est emparée pour faire des lames de couteau de dessert, des manches massifs ou incrustés, des ronds de serviette, etc. L'aluminium est adopté et appliqué déjà sur une grande échelle par les fabricants de lunettes, de besicles, de lorgnons et d'instruments géodésiques. La légèreté, l'inaltérabilité et l'innocuité de l'aluminium le recommandent pour la fabrication des instruments de chirurgie, pour celle des sondes, des spatules, etc. Quelques tentatives heureuses paraissent avoir été déjà faites dans ce sens. Des recherches sont faites aussi, en ce qui concerne les propriétés sonores de l'aluminium, en vue de la fabrication des cordes de piano, des timbres d'appartement, des sonneries de pendules, etc.

L'argenterie à base d'aluminium, sans être plus coûteuse que l'argenterie actuelle, aura sur celle-ci l'immense avantage de ne contenir aucune trace de cuivre et de ne présenter aucun danger pour la santé. Cette question résolue, il restera à voir, non pas en vue d'une application immédiate, que le prix actuel du métal ne comporte pas, mais en vue de l'avenir, jusqu'à quel point l'aluminium peut être employé à faire des ustensiles de cuisine proprement dits ; si la corrosion par le sel et l'acide acétique est plus ou moins rapide que pour l'étain, qui protège les casseroles de cuivre. Il y a tout lieu de croire que le résultat sera favorable, et, pour peu que le prix de l'aluminium baisse d'une manière notable, on pourra se donner le luxe de ne pas être empoisonné périodiquement par sa cuisinière.

Ainsi qu'on l'a vu par les détails qui précèdent, auxquels on pourrait ajouter l'indication d'un grand nombre d'autres spécialités, l'aluminium, malgré son prix élevé, est susceptible, dès à présent, de recevoir des applications très-variées, les unes de luxe, les autres d'utilité. Nombre de fabricants, qui ont compris tout le parti qu'on pouvait tirer de ces propriétés, l'ont adopté et le façonnent, et il n'est plus permis de douter qu'il ne devienne un jour un métal tout à fait usuel.

(*Moniteur universel.*)

MOYEN ÉCONOMIQUE DE SUPPRIMER LA CONSCRIPTION.

L'invention n'est pas limitée, comme on le croit, à la technologie ; l'invention s'applique à tout, même à la politique ; rien ne progresse ici-bas que par l'esprit d'invention, de combinaison et d'application ; tout homme d'État privé de la faculté d'inventer ou du moins de choisir, ce qu'on appelle le don d'éclectisme (car choix de pensée est invention), ne marque son passage au pouvoir que par une parenthèse vide, comme on dit. A ceux-là nous soumettons une idée qu'ils devraient avoir eue depuis longtemps pour se procurer une armée solide sans arracher les bras à l'agriculture, au commerce et à l'industrie, sans briser les vocations, sans troubler l'apprentissage, sans semer le deuil et la misère dans les familles peu aisées, sur lesquelles pèse tout entier l'impôt du sang, malgré tout ce qu'on dit de l'égalité des charges.

En temps de guerre, il ne s'agit pas de raisonner, mais de défendre la patrie, et la conscription est la première chose qui se présente ; impôt d'argent, impôt de sang, juste ou non, il faut obéir ou périr ; mais, en temps de paix, on peut réfléchir ; il faut en profiter et se demander s'il n'y aurait pas quelque moyen, pour le pays, de se créer, avec le temps, une bonne armée permanente, en y admettant chaque année quelques milliers de pupilles pris parmi ceux qu'on appelle les enfants de la patrie, parce que la patrie les adopte, les nourrit et les entretient jusqu'à l'âge de 12 ans. Ne serait-il pas mieux que l'État pût prolonger sa sollicitude en leur procurant une profession aussi honorable que celle des armes, au lieu de les laisser vagabonder et remplir les dépôts de mendicité, voire même les prisons et les bagnes?

Ne serait-il pas mieux d'élever ces orphelins pour le noble état de défenseurs de l'ordre et de la patrie ? Quels excellents soldats que ceux qui seraient exercés dès l'âge de 12 ans à la gymnastique militaire, en même temps qu'à des métiers utiles au régiment, tels que ceux de tailleurs, de cordonniers, de charrons, de briquetiers, de pionniers, etc.! Car ceux-là ne refuseraient pas de travailler aux routes et aux canaux, sous le prétexte qu'ils ne sont tenus que de manier l'épée et non la bêche.

Nous entendons les défenseurs des *droits de l'homme* nous dire qu'il n'est pas plus juste de contrarier la vocation, les goûts et les caprices des enfants illégitimes que des autres ; nous répondrons à ces puritains que la conscription est bien autrement contrariante pour les conscrits et pour leurs familles : on ne le sait que trop.

Le bon sens devrait nous dire que si le père d'un enfant a le devoir de le diriger vers la carrière qu'il croit lui convenir le mieux, l'État a le droit d'en faire autant de ses enfants à lui, des *enfants de la patrie*, puisque c'est ainsi qu'on les nomme, le droit de leur assurer un état, le logement, la nourriture et une retraite assurée à cinquante ans, comme aux invalides de Chelsea. Leur position serait enviée par bien des ouvriers libres qui ne sont assurés de rien du tout dans leur vieillesse.

Il y a aujourd'hui, en Belgique, environ 12,000 naissances illégitimes par an, qui se réduisent à 6,000 garçons, dont la moitié est morte ou estropiée à 12 ans ; on pourrait donc incorporer chaque année 3,000 hommes pris dans les séminaires des pupilles de l'armée, en défalcation des listes de conscription. L'année suivante, cette liste serait allégée de 6,000 travailleurs. La 18e année, la Belgique aurait une armée de 45,000 excellents soldats de 18 à 33 ans, ne connaissant que leur drapeau, la discipline et leurs chefs ; ils seraient donc toujours prêts à défendre le pays auquel ils doivent tout. La 30e année nous donnerait 74,000 soldats de 18 à 58 ans. Nous ne défalquons pas les manquants, parce qu'il y aurait compensation par les enrôlements volontaires et l'augmentation croissante des naissances illégitimes qui sont de 9 p. c. aujourd'hui.

Une pareille institution aurait pour résultat de diminuer la liste des jeunes délinquants au-dessous de 16 ans, qui est de 4,033, et qui s'accroît chaque année comme le paupérisme, preuve que la société moderne est dans une très-mauvaise voie.

Vous voyez que de la sorte les charges de la conscription finiraient par s'atténuer progressivement et laisseraient un immense contingent disponible en cas d'urgence. Bien entendu que ces nouveaux soldats ne seraient point privés d'avancement comme les soldats russes et anglais; enfants de la patrie, ils n'auraient cependant pas le droit d'être mieux traités que les enfants légitimes, bien qu'ils eussent été favorisés par une meilleure et plus longue instruction militaire.

Cette carrière n'aurait rien d'absolu ni de draconien, et quand un génie artistique ou autre viendrait à se révéler parmi ces *Antonis* parfois mieux doués que les autres, l'œil éclairé des chefs ne laisserait pas s'atrophier dans la foule l'être marqué du doigt de Dieu.

Nous pensons qu'une armée recrutée de la sorte serait la plus morale, la mieux instruite, la mieux disciplinée, et, par conséquent, la plus solide que l'on ait encore vue dans les temps anciens et modernes.

Nous apprenons qu'un homme du pouvoir qui n'a rien osé faire pendant qu'il le possédait, a goûté cette idée et propose de faire au moins des régiments spéciaux avec les enfants trouvés, ce qui entretiendrait une noble émulation entre ces deux éléments légitimes et illégitimes; car nous vivons au milieu de l'idée fausse que la concurrence est le critérium de la perfectibilité humaine.

Nous pensons, nous, qu'on devra en arriver à la doctrine de l'ipséisme ou de l'intérêt privé, seul levier assez puissant pour soulever le monde.

CONSIDÉRATIONS SUR LA PROPRIÉTÉ INTELLECTUELLE.

Si quelque lecteur futile ou surfacier trouvait que nous insistons trop longuement sur le même sujet, nous lui dirions qu'il en vaut bien la peine, puisqu'il renferme le germe du salut et du progrès de la société moderne, qui ne peut plus faire un pas sans rentrer dans le cercle vicieux où elle tourne sans répit et sans repos depuis que le monde existe.

Nous voulons que nos successeurs puissent retrouver un jour les meilleurs arguments contre l'esprit de piraterie, qui les empêche d'être entendus et appréciés aujourd'hui. Nous voulons aussi que l'on sache ce que nous avons fait pour tâcher d'éclairer les aveugles qui vont voter la terrible loi des brevets français, contre laquelle tant de plaintes se feront bientôt entendre et qui excitera plus de grincements de dents qu'elle ne contient de lettres, de points et de virgules.

Il faut que l'heure de la rédemption ne soit pas encore arrivée; mais elle ne doit pas être loin, car voilà trente ans que le précurseur prêche dans le désert sans que le Sauveur ait encore paru sur aucun point de l'horizon.

Nous cherchons en vain la raison qui peut s'opposer à l'établissement de la propriété intellectuelle. Nous avons beau répéter que là est le remède au désordre qui afflige les nations; « si vous ne voulez « pas de remèdes nouveaux, attendez-vous à des calamités nou- « velles. » Les calamités se succèdent, les esprits actifs, turbulents, exaltés ne sachant à quoi dépenser leur fougue, ni comment se frayer un chemin à la propriété avec les seuls moyens qui sont en eux, la pensée, l'emploient à troubler et démolir la société qui leur a fait ces loisirs. Tel qui aurait produit une nouvelle allumette, un nouvel outil ou toute autre machine utile, capable de l'enrichir, s'il en avait la propriété, combine une machine infernale; tel autre condamné à l'exil ou à la déportation, s'aigrit dans l'oisiveté dont il sortirait bien vite s'il avait seulement l'espérance de pouvoir profiter des œuvres de son imagination; tels autres, en plus grand nombre, se voyant interdite l'accessibilité à la propriété de leurs œuvres, se rallient aux chefs d'émeutes et font cause commune avec les malcontents de toute espèce et de tout pays.

On a beau leur demander ce qu'ils veulent, ils ne le savent pas; mais ils veulent autre chose, des espérances, voire même des illusions; or, c'est aux hommes d'État, aux physiologistes sociaux, aux philanthropes à chercher s'il n'existe pas quelque profonde injustice, quelque lacune importante auxquelles on puisse attribuer ce malaise universel qui tourmente le corps social et oblige de recourir à la compression, le plus désespéré et le plus mauvais des expédients transitoires d'assurer la tranquillité des peuples, mais qui n'a jamais définitivement réussi, ce qui prouve qu'il n'est pas naturel.

Il est donc temps d'en essayer un autre, et cet autre est trouvé : on le manipule en ce moment; mais on ne le comprend pas, et, par conséquent, on ne l'appliquera pas : c'est la constitution de la propriété intellectuelle telle que nous l'avons conçue dans le but de multiplier indéfiniment les propriétaires et, par conséquent, les conservateurs en leur laissant prendre des titres de priorité pour toutes les parcelles qu'ils auront défrichées dans le domaine sans fin de l'intelligence; car la guerre, il ne faut pas se le dissimuler, est permanente entre ceux qui possèdent et ceux qui ne possèdent pas; il n'y a de conservateurs que ceux qui ont quelque chose à conserver, ne fût-ce qu'une espérance, un mirage. Ceux qui possèdent sont peu nombreux, disait un ancien magistrat plein de jugement; ceux qui ne possèdent pas sont innombrables, et il ne faut pas oublier que la victoire est toujours du côté des gros bataillons. Comment les hommes d'État de la Grande-Bretagne, ordinairement plus prévoyants que les autres, n'ont-ils pas compris ces premiers éléments de l'alphabet politique? Comment ne voient-ils pas que si la révolution de 92 s'est accomplie en France, c'est que le nombre des propriétaires était alors aussi restreint qu'il l'est aujourd'hui en Angleterre, et que si la révolution de 1848 a échoué, c'est que le nombre des propriétaires s'était augmenté par la division, le morcellement de la propriété foncière? Mais cette division a un terme, tandis que les prolétaires continuent à croître et à multiplier sans fin.

Que faire? où sont donc le salut et la paix du monde?

Si vous ne le voyez pas, c'est que vous êtes bien myopes, puisqu'un document officiel constate qu'il a été délivré quarante et un mille cinq cent quatre-vingt-sept titres de propriété industrielle par le bureau des brevets, dans un des plus petits coins du continent. Malheureusement, ces néopropriétaires ont été expulsés de leurs champs après cinq ans, dix ans ou quinze ans, de sorte qu'il n'en reste plus que cent quatre-vingt-neuf aujourd'hui qui seront expropriés dans sept ans au profit du domaine public, ce paresseux sans cœur et sans soucis qui les laissera retomber en friche; car cette espèce de fétiche que tant de gens adorent, n'existe que dans leur imagination.

Les idolâtres du domaine public continuent à vouloir immoler les inventeurs sur ses autels, sans en tirer aucun profit. Ceci n'est au reste qu'un magnifique barbarisme, comme nous en voyons tant.

N'est-il pas temps que la religion de la propriété intellectuelle vienne détruire ce paganisme abrutissant, cause de tant de maux, source de la paresse, de la misère et des crimes qui la suivent? Car le travailleur à qui vous arrachez ses outils n'a plus rien à faire, et celui qui ne fait rien ne peut que faire mal ou mourir.

De quelque côté que vous envisagiez l'établissement de la *propriété intellectuelle*, il est impossible de lui trouver un défaut, encore moins un danger.

Si les États-Unis n'ont pas de bras inoccupés comme l'Europe, c'est qu'ils agissent en sens contraire de ce que vous faites.

Quand un homme a défriché un coin du domaine public et qu'il l'a mis en plein rapport, c'est un motif pour lui en inféoder la possession perpétuelle. Chez nous, quand un laborieux inventeur en a fait de même d'une parcelle inculte du domaine intellectuel, on la lui arrache pour la livrer à tous les vagabonds qui la dévastent et la rendent à la jachère publique. C'est du communisme le plus éhonté et le plus maladroit qu'on puisse imaginer.

Tel est le contre-sens d'où proviennent à peu près tous les malheurs de la société actuelle, qui pourrait vivre d'autant plus heureuse et tranquille qu'elle serait plus nombreuse, en multipliant les propriétaires sans rien ôter à personne.

Ces propriétaires d'une espèce nouvelle deviendraient autant de conservateurs de l'espèce ancienne, autant de contribuables de l'espèce actuelle, qui, en augmentant la phalange des amis de l'ordre, affaibliraient d'autant celle des amis du désordre. Cela est clair et devrait sauter aux yeux des hommes d'État, des économistes, des législateurs, des philosophes et des penseurs prévoyants, s'il en existait encore dans les hautes régions du pouvoir.

Mais si ces propriétés nouvelles ne sont pas bonnes, c'est entretenir des illusions, nous dira-t-on. Que vous importe qu'un homme soit propriétaire ou croie l'être, si l'effet est le même pour la société qui vit autant d'espérance que de réalités? Et de quel droit déclarez-vous que la plupart des inventions sont mauvaises? Est-ce que la plus mauvaise propriété foncière ne peut pas devenir bonne par le travail? Eh bien, il en serait de même de la propriété intellectuelle.

Me prenez-vous ma terre après quinze ans, sous le prétexte qu'elle est mauvaise ou qu'elle s'améliore trop lentement? Ne m'enlevez donc pas non plus la propriété de mes œuvres, artistiques et industrielles, car j'ai l'espoir de les amender avec le temps; cet espoir me donne de l'ardeur au travail et m'encourage; je ne suis plus un paria isolé, un esclave qui appartient à tous quand rien ne lui appartient. J'ai conquis le droit aux fruits de mon travail, je suis un citoyen et non plus un bandit.

Nous le répétons, le silence de la grande presse en ce moment qui va décider de l'avenir de la France et de l'humanité, est une faute, une faute énorme.

Mais il est déjà trop tard; dès qu'un projet de loi, quelque absurde qu'il soit, est lancé dans les engrenages législatifs il faut qu'il aille son train. C'est comme à la roulette : dès que la bille est lâchée, le jeu est fait, *rien ne va plus!*

NÉCESSITÉ ET MOYEN D'INTRODUIRE LES PETITES INDUSTRIES EN BELGIQUE.

On prétend que la Belgique a plus d'un quart de ses habitants auxquels les secours de la charité publique ou privée sont nécessaires, parce qu'ils manquent d'une occupation suffisante pour leur donner les moyens de subvenir à leurs stricts besoins. D'un autre côté, on se plaint du manque d'ouvriers dans les fabriques, ateliers et manufactures du pays. On croit peut-être que de ces deux plaintes, l'une doit être mal fondée, et cependant elles sont vraies toutes les deux, comme il est vrai, par exemple, que la Prusse a beaucoup de conscrits et manque de soldats, puisque, sur plus de 12,000 miliciens, il ne s'est pas trouvé 1,800 hommes propres au service.

C'est que les chefs d'industrie, comme les chefs militaires, veulent choisir leurs hommes, et ne prendre que ceux qui sont assez valides, assez forts pour accomplir leur tâche en conscience. Quant aux faibles, aux maladifs, aux manchots, aux borgnes, aux boiteux, aux trop jeunes ou aux trop vieux, on ne les accepte pas, ou on les réforme; et d'ailleurs ils se réforment d'eux-mêmes quand ils ne peuvent lutter à la tâche et atteindre au salaire *maximum*, le seul suffisant, que puisse gagner un travailleur de première classe et de première qualité.

Il ne tient qu'à eux, dit-on, de mériter une bonne journée, en faisant leurs quatre ou cinq quarts, ou en abattant autant de besogne que les ouvriers les plus vigoureux. Hélas! il y a force majeure pour que les faibles et les souffreteux ne puissent atteindre à ce *maximum* tant désiré et pourtant nécessaire pour réparer leurs forces, qui vont en déclinant, comme les salaires, car toutes les grandes industries ont été mises au régime de la tâche, qui est au reste le plus avantageux aux maîtres; régime indispensable pour soutenir la concurrence; voilà pourquoi il est vrai qu'il y a beaucoup d'ouvriers sans ouvrage, et que les grands industriels et même les bourgeois des villes se plaignent d'en manquer.

Nous croyons, nous, que ce qui manque, ce sont des industries diverses, multiples, omniformes, à l'abri de la concurrence, des industries brevetées en un mot; celles-là pourraient employer les bras les plus débiles, et qui gagneraient autant que les plus forts d'aujourd'hui, car ces industries se trouvant hors de concurrence, les maîtres ne seraient point forcés de se faire la guerre, comme les autres, aux dépens des travailleurs, qui sont infiniment moins nombreux que les consommateurs, et par conséquent plus sensibles à une petite retenue que les acheteurs à une petite augmentation de prix; un centime de plus par mètre de calicot, par exemple, qui passerait inaperçu chez les consommateurs, peut empêcher la fermeture d'une fabrique et la mise en grève de plusieurs milliers d'ouvriers. Il serait donc plus rationnel de prélever ce centime sur des millions de consommateurs, que de le prélever sur des milliers d'ouvriers ; et encore cela n'arriverait même pas, car un industriel étant assuré, s'il est seul, d'une clientèle suffisante, pourrait faire les frais de l'outillage le plus perfectionné, se munirait de machines de force et de vitesse qui le mettraient à même de vendre à très-bon marché, tout en faisant de beaux profits, car il en viendrait naturellement à comprendre l'axiome des Anglais patentés : Les petits profits multipliés font les plus grands bénéfices.

Il est avéré pour nous que s'il y avait beaucoup de petites industries brevetées, et que si les brevets étaient une propriété assurée, il n'y aurait plus un ouvrier, plus une ouvrière, plus un vieillard, plus un invalide même, qui ne trouvât à vivre de son travail, quelque minime qu'il soit, car il y aurait place pour tous dans les champs de l'industrie comme dans les champs de l'agriculture, si ces champs étaient enclos, et si les maraudeurs de la libre concurrence ne pouvaient venir impunément les ravager.

C'est donc par suite de sa mauvaise organisation, qu'on en est venu à regarder l'industrie comme un malheur pour un pays, tandis qu'elle devrait être considérée comme le plus grand des bienfaits, puisqu'en doublant les sources de travail, elle devrait doubler l'aisance et le bien-être de ses habitants.

C'est pourtant le contraire qui se manifeste, et cette grande contradiction ne vient que du laisser-faire et de l'absence de sécurité dans l'industrie. Changez de système, assimilez la propriété de l'industrie à celle du sol, décrétez que l'invention et l'importation d'une industrie sont des propriétés comme les champs, les maisons, et vous rentrerez dans la voie normale, dans le droit commun et la justice, et vous verrez chaque chose reprendre sa place et fonctionner le mieux du monde.

Nous vous répétons que si vous ne pouvez ou ne voulez pas vous résoudre à marcher dans les sentiers de l'équité et du sens commun, si vous ne voulez pas enfin de remèdes nouveaux, vous devez vous attendre à des calamités nouvelles.

Ceux qui liront par hasard dans un temps plus éclairé les pages bourrées de logique et de vérités que nous jetons aujourd'hui sous les pas d'une foule distraite par les préoccupations de la politique, s'étonneront à bon droit du peu d'effet que notre livre aura produit sur son siècle.

Nous n'avons acquis le sentiment de sa valeur réelle que par les efforts que tentent, pour en entraver la diffusion, les pauvres d'esprit dont il met avec tant de ménagement cependant l'incapacité en évidence, et par le témoignage de quelques grands esprits qui nous font l'honneur de nous donner des encouragements du genre de ceux-ci :

« Londres, Judd-street, 67, 30 janvier 1858.

« ...... J'ai fini hier soir la seconde lecture de votre admirable ouvrage ; je dis « la seconde lecture, car c'est un de ces livres que l'on ne quitte plus qu'on ne « soit arrivé au bout, et puis que l'on reprend pour le relire d'un bout à l'autre. « Tout ce que vous y dites est palpitant de vérité, de bon sens, d'actualité et de « praticabilité ; je ne parle pas du style, qui fait toucher du doigt toute chose, et « l'éclaire, comme vous dites, du haut en bas, et j'ajouterai, de part en part.

« Il faut se lever confondu de voir qu'un système (celui de la propriété intellec- « tuelle) si simple, si juste, si facile, et pourtant si riche de résultats, ne soit pas « appliqué incontinent partout. Serait-il donc vrai que, malgré toutes nos van- « tardises sur la civilisation et le progrès, le sort des apôtres doive pratiquement « rester, comme ci-devant, une crucifixion dont la forme seulement est changée ?

« Jusqu'ici on a dit, pour excuser le mauvais sort fait aux inventeurs, qu'ils « n'étaient pas compris, ce qui n'est peut-être pas vrai ; mais ici cette misérable « excuse fait absolument défaut ; il faut absolument que l'on comprenne, à moins « d'être, comme le dit le docteur Mure « ou crétin ou gredin. »

« Mais j'espère que les temps sont proches où il faudra bien qu'on vous adopte « et que l'on marche. Vous aurez alors aussi votre statue dérisoire en marbre, en « bronze ou en quelque chose de bien dur et d'aussi impénétrable que presque « tous les hommes d'État le sont à la raison... »

« Quel livre magnifique cela va faire ! non, je le déclare en toute sincérité, je « n'ai jamais rien lu de si vrai, de si lucide, la vérité y est chevillée à l'esprit « d'une façon si triomphante, qu'il est impossible que les auteurs des plus grosses « énormités reconnaissant leur portrait, s'en puissent fâcher ; votre dard est si « merveilleusement fin que la blessure est faite sans qu'on la sente ; c'est comme « le sabre de ce soudan des *Mille et une Nuits*, qui décapitait les gens rien qu'en « les faisant éternuer.

« Quel dommage que cet ouvrage ne soit pas traduit en anglais, mais il y a « traduction et traduction ; l'anglais se prête peu à la reproduction de ce fin « langage de France, qu'il alourdit et empâte de manière à changer le trait le « plus fin en coup de massue...

« Le docteur NORMANDY. »

Une semblable appréciation de la part d'un savant théorique et pratique de premier ordre ne nous étonne pas le moins du monde et n'augmente en rien la bonne opinion que nous avons de nos idées, ni de la triomphante vigueur avec laquelle nous défendons la cause des inventeurs. Si nous ne savions pas tout cela depuis longtemps, les bondissements de nos détracteurs au moindre contact de notre plume nous l'auraient appris ; mais ce qui nous flatte particulièrement et nous fait grandir de cent coudées, c'est d'être traité de *respectable ami* par le prince de la science universelle, qui a suivi nos travaux depuis leur origine et n'a cessé de les encourager en nous félicitant de *l'indépendance de nos opinions,* dont on nous fait un crime ailleurs.

Que nous importe après cela, comme nous l'avons dit dans notre préface, les piqûres des petits insectes qui ne semblent avoir en vue que de passer à la postérité comme un pou passe à la frontière caché dans le poil d'un généreux coursier ; en un mot, si l'on doit mesurer d'un homme comme celle d'une pyramide par la quantité de jaloux qu'il couvre de son ombre, nous avons le droit de nous croire un géant, et si l'étendue des persécutions est la mesure du mérite réel nous avons le droit d'être aussi fier que nous le sommes peu.

« Indisposé depuis un grand nombre de jours, je n'ai cependant pas voulu me
« priver du plaisir de recevoir une personne qui a hérité de vous, mon respec-
« table ami, du noble désir de rendre les découvertes de la science applicables
« aux besoins de la société.

« La visite de M. Dalemagne, muni de ses ingénieuses allumettes androgynes,
« m'a été d'autant plus agréable qu'elle m'a valu la connaissance de deux numéros
« de l'ouvrage dans lequel vous déposez tout ce que votre sagacité et une longue
« expérience industrielle vous fait juger digne d'être propagé.

« L'expression d'une affectueuse reconnaissance que je vous renouvelle laco-
« nique, à cause de l'état de ma santé, vous est due au nom des sciences que nous
« cultivons l'un et l'autre avec cette indépendance d'opinion, sans laquelle
« tout progrès est impossible. »

« AL. HUMBOLDT. »

« Berlin, le 29 janvier 1858. »

UN PREMIER ÉCHO DU MONAUTOPOLE.

On ne se fait pas une idée de la fatigue que l'on éprouve à crier seul pendant trente ans dans un désert sans écho, ni du bonheur que l'on ressent quand les premiers sons d'une voix sympathique viennent frapper votre oreille; c'est ce qui nous arrive aujourd'hui même du Havre de Grâce. Aussi recueillons-nous précieusement les paroles de M. C.-B. Normand, qui vient avec une érudition plus corsée que la nôtre prouver la bonté de notre thèse, qui est de démontrer que tout est invention et que le progrès, la civilisation, la force et la prospérité des nations sont proportionnels aux garanties accordées aux inventeurs, et en même temps que les lois sur les brevets ont toujours été en empirant à partir de la première, tandis qu'elles auraient dû suivre une marche toute différente, si la raison et le bon sens étaient en hausse.

Le livre de M. Normand est fait en vue de la dernière loi qui est en ce moment en voie de fabrication, et qui sera certainement la pire de toutes, par suite de l'abaissement du niveau de la justice humaine.

Que nos souscripteurs ne se plaignent pas de voir notre publication consacrée de préférence au développement des principes fondamentaux de l'industrie de l'avenir, au détriment d'un tas de petits détails technologiques que l'on retrouve partout et dont la nouveauté et l'intérêt n'auront qu'un temps.

Notre but est d'en faire une sorte d'évangile industriel, où l'on puisse trouver en temps et lieu toutes les solutions des arguments que l'ignorance et la mauvaise foi opposeront longtemps encore à nos idées d'organisation du travail *par la propriété, la responsabilité et la notoriété.*

Nous nous sentons d'autant plus ferme sur les étriers du *monautopole* qu'un plus grand nombre d'esprits justes et pratiques viennent nous aider à nous maintenir en selle; nous adressons nos remercîments à M. Normand, qui s'exprime ainsi :

L'Angleterre est le pays où des priviléges ont été le plus anciennement accordés aux inventeurs; un statut de 1624 en est regardé comme la première reconnaissance par l'autorité royale.

Ce ne fut même pas alors, à proprement parler, une institution nouvelle, et tout fait penser qu'une telle protection avait été déjà accordée depuis longtemps. Le roi Jacques Ier, par le statut mentionné ci-dessus, en déclarant contraires aux lois du pays les monopoles sous lesquels un grand nombre de branches de commerce et d'industrie avaient été jusqu'alors exploitées, reconnaissait la validité des *lettres patentes accordées pour quatorze années aux inventeurs pour produire et vendre seuls toute espèce de nouvelles manufactures, que d'autres ne fabriqueront pas dans le royaume à l'époque desdites lettres patentes; de telle sorte qu'elles ne soient pas contraires à la loi, injurieuses au commerce et généralement incommodes, en élevant dans le pays le prix des choses nécessaires à la vie.*

Une patente, délivrée en 1631, à un certain Buck, pour fondre du fer au moyen du charbon de terre, contient cette clause particulière, que Buck, après sept années de durée de son privilège, *prendrait des apprentis et leur donnerait pleine connaissance de son invention.*

Ce n'est pas le désir de faire de l'érudition qui me porte à reproduire ainsi les plus anciens monuments connus de la protection accordée aux inventeurs. Mais, en les parcourant, qui pourrait ne pas reconnaître que, dans leur naïve et profonde simplicité, ces lois primitives exprimaient toutes les conditions importantes de la question et possédaient à un haut degré les qualités désirables de clarté et de précision.

Combien de législations plus modernes ne gagneraient pas à cette rédaction, peu élégante peut-être, mais qui ne donne prise à aucune ambiguïté et qui énonce si clairement :

« Que les brevets ne doivent être accordés qu'à l'inventeur de toute espèce de *nouvelles manufactures* (mot dont la signification n'a pas cessé de s'altérer, depuis cette époque). La légitimité du titre est établie lorsque d'autres n'emploient ni ne fabriquent *dans le royaume* d'objets semblables, à l'époque de la demande du brevet.

« Que les brevetés, en échange des avantages qui leur sont conférés, doivent former des apprentis ou autrement donner au public pleine connaissance de leurs procédés, pour servir à tous après l'expiration du privilège.

« Dans ces conditions, les brevets accordés sont reconnus n'être pas des monopoles contraires aux chartes et aux libertés du pays, ni nuisibles aux intérêts généraux. »

Pendant deux siècles, ces lois ont suffi à l'Angleterre seule; pendant près de 150 ans, elle a joui de leurs avantages, de cette puissance créatrice, dont aucune autre nation ne semblait soupçonner le secret et qui a tant contribué à la rendre ce qu'elle est aujourd'hui.

Il ne sera pas sans intérêt de jeter un coup d'œil sur l'état industriel et commercial de l'Europe, au commencement du XVIIe siècle. Nous pourrons peut-être mieux apprécier ensuite la raison des changements qui vont influencer même la balance politique des nations.

L'Espagne, qui s'est illustrée dans le siècle précédent par ses conquêtes et ses découvertes, remplit encore le monde de l'éclat de ses agrandissements ; mais cette prospérité va lui être funeste, en lui faisant négliger des ressources de richesse plus humbles, mais aussi plus fécondes et plus certaines.

Le nord de l'Italie, qui a été pendant tout le moyen âge le foyer des sciences et des lettres, a conquis dans le commerce et dans les arts, surtout ceux de luxe, une suprématie incontestée.

Les Flandres, depuis des siècles, sont pour la partie septentrionale de l'Europe ce que la Lombardie est pour le midi ; leur prospérité commerciale et industrielle y a fait fleurir les sciences et les arts et y a accumulé une richesse dont le reflet, après deux cents ans de guerre, subsiste et étonne encore. C'est là que les professions les plus utiles, le travail des métaux surtout, ont pris le plus de développements. C'est là que, pour la première fois, a été employé le charbon de terre, cet élément de richesse, si supérieur aux mines du Pérou ou du Mexique et dont on n'a qu'imparfaitement exprimé l'importance actuelle en l'appelant le *pain de l'industrie*.

La Hollande et les villes hanséatiques semblent avoir conservé en Europe le privilège des transports maritimes. Leur supériorité acquise ne pourra être combattue que par les édits de Colbert et les actes de navigation de Cromwell.

La France, depuis Sully, encourage son agriculture et son industrie. La culture du mûrier et des vers à soie y a été introduite par le prévoyant Louis XI, et protégée par le grand ministre de Henri IV. L'industrie et le commerce français commencent à lutter avantageusement dans l'Orient avec Gènes et Venise.

Sous ces différents aspects, rien ne peut encore faire prévoir la prospérité commerciale vers laquelle l'Angleterre va marcher à grands pas. Examinons si, dans la carrière des sciences appliquées, sa fortune industrielle est plus facile à entrevoir.

Les arts mécaniques, peu cultivés au moyen âge, avaient néanmoins laissé des témoignages imposants de ce que peut produire la persistance humaine, privée de presque tout secours extérieur. L'horloge de la cathédrale de Strasbourg, dont l'admirable mécanisme reproduit les mouvements de presque tous les corps célestes, et qui, arrêtée pendant trois cents ans, avait attendu une main assez habile pour la *réparer* et la *remettre en marche*, sera toujours un utile sujet de méditations pour ceux qui seraient tentés de ne pas faire dans leurs succès la part de leurs devanciers, ou des facilités que leur époque leur a prodiguées.

Dans la dernière moitié du XVe siècle, la découverte de l'imprimerie par la typographie et par la gravure avait fourni aux hommes un moyen d'une puissance inouïe pour multiplier les manifestations de la pensée. En un siècle, cet art merveilleux était parvenu entre les mains des Elzevirs à un degré de perfection qui n'a pour ainsi dire pas été dépassé de nos jours, et qui n'avait pu être obtenu que par un progrès considérable et *industriel* dans le travail des métaux.

La construction des premières montres à Nuremberg nous en fournit une nouvelle preuve et nous présente ce phénomène de travaux mécaniques les plus difficiles réalisés, alors que de plus simples applications sont encore entièrement négligées.

En 1593, est construit le premier instrument donnant la mesure des températures.

En 1618, les premiers télescopes viennent donner aux savants les moyens d'observer avec exactitude les mouvements des corps célestes. Le microscope presque en même temps ouvre un nouveau champ à leurs recherches.

Aux nations continentales, on le voit, et en première ligne, à l'Allemagne et à la France, revenaient l'honneur et les premiers avantages de ces découvertes.

Galilée vient de publier ses observations sur les lois fondamentales de la nature ; lui, et son élève Torricelli, ont sondé le mystère de cette masse gazeuse qui pèse sur la terre.

Salomon de Caus, architecte normand, publie (1615), sous le titre *Raison des forces mouvantes*, un ouvrage dans lequel se trouve décrite la première application de la vapeur à un travail utile.

En 1620, l'architecte et ingénieur italien Branca publie un projet de machine à vapeur, parmi une collection d'appareils divers. Ce livre et beaucoup d'autres, publiés vers le même temps en Italie, prouvent combien les recherches physiques et mécaniques étaient poursuivies dans ce pays.

Otto Guerick fait à Magdebourg (1672) ses expériences célèbres sur la pression de l'atmosphère.

Papin, physicien, né à Blois, dans sa carrière aventureuse, porte successivement de France en Angleterre et en Allemagne ses expériences et les conceptions plus hardies encore de son génie. Le premier (vers 1680) il donne le moyen de produire et de renfermer, sans danger, dans une capacité fermée, la force expansive de la vapeur. Ses tentatives et ses projets deviennent un objet d'attention générale. Leibnitz, lui-même, s'en préoccupe et en confère avec lui. Dans des idées, il *résout* la machine à vapeur, comme aujourd'hui tant d'autres problèmes sont *résolus*.

Amontons, autre physicien français, d'un génie plus profond encore, cherche à utiliser la puissance du feu, en l'appliquant à produire l'expansion de l'air.

Nous attachant toujours à retracer le progrès des ressources industrielles sur le continent, nous trouvons encore en Allemagne, Leupold, qui, dans son *Theatrum machinarum hydraulicarum*, fait la description d'une excellente machine à vapeur, à haute pression, dont il fait modestement hommage à Papin, comme lui en ayant entièrement donné l'idée. Malheureusement la machine de Leupold *n'existait que dans son livre*.

En France, l'Académie remplit ses recueils des machines auxquelles elle a accordé son approbation, et qui, comme celle de Leupold ne figurent *nulle part ailleurs*.

Dans la première moitié du xviiie siècle apparaît en France un génie extraordinaire, un homme qui, sur un autre théâtre, qui, à une autre époque, aurait partagé la gloire des Watt et des Stephenson. Vaucanson ne se contente plus de succès théoriques et emploie toute sa persévérance pour réaliser ses conceptions. Il exécute une foule de recherches et de travaux utiles ; il précède Jacquard dans la tentative de cette machine admirable qui a attaché un nom français à la solution d'un des plus beaux et plus difficiles problèmes que la mécanique ait encore abordés. Mais rien ne semble encourager et alimenter ce vaste génie qui s'use inutilement à construire des *automates*.

En retraçant le progrès de l'invention dans les arts mécaniques sur le continent, nous avons principalement porté notre attention sur les travaux tendant à la réalisation du problème de la *production de la force motrice*. Les résultats comparés de cette seule branche de recherche, poursuivie simultanément chez les principales nations de l'Europe, feront peut-être plus vivement ressortir, que ne pourraient le faire des comparaisons plus étendues, les conditions différentes du travail chez chacune d'entre elles. D'ailleurs, la réalisation de la machine à vapeur est le *grand œuvre* des xviie et xviiie siècles. Ce n'est plus l'or que l'on veut produire : les richesses du nouveau monde semblent avoir rassasié l'Europe; mais partout, des hommes instruits et intelligents sont attentifs à la marche lente, mais sûre de cette solution, qui doit, de nos jours, ouvrir des voies nouvelles à toutes les branches de la production et leur imprimer un cachet inconnu d'activité et de grandeur.

Nous avons vu cette recherche engagée sans succès pendant un siècle par les savants et les hommes les plus intelligents du continent. Nous allons maintenant la montrer *reprise* par de modestes artisans d'Angleterre qui, à une persistance qui n'a pas manqué à leurs devanciers, pourront joindre des éléments tout aussi nécessaires au succès. Leurs travaux ne seront pas exposés au régime de la *vaine pâture* industrielle qui est la loi du continent : ce qu'ils sauront conquérir sur les landes et les bruyères de l'industrie, la loi en garantira la propriété, du moins, pour un temps, et si la perspective de cette rémunération n'est pas nécessaire pour stimuler leurs propres efforts, elle servira à leur assurer ce qui a manqué à leurs prédécesseurs, le concours de ceux qui ne poursuivent pas le progrès pour lui-même.

Le marquis de Worcester, le premier en Angleterre, s'occupe d'utiliser la vapeur comme source de puissance motrice. En 1663, il publie sous le titre de *Century of Inventions*, un recueil de cent projets ou suggestions diverses, plus ou moins réalisables, parmi lesquelles figure une machine pour élever l'eau par le moyen de la vapeur.

En 1698, onze ans après les essais infructueux de Papin, en Angleterre, Thomas Savery, chef d'exploitation d'une mine, prend une patente pour un appareil à vapeur pour épuiser les mines. Sa machine, décrite en 1702 dans un ouvrage intitulé *Miner's Friend*, est *appliquée dans un certain nombre de mines*, et constitue, surtout au point de vue de la pratique, un progrès incontestable. Nous quittons l'arène des théories pour entrer dans la carrière des applications.

Presque en même temps, Newcomen, *quincaillier*, et Cawley, *vitrier*, tous deux de Darmouth, entreprennent ensemble des expériences sur l'emploi de la vapeur. Un savant docteur, Hooke, consulté sur les chances de succès de leurs projets, tente inutilement de les dissuader d'une aussi *folle entreprise*. On voit qu'alors, comme aujourd'hui, le rôle de la science pure était parfois incertain dans le domaine des applications. Newcomen et Cawley, associés avec Savery, construisirent avec succès un grand nombre de ces machines d'épuisement dites *atmosphériques*, qui, pendant un demi-siècle, rendirent les plus grands services à l'industrie minière et métallurgique de la Grande-Bretagne, et préparèrent la voie aux découvertes de James Watt.

La vie de cet homme illustre est, à elle seule, le plus puissant enseignement qui puisse être présenté de l'influence décisive des brevets sur la marche et la réalisation des progrès industriels, et un exemple frappant des vicissitudes auxquelles est soumise la vie d'un inventeur.

J. Watt (né en 1736), d'abord simple *ouvrier opticien*, travaille en cette qualité pour les professeurs de l'université d'Édimbourg. Son intelligence studieuse lui concilie l'estime et l'amitié de plusieurs d'entre eux, hommes éminents dans les sciences.

Chargé en 1764 de réparer un modèle *fonctionnant* de la machine de Newcomen, il découvre la raison de l'exagération énorme dans la dépense de combustible à laquelle cette machine donnait lieu, et trouve presque aussitôt un correctif efficace dans le *condenseur séparé* et la *pompe à air*.

Ces découvertes, principes fondamentaux de la machine à vapeur moderne, étaient achevées en 1765. Peu de mois ont suffi pour leur établissement dans le domaine de la théorie, il nous reste à compter les *années* qui les séparent encore de la réalisation pratique.

Watt est dépourvu des moyens de payer même les frais d'un brevet. Après *quatre ans* de recherches. Il trouve un associé, le docteur Roebuck, industriel, riche et instruit. Le brevet est pris en 1769 et les premiers préparatifs d'une grande expérience sont commencés. Mais Roebuck, ruiné soudainement par des spéculations sur les mines, se voit dans l'impossibilité de continuer à Watt le concours qu'il lui avait promis.

Quatre années se passent de nouveau pour Watt dans l'inaction et l'anxiété jusqu'en 1773 où il trouve Bolton, dont le nom partagera désormais l'honneur de sa magnifique découverte.

Avec des capitaux considérables, des ateliers sont montés, les premières machines sont construites et essayées avec un succès qui provoque l'enthousiasme et l'étonnement général. *Neuf années* se sont écoulées depuis l'invention, *cinq* depuis l'obtention du brevet.

Watt et Bolton, malgré leur haute intelligence et leur succès, ont été entraînés à un surcroît énorme de dépenses pour organiser la fabrication des machines à vapeur. Leur brevet va bientôt expirer, et leur invention, tombée dans le domaine public, c'est leur ruine. L. 50,000 (F. 1,250,000) ont été déjà dépensées avant de faire le moindre bénéfice.

Une législature intelligente et généreuse vient à leur secours. Leur privilège est étendu de *dix-sept années*, il ne prendra fin qu'avec le siècle qui a salué leurs immortels travaux. Cet acte de haute justice fut le salut de Watt; *il le fut peut-être de son invention elle-même.*

Vingt-cinq ans après cet événement, la machine à vapeur élaborée, enrichie de tous les perfectionnements sur lesquels son auteur a imprimé le cachet de son génie, était livrée à l'activité de toute l'industrie anglaise.

Watt recueillit la récompense matérielle de ses travaux, dans une fortune assez considérable, mais qui paraîtrait peut-être modeste à nos princes de la finance.

Pendant les années que Watt avait employées à la réalisation de son invention, en outre de l'activité immense que le nouveau moteur avait communiquée à l'industrie minière et métallurgique, presque toutes les autres branches de la production de la Grande-Bretagne avaient reçu une impulsion et des progrès équivalents.

Arkwright, Hargreaves et Crompton avaient composé ces machines admirables qui permettaient à un ou deux comtés d'Angleterre de filer et de tisser la presque totalité du coton produit dans le monde entier. Huntsman avait perfectionné la fabrication de l'acier, et élevé sur des bases plus solides encore la réputation des outils anglais pour le travail du bois et des métaux.

Ceci prouve la nécessité et l'utilité des brevets à longs termes et l'opportunité de brûler le projet actuel, comme une entrave au progrès de l'industrie future.

A ce magnifique exposé historique de M. Normand, nous ajouterons l'opinion du *Crédit financier*, qui nous arrive à l'instant avec les appréciations de M. Jules Rouby. Nous ajoutons la nouvelle que nous transmet de Rouen l'ingénieur Burel, qui nous apprend que l'on s'occupe, en ce pays, d'un projet de loi très-rapproché du nôtre, pour être présenté au corps législatif, arrêté, semble-t-il, par les

justes critiques que nous avons faites du malencontreux projet dont
il est saisi et peut-être aussi par l'ordre d'un esprit supérieur aux
préjugés des économistes, aux intrigues des contrefacteurs et à la
routine des bureaux.

Tout cela doit mettre un peu de baume aux cœurs ulcérés des
inventeurs, dont l'un d'eux nous écrit qu'il est convaincu que si nous
demandions une audience à l'empereur, nous obtiendrions la mise au
pilon du projet français, comme nous avons obtenu celle des brevets
belges, attendu, dit M. Laplanche, que nous sommes dans *la vérité et
la justice absolues*, en matière de propriété industrielle.

Nous admirons la naïveté de l'architecte de Gannat et nous le féli-
citons d'être encore bercé par ces illusions du jeune âge.

EXTRAIT DU CRÉDIT FINANCIER.

Il y a, dans la nature, de singulières analogies !

L'abeille laborieuse qui donne à l'homme un aliment exquis, — le miel, — et
un produit précieux, — la cire, d'où jaillit la lumière, se voit constamment en
butte aux déprédations aussi improductives que pillardes des guêpes et des
frelons.

Les savants, les artistes et les inventeurs, dont les travaux enrichissent et illu-
minent le monde, ont, hélas ! le sort de l'abeille. Comme cette habile ouvrière, ils
sont sans cesse obligés de repousser les entreprises frauduleuses d'une certaine
horde de ribleurs, guêpes et frelons du monde intellectuel, qui cherchent à suppléer à la stérilité de leur cerveau par d'audacieux larcins, pratiqués avec plus
ou moins d'adresse, sur les productions de l'intelligence d'autrui.

L'ingénieur belge qui s'est approprié sans façon le projet de notre compatriote,
M. de Libessart, et que pour ce fait de haute larronnerie nous avons dénoncé à
l'opinion publique, dans notre précédent courrier, nous fournit une preuve à
ajouter à tant d'autres de la triste similitude qui existe entre le sort des hommes
de génie et celui de l'abeille laborieuse.

Quel remède opposer à ce honteux *plagiarisme* qui harcèle et désole incessamment la glorieuse phalange des inventeurs, des artistes et des savants ?

Nous ne croyons pas qu'il soit possible d'en trouver un plus simple ni plus efficace, à la fois, que celui que propose M. Jobard : *la reconnaissance de la propriété intellectuelle.*

Avec le savant et spirituel conservateur du *Musée de l'Industrie belge*, nous
pensons que la propriété intellectuelle, fruit des efforts de la pensée humaine,
n'est pas moins inviolable que la propriété foncière ou mobilière, et qu'elle doit
être mise à l'abri de toute entreprise frauduleuse. En bonne justice, l'homme qui
s'approprie indûment une conception industrielle, artistique, littéraire ou scientifique, ne larronne pas moins que celui qui s'empare du champ, de la maison ou
de la bourse qui ne lui appartiennent pas. Notre doctrine, à ce sujet, est absolument conforme à celle de M. Jobard.

Ce n'est pas d'aujourd'hui que l'illustre auteur de l'*Organon* et du *Monotaupole* demande la reconnaissance légale de la propriété intellectuelle. Il y a déjà long-temps qu'il fait de nobles et persévérants efforts en vue de ce résultat si dési-rable. Comme il a vu sa proposition favorite ne cheminer que lentement à travers le monde, et s'embourber même dans les vieilles et profondes ornières de l'opi-nion publique, il a jugé à propos de la reproduire en tête du nouveau livre qu'il vient de publier sous le titre : *Les nouvelles inventions aux Expositions uni-verselles.*

Le caractère purement industriel et financier de notre journal, aussi bien que l'espace restreint dont nous disposons, nous interdisent l'analyse des raisonnements et des faits sur lesquels s'appuie M. Jobard pour faire triompher sa thèse favorite. Nous ne pouvons donc que recommander chaudement sa publication nouvelle à tous les amis sincères de l'art, de la science et de l'industrie.

UN ARGUMENT GROS COMME LE MONDE EN FAVEUR DES BREVETS D'INVENTION.

Nous avons cent fois répété que toutes les grandes découvertes sont dues aux patentes et brevets, bien qu'ils n'assurent qu'un sem-blant de propriété aux inventeurs.

Nous avons comparé l'état misérable de l'industrie des pays qui n'ont pas de brevets à celle des pays qui en accordent de plus ou moins valables.

Nous avons expliqué pourquoi les hommes de génie inventif, qui sont de tous les pays, produisent ou ne produisent pas, selon le plus ou moins de garantie qu'on offre à leurs œuvres.

Personne n'a voulu nous comprendre dans les régions du pouvoir ou de la presse, qui se trouve cependant obligée de constater les faits, mais elle se contente de les présenter à l'étonnement des lecteurs, sans en voir, sans en chercher, sans en reconnaître la cause.

Pour elle, c'est un phénomène dû au hasard ou à la Providence.

Nous avons rencontré un juriste célèbre par la fausseté de sa judi-ciaire qui prétendait que les brevets n'avaient pas donné lieu au déve-loppement de l'industrie, mais que c'était le développement de l'in-dustrie qui avait donné naissance aux brevets. Autant vaudrait dire que ce n'est pas le sol qui fait pousser la plante, mais que c'est la plante qui fait le sol. Elle contribue bien quelque peu à l'ameublir, mais c'est aussi ce qui se passe dans l'industrie : plus elle est florissante en un lieu, plus elle a de tendance à s'y développer, mais rien ne vient sur le *tuf* avant qu'on y ait apporté de l'*humus*.

Or l'*humus* de l'industrie, c'est la propriété des inventions qui ne date à proprement parler que du commencement de ce siècle; écoutons l'*Illustrated London News* :

« Depuis le commencement du monde, jamais demi-siècle n'a été plus fertile en « inventions importantes que la première moitié du xixe siècle.

« Avant 1800, il n'y avait pas de steamers, et l'application de la vapeur à la « mécanique n'était pas encore faite.

« Fulton lança le premier steamboat en 1807 ; maintenant il y a 3,000 steam- « boats sur les eaux de l'Amérique. Les rivières, dans presque tous les pays du « monde, sont parcourues par des bateaux à vapeur.

« En 1800, il n'y avait pas de chemins de fer : aux États-Unis seulement, il y a « maintenant 8,797 milles de rails ayant coûté 286,000,000 de dollars à établir. Il « y a 32,000 milles de rails en Angleterre et en Amérique.

« La locomotive franchit maintenant, en quelques heures, des distances qui « exigeaient autrefois plusieurs jours pour être parcourues.

« En 1800, il fallait deux semaines pour porter une nouvelle de Philadelphie à « la Nouvelle-Orléans ; maintenant il faut une seconde, grâce au télégraphe élec- « trique, établi d'ailleurs en 1843 seulement.

« Le voltaïsme a été découvert en mars 1800 ; l'électro-magnétisme en 1821.

« La lumière du gaz était inconnue en 1800 ; aujourd'hui toute ville qui se res- « pecte est éclairée par ce moyen.

« Daguerre faisait connaître au monde, en 1839, son admirable invention.

« Le coton-poudre et le chloroforme étaient découverts quelques années après.

« La chimie agricole et l'application des machines à l'agriculture, enfin, ont « fait faire à la production de la terre d'immenses progrès.

« Nous le répétons, jamais siècle n'a été plus fertile en immenses découvertes. »

Pourrait-on trouver un plus fort argument en faveur de la belle cause que nous défendrons toute notre vie? Car elle est bien plus importante que celle de l'abolition de l'esclavage, lequel se serait aboli de lui-même si les esclaves avaient eu seulement, en toute propriété, l'exploitation des idées qui auraient germé dans leur cerveau, avec le droit de s'affranchir à prix d'argent; mais cela n'existait pas chez les anciens.

Ctésibius, Archytas, Ésope, Homère, Plaute, Lucien, et tant d'autres esclaves de génie, se seraient non-seulement affranchis, mais ils auraient racheté leurs familles avec le produit des œuvres de leur intelligence.

Ce mode d'affranchissement eût été infiniment préférable et plus rationnel que l'affranchissement en masse, qui libère une foule d'esprits mineurs qui ont besoin de tuteurs, de patrons et de surveillants. C'est-à-dire que les esclaves nés seraient restés dans l'esclavage, qui est leur condition naturelle, tandis que les esprits d'élite se seraient émancipés d'eux-mêmes, sans violence, par le seul fait de leur supériorité naturelle, car, d'après les lois générales, le chêne redevient chêne, le chardon reste chardon. Et comme on ne peut pas dire que toutes les plantes soient égales, on ne peut pas prétendre que tous les hommes soient également dignes de la liberté, tant qu'ils ne savent pas la conquérir par leurs œuvres, leur travail ou leur probité. Au lieu de prétendre que tous les hommes sont nés libres, il serait plus rationnel d'admettre qu'ils sont tous nés esclaves, avec le droit et le devoir de chercher à s'affranchir par leurs travaux et leurs vertus.

Eh bien, c'est ce qu'on n'a jamais voulu admettre; voilà pourquoi les plus grands génies sont toujours restés et resteront toujours esclaves de la misère et du capital, de par la loi faite par les premiers affranchis, privés des lumières de la révélation.

Nous disons que cette injuste exclusion qui a échappé au législateur des Hébreux, est la cause de tous les troubles, de toutes les émeutes, de toutes les révolutions, qui s'apaiseraient, comme par enchantement, lorsque chacun pourrait prendre, dans le milieu social, la place qui lui est assignée par sa valeur spécifique, et qu'on aurait admis dans nos codes chrétiens ce qui manque aux codes païens : que chacun naît propriétaire matériellement, et responsable, moralement, de ses œuvres, quelles qu'elles soient, bonnes, médiocres ou mauvaises; mais quand la loi admet la spoliation des inventeurs, des auteurs ou créateurs de tout ce que Dieu n'a pas créé, qu'elle l'encourage et la pratique par toutes les préventions imaginables de nullité, de déchéance et de forclusion, on ne peut s'empêcher de déplorer un tel aveuglement et de désespérer du progrès dans un avenir prochain; car la nouvelle loi des brevets français va renvoyer ce progrès aux calendes grecques.

L'affranchissement subit, en masse, des esclaves, a créé le paupérisme, multiplié le vol, et poussé à l'assassinat les esprits inférieurs qui n'appartiennent plus à personne, mais auxquels rien n'appartient, pas même un maître, un patron, un tuteur. La Russie tremble devant la répétition de cette formidable expérience, tandis qu'elle pourrait opérer la transition du servage à la liberté, par le moyen simple et naturel que nous indiquons pour la première fois à ceux qui disposent des destinées de l'humanité.

Liberté accordée au serf de s'affranchir à prix fixe, mais aussi liberté de disposer à son profit des œuvres de son intelligence *littéraire, artistique, industrielle* ou *commerciale*. Il est bien évident que s'il parvient à s'affranchir de la sorte, l'esclave est mûr pour la liberté et a tout ce qu'il faut pour la supporter.

Nous avons vu une fraise mécanique, mobile en tous sens, d'une immense utilité pour le travail de la malachite, inventée par un serf russe. Son maître lui a pris cet outil de vitesse, l'a fait breveter et l'exploite à son profit, mais au lieu de libérer son serf, il lui redouble ses rations de knout, et il a porté le prix de libération à un taux que le malheureux inventeur ne saura jamais atteindre. Cela est-il juste, cela est-il chrétien, cela est-il humain?

Si Ésope avait eu seul le droit de vendre des copies de ses fables, il se serait racheté sans doute, et serait devenu membre de l'Académie comme MM. Viennet et de Stassart :

> Car il avait certainement
> Un tout aussi joli talent.

DIVISIBILITÉ DE LA LUMIÈRE ÉLECTRIQUE.

Lettre de M. Jobard à l'Académie des sciences.

Je m'empresse d'annoncer à l'Académie des sciences l'importante découverte du fractionnement d'un courant électrique pour l'éclairage, provenant d'une seule source, en autant de filets que l'on désire, depuis la veilleuse jusqu'au phare maritime :

On sait que l'arc lumineux produit entre deux charbons ne peut donner qu'un foyer très-intense, très-instable, très-désagréable et

très-coûteux. Un jeune chimiste, physicien, mécanicien et praticien
à la fois, M. de Changy, très au courant des découvertes et des instruments nouveaux, vient de résoudre le problème de la divisibilité du
courant galvanique.

C'est en sortant de son laboratoire où il travaille seul depuis six
ans, que je viens donner un rapide aperçu de ce que j'y ai vu, c'est-
à-dire une pile de 12 éléments Bunsen perfectionnée par lui, produisant un arc lumineux constant, sans intermittence et sans crépitation
entre deux charbons rapprochés par un régulateur de son invention,
le plus parfait et le plus simple que je connaisse; de plus une douzaine
de petites lampes de mineur, mobiles sur des tringles ou des fils de
cuivre dont il peut à volonté allumer ou éteindre l'une ou l'autre ou
toutes ensemble, sans que l'intensité de la lumière augmente ou
diminue par l'extinction des lampes voisines. Ces lampes contenues
dans des tubes de verre hermétiquement fermés, sont destinées à
l'éclairage des mines à grisou, aussi bien qu'aux réverbères des rues
qui s'allumeraient et s'éteindraient tous dans toute une ville, en
ouvrant ou fermant le circuit. Cette lumière est blanche et pure
comme celle du gaz Gillard, avec laquelle elle a ce seul point de contact que c'est l'incandescence du platine qui la produit. Les tuyaux de
conduite du gaz seraient alors remplacés par de simples fils, et ne
pourraient occasionner ni explosions, ni incendies, ni mauvaises
odeurs.

Tous les essais de production de la lumière électrique par l'incandescence du platine, n'ont pu aboutir jusqu'ici, parce que les fils se
fondaient à défaut d'un *régulateur-diviseur* du courant, et c'est ce problème que M. de Changy a résolu sans reste (1); il estime que cette
lumière coûtera moitié moins que celle du gaz. Une lampe placée au
sommet des mâts de navire, constituera un signal permanent qui peut
durer plus de six mois sans qu'on ait besoin de changer le platine.
Si on en place plusieurs dans des tubes de verre coloré, comme on

---

(1) On ne saurait méconnaître dans le procédé de M. de Changy une parfaite
analogie avec la distribution à volonté des courants nerveux dans différents
organes du corps humain.

peut les éteindre ou les allumer rapidement d'en bas, rien n'est plus
aisé que d'en former un télégraphe nocturne. Quant aux phares de
côtes, on peut donner au foyer une telle amplitude que sa portée
lumineuse dépassera celle de tous les lucifers connus jusqu'ici. (Le
soleil et la lune exceptés, comme l'abbé Moigno l'a fait si judicieuse-
ment remarquer.)

J'ai vu également une ampoule lumineuse en verre épais, que l'on
peut immerger à des profondeurs considérables, sans qu'aucun mouvement ou bouleversement puisse l'éteindre. Elle a déjà été essayée
en rivière et a servi à prendre des poissons qui sont attirés et non
effrayés, par la lumière, comme le prétendait le savant abbé. Il est
probable que dans un temps donné, la mer inépuisable nourrira la
terre et que les pêches miraculeuses ne le seront plus.

Ce simple aperçu suffira pour faire comprendre à combien d'applications diverses peut se prêter la découverte que j'ai l'honneur de
signaler à l'Académie, avec la conviction que je n'ai pas été dupe
d'une illusion, malgré mon étonnement de voir une lampe s'allumer
dans le creux de ma main, et rester allumée en la mettant dans ma
poche avec mon mouchoir par-dessus.

Nous voici donc à la veille d'un grand progrès dans l'éclairage; car
bientôt on nous enverra la lumière, comme on nous envoie l'heure et
la parole, par des fils électriques. L'invention de M. de Changy est
complète; la *Presse* a bien voulu publier ce que nous en avons dit;
mais cela ne lui suffit pas, elle voudrait savoir le reste.

Voici notre réponse à M. Louis Figuier, qui comprendra sans doute
la raison du silence gardé par un rapporteur officieux sur le point
essentiel de cette grave affaire, qui ne tient qu'à un seul mot, autour
duquel tourne, au plus près, le professeur Élie Wartmann, de Genève,
dans sa brochure sur l'éclairage électrique qu'il vient de nous
envoyer.

Lui aussi a bien travaillé la question; il parle d'une poudre de
charbon tombant d'une trémie sur l'arc lumineux dont il doit augmenter le volume. Nous réclamons cette idée non comme bonne,
mais comme nôtre, pour l'avoir essayée sans succès avec M. Dubosc,
ce qui nous a conduit à remplacer la poudre de charbon par la vapeur

de carbone tirée des hydrocarbures les plus volatils. A bon enten-
deur, salut !

« Mon très-honoré collègue, vous vous étonnez que je n'aie pas divulgué les
moyens physiques ou mécaniques qui ont permis à M. de Changy de résoudre
le beau problème de la division de l'arc lumineux électrique, et vous espérez que
je voudrai bien compléter cette intéressante communication ; en d'autres termes,
que je dévoilerai le secret qui m'a été confié sur l'honneur. Si c'était le mien, je
serais malheureusement trop disposé à répondre à votre appel ; mais en présence
de la fâcheuse position faite aux inventeurs par la législation barbaresque qui régit
la propriété intellectuelle dans tous les États civilisés, vous devez comprendre
la terreur des inventeurs qui, d'un mot indiscret, peuvent se voir dépouillés du
fruit de longues et coûteuses recherches.

« S'ils attendaient après la reconnaissance nationale, comme l'inventeur de la
machine à traction directe, qui fait gagner plus de 20 millions aux exploitants
de houille de la Belgique, ils pourraient bien mourir de faim en attendant.

« Or, la découverte de M. de Changy, qui enrichirait une foule de compagnies
si elle y était brevetée, ne rapportera rien s'il la livre au domaine public que
tout le monde est libre de fourrager et de saccager à son aise. Chaque pays pourrait avoir une compagnie pour l'éclairage des rues, une compagnie pour l'éclairage des mines, une autre pour l'éclairage des navires, pour la télégraphie nocturne, les phares maritimes, la pêche du poisson, des perles, des coraux, des
éponges, etc.

« Vous comprenez bien que M. de Changy ne peut pas livrer son secret à cette
foule de courtiers qui se chargent de tout, répondent de tout, disposent de capitaux immenses et n'ont souvent pas le sou. Il n'est pas jusqu'au ministre d'une
grande puissance avide de progrès industriels qui ne lui ait demandé s'il est breveté, afin de faire prendre copie de ses plans et les expédier à son gouvernement.

« Que voulez-vous que devienne un inventeur circonvenu de la sorte par une
armée de vautours en cravate blanche ? Je lui conseille d'attendre la venue d'un
honnête et sérieux capitaliste et au besoin de garder son secret, ne fût-ce que
pour prouver que l'inventeur a le droit de transiger d'égal à égal avec la société,
ou de la priver de sa découverte. »

Nous recevons une lettre du secrétaire perpétuel de l'Académie,
qui nous donne avis que l'examen de notre communication est confié
à M. Becquerel, qui se réserve de nous demander le secret de cette
affaire comme M. Figuier. Les mêmes motifs nous engagent à la
même discrétion, dût le rapport tant désiré tarder encore quelques
mois.

Dans cette position, qui ne permet pas d'ajouter foi au témoignage
d'un laïque, la métropole scientifique parisienne s'est adressée à la
petite église bruxelloise qui a fait vérifier l'exactitude de notre récit
et l'a même amplifié, car nous étions resté au-dessous de la vérité,
malgré l'ironique boutade de notre ami Moigno, qui ne croit pas plus

à la divisibilité de la lumière électrique qu'aux tables tournantes. A quoi sert la science? A douter de tout progrès.

L'Académie de Bruxelles a engagé l'inventeur à lui confier sa découverte sous le pli d'un paquet cacheté, afin qu'elle ne soit pas perdue, si l'inventeur, qui est en négociation pour aller placer ses ampoules lumineuses au sommet des sept mâts du *Léviathan*, venait à sombrer dans le voyage d'essai.

M. de Changy, à qui la Société universelle d'encouragement de Londres vient de décerner une médaille d'honneur sur notre parole, ne peut tarder d'être élevé à la dignité de membre correspondant de l'Académie de Bruxelles, malgré notre recommandation et le certificat de très-savant physicien que nous lui décernons après mûr examen.

RÉCOMPENSE NATIONALE.

Rien de plus commun que le mot, rien de plus rare que la chose ; c'est que la nation, la patrie, la société ne sont que des congrégations, des corporations, des commissions, c'est-à-dire des êtres fictifs dits de raison, qui n'ont aucune des vertus ni des qualités qui distinguent l'individu, telles que la reconnaissance, l'amour, la bonté, la pitié, la charité, ce qu'on appelle du cœur enfin. Si quelques inventeurs ont été récompensés, c'est seulement dans les pays dont le chef peut dire : *L'État c'est moi,* qui rend service à l'État, rend service à ma personnalité responsable, tandis que la congrégation n'est ni responsable, ni sensible, ni saisissable.

L'illustre prieur de Saint-Paul, Sidney Smith l'a fort bien peinte en ces mots :

Corporation have neither souls to damned nor bodies to kicked.

Qui se traduit en français comme suit:

Une commission n'a ni âme à damner ni derrière à fouetter.

Les Chambres étant de grandes commissions qui engendrent de petites commissions, qui engendrent des sous-commissions, quand il s'agit de récompenser un inventeur, celui-ci a le temps de mourir de faim, comme sont morts : Le Blanc, Dallery, de Girard, Lebon, Gray, Sauvage, ces illustres inventeurs de la soude artificielle, de la chaudière tubulaire, de la filature du lin, des chemins de fer et de l'hélice, au nombre desquels nous ajouterons bientôt le capitaine Fafchamps, inventeur de la machine à traction directe, sans laquelle la Belgique payerait peut-être sa houille deux fois plus cher et dont l'invention rapporte quelque chose comme de 20 à 30 millions par an à la Belgique.

Ce malheureux vieillard n'a qu'un tourment, c'est de ne pouvoir mettre au jour plusieurs autres inventions d'une importance peut-être aussi majeure, c'est pour cela qu'il demande un secours à la Chambre, qui a déjà reconnu ses titres à une récompense nationale; mais quand il en réclame l'exécution, c'est un commis qui lui répond : Il n'y a ni argent pour vous, ni précédent qui nous autorise à vous offrir plus de 500 francs sur le fonds des brevets, et encore, si j'étais de votre famille, je vous ferais interdire, car vous dépenseriez le peu que nous vous donnerions à faire encore des inventions.

Voilà cependant à quelle avanie se trouve exposé un honorable vieillard encore plein de verdeur, qui comptera parmi les bienfaiteurs et les grands hommes de sa patrie, quand ces insolentes nullités ne laisseront que la trace du mal qu'elles auront fait à la nation qui les paye.

Il est bien vrai que cet illustre inventeur n'aurait pas besoin de recourir à la générosité de son pays, si la loi des brevets n'était pas un leurre; si les tribunaux étaient tenus de sévir contre les contrefacteurs, Fafchamps aurait au moins une partie des nombreux millions que sa machine fait gagner aux compagnies houillères qui lui doivent leurs grands dividendes dont elles ne détacheraient pas une parcelle pour donner du pain à leur bienfaiteur.

Espérons que cette fois la Chambre ne se bornera pas à un vœu stérile et qu'elle votera au moins une année du revenu payé à l'État sur la contribution des mines que l'invention de Fafchamps a tant contribué à grossir.

Il est temps que la noble Belgique se lave de la tache d'ingratitude qui flétrit l'honneur national et qui ne cessera de peser sur sa conscience, si elle tarde à réparer, pendant qu'il en est temps encore, cette flagrante injustice, produit de sa mauvaise loi des brevets.

Il ne faut pas qu'on puisse graver sur la tombe de l'ingénieur Fafchamps cette sanglante épitaphe du poète Collins : *Il leur a demandé du pain pendant sa vie, ils lui ont donné une pierre après sa mort.*

La triste et dernière pétition de ce pauvre inventeur a été, pour la quatrième fois, renvoyée le 5 mars 1858, par la Chambre, à M. le ministre de l'intérieur avec demande d'explications.

DU FONDS COMMUN DES INVENTEURS.

La *Meuse* de Liége, dans son numéro du 17 mars, soutient les droits de l'inventeur de la machine d'exhaure à traction directe, qui fait la fortune de ceux qui l'emploient, pendant que son auteur est dans la misère, par suite de notre pitoyable loi des brevets. Il serait donc juste que ceux qui l'ont faite, cette loi, entreprissent de réparer leur tort en votant à cette victime une récompense nationale prise sur le fonds de la redevance des mines.

Eh bien, il n'en sera rien, car on vient de charger un nouvel avocat du diable de prouver que l'inventeur n'a rien inventé ; ce qui sera fort aisé, attendu que la vapeur existait avant lui, ainsi que les cylindres, les leviers, les vis et les écrous ; et qu'il n'a eu que la peine de combiner et d'agencer tout cela de certaine façon, comme chacun aurait pu le faire, s'il y avait songé.

La *Meuse* semble approuver, en la citant, cette singulière procédure, que l'on oppose à la pérennité des œuvres de l'intelligence, et dont nous avons tant de fois fait bonne et entière justice, ce qui ne nous dispense pas d'y revenir, puisqu'on y revient encore. Plusieurs économistes soutiennent, dit la *Meuse*, le principe de la pérennité ; mais il y a là une exagération évidente : « On assimile, écrivait, il y « quelques jours, un journal français, des choses d'une nature com- « plétement différente.

« La fortune que j'ai acquise ou que j'ai reçue de mon père m'ap-
« partient sans conteste.

« Puis-je en dire autant de l'idée ou de l'invention que j'ai for-
« mulée ?

« J'imagine un procédé, une machine; mais pour l'imaginer, n'ai-
« je pas *puisé dans le fonds commun des connaissances humaines?* n'ai-
« je pas *profité des travaux* des générations antérieures? n'ai-je pas
« combiné des moyens qui appartenaient à tout le monde? »

Admirez la logique de ce raisonnement à la Renouard ; ne prouve-
t-il pas précisément ce qu'il prétend combattre? ne donne-t-il pas
gain de cause à la bonne cause? n'établit-il pas une égalité et même
une supériorité de droits en faveur de l'inventeur, sur l'héritier du
sol? celui-ci n'a-t-il pas puisé dans le fonds commun, la terre? n'a-t-il
pas profité des travaux des générations antérieures qui l'ont défri-
chée et ameublie? n'a-t-il pas employé des moyens qui appartenaient
à tout le monde : la bêche, la charrue, le semoir, la herse, le rouleau, etc.? n'a-t-il pas amélioré son champ par la connaissance des
assolements, des engrais, des amendements, du drainage, etc.? Si sa
friche, sans valeur dans l'origine, lui procure les moyens de vivre
sans rien faire, ne le doit-il pas aux travaux de ses devanciers, aux
sueurs de ses ancêtres?

Le constructeur d'une maison qui lui appartient à perpétuité, n'a-
t-il pas profité de l'art de faire des briques, la chaux et le mortier?
n'a-t-il pas utilisé la coupe des bois et des pierres, le fer, le verre, le
papier, les vernis, etc.?

Pourquoi le constructeur d'une machine nouvelle n'aurait-il pas le
droit de puiser également dans le fonds commun, en employant la
vapeur, la fonte, le cuivre, les vis et les leviers qui appartiennent à
tout le monde?

Pourquoi donnez-vous à l'un la pérennité gratuite et à l'autre un
privilége temporaire en le payant?

Les positions étant égales, pourquoi les droits sont-ils inégaux?

« Tant il est vrai, dit la *Meuse*, que la propriété d'une invention
ne constitue pas une propriété absolue, comme celle d'un bien
matériel? »

C'est précisément de cela que se plaignent les inventeurs.

Que la loi admette l'égalité des droits, et la justice distributive n'aura plus à souffrir, et vous augmenterez le nombre des propriétaires, des contribuables et des conservateurs, et vous stimulerez les cerveaux stériles, en rendant l'espérance aux désespérés.

La *Meuse*, journal de Liége, devrait savoir qu'un simple ouvrier armurier de Cheratte, du nom de Mariett, ayant inventé un pistolet à six coups, s'est acquis une belle fortune, qu'il a acheté des fermes, et qu'il est aujourd'hui bourgmestre de son village et très-considéré. Cet exemple a fait un si bon effet sur ses anciens camarades, qu'ils s'ingénient tous à chercher des perfectionnements dans les armes, prennent fréquemment des brevets, et que plusieurs de ces inventeurs ont déjà réussi à s'affranchir de la condition plus ou moins décourageante d'ouvrier salarié.

Il ne faudrait que quelques exemples de cette sorte dans la plupart des industries, pour détruire chez les ouvriers l'habitude du cabaret et leur faire sentir les bienfaits de l'instruction dont les inventeurs éprouvent plus vivement que personne la privation.

Comme il sera facile de prouver, en vertu des principes que nous venons de réduire à néant, que Fafchamps n'a rien inventé, il n'aura droit à rien, attendu que sa machine, dont personne ne réclame cependant la propriété, s'est probablement fabriquée d'elle-même, comme un chêne, qui emprunte au sol, à l'air et à l'eau les éléments qui le composent.

Pourquoi donc le chêne appartient-il à perpétuité à celui qui a planté le gland?

Il nous semble que tout arbre devrait tomber dans le domaine public après 15 ans, aussi bien que les inventions, car ils ont également puisé dans le fonds commun, et leur possesseur, qui n'est presque jamais le planteur, n'a pas dû faire de grands efforts pour se créer une pareille propriété.

Un autre argument saugrenu, souvent employé contre les droits de l'inventeur, c'est qu'une invention n'est pas une même nature de propriété que les propriétés ordinaires. En effet, cela diffère presque autant qu'une prune d'une orange, qu'une botte de foin d'une paire de pantoufles, qui n'en sont pourtant pas moins des propriétés protégées par la loi, comme la machine, le livre, la gravure, la romance demandent à l'être.

Nous espérons que la *Meuse*, qui ne manque pas d'idées justes et d'esprit d'indépendance, aura l'impartialité de reproduire notre réponse, et nous aidera à ouvrir une souscription nationale en faveur de cet inventeur, pour épargner à notre pays une tache d'ingratitude dont tant de vieilles nations ont laissé salir leur drapeau (1).

GAZ A L'EAU.

REVENDICATION.

Il est un mot très-commode et très-employé contre les inventeurs qui se permettent de réclamer leur bien, audacieusement pillé par de prétendus réinventeurs. Le père légitime semble avoir moins de droits que le père adoptif. — Ah bah! disent les stériles, à en croire celui-là, il aurait tout inventé! Il a beau dire; voyez mes brevets! Personne ne veut prendre cette peine; nul n'est tenu de prouver contre soi et d'aller chercher un démenti dans la masse immense des brevets expirés; on aime mieux rester dans une erreur qui dispense de toute justice.

C'est ce vilain sentiment qui fait qu'on accable d'éloges et de statues après leur mort les inventeurs qu'on n'a cessé de maltraiter de leur vivant; c'est un convive de moins au festin de la vie : celui-là ne demande plus rien, il n'est plus ni importun ni exigeant; enfin il est charmant sous tous les rapports, son éloge est dans toutes les bouches, et ses ennemis les plus acharnés lui rendent volontiers justice. Cela s'est vu souvent après l'annonce anticipée de la mort de certaines

---

(1) La *Meuse*, à l'exemple du *Journal des économistes*, n'aime pas à se voir battre dans sa propre feuille. « A quoi sert-il d'avoir un journal à soi, nous disait naïvement un économiste, si ce n'est pour avoir toujours le dernier mot dans la discussion? » La *Meuse* a donc oublié de reproduire notre réponse.

célébrités. Par exemple, si Lamartine était mort, on ne se serait pas permis de dire qu'il a changé sa *lyre en tirelire*. Le rôle de juge réhabiliteur n'appartenant qu'à quelques natures d'élite est trop rare pour que nous ne citions pas honorablement le nom de M. E. Durand, directeur du journal *le Gaz*, qui a pris la peine de faire pour les inventeurs du gaz le même travail que le savant général Poncelet a fait pour les inventeurs de la filature, en cherchant dans les brevets expirés la part qui revient à chacun, dans l'œuvre du progrès (1).

M. Durand est allé copier nos brevets expirés, et n'a pas craint d'indisposer les réinventeurs du gaz à l'eau et des carburateurs qui se ruent à l'envi sur nos dépouilles, en Angleterre comme en France et ailleurs, et forment des compagnies pour les exploiter, depuis que nos brevets sont tombés dans le domaine public. Si nous nous avisions comme l'ingénieur Fafchamps de réclamer une récompense nationale *ou une aumône de ces compagnies, nous serions accueilli comme lui* par des doutes ou des moqueries; nous nous contentons donc de consigner ici le témoignage bien désintéressé du savant et consciencieux directeur du *Gaz*, qui s'est conduit, à propos de sa carburation, aussi noblement que le directeur du *gaz Ligling* de Londres à propos de l'invention du gaz à l'eau, du gaz mixte et du gaz Le Prince, dont tous les principes se trouvent clairement décrits dans nos patentes

---

(1) On connaît, nous disait le général Poncelet, mes travaux en mécanique théorique et appliquée, et l'on me charge en conséquence de juger les colonnades dont je n'avais pas la moindre idée, mais on aura pensé que j'étais assez jeune *pour apprendre :* or, j'ai appris, en effet, *bien des choses en fouillant dans les brevets*, c'est que les véritables inventeurs des milliers de procédés qui ont porté la filature à sa perfection, ne sont pas toujours ceux qu'on pense; je le prouverai dans mon rapport fait sur pièces authentiques, les patentes et les brevets.

Tout en félicitant le laborieux académicien sur la grandeur de la tâche ardue qu'il entreprenait, nous ne lui cachâmes point nos doutes sur la difficulté de le voir aboutir; mais nous ne connaissions pas la puissance d'exécution et de volonté renfermée dans ce corps frêle et maladif, qui ne quitte pas même le coin *de son bureau de travail pour prendre ses modestes repas*, tandis que son ordonnance est chargée de dire aux visiteurs que le général est toujours en course, en promenade ou en visite. C'est grâce à ce régime, suivi depuis 1851, que nous devrons le plus vaste et le plus consciencieux rapport sur l'Exposition universelle de Londres.

et brevets, payés et expirés depuis 14 ans, sans nous avoir rapporté un centime.

Voici comment s'exprime M. Durand, qui met à nu le plagiat éhonté de M. Selligue :

« Aujourd'hui, chacun a son idée à l'endroit de la carburation du gaz, et comme le principe de l'application des carbures d'hydrogène à l'enrichissement de tous les gaz se trouve dans le domaine public, il en résulte qu'il n'y a plus de brevetable que la forme des appareils : aussi que de formes bizarres, tourmentées, hétéroclites !... Nous les ferons un de ces jours passer sous les yeux de nos lecteurs ; pour le moment, bornons-nous à prouver que chacun peut user du principe de la carburation : aussi bien, des demandes de renseignements nous arrivent à cet égard, et nous allons y satisfaire, désirant vivement que les documents suivants servent à l'instruction de nos lecteurs plutôt qu'à la procréation ultérieure de quelque œuvre nouvelle dont nous avouons ne pas sentir le besoin, ce qui existe déjà renfermant à nos yeux toutes les combinaisons utilement possibles.

« C'est au savant directeur du Musée de l'industrie belge, M. Jobard, qu'appartient l'idée première de la carburation du gaz, idée restée inféconde entre les mains de Selligue, son cessionnaire, et qui aujourd'hui se représente au monde industriel avec toutes les apparences de la fertilité, tant il est vrai que le martyrologe des inventeurs pourrait, lui aussi, fournir à quelque Virgile de ce siècle l'occasion de remplir, à propos du génie méconnu, la seconde partie d'un vers qui commence par cet hémistiche célèbre : *Sic vos non vobis.*

« A défaut du brevet belge, nous avons sous les yeux le brevet d'importation demandé pour quinze ans au gouvernement français par Alexandre-François Selligue, le 13 mars 1834, et qui lui fut délivré le 30 juin de la même année, sous le n° 5763.

« Nous copions textuellement ; la spécification est de la main de M. Jobard lui-même :

Explication des moyens employés pour produire les nouveaux gaz propres à l'éclairage et pour l'application du gaz hydrogène pur au chauffage et à la cuisson.

PRINCIPE.

« On sait que le gaz hydrogène pur brûle sans donner de lumière propre à l'éclairage, parce qu'il est nécessaire que ce gaz soit carboné pour être lumineux.

« La fabrication du gaz hydrogène est la même que celle décrite dans les auteurs, et employée dans les laboratoires de chimie.

« Pour carboner le gaz hydrogène, j'y ajoute le carbone qui lui manque en l'extrayant des carbures d'hydrogène et principalement du gaz oléfiant, tiré des goudrons, qui est composé comme suit :

« 6 atomes de carbone = 225.90 ou bien 92.35
« 3 atomes d'hydrogène = 18.73 ou bien 7.65

« Dans un récipient quelconque, fermé et muni de tubulures, on fait dégager le gaz hydrogène produit par la décomposition de l'eau au moyen des acides sulfurique ou hydrochlorique et du fer ou du zinc mis en contact. On dirige un courant de ce gaz dans un récipient contenant des bicarbures, le gaz se charge à l'état naissant de vapeurs de carbone et brûle avec une vive lumière.

AVANTAGES.

« 1° Les résidus de l'opération donnent du sulfate de zinc ou de fer, des hydrochlorates des mêmes métaux, dont la valeur commerciale égale et surpasse même le coût des matières premières employées.

« 2° Le pouvoir éclairant de ce gaz a été trouvé supérieur à celui du gaz de houille dans le rapport de 4 à 1, ce qui permet de diminuer des deux tiers environ les conduites et orifices d'écoulement.

« 3° Il ne donne ni fumée, ni odeur sensible, et ne dégage ni l'acide carbonique ni l'acide sulfureux, qui nuisent à la santé et causent de grands dommages aux magasins.

« Ce gaz peut être employé, soit dans des lampes portatives, soit dans des appareils de toutes formes et dimensions, stationnaires ou locomotifs, tant pour les établissements publics que particuliers.

« On peut aussi le produire sous une haute pression et l'employer sans être obligé de le comprimer exprès.

Nous nous abstenons de reproduire ici ce qui concerne l'application du gaz hydrogène pur au chauffage et à la cuisson; cette partie du brevet trouvera plus tard sa place dans nos colonnes.

Passons au premier certificat d'addition, demandé le 19 septembre 1834; le breveté s'y exprime ainsi :

« D'après l'analyse des gaz provenant de l'huile, des résines et des charbons de bois ou de houille, il a été reconnu que leur pouvoir éclairant était proportionné à la quantité d'hydrogène deutocarbonné qui s'y trouvait contenu.

« En conséquence, j'ai cherché le moyen d'augmenter la puissance lumineuse de ces gaz, en y faisant passer à l'état naissant les différents carbures d'hydrogène spécifiés dans mon brevet. *Cette opération peut se faire à froid ou à l'aide d'une légère addition de calorique.*

« J'obtiens cet effet par les goudrons de gaz ou autres.

« Il résulte de cette addition que les usines qui confectionnent les gaz pourront desservir une quantité de becs plus considérable à raison de l'augmentation de pouvoir éclairant que nous pouvons donner aux gaz qu'elles produisent. »

Une deuxième addition, datée du 11 décembre de la même année, est ainsi conçue :

« Il résulte de mon brevet primitif qu'au moyen des carbures d'hydrogène et principalement du gaz oléfiant tiré des goudrons, je donne aux gaz hydrogènes le carbone qui les rend éclairants au plus haut degré.

« J'ai, dans mon premier brevet d'addition, signalé que je donnais par ce moyen plus d'intensité de lumière au gaz provenant des huiles, des résines, des charbons de bois et de la houille. D'après mes expériences, je donne également la même intensité de lumière aux gaz provenant de la décomposition de l'eau par son passage au travers du charbon de bois ou de coke à l'état incandescent, soit que je fasse passer cette eau à l'état de vapeur ou que je la fasse entrer goutte à goutte dans l'appareil. Il en est de même pour le gas provenant de la distillation du bois.

« Je fais cette addition à mon brevet, afin qu'il spécifie le moyen de rendre les gaz hydrogènes éclairants avec une grande intensité de lumière.

« Je signale dans cette addition le gaz hydrogène produit comme je l'exprime ci-dessus, parce que je l'emploie avec avantage en le carbonant par l'huile de goudron stipulée dans mon brevet.

A la suite de cette addition, l'inventeur décrit un bec à gaz d'une forme particulière sur lequel nous reviendrons, puis il termine ce qui est relatif à la carburation du gaz par une troisième addition du 6 janvier 1835, que nous reproduisons textuellement, malgré les répétitions qu'elle contient :

« Dans mon brevet primitif, j'ai décrit les procédés convenables pour une nouvelle espèce de lampes portatives à gaz ; dans le premier brevet d'addition, j'ai fait voir que le principe de ces lampes pouvait être mis à profit dans les procédés de l'éclairage aux gaz de houille et d'huile ; enfin, dans mon deuxième brevet d'addition, j'ai montré qu'avec une légère modification mon procédé devenait propre à fournir un gaz qui remplace les gaz d'huile et de houille avec avantage dans l'éclairage fixe en grand.

« Pour éviter toute obscurité, je vais expliquer l'objet de mes brevets ci-dessus, en y introduisant les perfectionnements que l'expérience m'a appris.

« Mon invention consiste à rendre éclairant un gaz qui ne l'est pas lui-même, en profitant de la volatilité de l'huile extraite du goudron de houille. Mise en contact avec le gaz, cette huile s'y répand en vapeurs, et dès avant même qu'il en soit saturé, il a pris toutes les qualités d'un gaz très-propre à l'éclairage.

« On met l'huile et le gaz en contact, à la température ordinaire dans le gazomètre ou ailleurs.

« L'huile de goudron de houille a été préférée, parce que la tension est assez grande (cinquante ou soixante millimètres à la température ordinaire), qu'elle ne se fige pas, même à dix-huit degrés au-dessous de zéro, et qu'enfin elle est très-riche en carbone, car l'analyse prouve qu'elle consiste essentiellement en sesqui-carbures d'hydrogène (c'est par erreur qu'on l'a désignée sous les noms de gaz oléfiant ou de bicarbure d'hydrogène seulement dans les brevets précédents).

« L'huile de schiste purifiée, l'huile animale de Dippel purifiée, l'huile de pétrole purifiée, et généralement les huiles qui bouillent au-dessous de cent degrés, sont propres au même usage.

« Quant à ce qui concerne le gaz, je n'ai rien à ajouter à ce qui est dit dans mon brevet d'addition relativement à sa préparation au moyen de la décomposition de l'eau par le charbon rouge.

« Ainsi l'objet de mes brevets consiste dans l'emploi des huiles essentielles citées plus haut, qui, ajoutées à froid ou à chaud à un gaz, le saturent de leurs vapeurs et lui communiquent un pouvoir éclairant considérable, et dans l'emploi du gaz provenant soit de la décomposition de l'eau par le charbon, soit de tout autre procédé pour remplacer les gaz éclairants employés. »

Nous ne suivrons pas l'inventeur dans la description de ses fours pour produire les carbures d'hydrogène, ni dans le détail de ses procédés pour produire le gaz d'eau tout carboné ; nous reviendrons sur ce sujet en temps opportun.

L'important aujourd'hui pour nous, c'est de retrouver dans l'examen des brevets que nous venons de reproduire, les principales bases que nous avons

établies naguère comme permettant seules de faire de la carburation une application fructueuse.

Nous ne connaissions point alors le texte des brevets de M. Jobard, et c'est
pour nous un insigne honneur de nous être ainsi, d'intuition, et à vingt-quatre ans
de distance, trouvé d'accord avec lui sur l'établissement des principes fondamentaux d'une industrie appelée à prendre une extension considérable.

En même temps, son brevet nous fournit la réponse à quelques objections
qui nous ont été faites relativement aux inconvénients qu'une exploitation continue pourrait occasionner. Ainsi, l'on nous a souvent objecté la variation d'intensité
lumineuse du gaz carburé, l'odeur que les hydrocarbures pourraient développer
à la combustion, la fumée qui en résulterait, les émanations sulfureuses contenues, dit-on, dans les hydrocarbures. M. Jobard répond victorieusement à toutes
les objections, et nous ne pouvons mieux faire que d'engager nos lecteurs à lire
et à méditer attentivement ses brevets.

Mais, dira-t-on, si depuis 1834 les principes de la carburation étaient si bien
connus, pourquoi cette idée mère est-elle restée inféconde? pourquoi ce principe
n'a-t-il pas servi de base à quelque exploitation aujourd'hui prospère?

Pourquoi? Parce que la tête du savant inventeur ne s'est point reposée après
l'enfantement de l'œuvre, mais que son génie a cherché la solution d'autres problèmes, laissant à un industriel le soin d'élever l'enfant né viable; parce que cet
industriel, auquel on donnait un principe, un germe de vie, n'a pas su aider à
son développement, en combinant, à son tour, la forme matérielle sous laquelle
il devait se produire au grand jour de l'industrie, et s'est arrêté impuissant.

Il a fallu vingt années de stérilité pour faire fructifier un progrès réel.
Aujourd'hui l'élan est donné, et le succès attend les combinaisons les plus sages,
c'est-à-dire celles qui seront établies sur les principes par nous antérieurement
posés. En attendant, l'inventeur primitif regarde grandir tout autour de lui son
enfant émancipé aux termes de la loi, qui ne lui rend pas même le respect imposé
par les lois de la nature.

Tel est le résultat des conventions humaines.

E. D.

LES LECTEURS MINISTÉRIELS.

Il y a longtemps que l'on se plaint des barricades, des herses et
des machicoulis qui séparent les rois de leurs sujets. L'empereur de
la Chine n'est pas le seul à qui la vérité ne puisse parvenir. C'est ce qui
a donné lieu à la nomination d'une foule de conseillers (*staatsraeds*),
si répandus dans les provinces germaniques surtout, et qui avaient,
dans l'origine, le droit de correspondre avec le souverain, pour l'informer de tout ce qui se passait de nouveau sur tous les points de
son empire; mais on a trouvé que les plaintes, les accidents, les

événements désastreux ou les renseignements désagréables prenaient une place trop considérable dans ces rapports, et on a pris le parti de les supprimer, pour ne pas assombrir les fêtes de la cour.

Les ministres ont été seuls chargés de ce rôle de *moniteurs* importuns, et leur entourage a également pris soin de leur épargner les informations sur les hommes et les choses; de sorte qu'ils n'ont pas la moindre idée de la valeur relative des individus qu'ils administrent, ni des travaux qu'ils accomplissent, puisqu'ils les oublient dans la distribution de leurs faveurs. La lecture seule de journaux scientifiques étrangers pourrait les renseigner sur le mérite de certaines illustrations nationales qu'ils ne connaissent même pas; mais ils n'ont plus le temps de lire, et les médiocrités qui les entourent se gardent bien de les informer de l'existence d'une capacité supérieure à la leur.

Cette lacune vient d'être signalée par un grand journal, qui propose d'instituer un corps de *lecteurs ministériels*. Les raisons sur lesquelles il appuie son projet nous ont paru si bien fondées que nous voulons les sauver de l'oubli en les recueillant dans notre *immortel* ouvrage; les voici :

« Quand les livres apparaissaient de loin en loin, tout le monde les lisait et pouvait s'en entretenir; aujourd'hui que les publications se succèdent avec la vitesse d'au moins une par heure, il est rare que deux lecteurs, quelque intrépides qu'ils soient, aient pu lire le même ouvrage.

» Il n'y a donc plus de conversation possible entre gens de lectures divergentes; aussi a-t-on presque généralement renoncé aux livres sérieux qui vous isolent, pour ainsi dire, du monde ambiant; on se rejette sur les journaux les plus répandus, c'est-à-dire sur ceux dont la banalité et la vulgarité des idées et de la rédaction correspondent le mieux à la moyenne des intelligences abonnables.

« C'est un grand mal : car il y a dans les livres, les mémoires et les brochures, plus d'idées neuves, plus de solutions complètes, plus de projets raisonnables, plus de réformes utiles qu'il n'en faudrait pour rendre la société heureuse et prospère pendant des siècles.

« N'est-ce pas un grand malheur pour les peuples que tous ces problèmes sociaux, souvent très-parfaitement résolus, restent ignorés des hommes d'État, qui sont censés occupés à les poursuivre?

« N'est-il pas à regretter qu'un ministre soit sevré de toutes les idées neuves et utiles qui viennent à naître depuis le jour de son entrée jusqu'au jour de sa sortie des affaires, faute d'avoir le temps de lire ou d'écouter?

« A quoi sert ce grand mouvement intellectuel auquel le pouvoir reste étranger; à quoi sert la solution de mille questions importantes dont il n'a pas connaissance?

« A quoi sert la plus belle théorie, si ceux qui peuvent seuls la faire passer dans la pratique sont absorbés dans le chaos abrutissant des tracasseries administratives?

« Un pareil état de choses ne saurait durer sans grand dommage pour la société. Il faut y chercher un remède, et comme il y a remède à tout, nous croyons l'avoir trouvé dans la création, auprès de chaque ministre, d'un *corps de lecteurs officiels honoraires*, composé d'hommes de loisir, intelligents, qui se chargeraient de lire tous les ouvrages, revues, brochures et mémoires nationaux et étrangers qui paraissent journellement, avec mission d'y chercher l'idée fondamentale et d'attirer l'attention du ministre, par une analyse succincte, sur les projets, propositions ou théories qu'ils croiraient utile de lui signaler.

« Ainsi, le ministre des travaux publics serait tenu au courant de toutes les inventions relatives aux chemins de fer, dont il est toujours le dernier à connaître l'existence. Les ministres des finances, de la justice et de l'intérieur seraient informés de tout ce qui se publie dans la sphère respective de leurs attributions.

« En un mot, ceux qui doivent tout savoir les premiers ne seraient plus, comme aujourd'hui, les derniers à entendre parler de ce que tout le monde connait ordinairement avant eux.

« Au lieu de se laisser traîner à la remorque, les gouvernants marcheraient en tête du progrès.

« On n'aurait plus besoin de les renverser comme atteints et convaincus de s'être laissé rouiller sur leur siège, et cela en si peu d'années que les malheureux font peine à voir après leur chute, tant ils sont arriérés et étrangers au mouvement des idées courantes ; on dirait autant d'Épiménides sortant d'un état léthargique intellectuel, dans lequel le corps de lecteurs officiels les aurait empêchés de tomber. »

_____

VOILURE SOUS-MARINE

DE M. TARGET, DE ROCHEFORT.

M. Target est un des rares inventeurs qui aient figuré à l'assemblée nationale, laquelle s'est montrée tellement dénuée d'esprit d'invention, qu'elle n'a pas eu celui d'émanciper les parias de l'intelligence en reconnaissant la propriété des œuvres de l'esprit, de l'art et de l'industrie, seule et unique propriété de la démocratie qu'elle prétendait représenter.

M. Target avait proposé ce simple amendement à l'art. 11 de la constitution :

« Toutes les propriétés sont inviolables. La république, protectrice « sincère de tout progrès, assure gratuitement à son auteur la pro- « priété de son invention. »

Cet amendement était trop beau, trop grand, trop juste pour n'être pas rejeté d'emblée par ces cerveaux stériles qui aimaient trop la tachographie. C'est ce qui les a perdus (1).

Cependant cette proposition si claire était facile à comprendre; nous n'en dirons pas autant de l'invention de la *voiture sous-marine* de M. Target, qui n'a pas plus été comprise que son excellente manière de construire les couples de navires, sa nouvelle mâture et son campylogramme, qui figuraient à l'Exposition universelle et pour lesquels il eût sans doute obtenu une médaille d'honneur si le jury en eût saisi l'importance; mais, nous le demandons à nos lecteurs, le moyen de saisir à Paris le langage maritime de Rochefort, que nous donnons comme une curiosité linguistique qui n'a pas trouvé d'interprète au *Palais de cristal.*

« L'établissement des voiles sous-marines que je propose est aussi simple que facile ; il suffit d'avoir deux poulies, estropées chacune à l'extrémité d'un bout de cordage, assez long pour aller de la quille du navire et venir s'amarrer à bord. Sur le cul de chaque poulie, on *aiguillette* le bout d'un autre cordage de deux ou trois brasses plus long que le premier ; ces cordages servent à maintenir chaque poulie dans une position respective, le double d'une troisième manœuvre ayant deux fois la longueur du premier de ces cordages passe dans la poulie. Il s'agit maintenant de placer et de fixer ces poulies ; or, on suppose un vent violent et contraire à la route du navire et un courant favorable, le navire est sur son ancre, donc il sera, selon la force du vent, ou en travers, ou *bout du vent.* Dans le cas où il ne serait qu'en travers, on devra le ramener bout au vent, en *déferlant* une des voiles de l'arrière. On prendra alors une des poulies préparées comme je viens de le dire, on la coulera à l'arrière du bâtiment, en ayant le soin de tenir le cordage au bout duquel la poulie *est estropée, à tribord* ; le cordage *aiguilleté* sur le cul de la poulie et les deux bouts de celui qui passe dans le *clan* (ou mortaise de la poulie) seront tenus à bâbord. On obligera la poulie à glisser le long du gouvernail, par le moyen d'une *gaffe*, jusqu'à ce qu'elle passe sous la quille. Le courant qui vient de l'arrière entraînera le système vers l'avant ; mais à l'aide des cordages que l'on tient de chaque côté, on l'arrêtera vers le tiers de la longueur du bâtiment à partir du gouvernail. Comme on a fait la longueur du cordage qui passe dans la poulie, double de celle du cordage au bout duquel elle

(1) La tachographie ou l'art de faire de charmants dessins à l'aide de taches d'encre de Chine, faites sur un carré de papier satiné qu'on plie en double, ayant été présenté par nous à la Société d'encouragement à cette époque, avait tellement séduit les républicains, qu'ils étaient tout à cet exercice enfantin et ne prenaient plus part à la discussion. Les huissiers de l'assemblée ont fait de très-gros albums de ces fantaisies abandonnées sur les pupitres. Les plus petites causes produisent les plus grands effets : la tachographie a tué la république.

est estropée, il sera facile, en comparant la longueur des bouts restant à bord, de connaître la position de la poulie, par rapport à la quille. Par conséquent, pour que le jeu du cordage qui passe dans le clan de la poulie soit facile, ses bouts devront être un peu plus longs en dedans du navire que celui du cordage au bout duquel la poulie est estropée. C'est dans cette position que l'on raidira fortement ce dernier et en même temps celui du cul de la poulie, et on amarrera l'un et l'autre à bord. On placera l'autre système absolument comme le premier, mais on mettra la poulie du côté opposé à la première.

Les voiles auront la forme d'un triangle équilatéral pour les bâtiments d'un certain tirant d'eau. Elles seront toujours triangulaires, mais varieront de formes pour les bâtiments plats, de manière à avoir une surface proportionnée à l'importance du volume des navires.

Deux des côtés de ces voiles seront lacés ou *rabantés sur deux bouts d'espars*; la ralingue du troisième côté touchera les bordages de la carène. On fixera un des angles de la voile au bout de la manœuvre qui passe dans la poulie : cette manœuvre fera fonction *d'amure*. Un nouveau cordage sera fixé à l'autre angle qui, par la position de la voile, sera l'angle supérieur et agira comme *drisse*. *L'écoute* sera un dernier cordage fixé à la *croisure des bouts d'espars*. En embraquant sur l'autre bout de l'amure, on amènera l'angle inférieur de la voile à toucher la poulie fixée contre la quille. En raidissant la drisse, on tendra fortement la ralingue de la voile qui doit, ainsi qu'il a été dit, toucher les bordages de la carène. L'amure et la drisse seront bien amarrées à bord; alors on démarrera le cordage aiguilleté sur le cul de la poulie. L'excédant de longueur qu'on doit se rappeler lui avoir donné permettra de l'amarrer un peu en avant, afin qu'il résiste à l'entraînement de la poulie vers l'arrière. A l'aide de poulies de retour on garnira les écoutes soit *au guindeau, soit au cabestan*, ou on les manœuvrera encore avec un *palan à fouet* placé sur chacune d'elles.

Avant de lever l'ancre, on serrera la voile qui aurait pu être établie pour tenir le navire bout au vent, et au moment de *déraper l'ancre, on hissera un foc*, afin de faire arriver le navire bout au courant; *on amènera le foc, et on bordera les voiles sous-marines*.

Ces voiles ainsi établies, il n'y aura point de vent capable d'empêcher le navire d'être entraîné par le courant; la fatigue sera bien diminuée pour l'équipage, surtout lorsque les marins sont obligés d'élonger ce qu'ils appellent des *touées*. Il résulte encore de ce système que l'action du vent sur le bâtiment, contraire, comme nous l'avons dit, à la route qu'il doit suivre, fait de ces voiles un excellent gouvernail de rechange; en *filant ou en embraquant* alternativement les *écoutes*, on conduit le navire où l'on veut, ce qui permet d'éviter tous les obstacles. Conséquemment, lorsqu'un navire a le malheur de perdre son gouvernail, deux voiles ainsi disposées, mais d'une surface beaucoup moindre, seront d'un grand secours. On sait qu'un bâtiment désemparé de son gouvernail, se trouve dans une position périlleuse. Des personnes d'un très-haut mérite ont exercé leur intelligence à résoudre la grave question du remplacement du gouvernail perdu à la mer; la seule critique que je prétende faire des différents systèmes qui ont été mis en pratique jusqu'à ce jour, sera de faire observer que tout bâtiment possède sans surcharge ni plus d'encombrement, sans aucun surcroît de dépense enfin, les matériaux nécessaires à l'improvisation de mon nouveau gouvernail dont l'installation n'exige aucunes manœuvres qui soient ou compliquées, ou périlleuses.

EMPLOI DES GRANDES VITESSES DANS LA TRANSMISSION DES MOUVEMENTS MÉCANIQUES,

PAR DE COSTER.

Un ingénieur belge faisant honneur à son pays qui l'a depuis long-temps oublié, ne saurait l'être dans une publication destinée à faire ressortir les grandes découvertes du siècle, auxquelles il a pris une part des plus considérables. Nous sommes heureux de nous trouver d'accord avec le savant Benoît du Portail sur la transmission à grande vitesse qui résulte de l'excellent moyen de graissage dont il est l'inventeur, et qui finira par être généralement admis, malgré les efforts nombreux faits pour tourner ses brevets.

Nous recommandons à tous nos mécaniciens l'excellente appréciation qui suit :

Le graissage proprement dit des collets des arbres, des fusées des essieux, et en général de toutes les surfaces tournantes ou glissantes avec du suif ou de la graisse, ne s'opère que lorsque les substances grasses fondent, descendent par un trou pratiqué au fond du réservoir et se répandent sur la surface à graisser au moyen de rainures pratiquées dans le coussinet ; — la graisse ne fond que lorsqu'il y a échauffement, et par conséquent commencement de grippement ; — et une partie du travail moteur est absorbée pour user les surfaces frottantes.

On a reconnu depuis longtemps que ce mode de graissage était vicieux, et on lui a substitué le graissage à l'huile, toutes les fois que cela a pu se faire.

Le graissage à l'huile, quoique meilleur que celui à la graisse ou au suif, est encore très-imparfait : on verse l'huile dans un réservoir d'où elle s'écoule par des trous percés au fond et se répand sur la surface à graisser par des rainures pratiquées dans les coussinets comme pour le graissage à la graisse.

Ce graissage a l'avantage de s'opérer spontanément, et par conséquent d'empêcher le grippement de commencer ; mais il a un inconvénient fort grave : c'est qu'il n'a d'action que pendant un temps très-court, que les surfaces ainsi graissées ne sauraient rester longtemps onctueuses, parce que l'huile s'écoule rapidement ; et ensuite le mal se développe beaucoup plus vite et produit des dégâts beaucoup plus graves que dans le cas du graissage à la graisse, puisque les appareils ne portent pas en eux-mêmes de moyens de l'arrêter.

Le graissage à l'huile n'est donc applicable que dans des cas particuliers où l'homme peut exercer sur les appareils une surveillance continuelle et porter immédiatement remède aux dérangements qui se manifestent, pour les transmissions de mouvement, pour les boîtes des roues des diligences et autres voitures qui circulent sur la voie publique. Un grand nombre de personnes ont cherché à le perfectionner et à le rendre applicable dans tous les cas en le rendant continu.

On a essayé de mettre dans des réservoirs à l'huile, dont le fond était fermé,

des mèches en coton dont une extrémité retombait sur la fusée ou le collet à graisser, de manière à former siphon, en sorte que l'action de la capillarité produisait
un écoulement continu de l'huile, et par conséquent un graissage continu ; l'huile,
après avoir lubrifié les surfaces, retombait dans un godet inférieur, était recueil-
lie et reversée ensuite dans le réservoir supérieur. Ce mode de graissage à l'huile
est certainement beaucoup supérieur à la simple injection à des intervalles plus
ou moins rapprochés, mais il est très-difficile de le régler ; avec de faibles variations dans la longueur des mèches, l'écoulement devient plus ou moins rapide, et
par conséquent, entre les mains d'hommes habitués à une certaine négligence et
qui se contentent d'approximations grossières comme ceux qui sont ordinairement chargés d'entretenir les transmissions, le graissage est insuffisant et n'empêche pas le grippement et l'échauffement, ou bien l'écoulement est trop rapide
et le godet se vide dans un temps trop court ; en outre la mèche est sujette à s'en-
crasser, et alors l'écoulement n'a plus lieu, il n'y a plus de graissage.

On a essayé de placer des flotteurs, des bouchons ou de petits cylindres en bois
dans un réservoir inférieur où le frottement de la fusée ou du collet leur com-
muniquait un mouvement de rotation ; ils se chargeaient constamment d'huile et
lubrifiaient la surface frottante avec laquelle ils étaient en contact.

On a également placé dans un réservoir inférieur des mèches montées sur de
petites bascules à contre-poids ; elles étaient ainsi soulevées contre les fusées et
les collets qui se chargeaient de l'huile attirée par l'action de la capillarité.

Mais ces flotteurs se dérangeaient et cessaient de tourner, les mèches s'encras-
saient ou se coupaient, et au bout d'un certain temps le graissage ne se faisait
plus. On a donc renoncé à ces moyens, qui étaient fort ingénieux sans doute,
mais qui ne produisaient pas les bons résultats que leurs auteurs en avaient espé-
rés, et l'on se bornait à verser de l'huile à des intervalles plus ou moins rapprochés, comme précédemment.

Tel était l'état de graissage lorsque, dans ces dernières années, M. De Coster,
constructeur de machines à Paris, a inventé ses *paliers graisseurs* qui rendent le
graissage à l'huile d'une application générale dans toute espèce de cas. Le principe des paliers graisseurs est de placer sur les collets une chaîne, une cuiller ou
une rondelle qui ramassent l'huile à la partie inférieure, la remontent à la partie
supérieure et la répandent sur l'arbre. Ces dispositions ont été essayées toutes les
trois et ont fonctionné d'une manière très-régulière ; mais les chaînes et les cuillers ne pouvant pas s'accommoder aux grandes vitesses aussi bien que les rondelles et celles-ci ayant, en outre, l'avantage d'être plus simples et plus mécaniques, M. De Coster a donné la préférence aux rondelles, et les a adoptées
définitivement pour les transmissions qu'il construit.

Après quelques essais qui justifièrent sa confiance dans son invention,
M. De Coster l'a appliquée au ventilateur de ses forges dont il a scellé l'un des
paliers dans la maçonnerie, *afin qu'il fût impossible d'y toucher*, pour rendre
l'expérience décisive.

Il importe de remarquer que la longueur des coussinets a été portée de 60 à
115 millimètres, le diamètre restant le même, pour réduire la pression par centimètre carré. Ce ventilateur fait environ 1,700 tours par minute ; son diamètre est
de 0m600 en dehors des ailes et sa largeur intérieure de 0m250. Avec les anciens
paliers il consommait par an plus de 50 kilogr. d'huile de pied de bœuf à 2 fr. le
kilogr. ; il fallait une surveillance continuelle, et par conséquent très-coûteuse, et
le graisser à chaque instant pour l'empêcher de gripper. Je l'ai vu fonctionner

pendant six mois avec les paliers graisseurs, sans qu'il fût nécessaire de s'en occuper, avec 1 kilogr. d'huile de suif, à 1 fr. 60 cent., qu'on y avait versée au moment de la modification des paliers, et cette huile était parfaitement liquide, elle avait conservé toute sa fluidité, lorsque l'on a été obligé de le déplacer par suite de l'installation d'une fonderie dans la partie des ateliers où il se trouvait.

Outre cette économie immédiate, il en est résulté une autre qui mérite aussi d'être signalée, c'est la suppression complète des frais d'entretien des collets et des coussinets : ils ne sont jamais en contact, ils sont toujours séparés par une couche d'huile et *ils ne s'usent plus*.

A l'atelier d'ajustage du chemin de fer du Nord, on a établi, le 26 janvier 1852, quatre *transmissions intermédiaires montées sur huit paliers graisseurs qui ont reçu chacun 275 grammes d'huile au moment de leur installation* : l'huile est restée parfaitement limpide depuis plus d'une année.

Les paliers graisseurs ont si peu de tendance à s'échauffer que le 17 février de cette année, à dix heures du matin, par une *température de —1° ou —2°*, j'ai vu l'huile de l'un des paliers du ventilateur gelée sous l'influence du courant d'air rapide auquel il était soumis, tandis qu'on sait qu'il faut ordinairement —7° ou —8° pour congeler l'huile. Les rondelles elles-mêmes étant animées d'une grande vitesse font, en quelque sorte, l'effet d'un ventilateur dans l'intérieur des paliers et donnent à l'air un mouvement rapide qui refroidit l'appareil : dans les transmissions animées d'une très-grande vitesse, l'huile se charge de bulles d'air et forme une mousse qui atteste ce phénomène; l'aspiration de l'air a lieu du côté où la rondelle sort de l'huile et son écoulement du côté où elle s'y replonge.

Les paliers graisseurs sont constamment dans les mêmes conditions de graissage que les paliers ordinaires au moment où l'on vient d'y verser l'huile, ce qui prouve d'une manière incontestable la *supériorité du graissage dans les paliers de M. De Coster*; l'huile y coule abondamment, et il en résulte une grande diminution du travail dû au frottement. Il aurait été très-intéressant, pour que ce mémoire fût complet, de faire des expériences comparatives sur le frottement avec les deux systèmes de graissage; mais des *circonstances particulières* nous ont empêché de les faire.

Nous allons examiner maintenant les conséquences de cette ingénieuse invention, que son auteur lui-même était d'abord loin de prévoir.

Lorsque l'on est sûr d'obtenir un *graissage continu et régulier*, on se demande naturellement si l'on ne pourrait pas rendre les organes de transmissions plus légers en augmentant les vitesses, ou, autrement dit, quelle est la vitesse la plus convenable à donner aux transmissions.

On a eu jusqu'à ce moment l'habitude de faire tourner les arbres de couches de transmissions de mouvement principales de 60 à 100 tours par minute au maximum, parce que l'imperfection du graissage ne permettait pas de dépasser cette limite, sous peine de voir fréquemment des grippements se manifester et produire des ravages d'autant plus considérables, des accidents d'autant plus graves que la vitesse aurait été plus grande. Avec un mode de graissage qui permet de faire couler continuellement des flots d'huile sur les collets, il n'y a pour ainsi dire plus de limite à la vitesse que l'on peut donner aux transmissions. Aussi M. De Coster pense-t-il que les transmissions pourraient *facilement faire de 2,500 à 3,000 tours par minute*, et considère-t-il une vitesse de 1,200 à 1,500 tours comme très-modérée. Quant à nous, il nous semble qu'une vitesse

de 700 à 800 tours serait bien suffisante, et que les avantages que l'on retirerait
d'une vitesse plus considérable seraient tout à fait insensibles : c'est du reste
la limite à laquelle ce constructeur s'était arrêté d'abord, et qu'il a adoptée pour
la nouvelle transmission de son atelier.

La première conséquence de cet accroissement de vitesse est une extrême
légèreté dans tous les organes de transmission. Les diamètres des arbres étant
entre eux comme les racines cubiques des efforts de torsion produits par les
puissances qu'ils transmettent, il en résulte qu'un arbre qui tournera à 800 tours
n'aura que la moitié du diamètre d'un arbre tournant à 100 tours, et que, par
conséquent, il pèsera quatre fois moins. On trouve les diamètres par les formules

$$d^3 = \frac{PR}{783880} \quad \text{et} \quad PR = \frac{60 \cdot 75 \cdot N}{2 \pi n}, \quad \text{d'où} \quad d^3 = \frac{60 \cdot 75 \cdot N}{2 \pi n \cdot 783880},$$

en représentant par PR le moment de l'effort de torsion, par N le nombre de chevaux transmis, par n le nombre de tours de l'arbre par minute, et par d le diamètre de l'arbre et donnant à N et à n diverses valeurs.

Les diamètres que l'on obtient ainsi seraient suffisants pour résister à la torsion,
mais ils donneraient une trop grande flexibilité; M. De Coster les augmente
de la moitié pour les arbres qui ont à transmettre des puissances considérables,
et dans les cas ordinaires, lorsque les arbres n'ont que de petites puissances à
transmettre, il adopte un diamètre constant de 30 millimètres.

Par conséquent le travail dû au frottement est doublement diminué, d'abord à
cause de l'abaissement du coefficient de frottement f, et ensuite à cause de la
diminution du diamètre des collets, la quantité Pn restant la même pour un même
diamètre de poulie dans l'expression du travail dû au frottement $Tf = \pi . d . n . Pf$.

Il est évident que l'on devait diminuer le diamètre des poulies en même
temps que celui des arbres, tout en donnant à leur circonférence, et par conséquent
aux courroies, une vitesse beaucoup plus grande que celle employée jusqu'ici.
M. De Coster avait d'abord adopté un type général de cônes à vingt étages de
1 mètre de longueur totale, et dont les diamètres extrêmes étaient 175 millim. et
55 millim. La multiplicité des étages donne aux transmissions intermédiaires une
sensibilité très-précieuse, qui permet d'approprier à chaque instant la marche
des machines aux travaux qu'elles exécutent; néanmoins, il a été reconnu par la
pratique qu'un nombre beaucoup moindre que vingt était bien suffisant, et le type
actuel n'a que huit étages de 40 millimètres de largeur seulement; les
diamètres extrêmes sont 200 millimètres et 66 millimètres; par conséquent, les
variations de vitesses que l'on peut obtenir par la double action du cône placé
sur l'arbre principal et de celui placé sur la transmission intermédiaire sont
entre elles comme

$$66^2 : 200^2 = 4356 : 40000 = 1 : 9,2.$$

Par conséquent les arbres intermédiaires pourront prendre à volonté des vitesses
trois fois plus fortes ou trois fois plus faibles que celles de l'arbre de couche
principal, c'est-à-dire qu'elles pourront faire à volonté $\frac{800}{3} = 266$ tours ou
$3 . 800 = 2300$ tours.

Les vitesses extrêmes des courroies seront $800 . \pi . 0,200 = 491^m,2$ et $800 . \pi 0,066$
$= 165^m,8$, et les efforts correspondants que les courroies devront exercer
seront $\frac{75 . 60}{491} = 9^{kil},16$ et $\frac{75 . 60}{165,8} = 27^{kil},1$ par force de cheval.

Le coefficient d'adhérence des courroies étant moyennement de 0,50, il en résulte que leur tension maxima est de $\dfrac{27^{kil.}}{0,50} = 54^{kil.},2$; par conséquent la pression totale que supportent les arbres est de 84 kilogrammes au maximum, le poids des poulies, des courroies et de l'arbre entre les deux supports étant supposé de 30 kilogrammes, ce qui est plutôt au-dessus qu'au-dessous de la vérité. Nous supposerons, pour plus de sécurité, que la pression totale soit de 100 kilogrammes.

En admettant que les paliers soient éloignés de 2ᵐ500 à 3 mètres, et que la pression s'exerce au milieu de la portée, ce qui est le cas le plus défavorable, puisque les cônes sont généralement placés près des paliers, et appliquant la formule $\dfrac{1}{8} Pl = \dfrac{R \pi r^3}{4}$, ou simplement $\dfrac{1}{2} Pl = R \pi r^3$, on trouve : $\dfrac{1}{2} \times 100.3$

$= 12000000.3,14. r^3$ d'où

$$r = \sqrt[3]{\frac{150}{37680000}} = \sqrt[3]{0,000004} = 0^m,015^{mm},87.$$

Nous avons vu plus haut que M. De Coster adopte communément un diamètre de 30 millimètres pour les transmissions intermédiaires, ce qui ne s'éloigne pas sensiblement de ce résultat.

Les courroies pouvant porter 20 kilogrammes par centimètre carré, il en résulte que leur section doit être de $\dfrac{66}{20}$ 3ᶜ·ᵠ, 3 au maximum, ce qui correspond par exemple à une courroie de 55 millimètres de largeur sur 6 millimètres d'épaisseur par force de cheval.

Cette légèreté a un avantage immédiat très-sensible : c'est que les transmissions deviennent pour ainsi dire portatives, et qu'au lieu qu'on soit obligé d'arrêter pendant un temps considérable tout un atelier et d'installer un échafaudage pour retirer péniblement un arbre grippé ou une poulie cassée, il suffirait, si cet accident venait à se présenter, qu'un homme monté sur une simple échelle desserrât les écrous des paliers et enlevât *à la main* le petit cône et le petit arbre, pesant ensemble 25 ou 30 kilogrammes seulement, qui rendent le même service qu'un gros arbre et de grosses poulies d'un poids de 200 ou 300 kilogr.

Il en résulte sur l'ensemble une diminution de poids telle qu'une transmission à grande vitesse ne coûterait pas la moitié de ce que coûterait une transmission ordinaire destinée au même usage, lors même que M. De Coster vendrait le kilogramme 35 ou 40 p. c. plus cher, et quoiqu'il faille deux fois plus de paliers, leur écartement ne pouvant pas dépasser 3 mètres pour que les arbres ne fléchissent pas.

Les choses les plus simples ont souvent des conséquences extraordinaires : la légèreté des transmissions était déjà un grand avantage, tant sous le rapport de l'économie dans l'installation que pour la facilité de l'entretien et de la réparation ; elle a conduit à d'autres conséquences également importantes que nous allons examiner.

Pour supporter les transmissions ordinaires, il fallait établir dans les ateliers des constructions très-lourdes, afin que les paliers qu'elles portaient fussent fixés dans une position invariable et que l'on pût être assuré que la précision apportée dans le montage et nécessaire pour le bon fonctionnement ne serait pas perdue ; encore arrivait-il fréquemment que des parties de ces constructions subissaient des tassements et qu'il fallait vérifier leur position et régler de nouveau leur montage. Pour éviter ces inconvénients, on a placé quelquefois les transmissions sous le sol ; mais alors on était obligé de faire des constructions spéciales fort coûteuses, et dont l'entretien ne se faisait pas bien parce qu'elles étaient d'un accès difficile.

Avec les paliers graisseurs, les organes des transmissions souterraines étant réduits à de faibles dimensions, n'exigent plus la construction de voûtes dispendieuses propres à la circulation des hommes et deviennent accessibles ; il suffit d'établir sur le passage des arbres de simples *rigoles* de 20 à 25 centimètres de largeur et de 15 à 18 centimètres de profondeur, que l'on recouvre avec de petites plaques de tôle ou de fonte ; on se trouve ainsi délivré de tout cet attirail de courroies qui encombrent les ateliers, qui y rendent la surveillance difficile et qui leur donnent un air de désordre : chaque ouvrier peut facilement surveiller lui-même sans se déranger la transmission intermédiaire de la machine-outil qu'il conduit, dont l'entretien doit d'ailleurs devenir presque nul par suite de la bonté et de la régularité du graissage ; par conséquent on ne verra plus que les machines-outils d'un bout à l'autre des grands ateliers où les transmissions seront installées sur ces bases élégantes.

Il devient dès lors très-facile de transmettre économiquement une force motrice considérable à une grande distance avec de petites courroies et des arbres, des poulies et des paliers d'une grande légèreté, et par conséquent d'éloigner les usines hydrauliques de leurs cours d'eau sur les bords desquels leur construction ne peut se faire que sur pilotis et avec de grandes dépenses.

En résumé, les paliers graisseurs appliqués aux transmissions de mouvement présentent incontestablement les avantages suivants, quand leur application est faite d'une manière intelligente et leur exécution soignée :

1° Bonté et régularité du graissage ;

2° Conservation des transmissions ;

3° Économie dans l'installation, par suite de la légèreté des organes ;

4° Emploi des transmissions souterraines à la place des transmissions en l'air ;

5° Possibilité de transmettre économiquement le mouvement à de grandes distances.

Et pour formuler notre opinion d'une manière précise, nous dirons que cette invention est certainement appelée à rendre d'immenses services à l'industrie, à produire en mécanique une véritable révolution en permettant d'introduire des perfectionnements, d'obtenir des résultats qui auraient été impossibles sans un graissage continu.

Enfin, il importe d'observer que M. De Coster a fait quelques essais pour appliquer ses paliers graisseurs aux essieux de voitures et wagons, ce qui permettra de remplacer dans ces appareils le graissage à la graisse par celui à l'huile, et amènera par conséquent une grande économie dans la traction (1).

_____

(1) Nous avons publié, il y a longtemps, un moyen de faire des arbres de couche minces et longs en les entourant d'un ruban de fer soudé en spirale, et en les soutenant par huit tringles de fer formant deux cônes opposés par la base, au centre d'un arbre de couche très-long ; ce qui l'empêche de fouetter.

Nous avons vu ce dernier moyen employé avec succès dans une fabrique de Mulhouse ; mais nous ignorons si le premier a été utilisé, comme il pourrait l'être pour les essieux de wagons.

ESSAI D'ORGANISATION INDUSTRIELLE EN ALGÉRIE (1).

Il n'est pas douteux aujourd'hui que les crises commerciales et financières qui frappent les pays manufacturiers, proviennent de la mauvaise organisation, ou plutôt du défaut de toute organisation industrielle et commerciale. La liberté illimitée laissée à tout le monde de produire autant qu'il veut du même article, est évidemment la cause non-seulement des doubles, mais des décuples emplois, ce qui a fait dire à certaine époque : La France produit trop! car rien n'empêche le fabricant de produire en aveugle, rien ne l'avertit de limiter sa production, puisqu'il ne connaît ni le nombre, ni les forces, ni les intentions de ses concurrents, qui n'en savent pas plus que lui et dont chacun travaille à combler le marché à lui tout seul, sauf à trouver la place prise et les besoins satisfaits quand il s'y présente.

Tant mieux, disent les économistes, pourquoi n'a-t-il pas été plus alerte? la concurrence est un excellent stimulant; et puis il devra donner sa marchandise au rabais, et les consommateurs en profiteront. C'est cruellement raisonné jusque-là ; mais ils ne voient pas que les retardataires ruinés devront jeter des milliers d'ouvriers sur le pavé, et que voulez-vous qu'ils en fassent, des pavés, sinon des barricades? Ce revers de la médaille nous paraît cependant assez fortement accusé en ce moment en Amérique, en Angleterre et ailleurs, pour donner une leçon d'économie sociale aux économistes politiques.

Si les banques et les banquiers tombent de tous côtés, c'est qu'ils sont comme des capucins de cartes dressés sur le sable mouvant du crédit ; quand il en tombe un gros, il fait tomber ou ébranle tous les autres. Le crédit européen ressemble encore à un vaste réseau mal tricoté, dont une maille rompue laisse défiler tout le reste.

Le moyen, direz-vous, qu'il en soit autrement? Nous allons vous le donner en supposant l'introduction du *monautopole* dans un pays neuf, en Algérie, par exemple; voici ce qui s'y passerait :

Tout industriel désirant y introduire une industrie, connue ail-

---

(1) Ce projet est parvenu à sa haute destination.

leurs, aurait le droit de *fabriquer seul,* mais non de vendre seul ; tout inventeur qui voudrait y exploiter une invention nouvelle, aurait, lui, le droit de *fabriquer et de vendre seul.* Faites attention qu'il y a là deux choses bien distinctes, l'invention et l'introduction ; prenons la première industrie venue qui manque encore à l'Algérie, l'industrie hyalurgique par exemple, qui peut faire l'objet de quatre concessions séparées, la fabrication des verres à vitres, celle de la gobeleterie, celle des bouteilles et celle des glaces. Chacun de ces importateurs, concessionnaire ou privilégié, si vous voulez, trouverait incontinent des associés et des fonds, sur son simple titre de propriété, garanti par l'État, sans pouvoir empêcher les produits similaires de venir lui faire concurrence à pied d'œuvre. La seule protection serait dans les frais de transport et d'un simple droit de balance, plus la main-d'œuvre à bon marché des Kabyles par exemple qui ne manquent ni d'adresse ni d'intelligence.

Quant aux débouchés, le pays seul suffirait pour une fabrique *unique* de chaque espèce, et puis la mer lui reste ouverte comme à tout le monde. Prenons encore la production du fer, qui pourrait se diviser en fonte au coke, fonte à la houille crue, fonte au bois torréfié, fonte au charbon de bois, fonte au gaz de tourbe, etc., en fer laminé et fer battu qui pourraient faire l'objet d'autant de concessions distinctes, qui ne se nuiraient pas l'une à l'autre, en prospérant toutes ; car nul ne s'établirait avant d'avoir calculé ses prix de revient sur les lieux ; rien ne serait livré à l'aventure, et chacun verrait clair dans ses entreprises où nul ne voit goutte aujourd'hui.

Si une fabrique moyenne ne pouvait suffire, les capitaux ne manqueraient pas pour en faire une grande, ou établir des succursales partout où le besoin s'en ferait sentir ; mais les produits seraient toujours de bonne qualité, car la marque de la compagnie serait une garantie de la bonne fabrication, puisque l'anonymité ne couvrirait plus les fraudeurs comme dans l'industrie du *laissez-faire,* que nous n'hésitons pas à signaler comme la plus grande plaie de la société moderne.

Chaque fabrique étant délivrée de la concurrence à brûle-pourpoint, de la compétition de porte à porte, de l'embauchage des ouvriers par une fabrique rivale et de la contrefaçon, pourrait mesurer sa production sur une consommation très-probable. Les encombrements, les pléthores, les doubles et décuples emplois et les mécomptes seraient inconnus dans un pays organisé de la sorte, et il pourrait l'être très-rapidement.

Le lendemain de la promulgation du décret qui garantirait au premier demandeur le monopole de son industrie sur la terre d'Afrique, on verrait partir des essaims de toutes les ruches industrielles de la mère patrie, pour aller installer des succursales de toute espèce dans ce pays vierge encore de cheminées à vapeur. Il ne se passerait pas dix ans avant que la colonie fût aussi bien outillée et aussi florissante que la mère patrie; mais elle la dépasserait rapidement si l'on faisait de toute industrie comme de toute terre, des enclos héréditaires défendus contre les maraudeurs par la loi et les gendarmes.

Nous nous faisons fort d'y entraîner autant de producteurs pacifiques que saint Bernard entraîna de ravageurs dans sa croisade en Orient, à la différence près que cette fois, les civilisés marcheraient contre la barbarie; car les véritables civilisés sont les inventeurs, puisque ce sont eux qui ont inventé la civilisation et qui l'entretiennent.

Supprimez les inventeurs du milieu de nous en leur laissant emporter leurs inventions, et nous nous trouverons bientôt réduits à la nudité des Peaux-Rouges et des Papous, sans autres vêtements que le tatouage dont les dessins ne valent pas ceux de Lyon et de Mulhouse.

Revenons à l'Algérie; comme il y existe déjà quelques industries, il est évident qu'on ne pourrait les troubler dans leur possession; elles continueraient à jouir de cette délectable concurrence à qui fera pis, à moins qu'elles ne soient encore uniques ou ne consentent à se fusionner en personnes civiles, pour demander leur admission au nouveau *droit commun* de l'Algérie, celui de la propriété industrielle accordée au premier occupant d'abord, et au premier demandeur ensuite.

Ne vous effarouchez pas, car le gouvernement reste en tout temps le maître d'exproprier tout ce qu'il veut, pour cause d'utilité, de sécurité et même d'agrément public.

Nous posons en fait que tout le monde se trouverait si bien de ce régime de division et d'appropriation de toutes les industries, que le besoin d'expropriation ne se ferait que très-rarement, pour ne pas dire jamais sentir.

Plus d'encombrements, plus de crises, plus de fraudes, plus de grèves, plus d'antagonisme entre les producteurs de choses différentes; plus de flux et de reflux violents dans l'océan de la production algérienne qui ressemblerait à la mer qui baigne ses côtes, sans les dégrader et les envahir. Inutilité de cet échafaudage artificiel de la bancocratie, dont ne peut se passer l'industrie des pays de liberté aveugle, effrénée, où le droit du plus fort est la règle, où rien ne s'oppose à l'ambition des joueurs audacieux de l'industrie et du commerce, toujours tentés de faire leur va-tout.

Vous voyez aujourd'hui où ce régime de compétition a conduit les nations qui vivent sous la loi des Thugs du *laissez-faire;* eh bien, loin de reculer devant leur œuvre impie, ils cherchent à la compléter par le *laissez-passer;* ils demandent le libre échange; il n'y aura plus de demi-désordres alors, les flux et reflux se changeront en inondations, la lavasse industrielle sera complète; il ne restera plus que les marteaux-pilons et les grosses enclumes, tout le reste sera emporté au loin comme des blocs erratiques de l'ancien monde de la libre concurrence.

Nous ne devrions donc pas, en bonne politique machiavélique, nous y opposer; au contraire, nous disait Ramon de la Sagra, unissons-nous aux *brise-tout* pour activer la catastrophe finale; il faudra bien alors qu'on accepte notre panacée.

Puisqu'on ne revient au bien que par l'excès du mal, et que le paroxysme actuel ne semble pas encore assez intense, tâchons de le pousser à l'exacerbation, en joignant nos efforts à ceux des Sangrados qui demandent l'application du drastique-Leroy au corps épuisé de la société. Le sinapisme du *laissez-faire* a produit son effet, appliquons-lui le moxa du *libre échange* pour l'achever.

TIROIR OU GLISSIÈRE A VAPEUR ÉQUILIBRÉ,

D'EUGÈNE CUVELIER, D'ARRAS.

Il n'y a pas mille personnes en Belgique qui sachent ce que c'est que le tiroir ou la glissière, l'une des pièces les plus ingénieuses de la machine à vapeur, qui, marchant en sens contraire du piston, sert tour à tour à ouvrir et à fermer les lumières ou orifices d'entrée et de sortie de la vapeur dans le cylindre, par-dessus ou par-dessous le piston.

Le tiroir est donc le domestique de la machine; mais il prélève un salaire considérable, pour prix de son obéissance; en un mot, c'est un usurier qui escompte chèrement les services qu'il rend; car il frotte tout ce qu'il touche avec tant de force qu'il l'use promptement; bien qu'il soit très-léger, il est considérablement alourdi par la vapeur qui le presse sur son siége à glissement. Nous avons essayé d'en tirer un à la main sans pouvoir le faire déraper, dans une machine de dix chevaux seulement; c'est donc une perte de plusieurs hommes de force à déduire de la puissance réelle des machines.

Beaucoup d'esprits inventifs ont cherché en vain à supprimer ce frottement par un équilibrisme quelconque; mais comme tout est possible à qui cherche bien et longtemps, M. Cuvelier, d'Arras, a mis la main sur la chose. Voici les avantages qu'il obtient :

1° Suppression de la pression sur le tiroir, économie d'autant.

2° Exhibition du mécanisme, facilité de le graisser en tout temps.

3° Suppression des boîtes à étoupes.

4° Usure insignifiante de la plaque de friction, de l'excentrique et des articulations des pièces de transmission du mouvement.

Ce système est applicable à tous les genres de machines à détente fixe ou variable.

Ce n'est pas le tout que d'informer les industriels de l'existence de cette utile découverte, il est bon de leur dire que l'inventeur, surchargé de commandes pour la France, désire vendre son brevet belge, et qu'il a chargé M. Raclot, rue du Musée, 2, de cette négociation.

Les transactions de cette espèce devenant très-nombreuses,

MM. Raclot et compagnie ont établi une foire aux brevets, où chacun peut venir chercher sur leur registre l'industrie qui lui convient et entrer en rapport avec les inventeurs.

Cet intermédiaire entre le capitaliste et l'inventeur était au moins aussi nécessaire que l'établissement de M. de Foy pour les mariages.

Les succès déjà obtenus ne laissent aucun doute sur les résultats futurs d'une pareille agence destinée à réaliser les vœux de Fourier, qui a si longtemps prêché la nécessité de l'alliance du capital et du talent et qui est mort en assistant à leur divorce provoqué par la mauvaise loi des brevets rédigée par M. Sénac.

DÉCANTATION DU GRISOU DES HOUILLÈRES.

Un inventeur ne devrait jamais traiter avec la société par l'intermédiaire des administrations. Le moyen des brevets et patentes est coûteux, fastidieux, verreux, insidieux et ruineux. Il devrait suffire d'une insertion dans un journal, où l'inventeur développerait sa découverte et les conditions auxquelles chacun aurait le droit de s'en servir.

En se confiant ainsi publiquement à la probité universelle, les contrefacteurs seraient beaucoup plus rares ; car on ne vole pas ce qui est mis sous la sauvegarde de la bonne foi des citoyens : voyez les lanternes à gaz, les fils électriques, les rails, les vignes et les moissons !

Nous venons faire un essai de ce nouveau mode d'exploitation, en livrant au monde entier un moyen simple et sûr de se débarrasser du grisou des mines d'une façon permanente et à bon marché.

Nos conditions, en livrant notre marchandise d'avance, sont que tout propriétaire de houillères qui emploiera notre procédé, nous enverra un billet de *mille francs*, s'il en est satisfait, sinon, non.

Voici notre procédé :

Il est d'autant plus secret que nous ne l'avons pas même confié à notre femme.

Établir au plafond des galeries une canalisation en tubes de zinc percés de trous dans leur partie inférieure; ces tubes collecteurs auront la forme d'un croissant représentant une rigole ou chenal de gouttière renversée pour mieux recueillir le gaz hydrogène qui s'introduira dans l'intérieur de ces tubes chanlates percés d'une ligne continue de trous d'un centimètre tout le long de la gouttière. Tous les embranchements deviendront de plus en plus grands, à mesure qu'ils se rapprocheront par anastomose de la grande artère, laquelle s'élèvera jusqu'au jour.

Le ventilateur sera appliqué sur ce gros tronc artériel dans lequel on fera un vide utile jusque dans les poches ou retraites où le grisou s'accumule et qui présentent justement les plus grands dangers, malgré l'augmentation souvent exagérée de la ventilation ; les cavités ou nids à grisou, comme disent les houilleurs, seront de la sorte parfaitement balayées de la mofette. Bien entendu qu'on pourra établir des entonnoirs renversés, comme des abat-jour de lampe, dans les endroits qui sembleront le nécessiter.

Il n'est pas impossible que les gaz aspirés puissent servir à l'alimentation des *toquefeux* et que la ventilation s'opère alors sans machines; l'économie serait telle que les frais de la canalisation en zinc se trouveraient bientôt couverts.

Rien ne s'opposerait à l'éclairage des mêmes mines, au gaz courant, dès que les explosions ne seraient plus à craindre.

Nous croyons en avoir assez dit pour être compris des porions, mais si les propriétaires de houillères avaient besoin de plus grands détails, ils peuvent s'adresser à nous.

Si les grandes sociétés qui n'osent plus publier le chiffre de leurs dividendes, tant ils sont élevés, trouvent trop dur de payer mille francs d'un coup à l'inventeur, elles pourront s'abonner à 100 francs par an, pendant vingt ans, durée du brevet que nous pourrions, mais que nous ne voulons pas prendre, ni en France, ni en Angleterre, ni en Amérique, ni en Belgique, ni nulle part, bien convaincu que les exploitants du monde entier, profitant de notre invention, ne nous priveront pas de cette modeste redevance, capable de nous donner des millions que nous leur rendrons par de nouvelles inventions tout aussi importantes, dont nous ne pouvons accoucher à défaut de forceps d'argent.

Voilà comment nous entendons que toutes les inventions soient exploitées. Publicité, notoriété, confiance, sont la sauvegarde de la propriété.

Un de nos amis qui connait son monde, nous certifie que pas un houilleur ne nous donnera un cuffat de menu pour dégeler l'encre de notre écritoire, et que le sort de l'inventeur de la traction directe nous est réservé, et le voici :

En vain Faichamps dans l'antre
De nos dieux à gros ventre
Va quêter des secours,
Sur la fin de ses jours ;
Il aura des tirades,
Quelques jérémiades,
D'éloquentes boutades,
Peut-être des ruades.
Mais quand il sera mort,
Reconnaissant leur tort,
Nos trafiquants de houille
Couvriront sa dépouille
D'un épais tumulus
De menus détritus,
Résidus de la fouille ;
Quand ils ne pourront plus
En faire des écus,
On écrira dessus :
Ci-gît un pauvre hère,
Qui du sein de la terre
Tira force charbons,
Pour griller les marrons
De nos malins Ratons ;
Il s'y brûla la patte ;
Mais cette race ingrate
Ne voulut même pas
D'un peu de taffetas
Recouvrir sa blessure,
Ni payer sa facture
D'onguent pour la brûlure.

Humanité, patrie,
Pour qui l'on sacrifie
Son talent, son génie,
Son honneur et sa vie,
Ses plus chers intérêts,
Ne sont que des fétiches
Qui vident nos bourriches,
Sans les remplir jamais.

Ainsi prenons que nous n'ayons rien dit : en effet, ce n'est là que la théorie, le vrai procédé consiste à tirer le gaz protocarboné des mines, avec le grisou ; à les carburer et à les renvoyer au fond des houillères, pour les éclairer au gaz courant, sans danger d'explosion ; voilà le vrai secret, que nous ne vous dirons qu'à beaux deniers comptants. Vlan !!

LE CHERCHE-FUITES EN BELGIQUE.

La meilleure chose a ses inconvénients ; la vraie science est d'y trouver remède ; ainsi, le gaz est une des plus utiles inventions modernes, mais on redoute ses explosions, qui ne sont malheureusement pas rares ; car il suffit d'un défaut dans un tuyau conducteur pour qu'il se forme un mélange détonnant, capable de faire sauter une maison et tous ceux qui l'habitent.

On n'a eu, jusqu'ici, recours qu'au flambage pour reconnaître les fuites provenant, soit de la pose des tubes, soit d'un défaut de fabrication. Aussi l'invention de M. Maccaud a-t-elle été accueillie avec un paternel intérêt par l'administration de la sûreté et de la salubrité publique de Paris, qui a ordonné l'emploi du cherche-fuites à l'exclusion du flambage dont elle connaissait le danger.

Aujourd'hui il est défendu de lâcher le gaz dans un nouveau système de conduites, avant d'avoir fourni le certificat d'essai au *cherche-fuites*, qui n'est autre chose qu'une pompe à l'aide de laquelle on injecte et comprime de l'air dans les tuyaux jusqu'à trois atmosphères. On entend alors siffler très-distinctement les fuites, on les marque avec de la craie et on les ferme à la soudure ou au bandage amidonné. On reconnaît si les tubes sont entièrement étanches, dès que l'aiguille du manomètre appliqué sur la pompe, reste fixe sous la pression.

On a découvert une soixantaine de fuites dans les nombreux rameaux destinés à l'éclairage de l'Élysée-Bourbon.

Il y a déjà quelques années que le cherche-fuites fonctionne à

Paris seulement, croyons-nous, ce qui ne prouve pas en faveur de l'édilité des autres villes de France, ni de celles des pays étrangers qui en sont encore au flambage. Il est vrai que les hommes d'État n'ont pas le temps de se tenir au courant des découvertes nouvelles à défaut de lecteurs officiels et que les inventeurs ne s'empressent plus de les leur porter, et pour cause.

Cependant le cherche-fuites vient d'arriver à Bruxelles et a fait son premier essai au théâtre de la Monnaie qui serait peut-être incendié de nouveau sans cela ; car il a servi à découvrir une si grande fuite dans le tube qui alimente le lustre que la pression n'a jamais pu dépasser une demi-atmosphère.

Nous avons été invité à placer la main sur cette fuite, et nous pouvons affirmer qu'elle laissait passer plusieurs mètres de gaz par minute, et que la coupole devait être remplie de grisou vers la fin des représentations, de sorte que l'approche d'une simple flamme de ce foyer détonnant eût pu déterminer un sinistre analogue à celui qui arriva naguère. Grâce à M. Olléac et à M. Letellier, qui lui a permis d'appliquer son cherche-fuites, nous l'avons échappé belle.

On sait que la moyenne de la vie d'un théâtre éclairé au gaz n'est guère plus longue que celle de l'homme qui s'abreuve d'alcool. Le *cherche-fuites* et la prudence leur assurent une plus longue existence.

Nous invitons les commissions de salubrité publique à prendre connaissance des travaux et des rapports de celle de Paris et d'ordonner les mêmes mesures de sûreté, en rendant l'usage du cherche-fuites obligatoire avant de permettre l'introduction du gaz dans un nouveau système de tuyautage, et de faire essayer les anciens.

Outre l'économie de gaz qui en résultera pour l'administration et les particuliers, on sera délivré de l'odeur malsaine qui vous poursuit partout et des accidents plus graves qui en résultent ; il ne faut pas que les habitants des villes ne jouissent des bienfaits du gaz qu'à la condition de vivre et dormir sur un volcan.

Si l'application du cherche-fuites était coûteuse et difficile, on pourrait continuer longtemps à s'en priver ; mais il suffit d'un simple raccord ou robinet soudé derrière le compteur, dans chaque établissement, pour pouvoir en tout temps y appliquer la pompe à soupapes de Dutarte ou celle sans soupapes construite par M. de Latour, dans l'établissement de Vandenbrande, à Schaerbeek, qui est beaucoup moins lourde, plus facile à manier, et qui peut pousser la pression à douze atmosphères avec un simple tuyau de caoutchouc revêtu de toile.

Il est des cas où les fuites sont tellement grandes ou nombreuses, qu'elles laissent passer tout l'air injecté successivement sans produire de sifflement; dans ce cas, on comprime de l'air dans un réservoir séparé et on le lance tout d'un coup dans les tuyaux. C'est alors seulement qu'on peut mettre le doigt sur les plaies; mais la plupart des cas n'exigent pas l'emploi de ce réservoir d'air.

On sait que le brevet du cherche-fuites a été l'objet d'un long procès entre les appareilleurs coalisés et l'inventeur; nous sommes heureux que notre opinion ait prévalu auprès du tribunal de la Seine et que les prétentions des *gaz fitters* aient été mises à néant; car ils s'appuyaient, comme MM. Renouard, Tielemans, Piercot et Ackersdyck sur cet adage de Salomon : *Nil novi sub sole,* qui est la dernière branche à laquelle se raccrochent les contrefacteurs et les communistes de tous les pays. Mais ce frêle appui commence à leur manquer; car les juges comprennent bien que ce dicton attaque les racines mêmes de la civilisation.

Car s'il suffisait d'admettre qu'il n'y a rien de nouveau sous le soleil, pour être admis à contester le droit du premier occupant, tous les titres de propriété, syncope de *proprioritate,* devraient être abolis.

Une autre flambante absurdité, à l'usage des avocats de la piraterie, c'est de prétendre que l'inventeur ayant puisé dans le *fonds commun des connaissances humaines,* son invention ne doit constituer qu'un privilége temporaire; mais comme on en peut dire autant des champs, des bois et des maisons, cet argument se détruit de lui-même; c'est un canon sans culasse qui fait feu des deux bouts à la fois, et tue aussi bien l'artilleur que l'ennemi.

La pompe était connue, l'air comprimé était connu, donc Maccaud n'a rien inventé, disaient les plagiaires. — Fort bien, mais l'application spéciale à la recherche des fuites de gaz ne l'était pas, et c'est en cela seulement que gît cette invention et presque toutes les autres. Quand donc comprendra-t-on cette simple explication?

Nous avons entendu un descendant de l'âne d'or d'Apulée, car il y a encore des ânes qui parlent en chaire, prétendre que les inventeurs n'avaient droit à rien, en vertu de l'instruction que les gouvernements modernes donnent à la génération présente. — Ainsi, les avocats, les médecins, les professeurs devraient exercer gratuitement; mais on ne peut pas dire que les gouvernements donnent l'instruction, car ils la vendent bel et bien; et ce qu'il y a de particulier, c'est que la plupart des inventeurs n'ont pas même eu le moyen d'acheter cette marchandise frelatée, au fond de laquelle ils n'auraient peut-être pas trouvé ce que leur instinct synthétique leur fait découvrir en dehors des chemins battus par la routine.

Il y a longtemps que nous soufflons dans nos tuyaux, disaient les contrefacteurs. — Personne ne vous empêche d'y souffler encore, leur répondait maître Senard, le savant défenseur du cherche-fuites. — Oui, mais nous ne pouvons pas souffler à trois atmosphères; c'est à peine si nous pouvons faire monter le mercure d'un pouce, dans un baromètre; cela ne suffit pas; nous aimons mieux prendre une pompe qui souffle à tour de bras, et la pompe à air est connue depuis Otto de Guericke; elle appartient donc au *fonds commun* aussi bien que celle de Victor Domange qui aspire des choses qui seraient malsaines à aspirer avec la bouche.

Moi, dit l'un, je ne foule pas l'air dans les tuyaux, je les essaye en aspirant. — Mais l'inventeur qui s'attendait à ce tour de jarnac a pris possession des deux moyens par la pompe aspirante et foulante. Eh bien, malgré la perte de leur procès dans les trois degrés de juridiction, il y a encore des contrefacteurs, en province surtout; mais la Société du cherche-fuites les découvre aussi facilement que les fuites, à l'aide du procédé que nous indiquons de nouveau à tous les inventeurs:

C'est d'admettre la devise des anciens assignats : *La loi punit très-fort le contrefacteur, l'inventeur récompense le dénonciateur,* en lui faisant partager les dommages et intérêts auxquels sont condamnés les fraudeurs.

Nous le répétons, ce moyen est le seul infaillible. Ce serait une duperie de ne pas l'employer, par délicatesse, contre des contrefacteurs qui en sont assez dépourvus pour s'emparer du bien d'autrui.

Une fois ce principe généralement admis par tous les inventeurs, ceux-ci ne seront plus dépouillés comme aujourd'hui du fruit de leurs veilles, et ne devront plus recourir à la charité nationale, le plus avare des fétiches que l'on nous fait adorer dès l'enfance.

UN MILLIONNAIRE PAR MOIS.

L'invention d'une Californie sur place sans courir aux *placers*, est destinée à faire un millionnaire par mois et à rendre quatre millions de citoyens heureux comme des rois, sans qu'il en coûte rien ; il mérite donc bien une petite page dans notre *immortel* ouvrage comme l'appelle le Fouquier-Tainville qui pourra bien immortaliser sa sottise.

Tout être raisonnable qui lira notre recette, la trouvera parfaite ; car plus il y a de millionnaires dans un pays, plus on peut y faire de grandes choses par souscription ; c'est ce qui fait la force de l'Angleterre ; mais si vous égalisez la richesse, chacun n'ayant plus que 72 centimes par jour, il n'y aurait plus moyen de faire une lieue de chemin de fer par actions.

La fabrication continue de millionnaires serait donc la plus importante des industries à établir dans un pays comme la Belgique.

L'homme est né joueur, c'est un fait ; mais nous ne voulons pas rétablir la loterie, qui est immorale, c'est convenu, c'est entendu, tout le monde l'a dit, donc cela doit être vrai ; mais nous employons la *tombola*, qui est une manière comme il faut de faire de bonnes œuvres et qui diffère autant de la loterie que la maréchaussée de la gendarmerie, la conscription de la milice, les accises des droits réunis, et la garde civique de la garde nationale. Nous savons quel bien immense l'abolition de la loterie a répandu sur la population, qui, depuis cette époque, est devenue beaucoup plus morale et plus heureuse qu'au temps de la loterie impériale et royale. On ne voit plus ces pères de famille porter à la loterie l'argent dû à l'estaminet. Depuis qu'ils ont cessé de poursuivre le terne et le quaterne, tout est rentré dans l'ordre : il n'y a plus ni émeutes, ni grèves, ni révolutions.

L'opposition libérale avait bien raison de crier : A bas les jeux de hasard ! Quant à la *tombola*, c'est autre chose; aussi la loi ne l'interdit-elle pas, et l'on concède tous les jours, à des gens comme il faut, l'autorisation d'en établir dans tous les coins du pays; mais tout cela n'a pas un caractère de bienfaisance aussi marqué que cette grande tombola qui ferait un millionnaire par mois, douze millionnaires par an, trois cents millionnaires en vingt-cinq ans, sans ruiner personne, sans même qu'on s'en aperçût !

Cela ne nous paraît pas plus immoral que l'impôt sur le sel; le moindre des abus de la loterie française était de rapporter 80 millions à l'État, prélevés sur la classe la plus pauvre et la plus nombreuse, comme disaient feu les saint-simoniens. C'était une exploitation de l'homme par l'ambe, comme l'impôt du tabac est l'exploitation de l'homme par le nez. Notre tombola, au contraire, sera une chose aussi morale que la charité, et comme toute bonne charité commence par soi-même, les étrangers seront exclus du droit de devenir millionnaires chez nous. Ce privilége restera donc aux nationaux pur-sang, y compris les exotiques vaccinés Belges, grand teint ou petit teint; et comme des étrangers trouveraient peut-être un renégat assez peu patriote pour prendre une foule de billets pour eux, on obviera à cet abus par la mesure suivante : il sera remis à tous les agents du trésor autant de billets qu'ils ont de contribuables dans leur juridiction, lesquels n'auront le droit de prendre qu'autant de lot qu'ils ont d'enfants. Les pauvres honnêtes, munis d'un *pro Deo*, jouiront d'un rabais de 50 p. c. Quelques-uns recevront, au lieu de médaille, un billet gratis. Le tirage se fera par un procédé nouveau qui permettra au public d'exercer un contrôle efficace et complet; ce sera le centième numéro, tiré par un enfant aveugle comme le sort, qui gagnera le million de la tombola nationale.

Avec toutes ces précautions aucun des abus reprochés à l'ancienne loterie ne pourra se reproduire, et la difficulté de prendre plus d'un billet empêchera les joueurs de se ruiner.

Il se peut que le gagnant devienne fou de joie ou meure de plaisir; ce sera, en tous cas, une mort plus agréable que celle qui est causée par le désespoir, et d'ailleurs ses enfants seront des millionnaires de seconde main, des millionnaires héréditaires, et voilà tout.

Nous attendons les objections des aristarques, pour leur prouver que cette institution serait à la fois sociale, chrétienne, philosophique, politique, morale et amusante.

. . . — . . . .

SOREL.

NOUVELLE PEINTURE SUR BOIS.

Il existe dans la rue de Lancry, 6, à Paris, un enfant de la campagne qui n'a pas acheté l'instruction frelatée que l'État vend si cher à la jeunesse ; il l'a glanée dans les livres de chimie, de physique et de technologie, et s'est mis à vérifier les recettes de cette pharmacopée officielle, qu'il a trouvées fausses ou incomplètes pour la plupart.

Mais c'est incroyable la quantité de choses utiles qu'il a tirées de ce *caput mortuum* en le tripotant dans son laboratoire. Il nous en a montré plus que nous ne lui en avons fait voir, et entre autres la peinture inodore, incolore, siccative dont nous allons parler : elle consiste dans une poudre qui ne se broie pas et ne fait que se délayer dans un liquide ; elle est plus belle et aussi solide que la peinture à l'huile ; elle n'a aucune odeur et sèche très-promptement, puisqu'on peut donner une couche par heure en été et par deux heures en hiver, ce qui permet d'habiter l'appartement le jour même où il est peint ; elle peut être savonnée même à l'eau bouillante ; elle est antiseptique et préserve les bois de la pourriture ; elle rend les matières peintes, bois, papier, tissus, ininflammables ; elle ne présente aucun danger dans la préparation ; enfin, on peut la colorer en y ajoutant toutes les espèces de matières colorantes ordinaires. — Or, cette peinture consiste en de la poudre d'oxyde de zinc, et une solution aqueuse de chlorure de zinc, dans laquelle on délaye la poudre ; il faut ajouter au liquide un tartrate alcalin et de la gélatine ou de la fécule ; et on doit chauffer modérément. Toutes ces additions sont nécessaires pour la facilité de l'emploi. On voit que l'huile, l'essence et le reste sont absolument mis de côté; et il ne faut pas oublier que ce sont ces matières qui rendent la peinture malsaine.

M. Sorel est inventeur d'un plastique translucide composé de fécule de pomme de terre et de chlorure de zinc hydraté, avec addition de sel ou de poudre, tels qu'oxyde de zinc, sulfate de baryte, etc. Ce plastique est susceptible de toute coloration, et il se moule comme le plâtre. Au naturel, il rend des statues ou autres objets diaphanes comme l'ivoire. On peut aussi l'obtenir souple, mais non élastique.

POÊLE A GAZ-JOBARD.

Nous avons le droit de baptiser ainsi nos deux enfants, le gaz à l'eau et le poêle transparent qui permet de se chauffer, de s'éclairer et de veiller sur le rôti sans danger, sans odeur, sans fumée ni poussière, comme on peut s'en convaincre en regardant la vignette qui représente l'élégante veuve K..... occupée à faire rôtir un dindon ou un canard, en lisant le *Progrès international*.

La fraîcheur de sa toilette et l'éclat des dorures de son appartement aristocratique prouvent la pureté du gaz à l'eau; sa solitude prouve l'inutilité des domestiques et des attirails de cheminée, et fait présumer l'absence des trous à charbon, des provisions de bois, la propreté des escaliers et des corridors et la sécurité la plus complète contre l'incendie des crinolines. Que de choses dans une vignette!!

Sérieusement parlant, nous entrons dans une voie nouvelle pour le chauffage et l'éclairage; mais au train dont on y va, le bois et la houille renchérissant d'une manière inquiétante, nos descendants seraient menacés de périr de froid dans l'obscurité sans les réparateurs de l'imprévoyance humaine, qui vont chercher le feu à la rivière.

On ne dira pas de vous, faisait observer la spirituelle mistriss Opie à l'inventeur du gaz à l'eau : *He will never set the Thames on fire!* ce qu'on dit d'un imbécile : Il ne mettra pas le feu à la Tamise !

Savez-vous, disait le professeur Masson à son auditoire, combien depuis les Romains jusqu'à nos pères on retirait de calorique des troncs d'arbres brûlés sous le manteau de nos énormes cheminées? 2 p. c. Savez-vous combien en retirent nos *ingénieurs en fumisterie* le plus en renom? 8 p. c. Savez-vous au contraire ce qu'on retire du chauffage au gaz à l'eau? Cent pour cent, c'est-à-dire la totalité, quand on le brûle dans un appartement sans cheminée, et c'est le seul qui puisse se brûler ainsi, car il ne produit ni gaz sulfhydrique, ni oxyde de carbone, ni acide carbonique appréciable, mais seulement une légère humidité si nécessaire à la respiration.

Notre poêle, breveté, sans garantie du gouvernement, ce qui ne veut pas dire qu'il est mauvais, est un cylindre ou manchon en verre épais de plus d'un centimètre, que la chaleur ferait casser du premier coup, si nous n'avions pris l'avance en lui appliquant le traitement homœopathique, c'est-à-dire en le cassant ou fendant du haut en bas, par un procédé qui nous appartient et que tout le monde nous dérobe en préfendant les cheminées à gaz.

La chaleur permet aux lèvres du verre de se dilater et de revenir sur elles-mêmes en se refroidissant. — La Compagnie Bendot et Gallet nous a livré trois kilogrammes d'actions sur papier jaune, valant 275,000 francs. Nous n'avons donc pas le droit de nous plaindre de ces honorables contrefacteurs : ils ne nous avaient promis que cela.

Le gaz à l'eau n'éclaire pas plus que l'alcool, mais on en fait un foyer charmant à l'aide de l'asbeste ou amiante qu'il rougit, sans le consumer jamais; cela peut s'appeler un feu tout fait, auquel on est libre de donner la forme que l'on désire : ainsi nous avons vu deux cœurs enflammés sur un autel d'amiante qui brûlaient tranquillement de compte à demi pendant toute une lune de miel, chez deux nouveaux mariés; peu de temps après, ce foyer devint un enfer, par la maladresse d'une domestique indiscrète, mais il n'en continue pas moins à brûler en faisant voir toutes sortes de monstres fantastiques, comme les feux des ménages ordinaires.

Une allumette et une clef représentent tout l'attirail des foyers nouveaux.

On éteint, on allume, on modère, on amplifie à volonté la consommation, tant tenu, tant payé. En un mot, l'économie et les avantages de ce chauffage sur les autres sont si grands que nous n'osons l'écrire.

Si l'on veut, en même temps qu'on le chauffe, éclairer un appartement, on pose le poêle sur la cheminée ou sur la table et on carbure le gaz à l'eau, en lui faisant traverser une boîte à benzine. C'est l'affaire de deux tours de robinet.

Mais, diront les malins, comment produire ce gaz à l'eau dans chaque maison, sans danger, et à quel prix ?

Une pareille question a lieu de nous étonner, nous qui depuis 1833, avons montré notre appareil à tout le monde, qui l'avons consigné dans nos brevets et republié vingt-fois.

Vous connaissez la lampe Dobereiner ; eh bien, c'est tout.

Il s'agit d'exécuter ce joujou en grand dans votre cave, et vous aurez une source de gaz fait à froid que vous conduirez où vous voudrez. Les résidus mensuels, sulfate de zinc ou de fer, payeront votre acide sulfurique et au delà.

Tout le monde peut donc se chauffer et s'éclairer pour rien et même avec bénéfice, s'il veut prendre la peine d'utiliser convenablement les résidus.

Une usine de ce genre par quartier ferait des affaires d'or, en convertissant son sulfate de zinc en blanc de zinc et en vendant sa couperose, dont l'industrie fait de nombreux et considérables emplois.

Croirait-on qu'il a été impossible de former une compagnie pour cette facile et lucrative exploitation pendant la durée de nos brevets, et qu'il ne s'en formera pas davantage après leur expiration, précisément parce qu'ils sont expirés ?

Tout en nous vantant de marcher à la tête du progrès, nous sommes encore plongés jusqu'au menton dans la barbarie ; c'est à peine si nous osons risquer un œil pour voir les merveilles de l'industrie à venir.

Tout cela changerait pourtant avec des brevets perpétuels, et les grands génies qui disposent de nos destinées ne voient pas cela, hélas !

DE LA MACHINE A COUDRE ET A BRODER.

Tout le monde croit que la machine à coudre (à fil continu et non par aiguillées) est originaire d'Amérique. Il n'en est rien : cette machine est française, comme tant d'autres dont les inventeurs sont morts à la peine selon l'usage antique et fort peu solennel; car la France qui produit le plus d'inventeurs est aussi le pays où on les aime le moins, si l'on en juge par les formidables lois qui les mettent hors du *droit commun* et les laissent *sans garantie du gouvernement*.

Le martyr de la machine à coudre s'appelait Barthélemy Thimonnier, d'Amplepuis (Rhône). Il fit ses premiers essais à Saint-Étienne en 1828, et prit un brevet en 1830. — En 1831, il s'était formé une société puissante sous la raison Germain, Petit et C⁰, rue de Sèvres, à Paris, pour l'application de cette machine à l'habillement des troupes; mais elle était encore trop imparfaite et n'eut pas de succès.

A ce Watt il fallait un Bolton, c'est-à-dire un avocat intelligent. Thimonnier le trouva dans M. Magnin, de Lyon, avec lequel il travailla, de 1845 à 1849, parcourant lui-même tous les pays industriels pour se perfectionner dans les secrets de la mécanique de précision; il refit donc de fond en comble cette invention dont le premier jet était loin de le satisfaire; enfin il prit un brevet non-seulement pour la couture, mais aussi pour la broderie, et cette machine remporta la première médaille à l'Exposition universelle avec celle de Singer, qui fut trouvée moins compliquée et se répandit universellement. Mais M. Magnin eut bientôt regagné la corde de ce côté, et sa machine est aujourd'hui non-seulement la plus simple, mais encore la plus adroite et la moins chère, puisqu'elle ne coûte que de 360 à 520 francs.

Nous venons de lui voir broder du tulle et faire des applications de dentelles de Bruxelles avec une perfection et une rapidité merveilleuse. Elle donne cinq produits différents, *couture, broderie, cordon, feston, guipure*, à 300 points de crochet par minute, sur toute espèce d'étoffe, depuis le tulle jusqu'au cuir, et fait des ronds sans que l'ouvrière ait besoin de tourner l'étoffe sur elle-même; elle fait même un cordon sans étoffe par l'emmaillement du fil sur lui-même, forme des chaînettes en points zigzag imitant le point de Saxe, ourle et pique les devants, les cols de chemises, etc.

Si Thimonnier est l'inventeur de la couseuse, M. Magnin est l'inventeur de la brodeuse; c'est le premier avocat, à notre connaissance, qui soit capable de bien plaider la cause d'un inventeur, car il connaît leur peine et sait y compatir; n'oublions pas pourtant Étienne Blanc à Paris et Tillière à Bruxelles.

J.-B. Say a écrit que la machine à filer avait doublé la fortune de l'Angleterre; M. Magnin pensant que la machine à coudre en serait le complément, ne cessa d'encourager cette invention de son pécule et de son génie.

Aujourd'hui qu'il a vaincu toutes les difficultés mécaniques, il va commencer sa lutte contre l'inertie, la routine et les plagiaires. Nous désirons qu'il soit plus heureux que les Jacquard, les Girard, les Sauvage, les Dallery, les Leblanc et les Fafchamps, qui ont dépensé leurs derniers sous, en comptant sur la reconnaissance publique et es secours de l'État qui les a bel et bien *laissés mourir* de faim.

SOCIÉTÉ FRANÇAISE

POUR LA PROTECTION DE LA MARQUE DE FABRIQUE OBLIGATOIRE ET DE LA PROPRIÉTÉ INTELLECTUELLE, SOUS LA PRÉSIDENCE DE M. CHRISTOFFLE.

Une bonne idée, émise en bonne société, finit par germer comme une bonne semence jetée en bonne terre.

Il y avait bientôt trente ans que nous prêchions dans le désert, *l'utilité et la nécessité de la marque d'origine obligatoire et de la propriété intellectuelle,* quand, à l'Exposition universelle de 1851, une cinquantaine des principaux exposants qui s'assemblaient tous les vendredis pour déjeuner dans l'un des pavillons des Champs-Élysées, nous invitèrent à leur faire connaître nos impressions sur l'Exposition. Nous profitâmes de l'occasion pour développer nos principes et les engager à fonder une société, autour de laquelle se rallierait bientôt tout ce qu'il y a encore de fabricants et de négociants honnêtes ou qui auraient envie de le redevenir.

Notre discours leva tous les doutes et enleva toutes les adhésions; tous jurèrent que la Société était constituée à dater de cette heure.

Le lendemain nous en fîmes les statuts, qui furent modifiés en quelques parties fort importantes à nos yeux, mais dont le comité ne sentait pas comme nous l'utilité présente.

C'était l'adoption officielle d'un papier uniformément coloré, filigrané, et muni du timbre sec de la Société, pour correspondance, factures, connaissements, billets à ordre, etc., dont les membres adhérents auraient seuls le droit de se servir; car ce papier deviendrait, par le dépôt officiel, la propriété exclusive de la Société, laquelle se réserverait d'en retirer l'usage aux membres qui auraient enfreint les règles de la probité commerciale, soit à l'intérieur, soit à l'étranger.

Le retrait du papier et du timbre social était, selon nous, la meilleure sanction des statuts de la Société.

Nous regrettons que cette proposition ait été écartée; mais elle sera sans doute reprise par les sociétés nouvelles qui commencent à se former à côté de la Société mère, laquelle eût certainement pu suffire à tout, si elle eût marché plus rapidement à son but.

Il est vrai que les promesses faites dans l'entre-temps par le gouvernement de présenter une loi sur la marque *obligatoire,* l'ont arrêtée dans son élan.

Mais elle vient de reprendre une vie nouvelle en établissant une agence à Saint-Pétersbourg pour *la protection internationale des marques et de la propriété intellectuelle.* Déjà les adhésions des principaux industriels de France lui sont parvenues et lui parviennent chaque jour encore.

Nous regrettons de n'en pouvoir donner la liste brillante, faute d'espace.

N'est-il pas dommage que la circulation du papier teinté dans tous les pays, ne puisse montrer à tous les yeux l'accroissement progressif de la probité commerciale en France, et signaler ainsi les maisons qui méritent la confiance des acheteurs?

Nous avons été très-peiné du rejet de cette proposition, qui était, à elle seule, une très-importante invention.

Nous reproduisons notre discours, imprimé par ordre du jour, à 10,000 exemplaires par M. Plon, imprimeur de la Société en 1851, date certaine de notre initiative, déjà parfaitement couverte du linceul de l'oubli à l'heure où nous nous avisons de l'exhumer pour l'histoire.

Discours prononcé à l'assemblée des industriels, réunis pour l'adoption de la marque obligatoire, par M. Jobard, directeur du Musée de l'industrie belge, auteur de l'Organon de la propriété intellectuelle.

MESSIEURS,

Ceux d'entre vous, y compris notre honorable président, qui m'ont engagé à leur faire connaître mes impressions sur l'Exposition, vont être obligés de m'accorder un moment d'attention : je regrette de leur enlever un temps précieux pour l'achèvement de la *grave occupation qui nous rassemble.*

Permettez-moi donc de jeter un rapide coup d'œil sur le point d'où l'industrie française est partie pour arriver, en si peu de temps, à la production des merveilles qu'elle vient étaler sous nos yeux.

Je ne parlerai ni des Grecs ni des Romains, qui ne connaissaient pas même le nom d'industrie, et ne possédaient que l'art individuel auquel en sont encore réduits les peuples toujours bridés de l'Orient, qui n'ont pas fait un pas depuis une infinité de siècles, comme leur exposition enfantine le prouve ; *mais ce qui prouve aussi que ce n'est pas leur nature indolente qui en est la cause,* comme on affecte de le dire, c'est que nos pères n'étaient pas plus avancés qu'eux avant le tremblement de 89, qui n'a pourtant brisé qu'un seul anneau de la grande chaîne de l'esclavage ancestral qui tenait le travailleur attaché à la glèbe des maîtrises, dont les *rigueurs avaient sans doute été provoquées par un état de choses* semblable à celui que nous déplorons aujourd'hui.

Les onze cents règlements de saint Louis et de Colbert, qui avaient fait du travail un droit régalien, ont disparu avec l'armée des inspecteurs, contrôleurs et vérificateurs qui pénétraient à volonté dans les ateliers pour compter les fils des tissus, mesurer les étoffes, évaluer leur qualité et jusqu'à celle des drogues officielles employées à la teinture.

Je vous laisse à penser le nombre de contraventions, vraies ou fausses, découvertes, et la quantité de procès-verbaux dressés contre les fabricants qui ne savaient ou ne pouvaient fléchir la rigueur de ces incommodes *voyous* que le peuple avait pris en horreur, comme naguère encore les *gabelous.* Mais ce n'était pas seulement une branche particulière de commerce, c'était la production tout entière qui se trouvait ainsi gênée, maltraitée et découragée, au point que beaucoup de manufacturiers honorables préféraient fermer leurs ateliers ou porter leur industrie hors du royaume.

Toute invention, toute machine nouvelle qui venait faciliter le travail était interdite ou brisée, en vertu même de ces immuables règlements qui continuent à peser sur toutes nos autres institutions.

L'industrie seule s'est émancipée. Aussi voyez comme elle avance, comme elle grandit, comme elle s'étale dans ce palais rival de celui des rois, alors que tout végète et s'étiole autour d'elle, emprisonné dans des ordonnances, des chartes et des constitutions, qu'il est si difficile d'améliorer dès qu'elles ont reçu le stigmate de l'immobilité : *Avons arrêté et arrêtons*, dès qu'elles ont les pieds pris dans des *statuts*, qui viennent de *stare*, rester en place, ce que les Anglais appellent *official stoppage*.

Les rapides élans de l'industrie libre sont la preuve qu'il ne faut rien arrêter; car tout marche et se renouvelle dans le monde physique comme dans le monde moral; le mouvement progressif est la loi qui régit l'univers. Quiconque arrête quoi que ce soit dans ses tendances vers la perfection agit contre la volonté du Créateur.

Vous voyez, messieurs, que vous naviguez à pleines voiles sur la mer du progrès illimité. Nul écueil n'est capable de vous empêcher de toucher aux îles fortunées, tandis que tout est ensablé autour de vous et n'a plus d'espoir que dans votre bienveillante remorque. ·

> Le travailleur est libre et son joug est brisé.
> L'industrie, autrefois embryon méprisé,
> Longtemps emmailloté, naguère à la lisière,
> De ses bras vigoureux presse aujourd'hui la terre.

Vous devez comprendre la grandeur de la tâche qui vous incombe, et la force que l'association peut vous donner pour le maintien de l'ordre et de la paix à laquelle vous êtes les plus forts intéressés.

Tous les historiens auraient pu vous en dire autant sur les faits généraux qui ont amené l'émancipation du travail; mais aucun n'a dit ni soupçonné la cause réelle du développement de l'industrie chez les peuples occidentaux.

Nous allons vous la faire toucher du doigt.

Personne ne contestera qu'il y a moins de deux siècles les peuples les plus avancés du monde étaient à peu près sur le même niveau en fait d'industrie; l'Orient était même alors un peu en avant de l'Angleterre, de la France et de l'Allemagne, puisqu'on admirait partout ses tissus, ses broderies, ses chibouks, ses narguilés, ses éventails, ses pantoufles, ses tam-tam et autres véritables joujoux qui ont osé venir s'étaler à côté de vos draps, de vos verres, de vos armes, de vos aciers et de vos locomotives.

Si l'Angleterre nous a précédés en industrie et en commerce, à quoi cela tient-il, puisque la France ne l'a jamais cédé à personne en génie et en science? C'est que le génie et la science des Anglais ont été les premiers délivrés de leurs langes par le roi Jacques Ier, qui eut l'idée, fiscale peut-être, de vendre aux inventeurs la propriété de leurs inventions, ou plutôt de la leur donner à bail pour quatorze ans. C'était un piége pour attirer dans son royaume tous les hommes de talent du continent et confisquer leurs découvertes. Le piége a réussi. Nous devons nous en féliciter.

Les inventeurs, repoussés et maltraités par les briseurs de machines, se réfugièrent en Angleterre pour les mettre à l'abri du nouveau statut sur les monopoles et acheter des patentes à ce bon roi, auquel nous devrions bien voter quelque chose, puisque nous lui devons tout.

Les patentés avec garantie du gouvernement trouvèrent des associés et de l'argent pour exploiter leurs découvertes. L'exemple des premiers succès rendit les capitaux moins peureux ; et l'Angleterre se couvrit, bien avant la France, d'ateliers et de machines puissantes : Newcomen, Savery, Watt, Arkwright, Hargrave, etc., n'ont travaillé et réussi que sous la protection des patentes, et ne seraient pas nés sans elles.

Mais quand les produits commencèrent à encombrer les magasins, il fallut songer à l'exportation : une marine marchande se forma ; on chercha des débouchés, on en créa de gré ou de force, on put acheter ou prendre des colonies ; la conquête de l'Inde, enfin, n'est que la conséquence directe d'une très-piètre loi de patente.

Que serait-ce donc si elle eût été bonne, si la propriété des œuvres de l'intelligence eût été reconnue et assimilée à la propriété foncière ou mobilière, si seulement elle eût été jetée dans le moule de la concession des mines, comme nous le demandons, et comme vous devez le demander avec nous, à présent que vous en connaissez les effets salutaires ?

Eh bien, c'est seulement après que l'Angleterre, en possession de tous ces avantages, eut placé le suçoir de ses pompes à vapeur dans le coffre-fort de tous ses voisins, que le mouvement national de 89 eut lieu, et que la Constituante s'enquit des causes de la supériorité industrielle et commerciale des royaumes-unis ; ce fut M. de Boufflers, soutenu par Lakanal, qui prit la parole pour apprendre à la France que l'Angleterre n'avait ainsi prospéré que depuis qu'elle accordait des priviléges de quatorze années aux inventeurs. Notre libérale assemblée crut être bien généreuse en augmentant de douze mois la durée de ce bail judaïque.

Eh bien, le principe de la propriété est si fécond, que, malgré cette parcimonie, il produisit les résultats qui nous étonnent ; les machines anglaises, dont la plupart étaient parties de France, repassèrent la Manche et se réinstallèrent perfectionnées dans nos ateliers, avec mille autres qui s'engendrent les unes par les autres et se succèdent précisément selon les lois naturelles ; comme si Dieu avait aussi dit aux machines : *Croissez et multipliez.*

Mais le passage de la Manche ne s'effectua pas sans difficulté ; les habiles de l'administration anglaise avaient imaginé de réserver à leur pays le monopole de la fourniture des produits manufacturés au reste du monde. Ils édictèrent la peine de mort contre ceux qui laisseraient sortir une machine de leur île, contre les ouvriers qui porteraient leur industrie ailleurs, et cent autres bévues qui ne peuvent germer que dans l'atmosphère des commissions.

Ils allaient jusqu'à se figurer qu'ils possédaient le dernier mot des machines, et que jamais il n'en pourrait exister d'autres. Cela vous fait pitié à vous tous, plus ou moins inventeurs, n'est-ce pas ? à vous qui savez à combien de milliards de combinaisons l'alphabet industriel peut se prêter sans s'épuiser.

Demandez à M. Plon combien de volumes différents il peut imprimer avec ses vingt-quatre lettres, et vous aurez une idée de ce qu'on peut faire de machines avec les douze cents éléments de la cinématique rassemblés dans le jardin du savant Saladin.

Mais reprenons l'histoire contemporaine de notre belle industrie, dont la première loi des brevets fut la contre-partie de la révocation de l'édit de Nantes, puisque ce qui avait été chassé de France y fut rappelé par cette mesure qui changeait en simple amende pécuniaire les différentes pénalités qui atteignaient fréquemment les inventeurs, telles que l'aveuglement, le bûcher, le cachot ou l'exil. Cette mansuétude, née de l'adoucissement des mœurs, suffit pour améliorer considérablement le triste état des affaires industrielles en France, où la haute mécanique n'était représentée alors que par des serruriers, des poéliers et des maréchaux ferrants; la chimie par des apothicaires, des teinturiers et des dégraisseurs; la métallurgie par des fondeurs de cloches et de cuillers; la géologie par des tourneurs de baguettes magiques, et la physique par des escamoteurs. On s'extasiait alors devant le tournebroche, la pompe des prêtres et la lanterne magique.

La roue de moulin, la vis d'Archimède et le pressoir étaient le triomphe de nos plus habiles constructeurs. Le grand roi et ses ingénieurs admiraient, sans la comprendre, la monstrueuse machine de Marly, inventée par un grossier charpentier qu'il avait fallu faire venir exprès de l'étranger.

Voilà où en étaient les sciences industrielles en France, alors que l'Angleterre tournait, rabotait, alesait, ajustait les métaux et meublait ses ateliers de machines de force et de vitesse, et d'outils de diligence.

Vous vous rappelez encore, messieurs, avec quelle peine et quels sacrifices on se procura en France les premiers modèles de machines anglaises. Mais quand il s'est agi de les multiplier, nous n'avions pas d'outils; il fallut en faire frauder pièce à pièce, à prix d'or, et encore nos ouvriers ne savaient-ils ni les monter, ni s'en servir. Ce fut alors que des contre-maîtres allemands et flamands furent dépêchés en Angleterre pour tâcher d'y puiser les notions les plus indispensables, et qu'on parvint à embaucher quelques apprentis anglais qui risquèrent leur tête pour venir... boire du vin en France.

Dans ce moment critique, un intrépide ingénieur de la marine française passa le dangereux détroit, et sut si bien capter la bienveillance des ingénieurs anglais et la confiance même de plusieurs hommes d'État, qu'il fut introduit dans les arsenaux, dans les docks et les chantiers civils et militaires, d'où il revint chargé de plans, de croquis et de notes précieuses qui lui servirent à rédiger ses admirables ouvrages sur la *force commerciale*, la *force industrielle* et la *force militaire* de la Grande-Bretagne, qui firent une immense sensation sur le continent et apprirent aux Anglais eux-mêmes le secret de leur puissance, comparée à celle du reste du monde; mais loin de maudire le curieux indiscret, dès que les idées de monopole universel s'affaiblirent, ils l'élevèrent à la dignité si enviée de membre de la Société royale de Londres.

Tels sont les titres bien mérités du baron Charles Dupin.

La seule erreur de sa carrière a été de méconnaître la cause du développement de la puissance industrielle et commerciale qu'il avait si bien constatée et si éloquemment décrite.

N'oublions pas, messieurs, l'habile mécanicien qui siége à cette table.

M. De Coster, envoyé en Angleterre par la Société d'encouragement pour y étudier la filature du lin, revint aussi la tête remplie de croquis dont il ne sut pas faire un livre, mais qu'il réalisa de ses mains avec une peine infinie; car l'outillage, disons-nous, manquait en France.

L'ingénieux Flamand s'était dit à son retour : Il n'y a pas d'industrie sans machines, et pas de machines sans outils; faisons des outils d'abord, nous ferons des machines après.

Quant à nous, nous disons : *Pas de machines sans brevets;* donc pas d'industrie, pas de commerce, pas de travail, pas de pain ; misère à bâbord, misère à tribord, misère partout sur le vaisseau de l'État.

Mais, messieurs, tout ce qui vous étonne dans le magnifique palais élevé à l'industrie, fille de l'invention et reine du siècle, a été inventé, a été breveté dans l'un ou l'autre pays, et n'eût pas existé sans les brevets. Comparez les produits des pays où la propriété inventive est le mieux protégée à ceux où elle l'est moins, jusqu'à ceux où elle ne l'est pas, vous aurez à l'instant même le secret de ces différences et la conviction de l'utilité des brevets. Nous le répétons : La Turquie, la Perse et les Indes n'ont pas fait un pas depuis que nous jouissons de la propriété des œuvres de l'art et de l'esprit, depuis que nous possédons une apparence de protection industrielle ; que serait-ce donc si la propriété intellectuelle tout entière était assimilée à la propriété matérielle?

Ils sont bien aveugles, bien injustes et bien coupables, les *surfaciers* qui n'aperçoivent pas au fond de cette question le germe des prodiges de l'avenir et le bien-être de l'humanité.

Qui donc peut donner du travail et du pain à la population croissante, si ce n'est l'industrie?

Les beaux-arts, le grec, le latin, la philosophie, la médecine, les tribunaux, occupent une place honorable et nécessaire dans la société; mais toutes ces carrières sont fermées et regorgent de candidats, alors que celles de l'industrie et du commerce sont ouvertes à deux battants pour recevoir tous les bras, toutes les intelligences disponibles, et tous les conviés au banquet de la vie, en dépit de Malthus et de ses disciples, qui se croient plus avancés que le Créateur en économie politique et sociale, et s'efforcent de le prouver par la statistique et les progressions mathématiques.

Je vous ai montré, messieurs, les résultats de l'appropriation des inventions en Angleterre et en France. Vous avez également pu constater à l'Exposition l'effet que cette infiltration successive de la loi des brevets a produit en Autriche, en Prusse et en Belgique ; mais vous voyez la teinte de l'industrialisme s'affaiblir graduellement en glissant vers l'Espagne, le Portugal, l'Italie, le Danemark, la Suède et la Hongrie, pour disparaître en Valachie, en Turquie, en Égypte, où la *propriété inventive n'a pas encore pénétré.*

Le même résultat peut s'observer dans le nouveau monde. Les États-Unis, qui possèdent une loi des patentes depuis leur fondation, sont devenus très-industrieux. Mais le Mexique, le Brésil, le Pérou, le Chili, ne font pas de progrès faute de lois sur la matière.

Ceux qui mettent cette stérilité sur le compte des races ont le plus grand tort, puisque nous, le peuple actif par excellence, étions endormis comme eux quand nous avons été réveillés par le canon de la Bastille.

Attendez un peu, et vous aurez une nouvelle preuve de ce que nous avançons ; l'ambassadeur ottoman, M. Musurus, nous écrit de Londres qu'après la guerre, le système de la propriété intellectuelle sera soumis aux délibérations *éclairées* du Divan. L'épithète paraîtra drôle à nos brillants législateurs; mais ce n'est pas de l'éloquence, c'est du simple bon sens qu'il faut pour comprendre l'organon de la propriété intellectuelle.

Quel est celui d'entre vous qui hésiterait à fonder une succursale de son indus-

trie sur les bords fleuris du Bosphore ou de l'Hellespont, si la propriété lui en
était concédée et garantie par des traités internationaux?

Est-ce que les rives du canal de Suez que vous patronez ne se couvriront pas
d'usines dans un temps plus prochain qu'on ne pense? Est-ce que l'Égypte
entière n'est pas destinée à voir ses pauvres fellahs convertis en ouvriers actifs,
quand l'industrie pourra sans crainte aller visiter et raviver les plages où trô-
nait Cléopâtre, où brillaient les Ptolémées, où florissaient les Pharaons; est-ce
que l'industrie enfin est condamnée à rester confinée dans ce coin de l'Europe?
Non, non : le monde est dévolu à l'industrie et au travail, *seule source légitime
de la considération, des honneurs et de la richesse*. Oui, l'industrie plantera son
drapeau de Paris au Pérou, de Londres à Tombouctou.

Mais quand elle aura pénétré partout, que feront les peuples, devenus tous
industriels ? Eh bien! ils échangeront leurs produits divers, et chacun y gagnera
encore et toujours. Vous ne devez donc pas craindre de fabriquer trop de tissus,
trop d'objets utiles, tant qu'il y aura un demi-milliard d'hommes tout nus qui ne
possèdent pas un clou, pas une bêche, pas une marmite, pas un bout de fil de fer.
Ils seraient bien heureux de pouvoir échanger les produits de leurs forêts contre
les produits de vos ateliers et de vos laboratoires.

Mais ils ne viendront pas s'approvisionner dans vos brillants magasins des
objets dont ils ont besoin : c'est au commerce à les leur porter et à fonder des
foires, à époques fixes, sur leurs rivages, où ils arriveront de bien loin aussi
chargés des richesses du désert, qu'ils cultiveront dès qu'ils trouveront un débouché de leurs récoltes. C'est par les foires que la première civilisation s'est propa-
gée : Beaucaire, Sinigaglia, Francfort, Leipzig et Nidjni Novogorod sont encore
là pour le prouver.

Mais rentrons dans le palais de l'industrie comparative pour y chercher encore
un exemple des effets de la propriété sur les œuvres du goût. La France, ayant
été longtemps seule en possession de ses œuvres pittoresques, a surpassé tous les
autres pays en fait d'art et de goût, comme l'Angleterre en fait d'industrie; mais
comme l'Angleterre commence à donner trois ans de propriété aux dessins et
modèles de fabrique, elle a déjà fait un pas immense pour atteindre la France,
en orfèvrerie, en céramique et en dessins d'étoffes. Quelques années encore, et, à
l'aide de nos propres artistes, elle nous égalera, nous surpassera peut-être, comme
à l'aide de ses contre-maîtres nous l'avons égalée et la surpassons peut-être en
mécanique appliquée.

Qui donc pourrait, en présence de ces exemples vivants, contester encore les
bons effets de l'appropriation des œuvres de l'intelligence? Qui donc pourrait en
redouter les prétendus effets désastreux et s'opposer à la volonté de celui qui a
tracé les lignes suivantes, destinées à rester gravées en lettres d'or sur le grand-
livre de l'histoire de la civilisation :

« *Je crois que l'œuvre intellectuelle est une propriété comme une terre, une mai-
« son; qu'elle doit jouir des mêmes droits, et ne pouvoir être aliénée que pour
« cause d'utilité publique.* »

Voilà le code que nous attendons, et qui ne tardera pas à être converti en décret
par la puissante main qui l'a rédigé.

L'immensité s'ouvre donc devant l'industrialisme moderne; ne le laissons pas
s'altérer par la liberté de la fraude, par le trafic anonyme, et prenons pour devise:
A chacun la propriété et la responsabilité de ses œuvres.

Que cette devise soit gravée en tête de toutes les factures, de tous les prix-courants, lettres et avis divers qui sortent des comptoirs de ceux qui s'associeront par ce seul fait, à la grande œuvre de la moralisation du commerce.

Que la *marque obligatoire* soit le blason de la nouvelle noblesse, dont vous êtes les premiers burgraves, les premiers chevaliers.

Vous verrez bientôt se grouper autour de vous tout ce qu'il y a d'honorable dans l'industrie et dans le commerce, pour demander à faire partie de la nouvelle jurande, de la sainte ligue de la production véridique, et solliciter de vous la concession et l'entérinement de ces emblèmes, de ces signes, de ces écussons précieux que le père a toujours tant à cœur de livrer sans tache à ses héritiers, et qui acquièrent une si grande valeur en vieillissant ; car vous le savez : Noblesse oblige!

Songez qu'en prenant l'honorable initiative de la plus libérale institution des temps modernes, vous serez les Montmorency, les la Rochefoucauld et les Noailles de la noblesse industrielle que vous allez fonder aujourd'hui même, en acclamant la *marque d'origine obligatoire*.

Aucun de vous n'aura de répugnance à prendre la responsabilité morale de ses œuvres, car il y a longtemps que vous sollicitez de la législature des mesures efficaces contre les fraudes commerciales, qui font un si grand tort à l'industrie française en pays étranger, que le chiffre de ses exportations ne pourra jamais atteindre, sans cela, celui des exportations anglaises, bien que vos forces productives soient égales et supérieures, comme l'Exposition le prouve.

Il est heureux que vous n'ayez besoin de personne pour planter l'oriflamme de la probité des transactions au milieu de ce trafic anonyme qui rend l'adultération des produits si facile et si générale, que l'on ne recevra bientôt plus un seul atome de ce qu'on achètera.

L'essai malheureux du régime de libre déprédation qui court, doit vous suffire pour le répudier à jamais. La liberté, a dit le comte Daru, doit avoir pour sanction la responsabilité.

Il est temps de mettre un terme à ces voleries clandestines où le producteur loyal a toujours le dessous. Portez la lumière dans ce chaos, et vous aurez sauvé l'industrie et le nom du peuple FRANC par excellence. Que chacun signe ses œuvres, bonnes, médiocres ou mauvaises! La probité le veut et l'intérêt l'ordonne!

LA PROPRIÉTÉ, LA NOTORIÉTÉ SONT LA SAUVEGARDE DE LA SOCIÉTÉ!

(Après la lecture de ce discours, écouté dans le plus grand silence, l'assemblée déclare se rallier, à l'unanimité, à ces principes, et ordonne l'impression.)

QUEL EST LE PROCÉDÉ DE M. DE CHANGY POUR DIVISER LA LUMIÈRE ÉLECTRIQUE?

Telle est la question qu'on nous adresse de toutes parts, à commencer par l'Académie des sciences dont nous recevons le petit mot suivant, de la main de son savant secrétaire perpétuel, qui nous transmet le désir de M. Becquerel d'avoir de plus amples explications :

« Monsieur Jobard,

« Je m'empresse de vous faire passer la note ci-jointe; vous y verrez combien on désire de plus amples renseignements, touchant les faits sur lesquels vous avez si vivement appelé la curiosité.

« Recevez, monsieur, l'expression de ma considération très-distinguée.

« Flourens.

« Paris, le 13 avril 1858. »

Les journaux, qui ont également blâmé notre discrétion, trouveront l'explication de notre mutisme dans la réponse suivante adressée à M. Flourens :

« Monsieur le secrétaire,

« J'ai bien reçu la lettre dont vous m'avez honoré, jointe à la copie de la note de M. Becquerel, qui demande des explications sur les moyens de M. de Changy pour obtenir la division de la lumière électrique.

« Je n'avais voulu faire part à l'Académie que des résultats que j'ai vus et qui ont été vérifiés et confirmés depuis, par ordre de l'Académie de Bruxelles, sur la demande de M. Despretz.

« Si l'Académie qui ne considère que l'intérêt de la science, abstraction faite de l'intérêt de l'inventeur, n'a pas trouvé ma notice plus explicite, on ne doit s'en prendre qu'au défaut de garantie de la propriété des inventeurs; car c'eût été dépouiller celui-ci de tout espoir de rémunération positive, et tous les inventeurs ne sont pas à même de se contenter de récompenses purement honorifiques.

« M. de Changy a dépensé trop d'argent en essais, pour ne pas conserver l'espoir, quelque aléatoire qu'il soit, de tirer profit de sa belle découverte, et je lui ai conseillé de n'en publier les détails qu'après avoir pris autant que possible ses sûretés contre les frelons de l'industrie.

« Si les inventions communiquées à l'Académie valaient brevets définitifs ou provisoires, comme celles que l'on met aux Expositions officielles, ce qui serait fort à désirer et parfaitement praticable, l'Académie n'aurait plus à se plaindre d'aucune réticence de la part des inventeurs.

« Agréez, monsieur le secrétaire, mes très-humbles salutations.

« Jobard.

« Bruxelles, le 16 avril 1858. »

On comprendra de quelle importance il est d'enregistrer ce léger débat, qui donne date certaine à l'une des plus importantes inventions des temps modernes.

Sans cela, les envieux et les contrefacteurs ne manqueraient pas de dire que cette invention était connue bien avant M. de Changy, comme on le dit de toutes les découvertes nouvelles et même de la machine d'exhaure à traction directe de l'ingénieur Fafchamps, pour se délivrer du fardeau de la reconnaissance que lui doit la Belgique.

Il n'est pas vrai qu'une nation ou une corporation puisse se comparer à un individu, car l'individu a un cœur, une âme, une conscience; il sait apprécier un bienfait, récompenser le dévouement et les services rendus...

Vous êtes injuste, nous dira-t-on; voyez l'armée? la nation ne récompense-t-elle pas ses belles actions? Ne reçoit-elle pas ce qui lui est dû? — Eh! parbleu, il ferait beau voir qu'on l'oubliât.

POSTFACE.

Nous voici au terme de notre tâche, mais non pas à la fin de nos matériaux; car chaque jour apporte sa pierre à l'édifice dont nous n'avons pour ainsi dire que tracé le plan et posé les parpaings du fondement. D'autres élèveront les étages supérieurs; mais nous ne cesserons d'y travailler tant que Dieu nous prêtera vie, santé, mémoire, etc.

Nil actum reputans si quid, etc.

Notre cabinet étant devenu un foyer de paraboles, ou d'hyperboles industrielles si vous voulez, par suite de nos relations et affiliations scientifiques, littéraires, artistiques, physiques et métaphysiques même, nous nous trouvons presque toujours un des premiers informé des découvertes et des idées nouvelles que nous nous faisons un devoir et un plaisir de refléter immédiatement, sans plus nous soucier de ce qu'en penseront les timides et de ce qu'en diront les sots, que le miroir concave ou convexe qui leur renvoie leur laide image, car les sots sont toujours incrédules et laids en dehors comme en dedans.

> Le sot niera toujours ce qu'il ne peut comprendre;
> Pour lui le merveilleux est dénué d'attrait;
> Il ne sait rien et ne veut rien apprendre,
> Tel est de l'incrédule un fidèle portrait.

Il n'est pas étonnant que les hommes de génie s'adressent à nous plutôt qu'aux hommes du génie qui les tarabustent, quand nous compatissons à leurs maux pour les avoir éprouvés, sans qu'aucun d'eux puisse dire que nous lui ayons vendu nos bons offices, et beaucoup savent que nous en avons refusé le prix, ce qui les surprenait fort, dans ce temps où tout se paye en belle et bonne monnaie.

Il paraît que le désintéressement est devenu une vertu si rare qu'on n'y croit plus, puisqu'on nous le reproche comme un défaut et presque un crime ; mais nous n'avons trouvé que ce moyen de conserver l'indépendance de nos jugements et l'intégrité de notre libre arbitre, car cela nous donne le droit de briser aussi franchement les illusions des ignorants que d'exalter et défendre les véritables inventeurs.

Si nous jouissons au loin de la réputation de porter dignement le nom de notre père, nous ne le devons qu'au soin que nous avons pris de ne déroger ni transiger avec notre conscience et nos devoirs, malgré les avertissements, les menaces, les persécutions, les injustices et les passe-droits les plus révoltants, qui ne nous ont pas révolté du tout.

Ceci servira d'enseignement hygiénique à ceux qui veulent vivre longtemps sans regret d'avoir mal vécu :

Fais ce que dois, advienne que pourra !

Le chagrin d'avoir manqué de faire une bonne action est aussi malsain que le remords d'en avoir fait une mauvaise.

Le paresseux seul est exposé à ces deux agents de destruction ; l'homme étant né pour le travail, la paresse est ce que Dieu déteste le plus chez ses ouvriers en conscience, et nous le sommes tous.

Tout homme qui s'ennuie d'être seul est exactement aussi malheureux que celui qui se trouve forcé de vivre avec un sot.

Partout où je suis, je m'amuse, disait A. Dumas ; c'est aussi le moyen d'amuser les autres, et il y a tant de gens qui ont besoin d'être amusés ! La visite d'un homme d'esprit vaut mieux pour la santé que celle d'un médecin. Le premier vous fait du bon sang, quand le second prétend vous tirer le mauvais, sans y parvenir jamais.

Si les puissants savaient cela, ils ne s'entoureraient plus exclusivement de ces hommes soi-disant graves, parce qu'ils sont lourds ; profonds, parce qu'ils sont creux, et sérieux, parce qu'ils sont tristes.

Il est vrai que rire de tout et de rien est aussi stupide que de toujours pleurer, toujours déraisonner que de toujours raisonner, toujours s'agiter que de rester immobile dans sa majesté.

Il y a temps pour tout. Le sage ne rit que quand il faut rire, a dit Érasme. Le bouffon peut amuser, mais ne peut se faire estimer. L'homme qui écoute et ne dit rien est un voleur qui veut récolter sans semer, a dit l'abbé de Pradt.

Si nous continuions de la sorte, comme le gouverneur de Barataria, nous pourrions bien tomber dans l'excès contraire.

Nous terminerons donc en annonçant que chaque année nous ferons paraître un volume contenant les principales inventions et découvertes en tous genres qui auront surgi pendant les douze mois précédents; ceux qui voudront se tenir au courant du progrès, qui marche à pas de géant à notre époque, pourront le faire savoir à notre éditeur; ceux qui en auront par-dessus la tête de nos deux volumes, pourront en rester là, car ils ont matière à ruminer pour le reste de leurs jours.

Nous ne pouvons mieux finir que par la communication du plus grand des secrets, celui que tout le monde cherche où il n'est pas et que personne ne cherche où il se trouve : le secret d'être heureux quand même; en voici la preuve.

On a pu nous escamoter un immense héritage, mais le malheur s'est abattu sur les châteaux de notre spoliateur, qui souffre de sa mauvaise action. On a pu nous arracher une grande fortune acquise par notre travail et voler nos inventions; mais on n'a jamais pu nous enlever cette tranquillité d'âme acquise par un labeur incessant mais varié, ni cette parfaite indifférence pour les plaisirs du monde, après lesquels nous n'avons jamais couru, mais que nous n'avons pas repoussés quand ils sont venus se buter contre nous. Tel est le plus précieux des secrets, recettes et tours de mains contenus dans le présent recueil.

> Pour être heureux fuir le plaisir :
> Du philosophe est la devise;
> Les efforts faits pour le saisir
> Sont le prix de la marchandise.
> Mais s'il apparaît tôt ou tard,
> Sous la forme d'une surprise,
> C'est un terne au jeu de hasard
> Qui vaut dix mille fois la mise.

P. S. Au moment de placer le dernier *bon à tirer*, sur la dernière feuille de notre dernier volume, la *Gazette de France* du 1er mai nous parvient avec un article que nous trouvons *bon à insérer* en guise de camphre contre les mites qui s'apprêtent à le grignoter comme le premier, par ordre supérieur.

« Vingt cités se disputaient l'honneur d'avoir donné le jour à Homère. En serait-il de même pour le savant directeur du Musée de Bruxelles, M. Jobard? L'*Émancipation* avait compté ce nom parmi ceux dont s'honorait la Belgique. Voici ce que nous lisons à ce sujet dans l'*Écho de la Haute-Marne* :

« Nous sommes heureux de constater en qualité d'*Écho de la Haute-Marne*, les succès et la renommée scientifiques de M. Jobard, qui est, nos lecteurs ne l'ont pas oublié, un enfant du département. Devenu citoyen de la Belgique depuis quarante ans, on voit qu'il sert sa patrie adoptive avec assez d'éclat pour que nous en fussions jaloux, si les services que rendent la science et les savants se renfermaient dans les limites d'une nationalité, au lieu de profiter, comme ils le font, à toute la grande famille humaine. Que M. Jobard continue donc à *faire honneur* à la Belgique aux yeux des peuples étrangers; que la Belgique, à son tour, s'honore de le compter parmi ses citoyens, soit! c'est justice. Mais tout cela n'empêchant pas que M. Jobard ne soit né à Baissey, et qu'il ait fait ses premières études au collège de Langres, à côté de l'illustre archevêque de Paris et des frères Lacordaire, nous avons le droit aussi de le compter avec complaisance parmi nos propres concitoyens et de revendiquer pour notre pays un reflet de la considération que sa science et ses travaux lui ont acquise. Si M. Jobard fait honneur à la Belgique, il ne fait pas moins honneur à la Haute-Marne. »

FIN.

TABLE DES MATIÈRES.

Pages.

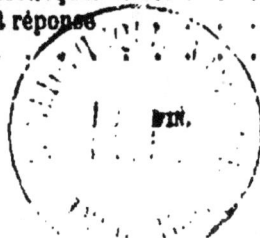

Nota. — Les quelques fables intercalées dans notre livre ayant plu à quelques rares connaisseurs, ils nous ont engagé si poliment à publier celles qui nous restent que, malgré notre antipathie pour les rimailleurs, nous nous sommes décidé à prendre place entre la Fontaine et Franklin, comme nous y convie ingénuemet l'avocat Roch, et à mériter le prix quinquennal officiel en attachant des sonnettes au bout de nos lignes, ce qui nous dispensera d'y mettre des idées qui font si peur aux acéphales. Ce volume coûtera 3 francs aux souscripteurs, et 5 francs après qu'il aura paru.

ÉMILE FLATAU, libraire-éditeur, à Bruxelles,

75, MONTAGNE DE LA COUR, ANCIENNE MAISON MAYER ET FLATAU.

NOUVELLES PUBLICATIONS :

BRIALMONT (A.). Histoire du duc de Wellington ; 2ᵉ tirage. 3 vol. gr. in-8°, plans et cartes. 1858 . . . . 22—50

La réputation de ce livre étant faite, l'éditeur se borne à faire savoir qu'on en imprime dans ce moment une traduction anglaise.

DÉLICES DE LA BELGIQUE AU XIXᵉ SIÈCLE (la Belgique photographiée). In-fol. 1858.

La 1ʳᵉ série de cette belle publication, comprenant 15 planches sortant de l'imprimerie renommée de *M. Radoux*, est en vente au prix de. . . . . 40—00
Elle renferme les principaux monuments de Bruxelles. Chaque planche se vend séparément à . . . . 5—00

GERVINUS, G. G. Introduction à l'histoire du xixᵉ siècle. Traduit de l'allemand par Fr. Van Meenen. Seule édition autorisée par l'auteur et l'éditeur allemands. 1 vol. in-8°, 1858 . . . . 3—00
Cette traduction ne peut manquer d'obtenir le même succès que l'original.

GRUAU DE LA BARRE, comte. Non! Louis XVII n'est pas mort au Temple. Réfutation de l'ouvrage de M. de Beauchesne : Louis XVII, sa vie, son agonie, sa mort. 1 vol. in-8°, 1858 . . . . 5—00

La réfutation, suivant M. de Beauchesne page par page, démontre clairement que le dernier mot n'est pas dit encore sur l'un des points les plus mystérieux de l'histoire moderne. *L'Indépendance belge*, ainsi que d'autres journaux et recueils périodiques importants, ont appelé l'attention des amateurs d'études historiques sur cet ouvrage plein de faits et de citations du plus haut intérêt.

HISTOIRE DIPLOMATIQUE DE LA CHINE ORIENTALE DE 1853 à 1856 *d'après des documents inédits*, suivie d'un Mémoire sur la question des lieux saints. 1 vol. gr. in-8°, 1858. . . . . 4—00

Il importe d'établir la différence qui existe entre les brochures vulgaires sur un tel sujet, et cet écrit plein et substantiel ; il suffit de parcourir la table, placée à dessein en tête du volume, pour voir que cet ouvrage émane d'une source élevée, d'autant plus peut-être qu'on n'a point jugé à propos de la révéler.

JOBARD, J. B. A. M., les Nouvelles Inventions aux expositions universelles. 2 vol. gr. in-8°, 1857-1858 . . . . 12—00

L'immense succès de cette publication du savant et spirituel directeur de notre Musée de l'industrie a pleinement justifié l'impatience du public, qui attendait depuis plusieurs années ce que M. Jobard avait promis de dire sur l'industrie actuelle, en prenant pour point de départ les expositions universelles. Le tirage de la 1ʳᵉ édition, fixé primitivement à 1,500 exemplaires, a dû être augmenté considérablement avant la publication du premier volume.

— — Plus de machines horizontales ; brochure in-18, 1857 . . . 0—50

— — Histoire d'une bulle de gaz ; cosmogénie amusante, brochure in-18, 1857. . . . . 1—00

— — Monographie du mal de mer, préservatif et guérison, brochure in-18, 1857. . . . . 0—50

On peut se procurer chez moi les publications antérieures du même auteur. *Le Monautopole industriel*, etc. 1 vol. 5 fr. *L'Organon de la propriété intellectuelle*. 1 vol. 4 fr., et le célèbre *Rapport sur l'Exposition de Paris*, de 1839. 2 vol. 10 fr.

KING, TH. H., Études pratiques, tirées de l'architecture du moyen âge en Europe. 1ᵉʳ vol. 1857 . . . . 75—00

Ce magnifique ouvrage se composera de 8 vol. petit in-folio, renfermant 800 planches gravées sur cuivre et un texte historique et descriptif. Chaque monographie se vend séparément à raison de 75 c. par planche, texte compris.

— — Orfèvrerie et ouvrages en métal du moyen âge, 2 séries, renfermant 200 planches sur cuivre. Gr. in-folio, 1856 . . . . 200—00

— — Choix et modèles (extrait de l'ouvrage ci-dessus), 48 planches gr. in-folio, 1857 . . . . 50—00

L'auteur est connu très-favorablement par ses travaux précédents ; l'art gothique a été reproduit par lui de la manière la plus heureuse et la plus consciencieuse.

NUMANS, A., Album des plus beaux monuments de la Belgique. 24 gravures
sur acier. Cart., in-4°, 1858 . . . . 13—50
    Chaque planche se vend séparément. . . . . 0—50

PAYEN, C., Costumes de l'armée belge, 8 planches col. In-fol., 1836. 16—00
    Chaque planche se vend séparément. . . . . 2—00

RENARD, B., Monographie de Notre-Dame de Tournai, 2e édit. gr. in-fol.
21 planches avec texte, 1837 . . . . 20—00

VAN MOUST, A., l'École de peinture en 1857; études sur l'état présent de l'art
en Belgique et sur son avenir. 1 vol. in-8°, 1858. . . . . 3—00

VILAIN, J., Traité théorique et pratique de la police des établissements dangereux, insalubres ou incommodes. 1 vol. in-8°, 1857. . . . . . 8—00

Exposer la législation sur la matière, indiquer quelles garanties les fabricants doivent
au public contre le danger, l'insalubrité ou l'incommodité que causerait le voisinage de leurs
usines; quelle protection l'administration doit à l'industrie contre les craintes ou les prétentions parfois exagérés de voisins ombrageux et intolérants; résoudre les difficultés qui
naissent du conflit des obligations et des droits à cet égard; faire connaître enfin les décisions intervenues; apprécier ces décisions et leurs conséquences, tel est l'objet de ce traité.

— — Code des usines sur les cours d'eau, à l'usage des fonctionnaires, etc.
1 vol. in-8°, 1857. . . . . 3—00

EN SOUSCRIPTION :

LA GALERIE DE DRESDE, 136 gravures sur acier, d'après les principaux
chefs-d'œuvre de cette grande et riche collection, accompagnées d'un texte,
formant :
    48 livraisons gr. in-4°. — Prix de la souscription : 1 fr. la livraison.

LES GALERIES DE MUNICH, collection de 127 gravures sur acier, représentant les plus belles toiles de la Pinacothèque, etc., etc., avec un texte ex-
plicatif, en :
    42 livraisons gr. in-4°. — Prix de la souscription : 1 fr. la livraison.

LES GALERIES ET LES MONUMENTS D'ART DE BERLIN, collection
de 100 gravures sur acier, représentant les principaux objets d'art en peinture,
sculpture et architecture, renfermés dans la ville de Berlin, avec un texte ex-
plicatif; cette publication se compose de :
    33 livraisons gr. in-4°. — Prix de la souscription : 1 fr. la livraison.

L'UNIVERSUM OU LIVRE DES ARTS (1er volume), collection de 100 gravures sur acier, faites d'après les œuvres et les tableaux des plus grands maîtres
de toutes les époques, accompagnées de commentaires historiques, etc., etc.,
en :
    38 livraisons gr. in-4°. — Prix de la souscription : 1 fr. la livraison.

———

Les MAGNIFIQUES PRIMES ARTISTIQUES *qui sont offertes aux souscripteurs de chacune de ces belles publications se délivrent avec la dernière livraison de chaque ouvrage;
elles peuvent être retirées immédiatement par les personnes qui payent d'avance le
montant de leur souscription à réception des livraisons qui ont paru. 33 livraisons de
chaque publication sont en vente.*

Bruxelles, le 1er mai 1858.

ÉMILE FLATAU,
Ancienne maison Mayer et Flatau.

———

LES SOCIÉTÉS ANONYMES DE BELGIQUE EN 1857. Collection complète des statuts en vigueur, avec une introduction et des notes par A. Demeur.
L'ouvrage se composera de 8 livraisons à . . . . 2—25

———